全国科学技术名词审定委员会

公　　布

科学技术名词·自然科学卷（全藏版）

20

生　态　学　名　词

CHINESE TERMS IN ECOLOGY

生态学名词审定委员会

国家自然科学基金资助项目

科　学　出　版　社

北　京

内 容 简 介

本书是全国科学技术名词审定委员会审定公布的生态学名词，内容包括：总论，生理生态学，行为生态学，进化生态学，种群生态学，群落生态学，生态系统生态学，景观生态学，全球生态学，数学生态学，化学生态学，分子生态学，保护生态学，污染生态学，农业生态学，水域生态学，城市生态学、生态工程学和产业生态学17部分，共3414条。本书对每条词都给出了定义或注释。这些名词是科研、教学、生产、经营以及新闻出版等部门应遵照使用的生态学规范名词。

图书在版编目(CIP)数据

科学技术名词. 自然科学卷：全藏版 / 全国科学技术名词审定委员会审定. —北京：科学出版社，2017.1

ISBN 978-7-03-051399-1

I. ①科… II. ①全… III. ①科学技术–名词术语 ②自然科学–名词术语 IV. ①N61

中国版本图书馆CIP数据核字(2016)第314947号

责任编辑：高素婷 / 责任校对：陈玉凤

责任印制：张 伟 / 封面设计：铭轩堂

科学出版社 出版

北京东黄城根北街16号

邮政编码：100717

http://www.sciencep.com

北京厚诚则铭印刷科技有限公司印刷

科学出版社发行 各地新华书店经销

*

2017年1月第 一 版 开本：787×1092 1/16

2017年1月第一次印刷 印张：19 3/4

字数：500 000

定价：5980.00元(全30册)

(如有印装质量问题，我社负责调换)

全国科学技术名词审定委员会
第五届委员会委员名单

生态学名词审定委员会委员名单

顾　问(按姓氏笔画为序):

刘建康　阳含熙　李文华　宋永昌　张新时

庞雄飞

主　任:王祖望

副主任(按姓氏笔画为序):

刘瑞玉　孙儒泳　肖笃宁　沈佐锐　张知彬

陈灵芝　蒋志刚

委　员(按姓氏笔画为序):

王如松　王孟本　王德华　王德铭　方精云

刘锡兴　孙铁珩　李明德　李典谟　杨奇森

张大勇　张德兴　陈永林　陈昌笃　尚玉昌

周　禾　周庆强　周纪伦　周启星　孟宪佐

钟文勤　闻大中　徐汝梅　黄玉瑶　康　乐

蔡晓明　颜景松　魏　伟

秘　书:王德华(兼)　杨俊成

路甬祥序

我国是一个人口众多、历史悠久的文明古国，自古以来就十分重视语言文字的统一，主张“书同文、车同轨”，把语言文字的统一作为民族团结、国家统一和强盛的重要基础和象征。我国古代科学技术十分发达，以四大发明为代表的古代文明，曾使我国居于世界之巅，成为世界科技发展史上的光辉篇章。而伴随科学技术产生、传播的科技名词，从古代起就已成为中华文化的重要组成部分，在促进国家科技进步、社会发展和维护国家统一方面发挥着重要作用。

我国的科技名词规范统一活动有着十分悠久的历史。古代科学著作记载的大量科技名词术语，标志着我国古代科技之发达及科技名词之活跃与丰富。然而，建立正式的名词审定组织机构则是在清朝末年。1909 年，我国成立了科学名词编订馆，专门从事科学名词的审定、规范工作。到了新中国成立之后，由于国家的高度重视，这项工作得以更加系统地、大规模地开展。1950 年政务院设立的学术名词统一工作委员会，以及 1985 年国务院批准成立的全国自然科学名词审定委员会（现更名为全国科学技术名词审定委员会，简称全国科技名词委），都是政府授权代表国家审定和公布规范科技名词的权威性机构和专业队伍。他们肩负着国家和民族赋予的光荣使命，秉承着振兴中华的神圣职责，为科技名词规范统一事业默默耕耘，为我国科学技术的发展作出了基础性的贡献。

规范和统一科技名词，不仅在消除社会上的名词混乱现象，保障民族语言的纯洁与健康发展等方面极为重要，而且在保障和促进科技进步，支撑学科发展方面也具有重要意义。一个学科的名词术语的准确定名及推广，对这个学科的建立与发展极为重要。任何一门科学（或学科），都必须有自己的一套系统完善的名词来支撑，否则这门学科就立不起来，就不能成为独立的学科。郭沫若先生曾将科技名词的规范与统一称为“乃是一个独立自主国家在学术工作上所必须具备的条件，也是实现学术中国化的最起码的条件”，精辟地指出了这项基础性、支撑性工作的本质。

在长期的社会实践中，人们认识到科技名词的规范和统一工作对于一个国家的科技发展和文化传承非常重要,是实现科技现代化的一项支撑性的系统工程。没有这样一个系统的规范化的支撑条件,不仅现代科技的协调发展将遇到极大困难,而且在科技日益渗透人们生活各方面、各环节的今天,还将给教育、传播、交流、经贸等多方面带来困难和损害。

全国科技名词委自成立以来,已走过近20年的历程,前两任主任钱三强院士和卢嘉锡院士为我国的科技名词统一事业倾注了大量的心血和精力,在他们的正确领导和广大专家的共同努力下,取得了卓著的成就。2002年,我接任此工作,时逢国家科技、经济飞速发展之际,因而倍感责任的重大;及至今日,全国科技名词委已组建了60个学科名词审定分委员会,公布了50多个学科的63种科技名词,在自然科学、工程技术与社会科学方面均取得了协调发展,科技名词蔚成体系。而且,海峡两岸科技名词对照统一工作也取得了可喜的成绩。对此,我实感欣慰。这些成就无不凝聚着专家学者们的心血与汗水,无不闪烁着专家学者们的集体智慧。历史将会永远铭刻着广大专家学者孜孜以求、精益求精的艰辛劳作和为祖国科技发展作出的奠基性贡献。宋健院士曾在1990年全国科技名词委的大会上说过:“历史将表明,这个委员会的工作将对中华民族的进步起到奠基性的推动作用。”这个预见性的评价是毫不为过的。

科技名词的规范和统一工作不仅仅是科技发展的基础,也是现代社会信息交流、教育和科学普及的基础,因此,它是一项具有广泛社会意义的建设工作。当今,我国的科学技术已取得突飞猛进的发展,许多学科领域已接近或达到国际前沿水平。与此同时,自然科学、工程技术与社会科学之间交叉融合的趋势越来越显著,科学技术迅速普及到了社会各个层面,科学技术同社会进步、经济发展已紧密地融为一体,并带动着各项事业的发展。所以,不仅科学技术发展本身产生的许多新概念、新名词需要规范和统一,而且由于科学技术的社会化,社会各领域也需要科技名词有一个更好的规范。另一方面,随着香港、澳门的回归,海峡两岸科技、文化、经贸交流不断扩大,祖国实现完全统一更加迫近,两岸科技名词对照统一任务也十分迫切。因而,我们的名词工作不仅对科技发展具有重要的价值和意义,而且在经济发展、社会进步、政治稳定、民族团结、国家统一和繁荣等方面都具有不可替代的特殊价值和意义。

最近,中央提出树立和落实科学发展观,这对科技名词工作提出了更高的要求。我们要按照科学发展观的要求,求真务实,开拓创新。科学发展观的本质与核心是以人为本,我们要建设一支优秀的名词工作队伍,既要保持和发扬老一辈科技名词工作者的优良传统，坚持真理、实事求是、甘于寂寞、淡泊名利，又要根据新形势的要求，面向未来、协调发展、与时俱进、锐意创新。此外，我们要充分利用网络等现代科技手段，使规范科技名词得到更好的传播和应用，为迅速提高全民文化素质作出更大贡献。科学发展观的基本要求是坚持以人为本，全面、协调、可持续发展，因此，科技名词工作既要紧密围绕当前国民经济建设形势，着重开展好科技领域的学科名词审定工作，同时又要在强调经济社会以及人与自然协调发展的思想指导下，开展好社会科学、文化教育和资源、生态、环境领域的科学名词审定工作，促进各个学科领域的相互融合和共同繁荣。科学发展观非常注重可持续发展的理念，因此，我们在不断丰富和发展已建立的科技名词体系的同时，还要进一步研究具有中国特色的术语学理论，以创建中国的术语学派。研究和建立中国特色的术语学理论，也是一种知识创新，是实现科技名词工作可持续发展的必由之路，我们应当为此付出更大的努力。

当前国际社会已处于以知识经济为走向的全球经济时代，科学技术发展的步伐将会越来越快。我国已加入世贸组织，我国的经济也正在迅速融入世界经济主流，因而国内外科技、文化、经贸的交流将越来越广泛和深入。可以预言，21 世纪中国的经济和中国的语言文字都将对国际社会产生空前的影响。因此，在今后 10 到 20 年之间，科技名词工作就变得更具现实意义，也更加迫切。“路漫漫其修远兮，吾今上下而求索”，我们应当在今后的工作中，进一步解放思想，务实创新、不断前进。不仅要及时地总结这些年来取得的工作经验，更要从本质上认识这项工作的内在规律，不断地开创科技名词统一工作新局面，作出我们这代人应当作出的历史性贡献。

2004 年深秋

卢嘉锡序

科技名词伴随科学技术而生,犹如人之诞生其名也随之产生一样。科技名词反映着科学研究的成果,带有时代的信息,铭刻着文化观念,是人类科学知识在语言中的结晶。作为科技交流和知识传播的载体,科技名词在科技发展和社会进步中起着重要作用。

在长期的社会实践中,人们认识到科技名词的统一和规范化是一个国家和民族发展科学技术的重要的基础性工作,是实现科技现代化的一项支撑性的系统工程。没有这样一个系统的规范化的支撑条件,科学技术的协调发展将遇到极大的困难。试想,假如在天文学领域没有关于各类天体的统一命名,那么,人们在浩瀚的宇宙当中,看到的只能是无序的混乱,很难找到科学的规律。如是,天文学就很难发展。其他学科也是这样。

古往今来,名词工作一直受到人们的重视。严济慈先生60多年前说过,“凡百工作,首重定名;每举其名,即知其事”。这句话反映了我国学术界长期以来对名词统一工作的认识和做法。古代的孔子曾说“名不正则言不顺”,指出了名实相副的必要性。荀子也曾说“名有固善,径易而不拂,谓之善名”,意为名有完善之名,平易好懂而不被人误解之名,可以说是好名。他的“正名篇”即是专门论述名词术语命名问题的。近代的严复则有“一名之立,旬月踟躇”之说。可见在这些有学问的人眼里,“定名”不是一件随便的事情。任何一门科学都包含很多事实、思想和专业名词,科学思想是由科学事实和专业名词构成的。如果表达科学思想的专业名词不正确,那么科学事实也就难以令人相信了。

科技名词的统一和规范化标志着一个国家科技发展的水平。我国历来重视名词的统一与规范工作。从清朝末年的科学名词编订馆,到1932年成立的国立编译馆,以及新中国成立之初的学术名词统一工作委员会,直至1985年成立的全国自然科学名词审定委员会(现已改名为全国科学技术名词审定委员会,简称全国名词委),其使命和职责都是相同的,都是审定和公布规范名词的权威性机构。现在,参与全国名词委领导工作的单位有中国科学院、科学技术部、教育部、中国科学技术协会、国家自然科学基金委员会、新闻出版署、国家质量技术监督局、国家广播电影电视总局、国家知识产权局和国家语言文字工作委员会，这些部委各自选派了有关领导干部担任全国名词委的领导，有力地推动科技名词的统一和推广应用工作。

全国名词委成立以后，我国的科技名词统一工作进入了一个新的阶段。在第一任主任委员钱三强同志的组织带领下，经过广大专家的艰苦努力，名词规范和统一工作取得了显著的成绩。1992 年三强同志不幸谢世。我接任后，继续推动和开展这项工作。在国家和有关部门的支持及广大专家学者的努力下，全国名词委 15 年来按学科共组建了 50 多个学科的名词审定分委员会，有 1800 多位专家、学者参加名词审定工作，还有更多的专家、学者参加书面审查和座谈讨论等，形成的科技名词工作队伍规模之大、水平层次之高前所未有。15 年间共审定公布了包括理、工、农、医及交叉学科等各学科领域的名词共计 50 多种。而且，对名词加注定义的工作经试点后业已逐渐展开。另外，遵照术语学理论，根据汉语汉字特点，结合科技名词审定工作实践，全国名词委制定并逐步完善了一套名词审定工作的原则与方法。可以说，在 20 世纪的最后 15 年中，我国基本上建立起了比较完整的科技名词体系，为我国科技名词的规范和统一奠定了良好的基础，对我国科研、教学和学术交流起到了很好的作用。

在科技名词审定工作中，全国名词委密切结合科技发展和国民经济建设的需要，及时调整工作方针和任务，拓展新的学科领域开展名词审定工作，以更好地为社会服务、为国民经济建设服务。近些年来，又对科技新词的定名和海峡两岸科技名词对照统一工作给予了特别的重视。科技新词的审定和发布试用工作已取得了初步成效，显示了名词统一工作的活力，跟上了科技发展的步伐，起到了引导社会的作用。两岸科技名词对照统一工作是一项有利于祖国统一大业的基础性工作。全国名词委作为我国专门从事科技名词统一的机构，始终把此项工作视为自己责无旁贷的历史性任务。通过这些年的积极努力，我们已经取得了可喜的成绩。做好这项工作，必将对弘扬民族文化，促进两岸科教、文化、经贸的交流与发展作出历史性的贡献。

科技名词浩如烟海，门类繁多，规范和统一科技名词是一项相当繁重而复杂的长期工作。在科技名词审定工作中既要注意同国际上的名词命名原则与方法相衔接，又要依据和发挥博大精深的汉语文化，按照科技的概念和内涵，创造和规范出符合科技规律和汉语文字结构特点的科技名词。因而，这又是一项艰苦细致的工作。广大专家学者字斟句酌，精益求精，以高度的社会责任感和敬业精神投身于这项事业。可以说，全国名词委公布的名词是广大专家学者心血的结晶。这里，我代表全国名词委，向所有参与这项工作的专家学者们致以崇高的敬意和衷心的感谢！

审定和统一科技名词是为了推广应用。要使全国名词委众多专家多年的劳动成果——规范名词，成为社会各界及每位公民自觉遵守的规范，需要全社会的理解和支持。国务院和4个有关部委［国家科委（今科学技术部）、中国科学院、国家教委（今教育部）和新闻出版署］已分别于1987年和1990年行文全国，要求全国各科研、教学、生产、经营以及新闻出版等单位遵照使用全国名词委审定公布的名词。希望社会各界自觉认真地执行，共同做好这项对于科技发展、社会进步和国家统一极为重要的基础工作，为振兴中华而努力。

值此全国名词委成立15周年、科技名词书改装之际，写了以上这些话。是为序。

卢嘉锡

2000年夏

钱三强序

科技名词术语是科学概念的语言符号。人类在推动科学技术向前发展的历史长河中，同时产生和发展了各种科技名词术语，作为思想和认识交流的工具，进而推动科学技术的发展。

我国是一个历史悠久的文明古国，在科技史上谱写过光辉篇章。中国科技名词术语，以汉语为主导，经过了几千年的演化和发展，在语言形式和结构上体现了我国语言文字的特点和规律，简明扼要，蓄意深切。我国古代的科学著作，如已被译为英、德、法、俄、日等文字的《本草纲目》、《天工开物》等，包含大量科技名词术语。从元、明以后，开始翻译西方科技著作，创译了大批科技名词术语，为传播科学知识，发展我国的科学技术起到了积极作用。

统一科技名词术语是一个国家发展科学技术所必须具备的基础条件之一。世界经济发达国家都十分关心和重视科技名词术语的统一。我国早在1909年就成立了科学名词编订馆，后又于1919年中国科学社成立了科学名词审定委员会，1928年大学院成立了译名统一委员会。1932年成立了国立编译馆，在当时教育部主持下先后拟订和审查了各学科的名词草案。

新中国成立后，国家决定在政务院文化教育委员会下，设立学术名词统一工作委员会，郭沫若任主任委员。委员会分设自然科学、社会科学、医药卫生、艺术科学和时事名词五大组，聘任了各专业著名科学家、专家，审定和出版了一批科学名词，为新中国成立后的科学技术的交流和发展起到了重要作用。后来，由于历史的原因，这一重要工作陷于停顿。

当今，世界科学技术迅速发展，新学科、新概念、新理论、新方法不断涌现，相应地出现了大批新的科技名词术语。统一科技名词术语，对科学知识的传播，新学科的开拓，新理论的建立，国内外科技交流，学科和行业之间的沟通，科技成果的推广、应用和生产技术的发展，科技图书文献的编纂、出版和检索，科技情报的传递等方面，都是不可缺少的。特别是计算机技术的推广使用，对统一科技名词术语提出了更紧迫的要求。

为适应这种新形势的需要，经国务院批准，1985年4月正式成立了全国自然科学名词审定委员会。委员会的任务是确定工作方针，拟定科技名词术语审定工作计划、实施方案和步骤，组织审定自然科学各学科名词术语，并予以公布。根据国务院授权，委员会审定公布的名词术语，科研、教学、生产、经营以及新闻出版等各部门，均应遵照使用。

全国自然科学名词审定委员会由中国科学院、国家科学技术委员会、国家教育委员会、中国科学技术协会、国家技术监督局、国家新闻出版署、国家自然科学基金委员会分别委派了正、副主任担任领导工作。在中国科协各专业学会密切配合下，逐步建立各专业审定分委员会，并已建立起一支由各学科著名专家、学者组成的近千人的审定队伍，负责审定本学科的名词术语。我国的名词审定工作进入了一个新的阶段。

这次名词术语审定工作是对科学概念进行汉语订名，同时附以相应的英文名称，既有我国语言特色，又方便国内外科技交流。通过实践，初步摸索了具有我国特色的科技名词术语审定的原则与方法，以及名词术语的学科分类、相关概念等问题，并开始探讨当代术语学的理论和方法，以期逐步建立起符合我国语言规律的自然科学名词术语体系。

统一我国的科技名词术语，是一项繁重的任务，它既是一项专业性很强的学术性工作，又涉及到亿万人使用习惯的问题。审定工作中我们要认真处理好科学性、系统性和通俗性之间的关系；主科与副科间的关系；学科间交叉名词术语的协调一致；专家集中审定与广泛听取意见等问题。

汉语是世界五分之一人口使用的语言，也是联合国的工作语言之一。除我国外，世界上还有一些国家和地区使用汉语，或使用与汉语关系密切的语言。做好我国的科技名词术语统一工作，为今后对外科技交流创造了更好的条件，使我炎黄子孙，在世界科技进步中发挥更大的作用，作出重要的贡献。

统一我国科技名词术语需要较长的时间和过程，随着科学技术的不断发展，科技名词术语的审定工作，需要不断地发展、补充和完善。我们将本着实事求是的原则，严谨的科学态度做好审定工作，成熟一批公布一批，提供各界使用。我们特别希望得到科技界、教育界、经济界、文化界、新闻出版界等各方面同志的关心、支持和帮助，共同为早日实现我国科技名词术语的统一和规范化而努力。

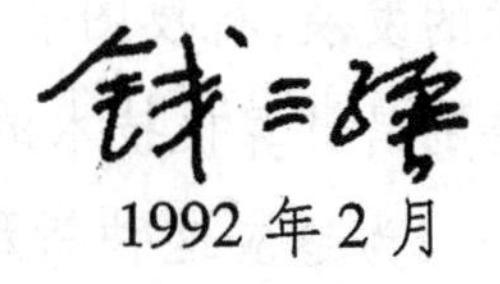

1992 年 2 月

前　言

生态学是一门发展迅速并与自然和社会科学进行着广泛交叉且相互渗透着的自然科学，其影响所及已远远超出了生态学本身的学科范畴。伴随着生态学的迅猛发展，除了其原有的术语外，又产生了大量的新术语。其原有的术语，也因为学科本身的发展而赋予了某些新的科学内涵。为了满足国内外日益频繁的学术交流，使用科学内涵明确、字义简明易懂、用词规范统一的生态学名词，实属一项紧迫的基础工作。

我国生态学名词的编撰与审定工作起步较晚，在20世纪50年代曾由中国科学院编译局委托北京大学生物系林昌善教授编写《动物生态学名词》，并邀请沈嘉瑞、林昌善、武兆发、马世骏、曹骥、费鸿年、蔡邦华、刘崇乐等8位专家组成动物生态学名词审查小组，花了一年多时间完成审查工作并于1955年由中国科学院正式出版。1999年，中国生态学会受全国科学技术名词审定委员会（以下简称全国科技名词委）的委托，于当年11月组成生态学名词审定委员会，根据生态学学科发展的具体情况，分成17个分支学科组，即总论，生理生态学，行为生态学，进化生态学，种群生态学，群落生态学，生态系统生态学，景观生态学，全球生态学，数学生态学，化学生态学，分子生态学，保护生态学，污染生态学，农业生态学（包括农、林、牧、草原），水域生态学（包括淡水、海洋、湿地），城市生态学、生态工程学和产业生态学。

生态学名词审定工作共分四个阶段。第一阶段为确定生态学选词原则和范围。我们参考了国内外生态学辞书、专著、教科书和杂志，从中选用的生态学名词共计14 008条，编印了《生态学名词》（草稿）。第二阶段为对已选入的名词进行精选，筛选出拟进行释义的词条共计5800条，并确定了释义的注意事项和格式。第三阶段为专家初审阶段，组织4～5位相关领域的专家，对各分支学科完成的释义词条进行初步逐条审定并提出修改意见，由各分支学科组主要负责专家按初审专家的意见进行修订；然后再召开生态学名词定稿会，由17位分支学科组主要负责专家对初审后提交的4082条名词进行集体审定。第四阶段为终审阶段，由全国科学技术名词审定委员会委托张新时院士、刘建康院士、李文华院士、宋永昌教授、周曾铨教授、赵成华研究员、蒋高明研究员等7位专家，对《生态学名词》（释义稿）进行复审，最终由生态学名词审定委员会主任会议终审定稿，经全国科技名词委审核批准，予以公布出版。

这次公布的生态学名词共计3414条，按上述17个分支学科组，分别列出。同一名词可能与几个分支学科相关，但在公布时只在某一分支学科中出现，不重复列出。各部分的词条大体上按概念体系排列，词条包括汉文名、定义和对应的英文名三部分。上述名词审定均遵照科学技术名词审定的原则及方法，从科学概念出发，确定规范的汉文名，在审定过程中力求体现名词的科学性、单义性、系统性、简明通俗和约定俗成等原则。对于交叉学科的名词，以保证本学科及分支学科的完整

性和系统性作为选词的原则。在审定过程中,有以下几个问题需要予以说明:

(1)对于同一英文名词有几种汉文名,如 metapopulation,现有异质种群、麦塔种群、联种群、复合种群、聚合种群、集合种群等汉文名。经有关专家反复讨论决定,采用统一的汉文名:集合种群。

(2)淘汰长期不用、过时的或缺乏广泛性的生态学名词,如偶合(accidental union);群聚(adoption societies)等。

(3)鉴于生态学名词中有不少是从相邻学科"借来的",此类名词应服从主学科的含义,如transpiration(蒸腾作用)和 evapotranspiration(蒸散作用)等。

参与本项审定工作的专家来自 11 个研究机构和高等院校,共 37 位专家。各分支学科组主要负责专家是,总论:王祖望、杨奇森;生理生态学:王德华、王孟本;行为生态学:尚玉昌;进化生态学:蒋志刚;种群生态学:张知彬、孙儒泳;群落生态学:张大勇;生态系统生态学:王祖望、蔡晓明、陈灵芝;景观生态学:肖笃宁;全球生态学:方精云;数学生态学:李典谟;化学生态学:孟宪佐;分子生态学:魏伟;保护生态学:蒋志刚;污染生态学:周启星、孙铁珩;农业生态学:沈佐锐、闻大中;水域生态学:黄玉瑶、刘建康、刘瑞玉、李明德;城市生态学、生态工程学和产业生态学:颜京松、王如松。

在四年多的审定过程中,全国科学技术名词审定委员会、中国生态学会、中国科学院动物研究所以及全国生态学界许多专家、学者一直给予热情的支持和关怀,对《生态学名词》(初稿)提出了十分有益的意见和建议,在此表示衷心的感谢。在本次审定工作中,除了生态学名词审定委员会委员外,还有 39 位生态学专家积极参加了生态学名词各分支学科名词的释义工作或以专家身份对某个分支学科的初稿进行了审定。他们是(按姓氏笔画为序):于春普、马祖飞、王文兴、王仰麟、任景明、刘少伯、刘鸿雁、孙玉军、李克让、李秀珍、李银心、李锋、杨建新、肖红、闵庆文、汪小全、沈泽昊、沈德中、宋玉芳、张金屯、张建旭、陆贻通、陈利顶、林光辉、罗天祥、胡聃、胡远满、娄安如、贺金生、高林、唐艳鸿、崔海亭、葛颂、韩存儒、程序、傅伯杰、曾辉、裴克全、翟宝辉。他们那种不辞劳苦,无私奉献的精神,值得我们敬佩和赞颂。全国科学技术名词审定委员会高素婷同志和生态学名词审定委员会秘书杨俊成同志为生态学名词审定做了大量组织协调工作,对他们默默无闻的奉献,我们深表感谢。

由于生态学科发展迅速,涉及面广,加之名词审定工作难度大,本次公布的名词难免有不足之处,我们殷切希望各界人士在使用过程中多赐宝贵意见,以便今后不断修改、增补,使之日臻完善。

生态学名词审定委员会

2006 年 6 月

编 排 说 明

一、本书公布的是生态学名词，共 3414 条，每条词均给出了定义或注释。

二、全书分 17 部分：总论，生理生态学，行为生态学，进化生态学，种群生态学，群落生态学，生态系统生态学，景观生态学，全球生态学，数学生态学，化学生态学，分子生态学，保护生态学，污染生态学，农业生态学，水域生态学，城市生态学、生态工程学和产业生态学。

三、正文按汉文名词所属学科的相关概念体系排列，定义一般只给出其基本内涵，注释则扼要说明其特点。汉文名后给出了与该词概念相对应的英文名。

四、当一个汉文名有不同概念时，其定义或注释用(1)、(2)分开。

五、一个汉文名对应几个英文同义词时，英文词之间用“,”分开。

六、凡英文词的首字母大、小写均可时，一律小写；英文除必须用复数者，一般用单数。

七、“[ ]”中的字为可省略部分。

八、主要异名和释文中的条目用楷体表示。“简称”、“全称”、“又称”、“俗称”可继续使用，“曾称”为被淘汰的旧名。

九、正文后所附的英汉索引按英文字母顺序排列；汉英索引按汉语拼音顺序排列。所示号码为该词在正文中的序码。索引中带“ * ”者为规范名的异名或释文中出现的条目。

编排说明

目　录

01. 总　　论

01.001　生态学　ecology

研究生命系统与其环境之间相互关系的学科。

01.002　植物生态学　plant ecology

研究植物与其环境之间相互关系的学科。

01.003　动物生态学　animal ecology

研究动物与其环境之间相互关系的学科。

01.004　微生物生态学　microbial ecology

研究微生物与其环境之间相互关系的学科。

01.005　分子微生物生态学　molecular microbial ecology

利用分子生物学技术手段研究自然界微生物与环境之间相互关系及其相互作用的学科。

01.006　基因工程微生物生态学　genetically engineered microorganism ecology

在分子水平上探讨基因工程微生物学与环境及环境中本地生物种之间相互关系的学科。

01.007　微生态学　microecology

以微生物学和实验动物学为基础，研究正常微生物菌群与其宿主的相互关系及其作用机制的新兴边缘学科。

01.008　动物微生态学　animal microecology

研究动物胃肠道微生物群落在胃肠道特定的生态系统中的发生、发展及变化过程，胃肠道微生物生态系统的特点和微生物区系的组成及其生理与营养功能等问题的学科。

01.009　分子生态学　molecular ecology

用分子生物学的原理与方法在分子水平上研究生态学问题的一门分支学科。

01.010　个体生态学　autecology，individual ecology

研究生物个体与其环境之间相互关系的学科。

01.011　种群生态学　population ecology

研究种群变动规律和种群分布及其影响因子的一门学科。

01.012　种群生物学　population biology

研究种群的结构、形成、发展和运动变化过程规律的学科。包括种群生态学和种群遗传学。

01.013　群落生态学　community ecology

又称“群体生态学(synecology)”。研究栖息于同一地域中所有种群集合体的组成特点、彼此之间及其与环境之间的相互关系、群落结构的形成及变化机制等问题的学科。

01.014　生态系统生态学　ecosystem ecology

研究生态系统的组成要素、结构与功能、发展与演替、系统内和系统间的能流和物质循环以及人为影响与调控机制的学科。

01.015　景观生态学　landscape ecology

研究景观生态系统结构、功能、演化与管理的科学，属于生态学与地理学的交叉学科。

01.016　实验景观生态学　experimental landscape ecology

利用实验手段进行景观生态学研究的分支学科。

01.017 全球生态学 global ecology
又称"生物圈生态学(biosphere ecology)"。研究全球范围内生物机体与其周围环境相互影响的过程,亦即生物圈与岩石圈、水圈和大气圈之间相互作用过程的学科。

01.018 陆地生态学 terrestrial ecology
研究陆地生物与其环境之间关系的学科。

01.019 森林生态学 forest ecology
研究森林及其与环境之间相互关系,阐明森林的结构、功能和动态及其调控机制的学科。

01.020 林火生态学 forest fire ecology
研究森林中火的特性和后果,以及火对森林生态系统、环境系统及其相互作用影响的学科。

01.021 荒漠生态学 desert ecology
研究栖息于特殊干旱环境下的生物适应机制及其与环境相互关系的学科。

01.022 草地生态学 grassland ecology
研究草地恢复、草地界面、草地放牧、草地健康诊断及其价值评估的学科。

01.023 水域生态学 aquatic ecology
又称"水生生态学"。研究水域中生命系统与环境系统相互作用规律及机制的科学。包括内陆水域生态学、河口生态学和海洋生态学。

01.024 海洋生态学 marine ecology
研究海洋生物的生存、发展、消亡规律及其与理化、生物环境间相互关系的学科。

01.025 潮间带生态学 intertidal ecology
研究海岸带高低潮线间自然环境,特别是在潮汐变化和干湿交替条件与生物群落及个体活动相互关系的学科。

01.026 上升流生态学 upwelling ecology
研究海洋上升流区域内特定的生物及与周围环境的独特关系的学科。

01.027 深海生态学 deep-sea ecology
研究在大陆架(水深大约 200 m)以外深层水域及海底生活的生物在高压、无光、低温条件下栖息活动及其与环境因子间相互关系的学科。

01.028 淡水生态学 freshwater ecology
研究生物有机体与淡水环境之间相互关系的学科。

01.029 湖泊生态学 lake ecology
研究湖泊等静水水域中生物群落结构、功能关系、发展规律及其与环境(理化、生物)间相互作用机制的学科。

01.030 流域生态学 watershed ecology
研究流域范围内陆地和水体生态系统相互关系的学科。

01.031 河流生态学 river ecology, stream ecology
研究河流等流水水域中生物群落结构、功能关系、发展规律及其与环境(理化、生物)间相互作用机制的学科。

01.032 河口生态学 estuarine ecology, estuary ecology
研究河口水域中生物群落结构、功能关系、发展规律及其与环境(理化、生物)间相互作用机制的学科。

01.033 湿地生态学 wetland ecology
研究内陆和沿海各种类型沼泽湿地生态系统群落结构、功能关系、生态过程和演化规律及其与环境(理化因子、生物组分)之间相互作用机制的学科。

01.034 浮游生物学 planktology
研究浮游生物的形态分类、繁殖发育、生理生化、种群动态和群落结构、功能及其与环境理化和生物因子之间相互关系的学科。

01.035　底栖生物学　benthology

研究底栖生物的分类区系、繁殖发育、生长、种群动态和群落结构与功能及其与理化和生物环境条件间相互关系的学科。

01.036　空间生态学　spatial ecology

研究长期空间生存或广泛的地球大气圈外环境的生态过程与空间格局所需生命更新系统的学科。

01.037　宇宙生态学　cosmic ecology

研究宇宙航行中宇宙环境对生物影响的学科。如失重、寂静、振动、高温、低温、节律变化、密闭对生物色素、生物行为、生理生化、生长发育、繁殖等方面的影响。

01.038　生理生态学　physiological ecology, physioecology

又称“生态生理学(ecological physiology, ecophysiology)”。研究有机体对其环境生理功能反应的学科。

01.039　动物生理生态学　animal physiological ecology, animal physioecology

研究动物对其环境生理功能反应的学科。

01.040　植物生理生态学　plant physiological ecology, plant physioecology

研究植物对其环境生理功能反应的学科。

01.041　数学生态学　mathematical ecology

介于生态学与数学之间的边缘学科。以数学的方法研究和解释生态学的问题,并对与生态学有关的数学方法进行理论研究的学科。

01.042　物理生态学　physical ecology

研究有机体和物理环境之间相互关系的学科。如声、热、光、辐射与能量动态的效应,包括模拟生态系统的能流和生物系统相对稳定的理论探讨等。

01.043　化学生态学　chemical ecology

研究生物之间以及生物与环境之间化学联系与作用的学科。

01.044　动物化学生态学　zoochemical ecology

研究动物之间以及动物与环境之间化学联系及作用机制的学科。

01.045　植物化学生态学　plant chemical ecology

研究植物之间以及植物与环境之间化学联系及作用机制的学科。

01.046　行为生态学　behavioral ecology

研究生物行为的生态学意义和进化意义,即动物的行为功能、存活值、适合度和进化过程的学科。

01.047　植物行为生态学　plant behavioral ecology

将行为生态学的基本原理应用于植物的性选择、繁殖体扩散等方面的学科。从行为生态学的观点对植物的杂交和双受精问题进行了较好的解释。

01.048　遗传生态学　genetic ecology

又称“基因生态学(genecology)”。从突变、适应、选择和基因流动等方面,研究物种形成、演化和分布的学科。

01.049　生态遗传学　ecological genetics

用遗传学的方法研究生物体适应环境的一门分支学科,是种群遗传学与种群生态学的结合。

01.050　进化生态学　evolutionary ecology

研究地球上众多物种如何在复杂的生物和物理环境中,不断地演变并获得完美的结构和相互适应能力的学科。

01.051　生态免疫学　ecological immunology

一门正在快速发展的新兴分支学科,主要探讨生物在进化和生态学过程中免疫功能变化的原因和结果。

01.052 比较生态免疫学 comparative ecological immunology
一门新兴的边缘学科。对生活史特征有地理变异的物种进行种内免疫能力的比较研究;或者在家养和野生动物动物中进行个体发育过程免疫状况的比较研究。

01.053 保护生态学 conservation ecology
研究生物多样性保护的科学，即研究从保护生物物种及其生存环境着手来保护生物多样性的学科。

01.054 理论生态学 theoretical ecology
提出合理的假说解释自然界中观察到的模式(规律性的现象)，并在此基础上做出理论预测以引导人们进行有目的的观察或实验的学科。

01.055 应用生态学 applied ecology
运用生态学的基本原理与方法解决自然、社会、经济中实际问题的学科。

01.056 污染生态学 pollution ecology
研究生物与其污染环境相互作用基本规律的学科。生态学的主要分支学科之一,应用生态学的重要组成部分。

01.057 污染生态化学 pollution ecochemistry
研究生物体与其污染环境相互作用的化学机制与化学过程及其调控的学科,是生态学与环境化学的交叉学科。

01.058 生态毒理学 ecological toxicology, ecotoxicology
研究有毒物质对生物种群和生物群落所产生的毒性影响，污染物在环境中的行为及其与环境因子相互作用的学科。

01.059 农业生态学 agricultural ecology, agroecology
研究农业生物之间，以及其与自然环境之间在物质循环和能量流动上相互关系的学科。侧重研究建立良好的大农业生产体系，以达到物质循环和能量流动的动态平衡,使农业生产取得最佳效果。

01.060 农业生态地理学 agricultural ecological geography
研究农业生态条件、结构特征、地区分布及其与周围环境关系的学科。

01.061 农业生态经济学 agroecological economics
研究农业经济系统中经济再生产的作用机制和运动规律，探索提高农村生产力的途径，并用于具体指导农业经济发展的学科。

01.062 放牧生态学 grazing ecology
研究草地生态系统中的草畜关系,主要解决草畜失衡、草地退化以及探讨优化放牧理论的学科。

01.063 鱼类生态学 ecology of fishes
研究鱼类的生活方式、鱼类与环境之间相互作用关系的学科。

01.064 人类生态学 human ecology, anthropoecology
研究人类与环境之间相互关系的学科。

01.065 人口生态学 population ecology
研究人口的发展进程法则和规律性、人口和环境相互联系、相生相克关系及法则的相互作用,人的正常活动的必备条件——环境的形成逻辑及在生态形势发生变化过程中的人口行为的学科。

01.066 民族生态学 ethnoecology
研究民族群体在其居住的自然环境及社会－文化环境中保障生命的传统特点,以及已经形成的生态联系对人的影响;还有民族利用自然环境的特点和合理利用自然资源的传统,以及民族生态系统形成和发挥作用规律的学科。

01.067 产业生态学 industrial ecology
一门研究社会生产活动中自然资源从源、流到汇的全代谢过程,组织管理体制以及生产、消费、调控行为的动力学机制、控制论方法及其与生命支持系统相互关系的系统学科。

01.068 旅游生态学 recreation ecology
研究旅游资源、旅游设施、旅游者、旅游经营者、本底生态系统以及旅游点当地居民间相互关系及其规划、建设、管理的学科。包括生态哲学、生态科学、生态工程和生态美学四个层次。

01.069 扩散生态学 dispersal ecology
研究在多种时间和空间尺度上所有生物扩散的过程、途径和策略,测度扩散的方法学,引起扩散的原因及其后果,扩散与物种形成和进化的关系,以及扩散与种群、群落和生态系统的结构和功能的关系等问题的学科。

01.070 生产力生态学 productivity ecology
研究生态系统中,生物有机体在能量代谢过程中,将能量、物质重新组合,形成新的产品(糖类、脂肪和蛋白质等)过程的分支学科。

01.071 生态系统服务生态学 ecology of ecosystem services
一门以研究自然系统的生境、物种、生物学状态、性质和生态过程所生产的物质及其所维持的良好生活环境对人类的服务性能及其价值评估的新兴分支学科。

01.072 信息生态学 information ecology
生态学与信息科学交叉渗透所形成的新兴分支学科,其研究对象是生态系统的信息流,即对能流和物质循环的信息化知识进行分析和研究。

01.073 系统生态学 systems ecology
把系统分析的方法应用于生态学,被称为系统生态学。

01.074 生态基因组学 ecological genomics
研究环境条件与基因组的结构、功能、动态及进化相互关系的学科。

01.075 生态经济学 eco-economics, ecological economics
从经济学角度研究生态系统和经济系统复合而成的结构、功能及其运动规律的学科。

01.076 森林生态经济学 forest-ecological economics
以生态学和经济学相结合,生态效益和经济效益相统一的观点为主体的一门边缘学科。以森林生态系统与人类经济系统之间的关系、作用及其发展规律为研究对象。

01.077 城市生态学 urban ecology
研究城市或城市化环境下人类活动与其物理和生命环境关系的学科。其研究层次可以包括从分子、细胞、个体、社区到城市、城市群乃至城市化区域不同尺度内部和之间的生态关系。主要研究以人类活动为主导的复合生态系统的结构、功能、演化、过程的基本规律、生态服务的机制和规划、建设、管理的系统方法。

01.078 城市自然生态学 urban natural ecology
研究城市的人类活动对所在地域自然生态系统的积极和消极影响,以及地域自然要素对人类活动的影响,即人的城市活动与地域的自然生态系统要素之间相互关系的学科。

01.079 城市景观生态学 urban landscape ecology
从景观尺度研究城市不同生态系统之间代谢过程的物流、能流和信息流的转化、利用效率等问题的学科。

01.080 城市经济生态学 urban economic

ecology

从经济学角度重点研究城市代谢过程的物流、能流和信息流的转化、利用效率等问题的学科。

01.081 城市生态经济学 urban eco-economics

为生态经济学的一门分支学科。从人口、经济、能源、资源和生态环境结合上,探索城市发生、发展过程中经济系统与城市生态环境(包括资源)之间的矛盾统一的关系,协调其发展的规律性,以提高城市整体的生态、经济和社会效益。

01.082 城市水文学 urban hydrology

研究城市水体及地表、空中和地下水文循环与城市人类活动关系的水生态服务学科,可用城市水文模型表述,并研究气候变化的水文响应及水资源的可持续利用。

01.083 城市社会生态学 urban socioecology

研究城市环境对人的生理和心理的影响、效应及人在建设城市、改造自然的过程中所遇到的人口、交通、能源等问题的学科。

01.084 住宅生态学 house ecology

运用生态学的理论和方法以城市住宅与外部空间的关系为研究对象的边缘学科。

01.085 人类群居学 ekistics

以乡村、集镇、城市等人类聚居地为研究对象,探讨其间人与环境相互关系的动力学机制和规划管理方法。强调把人类聚居作为一个整体,从政治、经济、社会、文化、技术等各个方面进行系统、综合研究的学科。

01.086 恢复生态学 restoration ecology

研究受损生态系统退化的原因和过程,修复和重建适应于当地自然环境、符合可持续发展需要、能够自我维持的生态系统的理论和技术的学科。

01.087 生态动力学 eco-dynamics, eco-kinetics

研究生物、环境和人类社会的相互作用及可持续发展的动力学机制与途径的学科。

01.088 生态预报 ecological forecasting

预测生物的、化学的、物理的以及人类活动引起的变化对生态系统及其组成的影响,是21世纪生态学研究的一个前沿领域。

01.089 生态气候学 ecoclimatology

研究动植物生理生态的气候适应性,以及气候条件对动植物的地理分布影响等问题的学科。

01.090 生态工程学 ecological engineering sciences, ecoengineering sciences

运用物种共生与物质循环再生原理,发挥资源的生产潜力,防止污染,采用分层多级系统的可持续发展能力的整合工程技术并在系统范围内同步获取高的经济、生态和社会效益的学科。

01.091 环境生态工程 ecological engineering of environment

用生态学的原理、工程学手段来防治污染、保护环境的一门技术科学。

01.092 界面生态学 interface ecology

研究生物与生物、生物与环境交界面上的物质和能量交换、信息传递及与介质间相互作用关系的学科。

01.093 森林界面生态学 forest-boundary ecology, ecology of forest boundary

以森林与环境间构成的各种界面(包括森林生物相的界面)为对象,主要研究界面的生态过程及动力学机制问题的一门正在兴起的生态学分支学科。

01.094 乡村生态学 village ecology

研究村落形态、结构、行为及其与环境背景统一体客观存在的生态学分支学科。

01.095　文化生态学　cultural ecology
又称“人文生态学”。研究文化体制适应其总体环境的方法和某一文化的各项制度相互适应的方法，并阐明不同文化图式是如何出现、持续和转化的一门边缘学科。

01.096　文艺生态学　art ecology
从人、自然、社会、文化等各种变量关系中，研究文艺的产生、分布以及发展规律的一门学科。

01.097　生态哲学　ecophilosophy
生态学和哲学辩证综合而形成的一门边缘学科,是高度概括的自然科学和社会科学的综合理论。

01.098　生态伦理学　ecological ethics
研究生态的伦理价值和人类对待自然的行为规范的一门边缘学科。

01.099　生态政治学　ecopolitics
以社会生态的政治问题及其影响为研究对象,探讨社会生态系统与社会政治系统的相互关系及其规律性的学科。

01.100　生态美学　ecoaesthetics
从生态哲学的视野、生态科学的原理、生态伦理学的情怀和自然美学的方法研究人与自然、社会、艺术的审美关系,强调生克互济、形神和谐的整体美，对环境开拓适应、协同进化的共生美，物质循环、信息反馈的动态美的一门学科。

01.101　生物能[量]学　bioenergetics
研究能量在生命系统内转换的学科。

01.102　生理能量学　physiological energetics
研究动物个体水平上的能量转换的学科。

01.103　生态能量学　ecological energetics
研究生态系统不同营养级之间能量转换的学科。

01.104　生态系统生理学　ecosystem physiology
研究生态系统水平上的生理学过程,如生态系统对二氧化碳浓度增加反应的机制、生态系统生物地球化学循环的生理学过程、植被变化对生态系统水分和能量通量的影响等问题的学科。

01.105　生态系统能量学　ecosystem energetics
研究生态系统中,生命系统与环境系统之间的能量关系以及能量流动规律的学科。

01.106　生态植物地理学　ecological plant geography
研究植物和植物群落的水平和垂直地理分布规律与自然环境条件之间相互关系的学科。

01.107　生态动物地理学　ecological zoogeography
研究动物界在不同地域中分布的种类数量以及不同的生态条件对动物有机体生活、形态等的影响及动物与地理环境之间相互关系的学科。

02. 生理生态学

02.001　生态因子　ecological factor
对生物生长、发育、生殖、行为和分布等生命活动有直接或间接影响的环境因子。

02.002　限制因子　limiting factor
生态因子中对生物生长、发育、繁殖或扩散等起限制作用的因子。

02.003　利比希最低量法则　Liebig's law of minimum

又称“利比希最小因子定律”。植物的生长发育及整个健康情况都取决于那些处于最少量状态的必需的营养成分。现在这个概念已经扩展为关于所有有机体限制因子的一般模型。

02.004 谢尔福德耐受性定律 Shelford's law of tolerance

有机体在一个地区的出现和成功生存依赖于气候、地质和生物需求等复合条件所满足的程度,接近有机体耐受极限的任何一种因子无论在数量和质量上的不足还是过剩都会影响有机体的生存。

02.005 近因 proximate cause

又称“直接原因”。引起生物生殖、换羽、迁徙等过程的直接环境因子。

02.006 远因 ultimate cause

又称“终极导因”,“最终原因”。在物种进化过程中对于保证物种生存和繁衍有决定性意义的环境因子。

02.007 广温性生物 eurytherm, eurythermal organism

能忍受较大温度范围的生物。

02.008 中温生物 mesophile

在适中温度下(20~50℃)生存的生物。通常不能在低于5℃时生长。

02.009 狭温性生物 stenotherm

不能忍受较大温度范围而只能在狭窄的温度范围内生存的生物。

02.010 嗜冷生物 psychrophilic organism

能抵抗低温,并在很低温度下生长的生物。一般能在3~20℃或0℃以下生长,最适生长温度不超过15℃,最高生长温度不超过20℃。

02.011 光[能]自养生物 photoautotroph

能利用光能将无机化合物合成自身营养物的生物。包括绿色植物、蓝藻和光合细菌。

02.012 光[能]异养生物 photoheterotroph

以光为能源,以有机物为碳源的生物。

02.013 化能自养生物 chemoautotroph

借氧化无机物取得能量,进而能够合成有机化合物的生物。

02.014 光能有机营养生物 photoorganotroph

以光为能源,以有机物作为光合作用的电子供体,以有机物和二氧化碳作为碳源的生物。

02.015 无机营养生物 lithotroph

靠氧化无机物获得能量来生存的生物。

02.016 广氧性动物 euryoxybiotic animal

能够耐受较大氧气浓度范围的动物。

02.017 变温动物 poikilotherm, poikilothermal animal

又称“外温动物(ectotherm)”。不能依靠自身代谢产热维持恒定的体温,体温随环境温度的变化而变化的动物。

02.018 恒温动物 homeotherm, homoiotherm

又称“内温动物(endotherm)”。具有完善的体温调节机制,在温度变化的环境中,体温维持在较窄范围内变化的动物。

02.019 长日照植物 long-day plant

又称“短夜植物”。每天日照时间在12 h以上(黑夜短于12 h)才能开花的植物。

02.020 短日照植物 short-day plant

又称“长夜植物”。需要一定的短日照(通常每天12 h以上黑夜)才能开花的植物。

02.021 日[照]中性植物 day neutral plant

无论长日照还是短日照都能开花的植物。

02.022 长短日照植物 long-short-day plant

在连续长日照条件后,如不给予短日照条件花芽便不能形成的植物。

02.023 短长日照植物 short-long-day plant
一直处于短日照条件下而得不到长日照条件时花芽便不能形成的植物。

02.024 冻敏感植物 freezing-sensitive plant
组织结冰不久便致死的植物。

02.025 耐冻植物 freezing-tolerant plant
即使组织大量结冰也不会立即致死的植物。

02.026 适寒植物 hekistotherm
生活于年平均温度低于0℃地域的耐冷植物。

02.027 旱生盐土植物 xerohalophyte
在内陆含有大量可溶性盐的土壤上生长的植物。

02.028 旱生植物 xerophyte
适宜在干旱生境下生长,可耐受较长期或较严重干旱的植物。

02.029 湿生植物 hygrophyte
在潮湿环境中生长,不能忍受较长时间水分亏缺的植物。

02.030 中生植物 mesophyte
适宜在中等湿度和温度条件下生长的植物。

02.031 酸土植物 oxylophyte, oxyphile
在酸性土壤上生长很好或限于在酸性土壤上生长的植物。

02.032 嫌酸植物 oxyphobe
酸性土壤上生长不良的植物。

02.033 钙土植物 calciphyte, calciphilous plant
适宜生长在富含碳酸钙的土壤上的植物。

02.034 嫌钙植物 calciphobe, calcifuge
适宜生长于缺钙的酸性土上的植物。

02.035 适氮植物 nitrophyte
适宜在富氮土壤上生长的植物。

02.036 适锌植物 zincophyte
能适应或忍耐土壤中高含锌量的植物。

02.037 C_3 植物 C_3 plant
在光合作用的初始阶段,一个分子二氧化碳与一个分子五碳糖结合生成两个分子的三碳糖的植物。

02.038 C_4 植物 C_4 plant
在光合作用的初始阶段,一个二氧化碳分子与一个三碳分子结合,生成一个四碳分子的植物。

02.039 耐火植物 pyrophyte
对火有较强的抵抗或适应能力的植物。

02.040 广盐种 euryhaline species
能生活在含盐量变化幅度较大的水环境中,或者能由淡水移入海水,由海水移入淡水生活的物种。

02.041 耐受极限 limits of tolerance
一个生物能够存活的特定环境因子的上限和下限。

02.042 避性 avoidance
通过防御来抵御恶劣环境条件的一种生存对策。

02.043 耐性 tolerance
对不利环境条件的忍耐力。

02.044 避逆性 stress avoidance, stress evasion
生物通过自身结构或代谢活动来避免胁迫的能力。

02.045 抗逆性 stress resistance
生物在不利环境因子下的存活能力。

02.046 耐逆性 stress tolerance
生物通过阻止、减小或修复胁变而不受伤害的能力。

02.047 寒害 chilling damage, chilling injury

植物受0℃以上低温侵袭造成的灾害。

02.048 寒害敏感性 chilling sensitivity
植物对冰点以上低温(0~20℃)侵袭的敏感程度。

02.049 耐旱性 drought tolerance
在干旱胁迫下仍能进行基本正常的生理活动,不受或极少受到伤害,即使受到伤害也能加以修复的特性。

02.050 抗旱性 drought resistance
通过形态、生理的变化,以不同方式适应干旱环境,在干旱条件下存活而很少或不受伤害的特性。

02.051 抗寒性 cold resistance
在0℃以下温度中仍能存活的能力。

02.052 耐冻性 freezing tolerance
生物能够忍受体内水分结冰而不致死亡的特性。

02.053 抗冻性 freezing resistance
被冷却的生物,在体内已出现冰晶的状态下仍能生存的特性。

02.054 避干燥性 desiccation avoidance
在大气或土壤干旱情况下生物维持组织适当含水量而延缓干化的特性。

02.055 抗干燥性 desiccation resistance
在十分干旱条件下生物延缓脱水或忍耐脱水的特性。

02.056 耐干燥性 desiccation tolerance
忍耐原生质脱水而不受损害的能力。

02.057 抗盐性 salt resistance
生物在盐性生境中能维持正常结构和功能的特性。

02.058 耐盐性 salt tolerance, salinity tolerance
生物耐受高浓度盐分而生长发育的特性。

02.059 盐胁迫 salt stress
植物由于生长在高盐度生境而受到的高渗透势的影响。

02.060 聚盐 salt accumulation
某些植物可从土壤中吸收大量盐分并积累在体内而不受伤害的现象。

02.061 排盐 salt elimination
植物通过释放气态卤化物、泌盐、积盐器官脱落等途径把吸收的过多盐分排出体外的现象。

02.062 拒盐 salt exclusion
植物通过根系超滤作用或中断运输而避免过量盐分进入体内的现象。

02.063 泌盐 salt excretion
植物通过茎、叶表面上密布的盐腺把吸收过多的盐分排出体外的现象。

02.064 盐腺 salt gland
某些植物茎、叶上的由原表皮细胞分化而来,多由两个或两个以上细胞构成的一种向外分泌盐类的结构。

02.065 盐调节 salt regulation
植物通过拒盐和排盐以避免盐分过多造成危害的机制。

02.066 盐肉质化 salt succulence
在盐性生境中植物细胞体积随吸收盐分增多而增大,从而使盐分浓度基本不变的现象。

02.067 趋水性 hydrotaxis
生物向最适湿度或水分条件的运动。

02.068 向水性 hydrotropism
植物对水的刺激的生长反应。

02.069 外温性 ectothermy
动物从环境获得热能,依赖于行为调节以适应环境温度变化的体温调节特性。

02.070　内温性　endothermy

动物利用自身的代谢产热调节和维持体温的特性。

02.071　恒温性　homeothermy

在温度变化的环境中,具有能维持恒定体温的能力。

02.072　变温性　poikilothermy

动物体温随环境温度变化而变化的特性。

02.073　胁迫　stress

条件不利于生物生长、繁殖的环境。

02.074　适应　adaptation

有机体面对所有的环境胁迫成分所采取的降低生理压力的改变。

02.075　表型适应　phenotypic adaptation

在有机体的生命周期内产生的适应。

02.076　基因型适应　genotypic adaptation

由于一个种或亚种遗传选择的结果而产生的适应。

02.077　[风土]驯化　acclimatization

又称"气候驯化"。在自然气候条件下,有机体在其一生中为了降低由于外界压力变化所导致的紧张状态而产生的生理或行为变化。

02.078　[实验]驯化　acclimation

在实验条件下面对某些气候因素的改变,有机体所产生的生理或行为变化。这些变化可以降低由于胁迫引起的紧张状态或增强其对紧张状态的耐受性。

02.079　休眠　dormancy

有机体在不利环境条件下所处的一种不活动状态。如冬眠、蛰伏、滞育等。

02.080　冬眠　hibernation

一些恒温动物在冬季长时间不活动、不摄食而进入睡眠状态并伴随着体温和代谢速率降低的一种越冬对策。

02.081　夏眠　estivation

某些动物在干热季节的一种昏睡状态,常伴随体温和代谢水平的下降,多在变温动物中发生。

02.082　蛰伏　torpor

动物暂时失去运动能力、对外界刺激敏感性降低的状态,通常伴随着代谢率、体温和呼吸率的明显降低。

02.083　滞育　diapause

昆虫生长和发育过程中的暂时性停滞状态。

02.084　昼夜节律　circadian rhythm

生命活动随昼夜 24 h 或大约每 24 h 的周期性变化。

02.085　生殖努力　reproductive effort

有机体为增加生殖力而花费的时间和分配的资源以及承担的风险。

02.086　发育反应　developmental response

生物在生长期受环境条件影响,在其基本结构和外表上发生的不可逆变化反应。

02.087　异速生长　allometry

生物体某一部分比其他部分生长快的现象。

02.088　相对生长　relative growth

生物体的整体生长与部分(器官)生长,体重与身长,或某一部分的生长与其他部分生长的相对关系。

02.089　相对生长速率　relative growth rate

在单位时间内生物的增长量与初始量之比值。

02.090　发育起点温度　developmental threshold temperature

又称"生物学零点(biological zero)","发育零点(developmental zero)"。生物生长和发育的下限温度。低于该温度,生物就停止生长发育,高于该温度,生物才开始生长发育。

02.091 过冷却点 supercooling point

昆虫体液过冷却与结冰导致其死亡之间的临界温度。

02.092 相对干旱指数 relative drought index

表征植物在其生境中受干旱影响程度的指标。用实际水分饱和亏缺与物种水分饱和亏缺临界值之比计算。临界值指干旱损害刚出现或对某个功能的干扰刚开始等。

02.093 旱生形态 xeromorphy

旱生植物器官的结构特征或形态特征。

02.094 直接测热法 direct calorimetry

利用一定量的水吸收受试动物在一定时间内产生的热量,通过测量水温的改变可算出总的产热量的方法。

02.095 间接测热法 indirect calorimetry

根据一定时间内动物的耗氧量、二氧化碳和尿氮排泄量来推算所耗用的代谢物质的成分和数量,再计算出总产热量的方法。

02.096 特殊动力效应 specific dynamic effect

又称"特殊动力作用(specific dynamic action)"。动物摄食后,代谢能转换的暂时性增加。

02.097 能量代谢 energy metabolism

有机体在物质代谢过程中能量的释放、转换和利用过程。

02.098 无氧代谢 anaerobic metabolism

没有氧参与的物质和能量的转化过程。

02.099 有氧代谢 aerobic metabolism

有氧参与的物质和能量的转化过程。

02.100 快速代谢 tachymetabolism

具有较高水平的基础代谢,能够控制体核温度的代谢类型。

02.101 慢速代谢 bradymetabolism

代谢速率较慢,主要通过行为来进行体温调节的代谢类型。

02.102 代谢率 metabolic rate

又称"代谢能转化(metabolic energy transformation)"。机体内通过有氧和无氧代谢活动,将化学能转化为热和机械功的速率。

02.103 基础代谢率 basal metabolic rate, BMR

恒温动物在静止、清醒、空腹状态下,其热中性区内的代谢率。

02.104 标准代谢率 standard metabolic rate, SMR

变温动物在某特定环境温度下的代谢率。

02.105 持续代谢率 sustained metabolic rate

动物在足够长的时间内,能量摄入与能量消耗相平衡而体重保持不变的平均代谢率。在此期间,动物的能量来源于食物摄入,而不是体内储存。

02.106 [活动]最大代谢率 maximum metabolic rate, MMR

动物在作功的特定时间内,与持续有氧代谢相比(血液中没有乳酸的累积),所达到的最大的代谢率。

02.107 [冷诱导]最大代谢率 peak metabolic rate, PMR

静止的动物在冷环境条件下诱导产生的最高的代谢率。

02.108 代谢范围 metabolic scope

动物的最大代谢率与基础代谢率之比。

02.109 产热 thermogenesis, heat production

有机体在能量代谢过程中,将化学能转化成热能释放的过程。

02.110 冷诱导产热 cold-induced thermogenesis

恒温动物在低温环境下，为维持恒温而增加的产热。包括颤抖性产热和非颤抖性产热。

02.111 食物诱导产热 diet-induced thermogenesis, DIT

当动物取食高度适口的食物时，专性产热能力增加的现象。

02.112 颤抖性产热 shivering thermogenesis

动物暴露于低温环境时，没有自律性活动和外功的参与，通过骨骼肌收缩而导致的产热方式。

02.113 非颤抖性产热 nonshivering thermogenesis

由于代谢能量转换导致的产热，产热过程没有骨骼肌的颤抖，主要产热部位是褐色脂肪组织。

02.114 体温 body temperature

机体内深部的平均温度。

02.115 体核温度 core temperature

机体深部（包括心脏、肺、腹腔器官和脑）的温度。

02.116 低体温 hypothermia

恒温动物的体核温度降到正常体温以下的状态。

02.117 体温过高 hyperthermia

又称"过热"。处于正常活动状态下的物种，其体核温度高于既定范围时的温度调节状态。是热负荷与散热能力之间临时或永久不平衡的结果。

02.118 体热平衡 body heat balance

机体产生的热量与失散到环境中的热量处于相等时的稳定状态。

02.119 热原 pyrogen

引入或释放到体内后能引起发热的物质。

02.120 内源性热原 endogenous pyrogen

细胞产生的一类热不稳定性多肽，可引起多细胞生物的发热。

02.121 外源性热原 exogenous pyrogen

进入宿主的内环境后，可引起发热的物质。

02.122 发烧 fever

动物或人发生的使体核温度升高的一种状态。

02.123 体温调节 temperature regulation, thermoregulation

在变化的内外热负荷条件下，机体体温维持在一个严格的范围之内。

02.124 温度顺应者 temperature conformer, thermoconformer

不能通过自主或行为的途径有效进行体温调节的动物。如变温动物。

02.125 温度调节者 temperature regulator, thermoregulator

能够通过自主或行为的途径来进行某种程度的体温调节的动物。

02.126 化学体温调节 chemical temperature regulation

通过产热能力的变化进行体温调节的方式。

02.127 物理体温调节 physical temperature regulation

通过对流、传导、蒸发等物理方法进行体温调节的方式。

02.128 行为温度调节 behavioral temperature regulation

动物通过行为过程与环境之间进行热交换以维持一定体温的调节方式。

02.129 温度常数 thermal constant

当反应速率的对数与温度成近乎线性关系时，某种生理过程在一个特定温度下的速率与低于10℃时的速率之比。用符号 Q_{10} 表示。

02.130 褐色脂肪 brown fat, brown adipose tissue, BAT

存在于恒温动物的新生个体、冷环境中的啮齿动物和越冬前的冬眠动物体内的一种呈黄色至浅褐色的产热力强的脂肪组织。

02.131 热中性区 thermal neutral zone, TNZ

恒温动物只通过控制可感觉的热量散失而进行体温调节的温度范围。在此范围内代谢产热或蒸发散热没有产生调节性变化。

02.132 上临界温度 upper critical temperature

又称“蒸发散热临界温度(critical temperature for evaporative heat loss)”。当环境温度超过处于静止状态时,恒温动物通过向外界环境传递热量进行体温调节的能力时的温度。热中性温度区的上端。

02.133 下临界温度 lower critical temperature

又称“产热临界温度(critical temperature for heat production)”。当环境温度低于恒温动物静止代谢产热所能维持的温度时,动物必须通过增加产热能力以维持身体的热平衡时的温度。热中性温度区的下端。

02.134 适宜环境温度 preferred ambient temperature

自由活动的人或动物所处的一个温度范围。此范围与特定的辐射强度、湿度和风速相关,此时人或动物不再寻求向更温暖或更冷的环境移动。

02.135 蒸发散热 evaporative heat loss

通过皮肤或呼吸道表面的水分蒸发导致的热能散失。

02.136 干燥散热 dry heat loss

由辐射、对流和传导导致的从身体到环境的总热量散失。

02.137 热量收支 heat budget

有机体的全部热量的获得和散失,包括代谢、蒸发、辐射、传递和对流。

02.138 贝格曼律 Bergman's rule

恒温动物在其分布区较冷地区比在较暖地区身体趋于变大、相对体表面积减小的现象。

02.139 艾伦律 Allen's rule

恒温动物身体的突出部分, 如四肢、尾巴、外耳等在气候寒冷的地方趋向于变短的现象。

02.140 乔丹律 Jordan's rule

关于生活在低温水域的鱼类个体较生活在温暖水域的同种个体倾向于有更多的脊椎骨。

02.141 格洛格尔律 Gloger's rule

在同种或亲缘动物物种个体之间,生活在温暖而潮湿地区的个体较生活在干燥而寒冷地区的个体具有较深的体色。

02.142 选择性脑冷却 selective brain cooling

恒温动物适应高温环境,大脑局部或整个温度降低,使之低于动脉血的温度。

02.143 食物可利用性假说 food availability hypothesis

代谢极限是由食物的可利用性制约,而与动物个体本身的特征无关。

02.144 外周限制假说 peripheral limitation hypothesis

动物的能量收支极限与动物个体本身有关,与动物的能量消耗方式相联系,外周器官对能量的实际消耗能力制约着动物的持续能量收支。

02.145 中心限制假说 central limitation hypothesis

中心供能器官是主要制约因子,这些器官的

作用是为所有耗能器官获取、处理和分配能量。

02.146　有效温度　effective temperature

对生物生长发育起积极作用的温度，即活动温度与生物学最低温度之差。

02.147　有效积温　effective accumulated temperature

某时段内有效温度的逐日累积值。

02.148　日度　degree day

某一时段内每日平均温度和基准温度之差的代数和。

02.149　透性　permeability

生物膜允许某种溶质分子或离子从一侧流到另一侧的特性。

02.150　选择透性　selective permeability

生物膜（质膜、液泡膜等）是否允许某种溶质分子或离子透过的特性。

02.151　半透性　semipermeability

膜或膜状结构只允许溶剂（通常是水）或部分溶质（一般为小分子物质）透过，而不允许其他溶质（一般为大分子物质）透过的特性。

02.152　透性系数　permeability coefficient

溶质通过薄膜或类似结构物的速率的一种定量测度。以单位水力梯度下单位时间单位面积的流量来表示。

02.153　渗透［作用］　osmosis

溶剂（如水分）通过半透膜从溶质浓度低的溶液向溶质浓度高的溶液的转移现象。

02.154　渗透调节　osmoregulation，osmotic regulation

细胞、器官或生物体根据其环境液体的溶质浓度来调整自身液体的溶质浓度的过程。

02.155　渗透压调节者　osmoregulator

通过自身调节而维持一定体液渗透浓度的生物。

02.156　低渗压调节　osnotic hyporegulation

生物在高盐度水域中生存而维持一定的低渗透势的现象。

02.157　生理干旱　physiological drought

环境中并不缺水，但由于植物自身（如代谢减弱）或土壤因子（如温度过低），植物根系吸水受到阻碍，水分代谢失去平衡，产生缺水胁迫，甚至萎蔫死亡的现象。

02.158　生理时间　physiological time

生物生理活动实际发生的时间。

02.159　呼吸　respiration

有机体利用氧气通过代谢分解有机化合物释放化学能的过程。

02.160　呼吸根　pneumatophore

在某些水生植物中的一种特殊的起呼吸作用的根结构。

02.161　共质体　symplast

活原生质体通过胞间连丝联系形成的连续体。

02.162　质外体　apoplast

除细胞质和液泡以外的细胞壁、木质部死组织等植物组织。

02.163　示踪剂　tracer

为阐明生物体内物质的运行情况而添加的某种物质。如便于追踪的色素、荧光物质，尤其是各种同位素。

02.164　蒸散　evapotranspiration，ET

植物群落土壤水分蒸发和植物蒸腾的总称或总失水量。

02.165　潜在蒸散　potential evapotranspiration，PET

又称“参比蒸散”。土壤在无限供水时的蒸发和蒸腾总和。

02.166 蒸腾 transpiration
植物体内水分通过体表(气孔或角质膜)以气态向外界大气输送的过程。

02.167 潜在蒸腾 potential transpiration
土壤在无限供水时由大气因子决定的植物蒸腾失水量。

02.168 蒸腾系数 transpiration coefficient
植物制造1g物质所消耗的水分克数。

02.169 蒸腾效率 transpiration efficiency
植物消耗1kg水所能积累的干物质克数。

02.170 蒸腾速率 transpiration rate
单位时间单位叶面积的蒸腾失水量。

02.171 蒸腾拉力 transpiration pull
由于植物的蒸腾作用而产生的自叶子至根系的水势梯度所带来的根系吸水力和水分向上输导力。

02.172 蒸腾流 transpiration stream, transpiration current
由于叶面蒸腾使叶片产生了吸水力,在导管和管胞内形成的连续水流。

02.173 蒸腾冷却 transpiration cooling
植物通过蒸腾失水使体温降低的作用。有时可使植物比大气低4~6℃甚至10~15℃。

02.174 气孔 stomata
植物表皮上两个保卫细胞及其围绕形成的孔隙的总称。

02.175 气孔蒸腾 stomatal transpiration
水蒸气通过植物叶表气孔向外扩散的过程。

02.176 气孔导度 stomatal conductance
气孔对水蒸气、二氧化碳等气体的传导度。

02.177 气孔阻力 stomatal resistance
水蒸气、二氧化碳等气体穿过气孔时的扩散阻力。

02.178 吐水 guttation
植物通过水孔、吐水组织、排水毛等以水滴的形式排出水分的现象。

02.179 相对含水量 relative water content
植物或土壤绝对含水量占其饱和含水量的百分比。

02.180 水代谢 water metabolism
在动物的生命过程中,有机体与环境之间的水分交换过程。

02.181 代谢水 metabolic water
动物通过体内脂肪的完全代谢或糖类的代谢而获得的水分。

02.182 无知觉失水 insensible water loss
通过皮肤和呼吸失水造成的水分流失的总和,不包括任何分泌的水分(如汗液、尿液和粪便中的水分)。

02.183 体积含水量 volumetric water content
以体积为单位计算的含水量。

02.184 水分收支 water budget
又称"水分差额"。特定系统在一定时段内收入和支出的水量之差。

02.185 水分输导 water conduction
水分在植物体内的长距离运输。植物根系吸收的水分主要通过维管组织输导至茎和叶。

02.186 水分临界期 water critical period
植物对水分不足最敏感、最易受害的时期。

02.187 水分饱和亏缺 water saturation deficit, WSD
与水分完全饱和时相比的缺水量。

02.188 水分胁迫 water stress
因土壤水分不足或外液的渗透压高,植物可利用水分缺乏而生长明显受到抑制的现象。

02.189 水分利用效率 water use efficiency,

WUE

单位蒸腾耗水量的光合作用量或生长量。

02.190 光合水分利用效率 photosynthetic water use efficiency

植物光合作用与蒸腾作用之比。

02.191 生产水分利用效率 water use efficiency of productivity

植物干物质生产量与耗水量之比。

02.192 水势 water potential

在恒温恒压下,一偏摩尔溶积的水与纯水之间的化学势差。

02.193 渗透势 osmotic potential

又称"溶质势"。溶液中由溶质存在所产生的水势。因为溶质对水分子的吸附作用,使水的活性下降,所以和纯水相比,含有溶质的水做功的能力降低了,故渗透势为负值。

02.194 衬质势 matric potential

因衬质成分表面吸附力(细胞胶体物质亲水性和毛细管对自由水束缚)而产生的水势。

02.195 清晨水势 predawn water potential

在清晨时对植物叶子或小枝水势进行测定所得的值。

02.196 压力势 pressure potential

细胞的原生质体吸水膨胀,引起富有弹性的细胞壁产生一种限制原生质体膨胀的反作用力。

02.197 水势梯度 water potential gradient

含水体系(植物或土壤等)内两点间水势的逐渐升高或下降的变化现象。可用两点间水势之差与两点间距之比来表示。

02.198 水分关系 water relations

生物如何保持向环境的失水量与摄水量的平衡。

02.199 需水量 water requirement

植物在生长季吸收的水量与同期生成的干物质的数量之比。

02.200 压力室 pressure chamber

借密封小室内混合氮气压力测定植物枝条或叶片水势的一种仪器。

02.201 压力－容积曲线 pressure-volume curve

又称"PV 曲线"。在研究植物水分状况时,利用压力室测定平衡压与植物样品(如植物小枝)含水量减少而相应改变的情况,根据二者的对应关系所绘的曲线图。

02.202 萎蔫 wilting

植物水分亏缺,不能维持细胞刚性致使茎、叶等幼嫩部分下垂、皱缩或卷曲的现象。

02.203 暂时萎蔫 temporary wilting

蒸腾作用减弱后,植物便恢复挺立状态的萎蔫。

02.204 永久萎蔫 permanent wilting

土壤可利用水分亏缺,即使植物降低蒸腾仍不能恢复原状的萎蔫。

02.205 萎蔫湿度 wilting moisture

土壤水分减少到使植物叶片开始呈现萎蔫状态时的土壤湿度。

02.206 界面层导度 boundary layer conductance

叶面与大气之间的二氧化碳、水蒸气或热量的传导度。

02.207 界面层阻力 boundary layer resistance

叶面与大气之间的二氧化碳、水蒸气或热量的扩散阻力。

02.208 冠层导度 canopy conductance

植物冠层与大气之间的二氧化碳、水蒸气或热量的传导度。

02.209 冠层阻力 canopy resistance
植物冠层与大气之间的二氧化碳、水蒸气或热量的扩散阻力。

02.210 气穴现象 cavitation
植物木质部导管内局部出现气泡的现象。气穴的形成导致导管堵塞,致使输水通道导水率降低。

02.211 内聚力学说 cohesion theory
又称"内聚力-张力学说(cohesion-tension theory)"。植物叶子具有蒸腾拉力,由于水分子间存在内聚力(即相互吸引作用),便产生蒸腾流,从而实现了水分自根系向上运动。

02.212 分室化[作用] compartmentation, compartmentalization
内质网将细胞分隔成许多小室,使细胞内的物质处于特定的环境,从而使各种生化反应高效率地进行。

02.213 再吸收 resorption
植物的衰老组织即将脱落之前,其营养物质和可溶性有机化合物向其他组织的转运过程。

02.214 同向转运 symport
两种溶质朝相同方向穿过生物膜的相连运输。

02.215 逆向转运 antiport
两种溶质以相反方向穿过生物膜的相连运输。

02.216 集流 mass flow
(1)植物体内随水流发生的溶质的大量运输。(2)植物体内水流自根部向叶部的流动过程。

02.217 长距离运输 long distance transport
物质通过植物的维管系统在根部与地上部之间进行运移的过程。

02.218 奢侈吸收 luxury absorption
植物吸收的某一养分量超过其生长的需要而使植物组织内该元素含量较高,但植物生长或产量并不相应增减的现象。

02.219 营养保存策略 nutrient-conserving strategy
植物在不利环境条件下通过减少生产和限制生长来延长养分利用时间的对策。

02.220 生物发光 bioluminescence
某些生物体内的萤光素在酶作用下氧化而产生光的现象。

02.221 色素适应 chromatic adaptation
植物通过色素变化以适应光谱变化,从而最大限度地吸收辐射能量的能力。

02.222 景天酸代谢 crassulacean acid metabolism, CAM
景天科植物夜间同化二氧化碳,形成的苹果酸储藏在液泡中;白天由苹果酸放出二氧化碳参与卡尔文循环的光合作用途径。

02.223 景天酸代谢植物 crassulacean acid metabolism plant, CAM plant
又称"CAM 植物"。夜间吸收大量的二氧化碳产生苹果酸,白天苹果酸中的二氧化碳释放出来用于光合作用的植物。

02.224 叶面积密度 leaf area density, foliage density
单位群落体积的总植物叶面积。常以 m^2/m^3 表示。

02.225 叶质量密度 leaf mass density
单位鲜叶量(或单位鲜叶体积)的干叶重量。

02.226 叶面积持续期 leaf area duration, LAD
某个时期(通常为一个生长季)的叶面积指数的积分值。

02.227 叶面积指数 leaf area index, LAI

单位土地面积上的总植物叶面积。

02.228 叶面积比 leaf area ratio, LAR
总植物叶面积与总植物干重之比。即植物单位干重的叶面积。

02.229 比叶面积 specific leaf area
叶的单面面积与其干重之比。

02.230 比叶重 specific leaf mass, specific leaf weight
叶的干重与其单面面积之比。

02.231 叶重比 leaf mass ratio, leaf mass fraction, leaf weight ratio
叶生物量与整个植株生物量之比。

02.232 叶面积等级 leaf size class
根据叶面积大小划分的叶的类型。

02.233 大量元素 macroelement, major element
又称"常量元素"。生物正常生长发育需要量较多的元素。如碳、氢、氮等。

02.234 微量元素 microelement, minor element
植物正常生长发育需要极少量，为植物体重$10^{-8} \sim 10^{-5}$的元素。如铁、铜、锌等。

02.235 矿质营养 mineral nutrient
植物正常生长发育所必需的营养元素中，除碳、氢、氧三种元素外，氮、磷、钾、硫、钙、镁、铁、铜、锰、锌、硼、钼、氯等13种元素的统称。

02.236 光周期 photoperiod
(1)生物每天在太阳升起和降落之间的总时间长度内暴露于阳光的时间。(2)一天之内，相对于黑夜而言，白天的时间长度。

02.237 光周期现象 photoperiodism
生物对昼夜周期变化发生各种生理、生态反应的现象。

02.238 光损害效应 photodestructive effect
光辐射在一定条件下变为胁迫因子时所起的作用。

02.239 光稳态效应 photohomeostatic effect
植物通过调节枝叶排列和叶的发育，在光照梯度较大时仍能获得较稳定光照的作用。

02.240 光周期诱导 photoperiodic induction
在一定时间内给予适宜的光周期影响，以后即使置于不适宜的光周期条件下，光周期影响仍可持续下去的现象。

02.241 光照阶段 photophase, photostage
植物完成某一发育过程所需的一定光照时间长度影响的阶段。

02.242 光合/呼吸比 photosynthesis / respiration ratio, P/R ratio
光合作用速率与呼吸速率的比率。

02.243 光合能力 photosynthetic capacity
在辐射能饱和、大气二氧化碳和氧气浓度正常、其他生态因子最适时的植物光合作用速率。

02.244 潜在光合能力 potential photosynthetic capacity
二氧化碳饱和点的光合速率。

02.245 光合能量利用效率系数 photosynthetic energy utilization efficiency coefficient
在二氧化碳转化为碳水化合物中以化学键的形式固定的能量占吸收的能量的百分比。

02.246 光合有效辐射 photosynthetically active radiation
太阳辐射光谱中可被绿色植物的质体色素吸收、转化并用于合成有机物质的400～700 nm波段的辐射能。

02.247 光呼吸 photorespiration
植物绿色组织在光照下吸收氧和放出二氧

化碳的过程。

02.248 光合作用 photosynthesis
植物利用光能合成有机物的过程。

02.249 总光合作用 gross photosynthesis
植物的二氧化碳总固定量。

02.250 净光合作用 net photosynthesis
又称“表观光合作用(apparent photosynthesis)”。植物的二氧化碳净固定量,等于总固定的二氧化碳量减呼吸消耗的二氧化碳量。

02.251 C_3 光合途径 C_3 photosynthetic pathway
光合作用最初产物为3-磷酸甘油酸(一种三碳酸)的光合途径。

02.252 C_4 光合途径 C_4 photosynthetic pathway
光合作用最初产物为草酰乙酸、苹果酸或天冬氨酸(一种四碳酸)的光合途径。

02.253 光合效率 photosynthetic efficiency
植物总初级生产量同化的太阳能占可利用太阳能的百分比。

02.254 光合“午休” midday depression of photosynthesis
植物的光合速率日变化呈双峰曲线时,大的峰出现在上午,小的峰出现在下午,中午前后光合速率下降的现象。

02.255 光合商 photosynthetic quotient
光合作用时吸收的二氧化碳与放出氧的摩尔比。

02.256 光合速率 photosynthetic rate
光合作用固定二氧化碳的速率。即单位时间单位叶面积的二氧化碳固定(或氧气释放)量。

02.257 单位叶面积速率 unit leaf rate, ULR
单位叶面积的净光合速率。

02.258 光[合]系统 photosynthetic system
能够吸收光能并参与光合作用光反应的一种光合色素或一组色素。叶绿体的光合反应在光系统Ⅰ和光系统Ⅱ中进行。

02.259 光温潜力 photo-temperature potential productivity
单位时间、单位面积上,植物群体在其他自然条件均适宜,以光能和温度条件为决定因素时产生的干物质量。

02.260 量子产额 quantum yield
植物通过一个光量子所固定的二氧化碳分子数或放出的氧分子数。

02.261 光抑制 photoinhibition
在强光下光合作用受到抑制的现象。

02.262 光动性 photokinesis
在阳光下非定向活动加强的现象。

02.263 感光性 photonasty
植物因光强变化的刺激而发生的感性生长运动或感性膨压运动。

02.264 光罗盘定向 light-compass orientation
与太阳成一固定角度定向或行进的现象。

02.265 太阳跟踪 solar tracking
植物器官(尤其是叶或花)随白天太阳位移而改变其定向以接受最适入射辐射的现象。

02.266 光饱和点 light saturation point
当光照强度增加到某一点后,再增加光照强度,光合强度也不增加,这一点的光照强度称光饱和点。

02.267 光补偿点 light compensation point
植物同化器官中,光合作用吸收的二氧化碳与呼吸作用释放的二氧化碳相等时的光照强度。

02.268 二氧化碳补偿点 CO_2 compensation point

当光合吸收的二氧化碳量与呼吸放出的二氧化碳量相等时的外界的二氧化碳浓度,称二氧化碳补偿点。

02.269 碳损失 carbon loss

植物通过暗呼吸、光呼吸等消耗碳的过程。

02.270 碳同化作用 carbon assimilation

二氧化碳被固定和变为有机物的过程。包括绿色植物的光合作用、细菌光合作用和化能合成作用三种类型。其中光合作用最为普遍和重要。

02.271 碳获取 carbon acquisition

植物通过光合作用固定二氧化碳而获得碳的过程。

02.272 氮利用效率 nitrogen use efficiency, NUE

光合作用或生长相对于叶含氮量或植物含氮量的一种测度。

02.273 光合氮利用效率 photosynthetic nitrogen-use efficiency

光合作用与单位叶面积含氮量之比。

02.274 生产氮利用效率 nitrogen use efficiency of productivity

一定时期的干物质增加量与光合器官含氮量之比。

02.275 净同化 net assimilation

又称"表观同化"。植物同化器官光合作用与此期的呼吸作用之差。

02.276 净同化速率 net assimilation rate, NAR

植物在单位时间和单位同化面积的干物质增加量。

02.277 放射性示踪物测定法 radioactive-tacer method

利用放射性同位素示踪技术,借测定植物放射活性而确定光合作用固碳量,从而估算初级生产力的方法。

02.278 生物量密度 biomass density

单位鲜重生物量(或单位体积)的干重生物量。

02.279 根质量密度 root mass density

单位鲜根重量(或单位鲜根体积)的根干重量。

02.280 根质量比 root mass ratio

根生物量与整个植株生物量之比。

02.281 根压 root pressure

根产生的水压。具有把导管内的水压上去的作用。

02.282 根面积指数 root-area index

单位地面的植物根系面积(m^2/m^2)。

02.283 比根长 specific root length

单位根重的根的长度。

02.284 吸集 sequestration

植物或土壤等对物质(如二氧化碳)的吸收与固定或吸收与束缚。

02.285 汇源关系 sink-source relationship

光合作用器官是物质生产的源,而不断生长的器官和贮藏器官则是消耗利用有机物的汇,这两者的相互制约关系称汇源关系。

03. 行为生态学

03.001 行为 behavior
动物所做的有利于眼前自身存活和未来基因存活(包括利他活动)的一切事情,或者说是在个体层次上,动物对来自体内的生理变化和来自体外的环境变化所做出的整体性反应。

03.002 欲求行为 appetitive behavior
一个复杂的行为通常分为两个阶段,欲求行为是第一个阶段,如取食行为的寻找食物阶段和生殖行为的求偶阶段,直到找到了食物或配偶,此阶段才算完成并过渡到第二阶段。

03.003 完成行为 consummatory behavior
一个复杂的行为通常分为两个阶段,完成行为是第二个阶段,如取食行为的进食和生殖行为的交配,只有完成了此阶段,才能达到这一复杂行为的生物学目的。

03.004 探索行为 investigative behavior
一个新刺激和新物体常可吸引动物(特别是幼小动物)去接近、触摸和试探性地去抓和咬的现象。这种玩耍的兴趣将随着对新事物熟悉程度的增加而下降。

03.005 本能行为 instinctive behavior
在进化过程中形成的可遗传的复杂反射或反射链。

03.006 固定行为型 fixed action pattern
按一定时空顺序进行的肌肉收缩活动,表现为一定的运动形式并能达到某种生物学目的。如孵卵灰雁的回收蛋行为和青蛙伸舌捕虫行为。

03.007 行为痕迹 behavioral rudiment
已丧失了功能但却能反映其祖先过去的行为。如在树上营巢的秧鸡仍表现有地面鸟类所特有的回收蛋行为,但这种行为已不再有任何生物学意义。

03.008 习惯化 habituation
当刺激连续或重复发生时,动物行为的频次与强度所发生的持久性衰减甚至消失的过程。广义来说,就是动物学会对一个特定的刺激不发生反应。

03.009 学习 learning
能够使动物的行为对特定的环境条件发生适应性变化的所有过程,或者说是动物借助于个体生活经历和经验使自身的行为发生适应性变化的过程。

03.010 试错学习 trial and error learning
个体经历尝试—错误—再尝试—再错误而使错误率逐渐减少,成功率不断增加的过程。

03.011 顿悟学习 insight learning
动物最高级的学习行为,包括了解问题、思考问题和解决问题。最简单的顿悟学习是绕路问题,即在动物和食物之间设置一个屏障,动物只有先远离食物绕过屏障才能接近食物。

03.012 印记 imprinting
又称“印痕”。发生在动物个体发育早期阶段的一种不可逆转的学习类型,很多幼小动物在其出世的早期阶段不仅会对其遇到的任何移动着的物体产生依附性,而且以后还会对这一物体表现出性行为和社会行为。

03.013 斯金纳箱 Skinner box

行为心理学派在实验室内研究动物(主要是鼠和鸽)学习能力的箱形实验装置,因最初是由斯金纳(B. F. Skinner)发明而得名。

03.014 使用工具 tool using

动物从周围环境中拿取某些非生命物体作为自身生理器官的延伸物加以利用。如啄木地雀用一根仙人掌刺探取深藏在树洞中的昆虫。

03.015 比较研究法 comparative approach

通过对近缘物种的行为进行对比分析,以了解行为适应和进化的重要方法。

03.016 扩展协同进化 diffuse coevolution

一个猎物群体(包括很多物种)与一个捕食者群体之间的协同进化关系。

03.017 趋性 taxis

接近或离开一个刺激源的定向运动,依据刺激源的性质可区分为趋光性、趋地性、趋触性和趋流性等。

03.018 昼行性 diurnality

动物白天外出活动夜晚休息的习性。

03.019 自私基因 selfish gene

是指基因在生物进化中的绝对自私性,是对动物行为功能的基本解释。即动物的行为可以是利他的,但基因是绝对自私的,基因同其等位基因竞争,只有自私基因方能被自然选择所保存,利他基因必然被淘汰。

03.020 存活值 survival value

某一特定行为对个体存活的价值,属于行为功能的研究范畴。

03.021 经济权衡 economic trade-off

在两种行为对策或两种以上行为对策所获得的利益之间求得的平衡。如很多动物都要在取食和安全之间求得一种最佳平衡。

03.022 稳定进化对策 evolutionary stable strategy, ESS

一旦被种群大多数成员采取,且不会被其他任何可选行为对策所取代的对策。

03.023 最优化理论 optimality theory

自然选择总是倾向于使动物最有效地传递其基因,因而也是最有效地从事各种活动,包括使它们活动时的时间分配和能量利用达到最佳状态。

03.024 最适模型 optimality model

依据最优化理论建立的数学模型,可用于预测在投入和收益之间做出何种权衡才能使个体获得最大净收益。

03.025 亲缘选择 kin selection

基因水平上的自然选择,是选择广义适合度最大的个体,而不管这个个体的行为是否对自身的存活和生殖有利。

03.026 亲缘辨别 kin discrimination

动物行为水平上对亲属的识别,即对亲属和非亲属个体所做出的不同行为反应。

03.027 亲缘系数 coefficient of relatedness

衡量个体之间亲缘关系远近或共占某一特定基因概率的一种测度,用符号“r”表示。如:父子之间的 $r=0.5$,即父子共占某一特定基因的概率是50%或两者有一半的基因是相同的。

03.028 汉密尔顿法则 Hamilton's rule

只有 $rB-C>0$,支配利他行为的基因在种群基因库中的频率才会增加,其中 r 是利他者与受益者的亲缘系数,B 是受益者所得的利益,C 是利他者所付出的代价。

03.029 亲缘识别 kin recognition

有亲缘关系个体之间的相互辨识机制,已知的辨识机制有:① 靠识别等位基因;②把同巢或同窝个体都看成是自己的亲属;③靠学习认识自己的亲属;④靠表型匹配。

03.030 识别等位基因 recognition allele

在表型上的表达能使基因携带者识别出其他个体体内的同样基因,而且能使基因携带者对后者表现出利他倾向。

03.031　利他行为　altruistic behavior
有利于其他个体存活和生殖而不利于自身存活和生殖的行为,这种行为在自然界普遍存在,可用广义适合度和亲缘选择加以解释。

03.032　绿胡须效应　green beard effect
如果是一个基因使其携带者生有绿胡须,而且这个携带者又能对其他生有绿胡须的个体表现出利他行为,那么自然选择就会有利于这个基因在种群中得到传布,这种现象称为绿胡须效应。

03.033　表型匹配　phenotype matching
一只雌鼠对一只表型上与自己最相像(如气味)的同窝雌鼠表现出更强烈的利他行为,借此可以区别对待全同胞姐妹和半同胞姐妹。

03.034　基因频率　gene frequency
特定基因在种群中所占的比例。进化过程主要是基因频率发生变化的过程。

03.035　遗传预先倾向性　genetic predisposition
先天决定的某些行为的易发性。如哺乳动物雌性个体更多地参与亲代抚育有其先天的解剖学基础。

03.036　频率制约　frequency dependent
种群中每一种行为对策所得到的报偿都受种群中其他行为对策的制约,各行为对策在种群中所占的比例是互相牵制的。

03.037　群选择　group selection
通过种群内各群体之间存在的生殖能力差异而进行的选择。

03.038　觅食行为　foraging behavior
动物搜寻、捕捉和加工处理食物的过程。

03.039　食性　feeding habit
动物所吃食物的性质。如食植性、食肉性、食虫性、食腐性等。

03.040　乞食　food begging
幼小动物向成年动物(通常是双亲)要求喂食的行为。

03.041　食物选择　food selection
在动物的进化过程中,自然选择总是倾向于使动物选择对自身生存更有利的最适食物和食谱。

03.042　食物共享　food sharing
将所猎得的食物与亲缘群中的其他个体共同食用的现象。在社会性食肉类哺乳动物如狮子、鬣狗、狼和獴中最常见。

03.043　运量的经济学原理　economics of carrying a load
用经济学的投资-效益分析法研究鸟类育雏期间一次运食量的最佳权衡。

03.044　选择猎物的经济学原理　economics of prey choice
用经济学的投资-效益分析法研究动物对猎物大小和食谱的最佳选择。

03.045　处理时间　handling time
捕食者从捕获猎物到吃下猎物所花费的时间。

03.046　储藏　hoarding
动物埋藏、储存一些食物以备未来之需的行为。在啮齿动物中最常见,也见于其他动物类群,如山雀科、鸦科、伯劳、鹰隼、猫头鹰、美洲狮和狐狸等。

03.047　食物净值　net food value
觅食者所得的食物总能量减去觅食者搜寻和消化食物所消耗能量的差值。

03.048 最适返回时间 optimal return time

觅食动物应当以一种适当的方式在其觅食区域内巡行,为获取最大的能量收益从离开一个斑块到重新回到这个斑块所经历的时间就是最适返回时间。

03.049 最适搜寻率假说 optimal search rate hypothesis

捕食者在环境斑块中的搜寻时间与斑块中食物密度相关。在特定的食物密度下,存在一个最适搜寻时间。

03.050 辨认时间 recognize time

捕食者确认一种猎物所花的时间。包括辨认失败、放弃一种猎物所用的时间。

03.051 取样和信息 sampling and information

动物觅食行为的一种适应,即从周围环境中获取食物分布的样品,并依据这种样品中的信息而做出觅食决策。

03.052 选型交配 assortative mating

个体选择与自己同型的个体交配的方式。进化中如果个体间长期选型交配,则最终可能导致两类型之间的生殖隔离,并发展成两个不同的种。

03.053 非选型交配 disassortative mating

个体选择与自己不同型的个体交配的方式。非选型交配可以避免发生近交并有利于增加后代的遗传多样性。

03.054 求偶场 lek

动物每年生殖季节进行集体求偶的固定场所。在鸟类和哺乳动物中最常见。

03.055 求偶行为 courtship behavior

伴随着性活动和作为性活动前奏的所有行为表现。求偶行为有吸引异性、防止种间杂交、激发对方的性欲望和选择高质量配偶的生物学功能。

03.056 集体求偶 communal courtship

动物求偶的一种形式。雄性个体生殖季节聚集在求偶场上共同向雌性个体求偶的现象。在鸟类和哺乳动物中常见。

03.057 求偶喂食 courtship feeding

雄性个体求偶时向求偶对象递送食物的现象。求偶喂食具有多种功能,在昆虫和蜘蛛中较为常见,如蝎蛉、舞虻和盗蛛。

03.058 求偶反应链 courtship reaction chain

雌雄求偶时的相互行为反应。每一种行为对对方来说都是一个信号,可刺激释放出求偶程序中的下一步反应。

03.059 求偶礼物 nuptial gift

雄性动物求偶时递送给雌性动物的一件礼品,通常是可食的猎物,也可以是其他物件(如丝球)。

03.060 假梳理 mock preening

雄鸭用嘴梳理羽毛的功能已从最初的整理羽毛演变为求偶的现象。假梳理是演变后的梳理动作。

03.061 炫耀 display

个体以表情、动作、鸣叫和气味向同种其他个体发出信息,意在引起其他个体的行为改变。炫耀具有通信功能,包括行为炫耀、声音炫耀和气味炫耀等。

03.062 婚后飞行 post-nuptial flight

交尾中雄蝶把被动的雌蝶带向空中飞行,最终雌雄蝶要在植被稠密的隐蔽处保持交尾状态数小时。如王蝶属(*Danaus*)的蝶。

03.063 婚飞 nuptial flight

社会性膜翅目昆虫(主要是蜜蜂和蚂蚁)交配前后的群飞。这些昆虫在高空追逐飞翔中完成交配。

03.064 婚羽 nuptial plumage

鸟类(特别是雄鸟)生殖季节换上的鲜艳羽

衣,其主要功能是求偶。

03.065 水草仪式 weed ceremony

大鹏鹛的复杂求偶动作,即雌雄鸟双双潜入水下,从水底衔一些水草后浮出水面,彼此迅速靠近并向上跃出水面,此时胸对胸,身体和脖颈尽力向上伸展并不停地踩水和左右摆头。

03.066 发现仪式 discovery ceremony

大鹏鹛的一种仪式化行为,通常是在一对雌雄鸟分离一定时间后才会表现,与水草仪式不同的是只有一只鸟潜入水下,并在另一只鸟面前浮出水面和转体180°,这种仪式有助于巩固两性之间的联系。

03.067 散布多态现象 dispersal polymorphism

一个同龄群中的一些个体有翅,适合于散布,而另一些个体则无翅,不能散布的现象。散布多态现象适合于用来分析散布的利和弊,借此可以对同一地点、同一物种的散布个体和非散布个体进行比较分析。

03.068 离巢幼鸟 fledgling

从出巢到独立生活这一发育阶段,常需成鸟喂食的鸟。

03.069 亲代投资 parental investment

双亲在繁殖后代中所投入的能量和花费的时间。通常是雌性的亲代投资大于雄性,但也有例外。

03.070 雄性投资 male investment

雄性个体在亲代抚育中所投入的能量和花费的时间。雄性投资通常小于雌性投资,但有例外。

03.071 局域配偶竞争 local mate competition

同胞兄弟之间的配偶竞争,这种竞争会导致其母亲把性比率投资偏向女儿,偏斜程度则取决于局部配偶竞争的激烈程度。

03.072 局域资源竞争 local resource competition

大多数哺乳动物雌性个体的散布距离较雄性个体的扩散距离短,因此在雌兽的巢域范围内常常会因母女或姐妹之间对食物资源的竞争而引起死亡,这种局域资源竞争会导致性比例投资偏向雄性。

03.073 配偶选择 mate choice

从众多的求偶者中选择配偶,通常是雌性选择雄性,因为雌性的生殖投资大于雄性,所以通常雄性是求偶者,但有极少数例外。

03.074 保卫配偶 mate guarding

有些种类的雄性动物一旦找到雌性动物就将其独占并加以看护,不允许其他个体接近。如豆娘、喜鹊和一种端足目甲壳动物(*Gammarus*)等。

03.075 性选择 sexual selection

通过自然选择过程使一个性别个体(通常是雄性)在寻求配偶时获得比同性其他个体更有竞争力的形态和行为特征。建立在主动择偶基础上的性选择可以导致性二态特征的进化。

03.076 性二态 sex dimorphism

同种两性个体通过性选择在大小、形态和色型上所产生的差异。

03.077 性别转变 sex change

动物在个体发育过程中的性别逆转现象。在鱼类中常见,如蓝头锦鱼(*Thalassoma bifasciatum*)个体的性别是先雌后雄,而双锯鱼(*Amphiprion akallopisos*)是先雄后雌。

03.078 性角色逆转 sex role reversal

在少数一雌多雄制鸟类中,雌性个体展开竞争来争夺雄性动物,使两性角色发生了逆转的现象。如三趾鹬(*Calidris alba*)和斑点矶鹬(*Actitis macularia*)等。

03.079 两性冲突 sexual conflict

雄性个体和雌性个体利益的不一致。包括对最适交配体制要求的不一致、两性交配决策的不一致以及雄性在杀婴行为上与雌性的矛盾等。

03.080 性皮肿胀 sexual swilling
生活在多雄群中的雌性灵长类个体发情期外阴皮肤的红肿现象。这种带有广告色彩的皮肤红肿是发情标志，有助于雌猴与多个雄猴进行交配。

03.081 顺序雌雄同体 sequential hermaphrodite
个体先以雌性或雄性参与繁殖活动，然后再以雄性或雌性参与生殖活动的情况。如在鱼类中当一个个体生殖的成功与其身体大小或年龄相关时常发生这种现象。

03.082 同时雌雄同体 simultaneous hermaphrodite
个体在同一个时刻具有雌性和雄性生殖器官与功能的情况。

03.083 单配制 monogamy
一雄配一雌的交配体制或一雌一雄制。在鸟类中常见。

03.084 多配制 polygamy
一雄配多雌的交配体制或一雌多雄制。在哺乳动物中常见。

03.085 一雄多雌制 polygyny
一种交配模式，一个雄体同时或先后快速地与多个雌体交配。

03.086 一雌多雄制 polyandry
一种交配模式，一个雌体同时或先后快速地与多个雄体交配。

03.087 保卫雌兽的一雄多雌制 female defense polygamy
雄兽靠独占和保卫多只雌兽而形成的多配制。只有雌兽的巢域面积小于雄兽所能保卫的面积时，才能形成这种交配体制。

03.088 眷群 harem
又称“妻妾群”。一雄多雌制哺乳动物中，一只雄兽在生殖期所占有并保卫的一群雌兽。

03.089 性内竞争 homosexual competition
交配前的性内竞争形式是雄性动物独占异性或独占一个可吸引异性的领域；交配后的性内竞争形式是设法使雌性个体不使用从其他雄性个体那里接受的精子。如蜻蜓(*Orthetrum cancellatum*)和钝口螈(*Ambystoma maculatum*)等。

03.090 性内交配 homosexual copulation
在雄性个体之间进行的交配。如蜯象有时会把精子射入另一雄蜯象体内(刺破体壁)，待精子游动到精巢时便开始等待机会，一旦该竞争对手与一只雌蜯象交配时，便会把这些精子注入雌虫体内。

03.091 生殖对策 reproductive strategy
生物繁殖后代时所面临的各种抉择。如对生殖和生长各投入多少资源为适宜；生殖的资源如何在后代之间分配；在什么年龄生殖；要不要育幼；是让后代在家庭中长大，还是让它们早早地离开家庭去独立地生活。

03.092 生殖行为 reproductive behavior
与繁殖后代有关的所有行为。如求偶、交配、筑巢、孵卵和亲代抚育等。

03.093 精子竞争 sperm competition
在雌性个体可能与多个雄性个体交配的情况下，不同个体精子之间竞争使卵子受精的机会，雄性动物为此产生了很多形态和行为适应。

03.094 精子取代机制 sperm displacement mechanism
可增强精子竞争能力的形态和行为适应。如灰蜻蜓(*Orthetrum cancellatum*)的阴茎末端有一个带倒钩的附器，交配时先用它把雌蜻蜓体内来自其他雄蜻蜓的精子刮出来，然后再把自己的精子送入受精囊。

03.095 亲代抚育 parental care
亲代对子代的保护、照顾和喂养，包括一切有利于子代生存的活动。

03.096 亲代操纵 parental manipulation
社会性昆虫中王虫完成第一次生殖后再产第二批卵，并诱使从第一批卵中孵出的雌性后代留在巢中帮助完成第二次生殖的现象。这对亲子两代都有遗传利益。

03.097 雄性先熟 protandry
某些昆虫羽化季节中雄性个体的出现早于雌性个体的现象。

03.098 共占巢 nest sharing
膜翅目昆虫社会性起源的一种假说。社会性起源于多个王虫彼此合作共建一巢，在多数情况下这些王虫是姐妹关系。

03.099 异双亲 alloparents
参与抚育幼小动物的非双亲成年动物。在很多食肉类哺乳动物、啮齿动物和大约300种鸟类中存在异双亲。

03.100 帮手 helper
帮助自己的双亲、姐妹或其他亲缘个体喂养后代的成年动物。这种利他行为在哺乳动物和鸟类中最常见。

03.101 巢中帮手 helper at the nest
有生殖能力的个体不进行生殖，而是帮助其他个体进行生殖的现象。通常是帮助其他个体喂养巢中的后代。

03.102 集体生殖 communal breeding
一窝幼小动物有多个父亲或多个母亲的现象，常常是几个雌性个体共同抚育一群幼仔。如缟獴(*Mungos mungo*)和犀鹃(*Crotophaga sulcirostris*)。

03.103 窝卵数 clutch size
又称“窝仔数”。鸟类或哺乳动物一次生殖中的产卵数或产仔数。窝卵数的大小是对各自生态条件适应的结果，通常是最佳的。

03.104 出生扩散 natal dispersal
年幼动物从其出生地迁移到其第一次生殖地的过程。

03.105 永久性社群 permanent group
喜群居的动物如狮子、獴、多数灵长动物和一些鸟类所形成的稳定、长期的个体组合。

03.106 社会性昆虫 social insect
由很多成虫形成一个群体、合作筑巢和育幼、世代重叠、存在明显的生殖优势和等级的昆虫。

03.107 独居蜜蜂 solitary bees
蜜蜂总科中非社会性的独栖种类。如切叶蜂。蜜蜂总科中多数种类都是独栖的，社会性蜜蜂只占少数，常见的是蜜蜂属(*Apis*)。

03.108 营养卵 trophic egg
织叶蚁属(*Oecophylla*)中只要蚁王存在，工蚁就不会产出任何有活性的卵，而只能产出非活性卵，这些卵是蚁王重要的食物来源，故名营养卵。

03.109 优势等级 dominance hierarchy
依据个体在社群中的优势程度所分的级别，最简单的可区分为优势个体和从属个体。

03.110 优势序位 dominance order, rank order
依据个体在社群中的优势程度由高到低所排列的顺序。

03.111 啄位 peck order
又称“啄食等级”。特指鸟类(主要是鸡形目)的优势序位，优势个体有优先啄食权。

03.112 社会等级 social hierarchy
主要是指社会性昆虫群体中个体之间的分工和形态分化。如蚂蚁群体中有蚁王、雄蚁、小工蚁、中工蚁、大工蚁和兵蚁等不同的等级，它们形态各异，各司其职。

03.113 多化性 multivoltine

昆虫一年有多个世代。

03.114 次生单雌性 secondarily monogynous

一个社会性昆虫群体中只有一头有生育能力的王虫，但这种单雌性是由最初来源于同一世代的几头王虫（多雌制）通过战斗转变而来的。

03.115 不育等级 sterile caste

社会性昆虫中生殖腺不发育和不能生殖的雌性个体，包括所有职虫。如工蜂、工蚁和兵蚁等。

03.116 等级分化 caste differentiation

一个社会性昆虫群体中通常只有一个能进行生殖的个体，其他多数个体则不能生殖并在形态上分化为不同的等级和从事不同的工作。

03.117 等级决定 caste determination

社会性昆虫决定等级分化的因素。在社会性膜翅目昆虫中，一个个体将来是发育为王虫（蜂王或蚁王）还是发育为职虫（工蜂，工蚁，兵蚁等），主要决定于食物的数量和质量、在发育期间所接触到的化学物质以及蜂巢（或蚁巢）内部的条件等。

03.118 单倍二倍性 haplodiploidy

所有社会性膜翅目昆虫特有的一种性决定方式，即由未受精卵发育为单倍体的雄虫和由受精卵发育为二倍体的雌虫。

03.119 最适群体大小 optimal group size

群体内个体因营群体生活而获得最大利益的群体大小。

03.120 多雄群 multi-male group

由几只成年雄猴、几只成年雌猴及其后代组成的群体。如棕狐猴（*Lemur fulvus*）、吼猴（*Alouatta villosa*）和恒河猴（*Macaca mulatta*）。

03.121 单雄群 one-male group, uni-male group

由一只成年雄猴、多只成年雌猴及其后代组成的群体，是灵长动物中最常见的社群类型。如长尾猴（*Cercopithecus martini*）、叶猴（*Presbytis entellus*）和大猩猩（*Gorilla gorilla*）。

03.122 双亲家庭群 parental family group

又称“单配制家庭群（monogamous family group）”。一只雄猴和一只雌猴连同它们的子女共同生活在一起并占有同一个巢域。如大狐猴（*Indri indri*）和所有长臂猿（*Hylobates*）。

03.123 巢寄生 brood parasitism

动物生活在其他种类动物的巢中并得到巢主人的保护和喂养，直到完成整个发育的现象。如杜鹃生活在其他种类的鸟巢中靠养父母把它养大，一些隐翅虫生活在蚂蚁巢中靠工蚁喂养。

03.124 稀释效应 dilution effect

个体生活所在的群体越大，群体中每一个个体被猎杀的机会越小的现象。

03.125 避稀行为 apostatic behavior

很多捕食者捕食时倾向于更多地攻击常见的猎物类型，而忽视稀有的猎物类型的现象。

03.126 防御行为 defense behavior

任何一种能够减少来自其他动物伤害的行为。

03.127 化学防御 chemical defense

借助于分泌有毒的或难闻的化学物质达到防御目的。如绿蝗从胸部分泌出难闻的黄色泡沫，鞭蝎把腹部末端对准攻击方向喷射分泌物。

03.128　眼斑　eye spot

动物表面类似脊椎动物眼睛的图形，在蝶蛾类翅上最常见。大眼斑的作用是威吓捕食者，小眼斑的功能是吸引捕食者啄食以便保护身体的要害部位。

03.129　集体防御　group defense

又称"结群防卫"。身体较大或具有专门防御武器的动物常常靠几个或更多个体联合一致地行动共同抵挡捕食动物的进攻。如红嘴鸥（*Larus ridibundus*）和麝牛（*Ovibos moschatus*）等。

03.130　群体灭绝假说　group extinction hypothesis

自然界之所以能够看到很多稳定的捕食者-猎物系统，是因为所有不稳定系统都已经灭绝了。

03.131　活命-一餐原理　life-dinner principle

猎物比捕食者跑得快是因为猎物快跑是为了活命，而捕食者快跑是为了获得食物，因此快跑的进化压力对猎物比对捕食者大得多，所以在捕食者和猎物的协同进化中，猎物总是超前一步适应。

03.132　激怒反应　mobbing reaction

当捕食动物出现时猎物群体的激动情绪及所做出的行为反应，在鸟类和哺乳动物中常见。激动情绪可向其他个体传递捕食者的信息，并可导致对捕食者发动直接攻击。

03.133　拟态集团　mimicry ring

由于趋同进化，具有警戒色的很多物种的色型变得越来越相似，以至捕食动物把它们认同为同一物种，这些相似的物种群就被称为拟态集团，其成员可来自不同的科和目。

03.134　单利现象　one-upmanship

猎物比捕食者有更大的发现距离，所以总是猎物先发现捕食者。

03.135　精明捕食假说　prudent predation hypothesis

有些动物个体通过占有领域而排他性地独占一部分资源，并为了长远需要而节省食物资源，因此成为精明的捕食者。

03.136　搜寻印象　search image

捕食动物找到稀有猎物的概率很低，但一旦找到一个就会对这一猎物的大小、形状和颜色留下深刻记忆，此后靠这种记忆就会大大提高对这种猎物的搜寻效率。

03.137　惊吓效应　startle effect

具有鲜艳后翅的蛾或具有大眼斑的猎物在面临捕食者攻击时会突然展示鲜艳的色彩和大眼斑，从而把捕食者吓跑或赢得逃跑的时间。

03.138　凝视时间假说　stare duration hypothesis

捕食者延长在斑块内有利区域的注视时间，是捕食者在生境斑块内增加觅食收益的方法之一。

03.139　专化防御　specialized defense

又称"特化防御"。两个物种在防御方面的协同进化过程中所做出的特定进化反应。如加纳圆蛛黄昏时把网建成，而到黎明时又把网拆毁以对付猎蛛蜂白天对其捕食。

03.140　反专化防御　specialized counterdefense

又称"反特化防御"。是相对于专化防御而言的。如猎蛛蜂的反专化防御措施就是渐渐改为在傍晚时出来猎食。

03.141　进化军备竞赛　evolutionary arms race

进化过程会不断提高捕食者发现和捕获猎物的效率，另一方面自然选择也会不断改进猎物及时发现和逃避捕食者的能力，这种复杂的适应和反适应关系就称为进化军备竞赛。

03.142 领域 territory
动物占有和保卫的一定区域,其中含有占有者所需要的各种资源,是动物竞争资源的方式之一。

03.143 领域行为 territorial behavior
又称"领域性(territoriality)"。动物占有领域的行为和现象。

03.144 巢域 home range
动物正常活动所达到的范围,其中受到动物保卫的区域是领域。

03.145 核域 core area
巢域内动物经常活动的那部分区域。

03.146 暂时领域 temporal territory
个体靠气味标记暂时扩大个体间的距离,以减少外来干扰,因此,个体间隔常被看作是移动着的领域和领域起源的前身。

03.147 生境选择 habitat selection
动物对生活地点类型的偏爱。生境选择可使动物只生活在某一特定环境中,这有利于动物积累生活经验和表型的定向改变。

03.148 标记行为 marking behavior
领域占有者为了识别自己的领域边界或让其他个体知道自己的领域范围而表现出的一些活动。包括行为炫耀、鸣叫发声、气味释放和放电等。

03.149 种间领域 interspecific territory
用于排斥异种动物的领域。如黄头黑鹂(*Xanthocephalus xanthocephalus*)和红翅黑鹂(*Agelaius phoeniceus*)的领域就是互相排斥的,因为它们都捕捉相似种类的昆虫喂养幼鸟。

03.150 最适领域大小 optimal territory size
刚好能满足领域占有者对各种资源需要的领域面积。

03.151 气味标记 scent marking
嗅觉发达的哺乳动物经常用有气味的物质对其领域所做的标记。这些物质可以是尿、粪便、唾液以及由特定腺体所分泌的气味物质。如鼬科动物的肛腺。有蹄动物的眶前腺和雄蜂的上颚腺。

03.152 时间预算 time budget
动物对觅食、求偶、交配、警戒、保卫领域等各项活动的时间分配。

03.153 反捕行为 antipredator behavior
动物防御捕食者捕食的各种行为。主要有警戒色、视觉色多态、尾斑信号、报警鸣叫、激怒反应和分散捕食者注意力的炫耀行为等。

03.154 保护色 protective color
动物色型与环境背景色一致,是属于隐蔽的防御方法。

03.155 隐蔽 crypsis
动物的一种避免被捕食的方法,指猎物的色型与环境背景色相似或模拟枯叶、竹枝和鸟粪等,难以被捕食者识别。

03.156 警戒色 aposematic coloration
很多有毒和不可食的动物(尤其是昆虫)具有的鲜艳夺目的体色。实验证明:鲜艳夺目的色型对捕食者可以起到警告和广告的作用,可减少被捕食的风险。

03.157 拟态 mimicry
动物在外型、姿态、颜色、斑纹或行为等方面模仿他种有毒和不可食生物以躲避天敌的现象。

03.158 攻击[性]拟态 aggressive mimicry
靠模拟行为诱导信号接受者犯错误并从中获得好处的现象。如兰花螳螂模拟盛开的兰花诱使昆虫接近它并捕而食之。

03.159 贝氏拟态 Batesian mimicry

一个无毒可食的物种在形态、色型和行为上模拟一个有毒不可食的物种，从而获得安全上的好处。

03.160 米勒拟态 Müllerian mimicry
不可食程度较弱的物种在形态、色型和行为上模拟一个强烈不可食物种，从而使两物种共同分担因捕食者取样而造成的死亡率。

03.161 报警鸣叫 alarm call
当捕食动物接近一个鸟类和哺乳动物的群体时，群体中首先发现捕食者的个体所发出的叫声。对其功能存在各种解释，一般认为报警鸣叫是一种利他行为。

03.162 实力较量 contest of strength
当动物双方战斗力相等，彼此都有获胜的信心时，那就只有靠真正的战斗来决定胜负了，此时的战斗就是实力较量。

03.163 实力信息 information for strength
动物在战斗中通过炫耀行为向对方传递自己的实际战斗力。如兽吼和蛙鸣都是一种可靠的信号，代表着发声者的潜在战斗实力。

03.164 意向信息 information for intention
个体在战斗中的意图。博弈论预测：动物不会借助于炫耀行为向对方传递自己的真实意图。所有研究都已说明，战斗双方的意向信息是隐而不露和不进行传递的。

03.165 鹰–鸽模型 Hawk-Dove model
研究动物种群内鹰对策和鸽对策两种行为对策的博弈过程：鸽对策者在面对敌手时只以攻击姿态威吓对方，但当敌手发动攻击时则逃跑；鹰对策者则是宁可冒严重受伤的风险，也要攻击对方。

03.166 鹰–鸽–应变者模型 Hawk-Dove-Bourgeois model
研究动物种群内鹰、鸽和应变者三种行为对策的博弈过程，应变者是指在占有资源时扮演鹰，在不占有资源而成为入侵者时扮演鸽（即采取鸽对策）。

03.167 鹰–鸽–反击者模型 Hawk-Dove-Retaliator model
研究动物种群中鹰、鸽和反击者三种行为对策的博弈过程，反击者实际上是以鸽对策对抗鸽，以鹰对策对抗鹰，除非对手选择使战斗升级的对策，否则它总是采取鸽对策。

03.168 不对称战斗 asymmetric fighting
战斗实力存在差异的战斗。

03.169 生死战 serious fight
残酷而激烈并常常引起负伤和死亡的战斗。如每年雄性麝牛有 5% ~7% 死于激烈的争偶战斗，雄性榕小蜂常为争夺雌蜂而进行致命的战斗。

03.170 报偿不对称 payoff asymmetry
双方所争夺的资源对一方的价值比对另一方高，资源价值高的一方的战斗力往往比资源价值低的一方的战斗力要强。

03.171 资源占有潜力不对称 resource-holding potential asymmetry, RHP asymmetry
博弈双方存在着资源占有能力方面的差异。

03.172 无关联不对称 uncorrelated asymmetry
解决争议的标准与争议双方的相对竞争力和报偿值无关，如果战斗双方是均等无差异的，而且所争夺的资源值较小，那么双方就有可能利用这种专断的法则来确定胜负，以免浪费时间。这就像两个人靠掷硬币决定谁胜谁负一样。

03.173 尊重所有权 respect for ownership
资源、领域和配偶一旦被一个个体拥有或占有就会受到其他个体的认可，不再发生争夺。这是动物之间决定战斗胜负的法则之一，有利于减少因战斗造成的伤亡。如雄狮对雌狮的争夺和黄斑眼蝶对领域的争夺。

03.174 仪式化 ritualization

通信行为在进化过程中发生的适应性变化，以增强其作为社会信号的效果。

03.175 仪式化战斗 ritualized fight

动物的战斗行为在进化中演变为一种既能决定胜负又能减少伤亡的固定仪式。如偶蹄动物总是用角互相推顶以比试力量，但从不攻击对方的要害部位。

03.176 等待博弈 wait game

又称"消耗战(war of attrition)"。动物在战斗中的胜负只简单地决定于等待时间的长短，好像是一场"等待竞赛"。如雄性粪蝇靠在粪堆上等待而寻求配偶。

03.177 对抗行为 agonistic behavior

同种个体为争夺资源而发生的冲突和战斗。包括攻击、退却和威吓等。

03.178 攻击行为 aggressive behavior

又称"侵犯行为"。一切威吓和伤害其他个体的行为，主要表现在种内领域行为、优势等级、性侵犯和亲子关系方面。广义来说也可包括种间的捕食、反捕食和种间竞争。

03.179 威吓行为 threat behavior

动物在战斗中摆出进攻姿态，意在把对方吓跑以避免真正的战斗。这种行为既能达到真正战斗的效果，又可避免双方受伤，是减少战斗双方伤亡的一种行为适应。

03.180 对抗竞争 contest competition

竞争一方独占一块领地或资源，不允许另一方侵入或侵占的竞争形式。竞争者在战斗中所付出的代价将随竞争对手所采取的不同对策而有所变化。

03.181 屈服炫耀 submissive display

个体在战斗中表示认输和服从的一种身体姿态和动作，其功能是抑制和减少对方攻击所造成的伤害。

03.182 一报还一报式合作 tit-for-tat co-operation

建立在互相回报的利他行为基础上的合作对策。具有两个特点：①报复性，即只要对方表现出欺骗行为就不再坚持合作；②宽容性，即对于对方的一次欺骗行为只给予一次报复。这种对策有利于恢复双方的合作并从中得到更大的报偿。

03.183 听觉通信 auditory communication

动物之间利用声音信号传递、交流信息。声音有一定的作用距离并可指示声音信号的方向，还可表明发音者的状态。

03.184 化学通信 chemical communication

动物之间利用向环境释放或排放的化学物质或气味物质并借助于嗅觉器官进行信息交流。包括所有的信息素和其他气味物质，如粪、尿等。

03.185 视觉通信 visual communication

动物之间靠视觉信号传递信息和进行交流。它有一定的作用距离，有确定的方向性并可被光感受器官所感受。

03.186 触觉通信 tactile communication

个体靠身体接触、感知震动来传递信息和进行交流。

03.187 电通信 electrical communication

电鱼借助于电器官的放电和制造电场进行信息交流。如雄电鳗可借助改变自己电波释放形式向雌鱼求偶。电鱼的电信号同其他动物的视觉信号、听觉信号和气味信号一样是具有明确的社会含义的。

03.188 信号 signal

动物用于交流信息的形态特征、行为方式、化学物质以及声音等。

03.189 信号－反应关系 signal-response

relationship

由一系列的信号和反应组成,其中一方的反应又可成为另一方的信号。这些信号和反应具有高度的可预测性。

03.190 信号刺激 signal stimulus

能代表发出刺激的整个主体的刺激。如对生殖期的雄性三刺鱼来说,红色就代表着另一只侵入其领域的雄性三刺鱼,因此它会攻击红色花瓣和一切红色物体。

03.191 物种识别 species recognition

近缘物种使用基本相同但又有差异的信号以便于物种的辨识。如五种招潮蟹的雄蟹都用挥动大螯的方式吸引异性,但动作细节具有种的特异性。

03.192 鸟类方言 dialects in birds

很多鸟类的鸣叫声都表现有文化继承现象,虽然鸟类鸣叫具有先天遗传的一面,但很多鸟类都发展了地方性特有的叫声,即鸟类方言。

03.193 舞蹈语言 dance language

蜜蜂的侦察蜂回巢后靠在蜂箱内走圆圈或走 8 字以传递其所找到的蜜源地的方位和距离的信息。

03.194 生态位变异假说 niche variation hypothesis

具有广生态位的物种比具有狭生态位的物种更容易发生变异的假说。

03.195 偷窃寄生现象 kleptoparasitism

两只鸟出现在同一生境斑块时,优势鸟从从属鸟那里抢夺食物的现象。

03.196 个体发育生态位 ontogenetic niche

能够为某一年龄个体提供最大可能报偿的生境斑块类型。可以是生境中存在差异的部分,如食物数量和质量的差异或存在捕食风险的差异等。

03.197 截平分布 truncated distribution

在存在个体发育生态位的条件下,不同年龄个体在生境不同部分之间的一种分布现象。即在身体大小对适合度影响最小的生境部分可望找到最年轻的个体,而在身体大小对适合度影响最大的生境部分可望找到最老的个体。

03.198 部分迁移 partial migration

一些鸟类仅部分个体迁移的现象。如乌鸫和欧歌鸲。

03.199 输入匹配法则 input matching rule

生境斑块内竞争者的数量与资源输入量呈正比例关系,这种关系可用公式 $n_i = Q_i/C$ 表示,其中 n_i 是第 i 个斑块内竞争者的数量,Q_i 是第 i 个斑块的资源输入量,C 对所有斑块来说都是一个常数。

04. 进化生态学

04.001 进化 evolution

生物的演化过程。生物与其生存环境相互作用,其遗传结构发生改变,并产生相应的表型。

04.002 微[观]进化 microevolution

在比较短的时期内出现的基因频率的变化。通常指种内的进化,最终可导致亚种形成。

04.003 宏[观]进化 macroevolution

导致出现种以上较高分类单元起源的进化。

04.004 定向进化 orthogenesis, directed evolution

认为不论进化的动力是由于外来原因还是

内在动力,进化是有目的的,进化最终朝着一定方向进行的学说。

04.005 间断进化 punctuated evolution
在大突变、遗传漂变及其他偶然因素的影响下,种群内的少数个体快速分异而形成新种的跳跃式进化过程。

04.006 爆发式进化 explosive evolution
在比较短的地质时期内,某一生物种类产生许多新种类的现象。

04.007 量子进化 quantum evolution
由美国遗传学家戈尔德施密特(R. B. Goldschmidt)于1940年提出的学说,认为高级分类单元的起源不是通过变异的缓慢积累,而是通过大突变或跳跃式的进化而产生的。

04.008 协同进化 coevolution
由美国生态学家埃利希(P. R. Ehrlich)和雷文(P. H. Raven)1964年研究植物和植食昆虫的关系时提出的学说,指一个物种的性状作为对另一物种性状的反应而进化,而后一物种的性状又对前一物种性状的反应而进化的现象。

04.009 趋同进化 convergent evolution
不同物种在相似的环境中发育出相似的性状的进化过程。

04.010 趋异进化 divergent evolution
同一物种由于适应不同的环境而呈现出表型差异的进化过程。

04.011 平行进化 parallel evolution
具有共同祖先的两个或多个生物类群因有大体相近的进化方向而分别独立地进化出相似的特征的现象。

04.012 突生进化 emergent evolution
在进化的过程中,新的性状或者特征以更复杂的组织水平出现的现象。

04.013 多型进化 polytypic evolution
一个种同时在不同环境中产生的表型变化。

04.014 分子钟 molecular clock
由美国进化生物学家朱克坎德尔(E. Zuckerkandl)和波林(L. Pauling)于1963年提出,用DNA链中核酸序列替换速率推导进化事件发生时间的方法。

04.015 进化时间尺度 evolutionary time scale
生物进化的时间尺度,通常以万年、百万年计。

04.016 进化迟滞 evolutionary retardation
又称“进化延滞”。由于无性生殖或单性生殖、低突变率、近亲交配、没有隔离、无剧烈竞争等原因,物种在长时期内只发生缓慢进化的现象。

04.017 退化 regression
又称“退行”。动物发育到一定阶段后,其体型出现退缩性变化的现象。退化可出现在组织分化过程,也可出现于生长过程,前者为分化退化,后者为生长退化。

04.018 进化逆行 evolutionary reversion
进化过程中发生的性状倒退的现象。如已形成的复杂器官的简化或丧失。

04.019 退行演化 regressive evolution
又称“逆行演化”。由美国古生物学家科普(E. D. Cope)于1868年提出,是进化的反义词。指一种生物产生与某一持续进化方向相反的形态变化。

04.020 趋异适应 cladogenic adaptation
生物对各种不同环境的适应,它可以导致共同的祖先发生分化。

04.021 目的论 teleology
认为生物的适应是绝对完善的,生物体的结构与功能严格对应,生物体的结构是为一定的功能目的而设计的,各部分的结构又是按最合理的方式组合成整体的一种理论。

04.022 大陆漂移假说 continental drift hypothesis
解释大陆和海洋的分布以及大陆之间存在的构造、地质和物理相似性的假说,1912 年由德国地质学家、气象学家韦格纳(A. Wegener)提出。此假说认为各大陆是由一个巨大的陆块漂移、分开而形成的。

04.023 自然发生说 abiogenesis, abiogeny
前苏联化学家奥巴林(O. A. Oparin)于 1938 年提出的关于生命可在适宜的环境条件下从非生命物质直接产生的假说。

04.024 进化论 evolutionary theory
研究生物界发展规律的理论。认为生物最初从非生物演化而来,现存的各种生物是从共同祖先通过变异、遗传和自然选择等演化而来。

04.025 特创论 theory of special creation
用来解释生命起源的一种理论。将生命起源归因于超自然力量的干预,并认为物种是互不相关的,且永恒不变的。

04.026 自然选择说 theory of natural selection
由英国生物学家达尔文(C. Darwin)和华莱士(A. R. Wallace)1858 年共同提出关于自然环境会固定那些对物种生存繁衍有利的变异或淘汰那些不利的变异的学说。

04.027 中性学说 neutrality hypothesis
又称"中性突变理论(neutral mutation theory)"。由日本遗传学家木村资生(M. Kimura)于 1968 年提出一种学说,认为由突变产生的等位基因对于物种生存既无利也无害,这些突变在自然选择上是中性的,因此,在分子水平进化中自然选择几乎不起作用。

04.028 筛选说 sieve selection hypothesis
关于自然选择能筛除掉有害突变的学说。

04.029 平衡选择说 balancing selection hypothesis
关于自然选择保持种群内遗传多态性的学说。

04.030 灾变说 catastrophism
认为生物灭绝是由周期性的、剧烈的、大规模的灾难事件造成的学说。原来的生物种类在灾难之中灭绝,新的生物占据了灭绝物种的生态位。

04.031 间断平衡说 punctuated equilibrium theory
由美国生物学家埃尔德雷奇(N. Eldredge)和古尔德(S. J. Gould)于 1972 年提出的学说,认为在进化中新物种会突然出现,快速形成,随之而来的是长时间的进化停滞,直到下一次物种的快速形成。

04.032 红皇后假说 Red Queen hypothesis
根据爱丽丝奇遇记中的故事由美国芝加哥大学进化生物学家范瓦伦(L. van Valen)于 1973 年提出的假说。即在环境条件稳定时,一个物种的任何进化改进可能构成对其他物种的竞争压力,即使物理环境不变,种间关系也可能推动生物进化。

04.033 拉马克学说 Lamarckism
由法国生物学家拉马克(J. B. Lamarck)于 1809 年提出的关于生物进化的学说。认为物种由其他物种变化而来,生物存在由简单到复杂的等级,强调生物内因为进化动力,主张"用进废退"和"获得性遗传"。

04.034 新拉马克学说 neo-Lamarckism
由美国动物学家帕卡德(A. S. Packard)发展的拉马克学说,这个学派以获得性遗传主张为中心,新拉马克学派学者中间也有各种见解。

04.035 达尔文学说 Darwinism
达尔文于 1859 年提出的。认为地球上所有生物都是从一个或几个不同的原始生物进化而来,生物变异的自然选择是生物进化的根本动力。

04.036 新达尔文学说 neo-Darwinism
又称"现代综合理论(modern synthetic theory)"。通过综合达尔文学说和现代遗传理论而形成的学说。该学说强调生存斗争,综合变异遗传理论,否定获得性遗传。

04.037 物种不变论 theory of species immutability
物种一经创造出来之后不再改变的观点。

04.038 科普法则 Cope's rule
由美国古生物学家科普(E. D. Cope)于1871年提出的,在生物进化的过程中,一些动物体型随时间演进而逐渐增大的规律性。

04.039 陆桥假说 continental bridge hypothesis
大陆之间曾经存在过"陆桥",生物可以通过这种桥梁从一个大陆迁移到另一个大陆。这一假说用来解释互不相连的大陆上缘何分布有相同的动植物区系。

04.040 拟人主义 anthropomorphism
用人类的特征或属性来描述、理解非人类(如动物等)的特征或属性。

04.041 系统发生学 phylogenetics
研究生物类群之间进化关系的一门学科。

04.042 系统发生生物地理学 phylogeography
又称"系统地理学"。用种群或者物种的地理分布来预测生物的系统发生并进行比较研究的学科。

04.043 自发突变 spontaneous mutation
自然情况下产生的基因突变。

04.044 大突变 macromutation
生物整个染色体组的突变。被认为是高级分类单元起源的原因之一。

04.045 个体发生 ontogeny
又称"个体发育"。个体从合子到性成熟的发育过程。

04.046 系统发生 phylogeny
又称"系统发育"。生物类群的演化过程。

04.047 生物发生律 biogenetic law
由德国学者黑克尔(E. Haeckel)于1900年提出来的学说,认为个体发生是其系统发生简单而迅速的重演。

04.048 分化 differentiation
生物体发育过程中细胞和组织的结构和功能的变化。

04.049 同源性 homology
又称"同种性"。来自于共同祖先的生物类群的性状特征的相似性。

04.050 同功器官 analogy
功能相同,外表类似,但来源上不相同,结构不相同的器官。同功器官不说明在进化上有共同来源,只是具有相似的功能。

04.051 变异 variation
亲代与子代间或群体内不同个体间基因型或表型的差异。

04.052 前适应 preadaptation
又称"预适应"。有利的性状变异在适应发生之前就已经存在或者新器官的结构基础在新器官产生之前就已存在。

04.053 共适应 coadaptation
又称"互适应"。一个物种在进化中产生了一种性状,生活在相同生态系统中的另一种物种亦随之产生相关适应的过程。

04.054 适应变异 adaptive variation
进化过程中为适应环境变化而发生以遗传变化为基础的变异。

04.055 适应退化 adaptative regression
产生不能适应环境的性状的过程。

04.056 亲族 kin group
具有亲缘关系的一个生物群体。

04.057 世代 generation
具有共同祖先并在系谱上处于同一等级水平的一群生物个体。

04.058 世代时间 generation time
生物从一次繁殖结束到下一次繁殖结束的时间间隔。

04.059 生活史 life cycle
指从一个世代的合子形成到下一个世代合子形成所经历的时间中个体的生长、发育、生殖的过程。

04.060 生存力 viability
又称"生活力"。生物存活的能力。

04.061 性状 character
生物或者种群的任何可识别的特征和特性。

04.062 痕迹性状 rudimentary character
没有功能的祖先性状。

04.063 获得性状 acquired character
个体在生命过程中由于重复利用或者废弃不用或受环境影响而得到的性状。

04.064 祖征 plesiomorphy
与祖先特征相似的性状。

04.065 衍征 apomorphy, apomorph
又称"离征"。由祖征演化而来的,但表型不同的特征。

04.066 性状趋异 character divergence
同类生物各自适应不同环境时产生不同性状的现象。

04.067 性状趋同 character convergence
没有亲缘关系的物种之间产生相似的形态或行为的现象。

04.068 性状替换 character displacement
两个亲缘关系密切的种类若在异域性分布中,它们的特征往往很相似,甚至难以区别;但在同域分布中,它们之间的区别就很明显,彼此之间必然出现明显的生态分离,从而表现出一个或几个特征的互相替换现象。

04.069 物种 species
基本的分类单元。能相互繁殖、享有一个共同基因库的一群个体,并和其他种生殖隔离。

04.070 支序种 cladistic species
将两个线系的衍征的产生作为物种的识别标准,线系的两个分支点之间的全部生物个体称为支序种。

04.071 附属种 satellite species
从寄生物种进化而来的非寄生性物种,与原来的寄主物种形成了物种对。

04.072 新特有种 neo-endemic species
在进化中相对形成较晚,且分布范围有限的物种称为新特有种。

04.073 直接成种 directed speciation
不是因为突变压力较高而是以一种直接方式形成的新的物种。

04.074 替代种 substitute species, vicarious species
在地理分布上彼此替代的两个或多个生态习性相似的物种。

04.075 亚种 subspecies
种下分类单位。通常由于地理隔离造成。亚种内个体间互相交流基因的可能性大于同一物种其他亚种的个体。若地理隔离保持不变,亚种将最终演变为新种。

04.076 同域[共存]种 sympatric species
分布区相同,但不相互杂交的物种。

04.077 生态种 ecospecies

由美国植物学家图雷森(G. W. Turesson)于1992年提出的概念。是指适应不同生态环境而形成的物种。生态种内可以自由交配。

04.078 生态型 ecotype

由美国植物学家图雷森(G. W. Turesson)于1992年提出的概念。指物种表型在特定的生境中产生的变异群,是同种中最小单位的种群,位于种群之下。

04.079 替代现象 vicarism

关系密切的亲缘种和生态等价的分类单位,在地理分布上相互取代的现象。

04.080 物种形成 speciation

由于自然选择的作用,物种的遗传结构变化而形成新种的过程。

04.081 同域物种形成 sympatric speciation

新种形成时不涉及地理隔离。由于生态位分离,生殖隔离,在种群分布区内部逐渐建立起若干子种群,子种群基因库的分离而形成新种的方式。

04.082 异域物种形成 allopatric speciation

种群由于地理隔离屏障的存在而彼此分离,各自独立演化并形成生殖隔离机制,从而产生新种的方式。

04.083 跳跃式物种形成 saltational speciation

由于大突变、遗传漂变及其他偶然因素造成的突变的、间断式的物种形成方式。

04.084 邻域物种形成 parapatric speciation

一个分布区很广的物种,由于边缘栖息地环境上的差别,使种群边缘的群体分化、独立,虽然没有出现地理隔离屏障,也能成为基因流动的障碍,在自然选择的作用下,逐渐形成生殖隔离机制而形成新种的方式。

04.085 量子式物种形成 quantum speciation

种群内一部分个体,因遗传机制或随机因素的变化,如突变、遗传漂变等,而相对快速地产生生殖隔离,并形成新种的方式。

04.086 地区效应物种形成 area-effect speciation

某些生物(如蜗牛)由于扩散力低,与其他种群相距很近时,也会产生个体形态趋异,形成新种的方式。

04.087 地理物种形成学说 geographical theory of speciation

关于新物种是通过种群间地理隔离、独立进化和生殖隔离而形成的学说。

04.088 地理分隔模式 vicariance model

由于地理的、地形的隔离,物种被分成若干相互隔离的种群,由于基因交流下降或完全隔断,致使种群间遗传差异逐渐增大,形成生殖隔离,最终形成新种的过程。

04.089 隔离机制 isolating mechanism

生物的生殖隔离机制。通常分为合子前隔离与合子后隔离。前者指受精阻碍和不能形成合子,后者指虽然两性配子可以形成合子但不能发育,或杂种不育。

04.090 性隔离 sexual isolation

由于种间的形态、生理或行为性状的不同而阻止种间个体杂交或降低杂交可能性的机制。

04.091 地理隔离 geographic isolation

由于地理屏障(如河流、山脉、海洋或类似的障碍)使两个种群彼此隔开,阻碍了种群间个体的自由交换,从而使基因交流受阻的隔离。

04.092 生殖隔离 reproductive isolation

在自然界由于某些机制阻碍了不同种群个体间的相互交配,即使能交配也不能繁殖后代。

04.093 适应辐射 adaptive radiation

一定进化时间内,物种因适应不同的生态位而分化出新的物种的过程。

04.094 哈迪-温伯格定律 Hardy-Weinberg law

在一个无限大的群体里,在没有迁入、迁出、突变和自然选择时,若个体间随机交配,该群体中基因和基因型频率将在未来世代中保持不变。

04.095 适合度 fitness

又称"适应值(adaptive value)"。在某种环境条件下,某已知基因型的个体将其基因传递到其后代基因库中的相对能力,是衡量个体存活和生殖机会的尺度。适合度越大,存活和生殖机会越高。

04.096 广义适合度 inclusive fitness

衡量个体传布自身基因(包括亲属体内的相同基因)能力的尺度。能够最大限度地把自身基因传递下去的个体,则具有最大的广义适合度。

04.097 间接适合度 indirect fitness

一个个体通过帮助亲属的存活、繁殖而得到的适合度。

04.098 达尔文适合度 Darwinian fitness

一个基因型的个体对下一代基因库的相对贡献大小,称之为达尔文适应度。

04.099 适应程度 adaptedness

生物的结构和功能适合于其所在的环境的程度。

04.100 适应性地形 adaptive landscape

美国学者赖特(S. Wright)在1932年用地形模型来形象地描述生物的适应性。该模型用峰表示高适应性,谷表示低适应性。地形中的每一个位置由具有特定频率的基因型所占据。

04.101 选择压[力] selection pressure

有利于具有某些性状的个体生存繁殖而不利于具有另一些性状的个体生存繁殖的自然环境条件。

04.102 选择差 selection differential

选择前后表型平均值之间的差异。

04.103 选择系数 selective coefficient

测量某基因型在群体中不利于生存程度的数值。是表示自然选择强度的指标。

04.104 基因库 gene pool

一定时间内一个物种全部个体所拥有的全部基因。

04.105 地理变异 geographical variation

广布种的形态、生理、行为和生态特征往往在不同地区或不同种群间出现了显著的差异。

04.106 定向性变异 orthogenetic variation

突变可能是非随机产生的,环境使有利的突变频率增高,使突变本身具有适应性,这类变异即定向性变异。

04.107 梯度变异 cline

又称"渐变群"。选择压力的空间变化导致不同地点中不同基因型或表型种群基因频率或表现型的空间分布梯度。

04.108 选择 selection

任何作用于一个群体中某个基因型个体生存力和繁殖力的自然或人工过程。

04.109 人工选择 artificial selection

人类对养殖动物或种植作物的性状进行选择的过程。

04.110 定向选择 directional selection, orthoselection

在一定时期内使个体的性状朝一个适应方向发展的选择。

04.111 分裂选择 disruptive selection
又称“歧化选择”。种群中两种或多种极端表型的适应度大于中间型的表型适应度将造成种群内表型的分异，最终形成不同种群的选择。

04.112 稳定选择 stabilizing selection
保留靠近种群的性状平均值的那些个体，而淘汰偏离性状平均值的极端个体的选择方式。

04.113 截断选择 truncated selection
又称“平截选择”。对种群内具有超过种群性状平均值的个体的生存与繁殖有利的选择。

04.114 失控性选择 runaway sexual selection
雌性交配时倾向于选择与那些具有某些突出性状的雄性交配，而导致这些性状在进化中被强化放大的现象。如孔雀的尾羽。

04.115 密度制约性自然选择 density-dependent natural selection
自然选择压力随密度发生变化。

04.116 非密度制约性自然选择 density-independent natural selection
自然选择压力的变化与密度无关。

04.117 生态对策 bionomic strategy, ecological strategy
又称“生活史对策(life history strategy)”。指各种生物在进化过程中形成针对不同环境的各种特有的对策。

04.118 K选择 K-selection
在相对稳定环境中生活的生物，通过自然选择，向着降低繁殖力和母体哺育后代的方向发展，称为K选择。

04.119 K对策 K-strategy
采用发育慢、高竞争力、生殖开始迟，体型大、数量稳定和寿命长的策略。

04.120 K对策者 K-strategist
进行K选择的生物。即出生率低，寿命长，个体大，具有较完善的保护后代机制，一般扩散能力较弱，即把有限的能量资源多投入于提高竞争能力上。

04.121 r选择 r-selection
在严酷的不稳定环境中生活的生物，通过自然选择，向着增大繁殖力、母体不哺育后代的方向发展，称为r选择。

04.122 r对策 r-strategy
出生率高，寿命短，个体小，一般缺乏保护后代的机制，竞争力弱，但一般具有很强的扩散能力。

04.123 r对策者 r-strategist
一种具有出生率高，寿命短，个体小，子代死亡率高，具有较大的扩散能力，适应于多变的栖息生境的对策者。

04.124 r-K对策连续体 r-K continuum of strategy
生物的生态对策存在许多中间过渡类型，从极端的r对策者到极端的K对策者之间有一个连续的谱，称为r-K对策连续体。

04.125 r灭绝 r-extinction
生物种群未接近饱和种群的水平时便灭绝的现象。

04.126 工业黑化现象 industrial melanism
由于工业黑烟及污染，白色或浅色体色个体的被捕食概率增高，导致黑化型个体频率增加的现象。如尺蛾。

04.127 白化体 albino
自身不能合成黑色素的变异个体。

04.128 白化[现象] albinism
由于基因发生突变，不能形成酪氨酸酶，使得酪氨酸不能转化为黑色素，导致黑色素缺乏的现象。

04.129 变异中心 center of divergence
曾发生过或正在发生物种分化的地理区域。

04.130 起源中心 center of origin
物种或者其他分类单元最初发生的地理区域。

04.131 多境起源现象 polytopism
同类生物分别从多个起源中心进化而来的现象。

04.132 多境起源种 polytopic species
由多个起源中心直接进化产生的物种。

04.133 邻域分布 parapatry
个体在邻近的或者不重叠的区域内生活。

04.134 残遗中心 relic center
保存有大量残遗特有物种的区域。

04.135 残遗分布区 relic area
生物区系没有受到邻近区域地质变化影响的区域。

04.136 种群衰老 phylogerontism
种群中多数个体因不适应环境变化而失去进化的潜力,其形态与进化初始阶段相似的现象。

04.137 瓶颈效应 bottleneck effect
由于种群变小,有害基因被清除,种群基因频率与种群数量急剧减少前的基因频率相差很大的现象。通常发生在那些种群数量先急剧减少,后又增加的种群中。

04.138 银勺效应 silver spoon effect
又称"幼期优育效应"。生物生长初期的条件对其以后的生长产生的影响,较好的环境条件有助于大多数基因型表现的现象。

04.139 表型多态 phenotypic polymorphism
同一种群中存在着两个或者多个生活型或者表型的现象。

04.140 生态同源 ecological homologue
生物体占据着相同生态位的现象。

04.141 生态时间 ecological time
生态过程发生的时间跨度,通常用几十年、几百年或者几千年计。

04.142 生态表型 ecophene
由环境条件所造成的表型的非遗传性改变。

04.143 生态变异 ecological variation
物种、群落类型对不同环境条件综合反应的差异。

05. 种群生态学

05.001 种群 population
在一定空间中生活、相互影响、彼此能交配繁殖的同种个体的集合。

05.002 单种种群 single population
由单一物种的不同个体所组成的集合。

05.003 混合种群 mixed population
由几种不同种个体所组成的集合。

05.004 边缘种群 peripheral population
由居于核心区外围的同种个体所形成的低密度种群。

05.005 源种群 source population
不断补充迁移个体到其他种群的种群。

05.006 汇种群 sink population
依赖外来个体迁入而存在的种群。

05.007 集合种群 metapopulation

又称"异质种群"。由空间上互相隔离，但功能上又有联系的若干地方种群通过扩散和定居而组成的种群。

05.008 地方种群 local population

又称"局域种群"，"亚种群(subpopulation)"。斑块中的种群。某一特定生境或局部条件的某一种的所有个体。

05.009 繁殖群 deme

又称"同类群"。同种在地理或空间上不连续的一群。所有雌雄个体均可以自由交配，各繁殖群间在遗传、细胞学等方面有明显区别。

05.010 渐变混交群 clinodeme

地理区域种群特征或适应性发生逐渐变化的混交群体。

05.011 个体空间 individual space

个体占用的空间。定居生物与运动的生物间有很大区别。

05.012 局域斑块 local patch

许多个体占用的空间斑块。

05.013 空间尺度 space scale

一般是指开展研究所采用的空间大小的量度。

05.014 区域尺度 regional scale

包括许多地方种群，或通过扩散而由许多斑块联结而成的相当大的地区。

05.015 生物地理学尺度 biogeographical scale

不同的植被、地貌和气候的空间尺度。

05.016 空间异质性 spatial heterogeneity

生态学过程和格局在空间分布上的不均匀性及其复杂性，一般可理解为斑块性和梯度的总和。

05.017 基株 genet

种群中每一个独立的个体。是由构件组成的。

05.018 分株 ramet

由无性系或基株进行克隆生长产生的在遗传上一致的植株。

05.019 克隆生长 clonal growth

在自然条件下通过营养方式产生具有潜在独立性分株的过程。

05.020 构件 module

每个基株上与生死过程相关的可重复的结构单位。

05.021 克隆植物 clone plant

能进行无性繁殖的植物。

05.022 单体生物 unitary organism

一个合子经胚胎发育成熟后的生物体，其器官、组织各个部分的数目在整个生活周期中各个阶段均保持不变。

05.023 构件生物 modular organism

一个合子发育成幼体以后，在其生长发育的各个阶段，可通过其基本的结构单位的反复形成得到进一步发育，其组织、器官等各个部分是可以改变的。

05.024 分株种群 ramet population

在某一空间内，由许多根茎、匍匐茎等相连的无性系分株组成的集合。

05.025 无性系种群 clonal population

一个或数个无性系和基株在特定时间和一定空间内构成的集合。

05.026 构件种群 modular population

某一生境内同一植物体的某种构件的集合。

05.027 植物的建筑学结构 architecture of plant

植物分枝角度、节间及其长度以及在地上和

地下的分布等构件重复出现的空间排列方式。

05.028 种群动态 population dynamics
种群大小或数量、遗传结构或年龄结构在时间和空间上的变动。

05.029 种群密度 population density
单位面积或空间中同种生物个体的数量。

05.030 绝对密度 absolute density
单位面积或空间中同种生物全部的个体数目。

05.031 相对密度 relative density
单位面积或空间中反映生物数量多少的相对指标。

05.032 多度指数 index of abundance
又称"丰度指数"。种群相对密度测定中表示种群数量相对多少的数值指标。

05.033 总数量调查 total count
计数一定空间中某种生物的全部数量。

05.034 取样方法 sampling method
通过调查种群的部分,根据所得数据推广用于估计种群整体的方法。

05.035 样方法 use of quadrat, quadrat method, quadrat sampling method
在若干样方中计数全部个体,然后将其平均数推广,来估计种群总体数量的方法。

05.036 标记重捕法 mark-recapture method
又称"标志重捕法"。在调查某地段中,捕获一部分个体进行标记,然后放回,经一定期限后进行重捕。根据重捕中的标记个体数的比例,估计该地段中个体的总数。

05.037 去除取样法 removal sampling
标记重捕法的一个简单化的变型,即在一个封闭的种群里,随着连续地捕捉,种群数量逐渐减少,捕获数也逐渐降低,捕捉的累积数就逐渐增大。当单位努力的捕捉数等于零时,捕获累积数就是种群数量的估计值。

05.038 乔利-塞贝尔法 Jolly-Seber method
由英国科学家乔利(G. M. Jolly)和新西兰科学家塞贝尔(G. A. Seber)于1965年建立的一种适用于估算开放种群(有出生、死亡和迁入、迁出的种群)的相关参数的随机模型。

05.039 贝利三次[标记]重捕法 Bailey's triple catch
由瑞士科学家贝利(N. T. J. Bailey)于20世纪50年代提出的一种估计动物种群大小的方法。通过两次捕捉、标记、释放动物,然后再通过第三次捕捉,根据捕获的标记动物信息即可估计种群大小。

05.040 活捕器 live-trap
又称"活捕陷阱"。用于捕捉活体动物的装置。如捕鼠笼等。

05.041 环志 banding
动物标记法之一。在动物身体上佩带刻有特定标记的金属或塑料环,用以观察研究其活动规律的一种方法。

05.042 剪趾法 toe-clipping
对小型动物进行个体标记的一种方法。通过剪趾,对个体编号,常用于动物的标记重捕。

05.043 夹捕法 snap-trap method
用夹捕工具对野外小型哺乳动物进行相对密度调查统计的工作方法。

05.044 诱捕率 trappability
某种生物被诱捕器捕捉到的概率。

05.045 嗜捕性 trap addictedness
在标记重捕中,动物再次捕获的概率增加的现象。

05.046 羞捕性 trap shyness

在标记重捕中,动物再次捕获的概率降低的现象。

05.047 标准最小值法 standard minimum method

在 16×16 的网格点上放置夹子,点距 15m,每点上放两个夹子,正式调查前预诱 3 天,以吸引小哺乳类,正式捕捉期 5 天,然后以逐日捕获数对捕获累积数作图的方法。

05.048 粪堆计数 pellet count

通过对样方或线路上的粪堆计数,以估计中、大型动物的种群数量的一种方法。常用于调查兔、鹿等中、大型狩猎动物。

05.049 鸣叫计数 call count

利用鸟类的鸣叫声调查其种群数量的一种方法。

05.050 毛皮收购记录 pelt record

通过某种动物皮毛的收购记录,分析不同年份以估计其种群数量的变动。

05.051 单位捕捞努力量渔获量 catch per unit fishing effort

每单位捕鱼工具在单位时间内的捕鱼量。

05.052 出生率 natality, birth rate

单位时间内种群新出生的个体数与该种群总数之比。

05.053 最大出生率 maximum natality

又称“生理出生率(physiological natality)”。种群处于理想条件下(即无任何生态因子的限制作用,生殖只受生理因子所限制)所能达到的出生率。

05.054 瞬时出生率 instantaneous birth rate

某一种群在一无限短的时间间隔中出生的个体数占此时个体总数的比例。

05.055 生态出生率 ecological natality

又称“实际出生率(realized natality)”。在一定时期内,在某种特定环境条件下种群的出生率。

05.056 死亡率 mortality, death rate

单位时间内个体死亡数占初始个体数的比例。

05.057 瞬时死亡率 instantaneous mortality, instantaneous death rate

某一种群在一无限短的时间间隔中死亡的个体数占此时个体总数的比例。

05.058 最低死亡率 minimum mortality

又称“生理死亡率(physiological mortality)”。在最适的环境条件下,种群中的个体都是由于衰老而死亡,即动物都活到了生理寿命才死亡情况下的死亡率。

05.059 生态死亡率 ecological mortality

又称“实际死亡率(realized mortality)”。种群在特定条件下的平均死亡率。

05.060 生理寿命 physiological longevity

种群处于最适条件下的平均寿命。

05.061 生态寿命 ecological longevity

种群在特定环境条件下的平均实际寿命。

05.062 迁入 immigration

生物个体进入某种群的单方向移动。

05.063 迁出 emigration

生物个体从某种群中分离出去的单方向移动。

05.064 生物遥测 biotelemetry

利用无线电波等遥测技术研究动物行为和生理学的方法。

05.065 年龄分布 age distribution

又称“年龄结构(age structure)”。各年龄组个体在种群中所占的比例。

05.066 稳定年龄分布 stable age distribution

不随时间而变化的年龄分布。每一年龄群出生率和死亡率保持不变,即年龄锥体的形状不随时间而变化。

05.067 固定年龄分布 stationary age distribution

稳定年龄分布的一个特例。当种群增长达到一个常数,既不增长也不下降,此种群稳定年龄分布就是一个固定年龄分布。

05.068 年龄组 age class

对研究对象按年龄分组,如年龄、月龄等。对于不能确定实际年龄的,可以按其他指标如牙齿磨损度、体重划分相对年龄组。

05.069 性比 sex ratio

又称"性别结构(sexual structure)"。种群中雄性和雌性个体数目的比例。

05.070 年龄锥体 age pyramid

又称"年龄金字塔"。用从下到上的一系列不同宽度的横柱做成的图。横柱的高低位置表示由幼年到老年的不同年龄组,横柱的宽度表示各年龄组的个体数或所占的百分比。

05.071 增长型种群 expanding population

其年龄锥体呈典型金字塔形,基部宽阔而顶部狭窄,种群中有大量的幼体,而老年个体却很少,出生率大于死亡率,迅速增长的种群。

05.072 稳定型种群 stable population

又称"固定型种群(stationary population)"。其年龄锥体大致呈钟形,种群中幼年个体与老年个体数量大致相等,其出生率与死亡率也大致相平衡,数量趋于稳定的种群。

05.073 下降型种群 diminishing population

又称"衰退型种群(declining population)"。其年龄锥体呈壶形,基部比较狭窄而顶部较宽,种群中幼体所占的比例很小,而老年个体的比例较大,种群的死亡率大于出生率,数量趋于下降的种群。

05.074 同生群 cohort

又称"同龄群"。在种群统计学中常把同一时间段中出生的动物称为同生群。

05.075 生命期望 life expectance

又称"估计寿命"。一个群体中进入某一龄期的个体,平均还能活多长时间的估计值。

05.076 生命表 life table

系统描述同期出生的一生物种群在各发育阶段存活过程的一览表。

05.077 动态生命表 dynamic life table

又称"特定年龄生命表(age-specific life table)","水平生命表(horizontal life table)","同生群生命表(cohort life table)"。根据观察一群同一时间出生的生物的死亡或存活动态过程编制的生命表。

05.078 静态生命表 static life table

又称"特定时间生命表(time-specific life table)","垂直生命表(vertical life table)"。根据某一特定时间,对种群作一个年龄结构的调查,并根据其结果而编制成的生命表。

05.079 图解生命表 diagrammatic life table

以图表等直观形式表述的生物死亡和存活过程的一种生命表。

05.080 存活率 survival rate

生物群体在一定时间内存活个体数占总个体数的百分率。

05.081 存活时间 survival time

个体生命持续的平均时间。

05.082 存活曲线 survivorship curve, survival curve

又称"生存曲线"。描述同期出生的生物种群个体存活过程与其年龄关系的曲线。

05.083 存活曲线类型 survivorship curve type

美国科学家迪维(E. S. Deevey)1947 年把

存活曲线划分为三种基本类型。A 型:凸型的存活曲线,表示种群几乎所有个体都能达到生理寿命;B 型:成对角线形的存活曲线,表示各年龄期的死亡率是相等的;C 型:凹型的存活曲线,表示幼期的死亡率很高,随后死亡率低而稳定。

05.084 关键因子分析 key factor analysis
根据某害虫连续多年的自然种群生命表资料,用图解法分析各致死因子中最可能解释总致死率变化的因子。

05.085 增长率 rate of increase
单位时间内种群增长数与种群总数量之比。

05.086 内禀增长率 intrinsic rate of increase
在特定条件下,具有稳定年龄组配的生物种群不受其他因子限制时的最大瞬时增长速率。

05.087 瞬时增长率 instantaneous rate of increase
种群在任意小的时间段内的增长率,该增长率是连续的和瞬时的。

05.088 种群周转率 population turnover rate
种群个体全部更新的速度,即为 $1/r$,r 为内禀增长率。

05.089 特定年龄出生率 age-specific natality, age-specific fecundity
又称"特定年龄生殖力"。特定年龄组中平均每个雌体的产雌率。

05.090 净生殖率 net reproduction rate
又称"世代净生殖率"。种群在一定条件下经过一个世代后的增殖倍数。

05.091 世代平均长度 mean length of a generation
母世代生殖到子世代生殖的平均时间。

05.092 自然增长率 rate of natural increase
一定时期内种群自然增长数(出生数量减死亡数量)与种群总数量之比。

05.093 生殖价 reproductive value
某年龄雌体平均地对未来种群增长所做出的贡献。

05.094 繁殖成功率 breeding success rate
常指存活到羽翼丰满或断乳期的幼体数目与母体所产幼体总数之比。

05.095 育雏数 brood size
鸟类繁殖一窝中所哺育的雏鸟数量。

05.096 空间需求 space requirement
每个生物都需要有一定的最小空间,以保证其生活的需要,称为空间需求。

05.097 分布型 distribution pattern, distribution type
又称"分布格局"。组成种群的个体在其生存空间中的相对位置及格局。

05.098 负载力 carrying capacity
又称"环境容纳量"。一个环境条件所允许的最大种群数量。

05.099 剩余空间 residual space
又称"未利用的增长机会(unutilized opportunity for growth)"。逻辑斯谛种群增长模型中,种群尚未利用的还有"剩余"的、可供种群继续增长用的空间(或机会)。

05.100 自然反应时间 natural response time
瞬时增长率的倒数。指种群在受到干扰后返回平衡所需时间的长短。

05.101 具时滞的种群连续增长模型 population continuous growth model with time lag
考虑到种群密度对种群增长的时滞作用而改进的一个种群连续增长模型。

05.102 时滞 time lag, time delay
种群密度增加的时刻与该密度产生影响效

应时刻之间的一段时间差。

05.103 超越 overshoot
种群数量通过一定增长后,因为时滞作用,使抑制性影响后延,超过平衡密度后还继续上升。

05.104 超补偿 overcompensate
种群数量增长达到超越后急剧降低,且降低到平衡点以下。

05.105 反应时滞 reaction time lag
从环境条件改变,到相应的种群增长率改变之间的时滞。

05.106 单调阻尼稳定点 monotonically damped stable point
具时滞的逻辑斯谛产生振荡,在某一条件下,种群动态单调地趋向一个平衡水平,这个平衡水平称为单调阻尼稳定点。

05.107 振荡阻尼稳定点 oscillatorily damped stable point
具时滞的逻辑斯谛产生振荡,在某一条件下,种群表示为减幅的振荡,并最终回到平衡水平,这个平衡水平称为振荡阻尼稳定点。

05.108 稳定极限环 stable limit cycle
具有时滞的连续种群增长模型中,当$rT > 1/2\pi$时(r表示种群增长率,T表示反应时滞),种群表现为周期性振荡,称为稳定极限环。

05.109 种群过程 population process
种群从发生到衰落的发展过程。

05.110 种群变动轨迹 population trajectory
种群数量在一维或二维空间中围绕平衡点连续变动曲线。

05.111 种群平衡 population equilibrium, population balance
种群死亡率和出生率相等,在一定时期维持相同的数量水平的状态。

05.112 种群灭绝 population extinction
种群衰落到一定临界点,如果继续衰落,就进入种群消失的现象。

05.113 种群暴发 population eruption
又称"种群大发生(population outbreak)"。某一地区某种生物种群数量在短时期内迅速增长的现象。

05.114 种群崩溃 population crash
种群暴发后,往往出现个体的大批死亡,导致种群数量剧烈下降的现象。

05.115 生物入侵 biological invasion
某种外来生物进入新分布区成功定居,并得到迅速扩展蔓延的现象。

05.116 定居 colonization
又称"建群"。生物由原分布区迁入新分布区,并能在新分布区生长发育,成功繁殖的过程。

05.117 定居速率 colonization rate
单位时间内生物经扩散到新地区之后成功定居的个体数。

05.118 种群扩散 population dispersal
生物寻找更广阔生活区域的一种方式。

05.119 迁移 migration
动物周期性的长距离更换住处的现象,且通常是定向性和群体性的。

05.120 种群的季节消长 seasonal change in number
在特定空间内,种群数量随全年季节变动而起伏的波动形式。

05.121 季节性繁殖 seasonal breeding
动物繁殖具有明显的季节性,多在有利的季节繁殖。

05.122 季节波动 seasonal fluctuation

一年四季内种群数量的变动。

05.123 多态现象 polymorphism
同一个物种内的个体具有明显的形态上区别的现象。如东亚飞蝗具有群居相和散居相。

05.124 群居相 gregaria phase
直翅目蝗虫以高度活跃,强的迁飞能力和喜群居为特征。形态学上和散居相不同,在自然条件下两型交替出现。

05.125 散居相 solitaria phase
某些直翅目昆虫(如蝗虫)的多态现象之一,与群居相相对而言,其特点是种群增长率高,有利于种群数量的增加和恢复。

05.126 平衡多态现象 balanced polymorphism
一个群体中各种变异类型的比例长期保持不变的现象。

05.127 种群调节 population regulation
当种群偏离平衡密度时,使种群回到原来平衡密度的调节作用。

05.128 灾变性因子 catastrophic factor
不管种群密度如何,几乎总是杀死一定比例的个体的因子。主要是指气候因子。

05.129 密度制约 density dependence
系统中种群大小的调节机制受该种群密度制约的现象。

05.130 非密度制约 density independence
系统中种群的大小与密度无关的现象。

05.131 密度制约因子 density-dependent factor
系统中对种群的作用大小随种群本身密度变化而变化的因子。如竞争者和疾病等生物因子。

05.132 非密度制约因子 density-independent factor
系统中对种群的作用大小与密度变化无关的因子。如天气和污染物等非生物因子。

05.133 逆密度制约性死亡率 inverse density-dependant mortality
随种群密度增加,死亡率反而降低的现象。

05.134 逆密度制约因子 inverse density-dependent factor
在影响有机体生活和发育的环境因子中,其影响程度随种群密度上升而表现出死亡率反而降低的反比变化关系的因子。

05.135 生殖潜能 reproductive potential
生物固有的不变的增殖能力。种群增长 = 生殖潜能 - 环境阻力。

05.136 种群的平衡密度 equilibrium population density
由于生态因子的作用使种群在生物群落中,与其他生物成比例地维持在某一特定密度水平上,这一密度水平称为种群的平衡密度。

05.137 调节 regulation
种群离开其平衡密度后又返回到这一平衡密度的过程。

05.138 自然调节 natural regulation
在自然条件下,特定种个体数的变化,被限定于一定振幅内,保持一定数量的平衡机制。

05.139 自我调节学派 self-regulation school
该学派强调种群调节的内源性因素,认为种群的自我调节是各种物种所具有的适应性特征。

05.140 种群稳定性 population stability
种群抵御外界环境干扰,维持、回到平衡点的特性。

05.141 种群持续性 population persistence

种群长期生存能力。

05.142 种群波动 population fluctuation
种群数量随机或有规律变动的现象。

05.143 不规则波动 irregular fluctuation
在自然种群中其数量在不同年份间表现出无规律性(或周期性)变动的现象。

05.144 规则波动 regular fluctuation
又称"周期性波动(cyclic fluctuation)","振荡(oscillation)"。种群数量变动随时间呈现出有规律的、周而复始的波动现象。

05.145 种群衰落 population decline
当种群长久地处于不利的条件下,或在人类过度捕猎,或栖息地被破坏的情况下,其种群数量可出现持续下降的现象。

05.146 种群限制 population limitation
使种群数量减少到最小值或不至于出现过度上升的过程。

05.147 种群管理 population management
对种群数量增长和种群质量的一种控制。

05.148 生育控制 birth control
减少种群生育率的各类措施。

05.149 雄性不育释放技术 sterile-male release technique
控制有害生物的方法之一,把自然或人工处理后的不育雄性个体释放人自然种群,以降低其繁殖率,从而减少危害的技术。

05.150 多平衡点 multiple stable point
生态系统动态或种群动态不止一个平衡点。如,低密度下,种群有一个平衡点,受捕食者所调节;高密度下,种群逃脱了捕食者的控制,出现另一个平衡点,转而受食物竞争所控制。

05.151 种内关系 intraspecific relationship
同种个体之间的相互关系。

05.152 种内攻击 intraspecific aggression
同一种群内个体间因资源竞争而发生的各种形式打斗行为。

05.153 种间关系 interspecific relationship
异种个体之间的相互关系。

05.154 种群间相互作用 population interaction
异种种群间的相互关系。

05.155 正相互作用 positive interaction
在两个物种的相互作用中,对两者的任何一方均不产生不利影响的相互作用。包括偏利共生、原始协作和互利共生。

05.156 负相互作用 negative interaction
在两个物种的相互作用中,至少对两者的一方会产生不利影响的相互作用。包括竞争、捕食、寄生和偏害等。

05.157 偏利共生 commensalism
两个物种生活在一起,对一方有益,对另一方无利也无害的共生现象。

05.158 互利共生 mutualism
又称"互惠共生"。两物种长期共同生活在一起,彼此相互依赖,双方获利且达到了彼此不能离开独立生存之程度的一种共生现象。

05.159 偏害共生 amensalism
两个物种生活在一起时,一个物种的存在可以对另一物种起到抑制作用,而自身却不受影响的共生现象。

05.160 竞争 competition
同种或不同种生物因争夺食物、空间等资源而发生的负面影响。分为种内竞争和种间竞争两种。

05.161 种内竞争 intraspecific competition
同种个体间利用同一资源而发生的相互妨碍作用。

05.162　种间竞争　interspecific competition

两种或更多种生物共同利用同一资源而产生的相互妨碍作用。

05.163　争夺竞争　scramble competition

竞争者在利用同一种资源时不会发生直接冲突和对抗的竞争方式。

05.164　干扰竞争　interference competition

一个个体的直接对抗影响另一个的竞争形式。个体间存在直接的干涉。植物的他感作用是一种典型的干扰竞争。

05.165　似然竞争　apparent competition

又称"表观竞争"。两个物种通过拥有共同捕食者而产生的竞争。其性质与两个物种通过对资源利用所产生的资源利用性竞争类似。

05.166　竞争释放　competitive release

一个物种的实际生态位因不存在其他物种竞争而得以扩展的现象。

05.167　竞争系数　coefficient of competition

用于定量表示处于竞争关系的生物间竞争程度的一种数值指标。

05.168　竞争排除原理　principle of competitive exclusion

生态位上相同的两个物种不可能在同一地区内长期共存,如果生活在同一地区,其中一个物种最终将另一个物种完全排除。

05.169　竞争替代原理　competitive displacement principle

处于相互竞争关系的生物,由于对系统的适应能力存在差异,适应能力较强的物种逐渐替代适应能力较差的物种。

05.170　竞争共存　competitive coexistence

两种或者两种以上处于竞争关系的生物能够稳定地共存于某个系统中的现象。

05.171　人工去除　artificial removal

人为除去种群中的部分或全部个体的过程。

05.172　自疏　self-thinning

因种内竞争,植物种群随着年龄增长和个体增大,种群密度减小的现象。

05.173　寄生　parasitism

一种生物从另一种生物的体液、组织或已消化物质获取营养并造成对宿主危害的现象。

05.174　拟寄生物　parasitoid

幼虫期寄生宿主体内,后期并将宿主杀死,成虫营自由生活的生物。是介于寄生和捕食之间的中间关系。如寄生蜂。

05.175　超寄生物　hyperparasite

又称"重寄生物(superparasite)"。寄生在寄生物上的生物。

05.176　尸养寄生物　necrotrophic parasite

以尸体作为营养物来源的寄生物。

05.177　活养寄生物　biotrophic parasite

只能从活的有机体获取营养的寄生物。

05.178　典型寄主　typical host

被另一种生物侵入体内或体表吸取营养而不被致死的生物。

05.179　捕食　predation

一种生物以另一种生物为食的现象。

05.180　捕食效率　predation efficiency

捕食者搜寻猎物到处理和消化猎物的时间。

05.181　捕食庇护所　predation refuge

猎物避开捕食者的一个场所。

05.182　捕食风险　predation risk

生物个体为生存所面临的被同种或其他种生物捕食的风险。

05.183　回避捕食者效应　predator avoidance

猎物对天敌及其附属物的回避反应。

05.184　捕食者饱和效应　predator satiation
猎物数量过度,使天敌捕食饱和,从而一部分猎物可以逃逸捕食作用的现象。

05.185　捕食者转换　predator switching
当某种猎物数量变得稀少时,天敌便转向另一种数量较多被捕食者的现象。

05.186　同种相残　cannibalism
又称"同类相食"。捕食者所捕食的猎物为与自身相同物种动物的现象。

05.187　特化　specialization
物种仅适应特定生态位的现象。

05.188　特化种　specialized species, specialist
只能在特定生态位中生存的物种。如只摄取一种类型猎物的捕食者。

05.189　单食者　monophage
只吃一种类型食物的食草动物。

05.190　寡食者　oligophage
吃少数几种食物类型的食草动物。

05.191　广食者　polyphage
又称"多食者"。可以取食多种植物的食草动物。

05.192　捕食补偿　predation compensation
生物被捕食后所具有的一种自我保护和修复功能。

05.193　精明捕食者　prudent predator
捕食者在进化过程中能够形成自我约束能力,对猎物不造成过捕,能保持其食物源。

05.194　过捕　overharvesting
指猎物种群在遭到捕食者有效的猎捕后其个体、种群的生长率、繁殖率明显下降或被消灭,随后捕食者也因饥饿而死亡的现象。

05.195　最优觅食理论　optimal foraging theory, OFT
动物为获得最大的觅食效率所采取的各种方法和措施。如选择最有利的食物,或最优食谱,或选择最有利的生态小区等等。

05.196　斑块停留时间　patch residence time
动物在其生境内一个斑块用于觅食所花的时间。

05.197　生态位　niche
生物在生物群落或生态系统中的作用和地位,以及与栖息、食物、天敌等多环境因子的关系。

05.198　多维生态位　multidimensional niche
英国科学家哈钦森(G. E. Hutchinson)1957年提出的概念。是指 n 维资源空间中一个物种能够存活和增殖的范围。

05.199　潜在生态位　potential niche
现实生态位中尚未被生物利用的生态位。

05.200　温度生态位　temperature niche
生物在温度上的不同适应范围。

05.201　生态位宽度　niche breadth
生物所利用的各种各样不同资源的总和。

05.202　生态位重叠　niche overlap
不同种生物对同一生态位的共享或对同一资源的共同利用。

05.203　生态位互补性　niche complementarity
生境中不同生物的生态位存在分异和互补,也就是在资源利用上存在差异(时间和空间上)。

05.204　资源谱　resource spectrum
生物可利用资源的宽度及强度分布情况。

05.205　栖息地　habitat
生物出现在环境中的空间范围与环境条件总和。

05.206　小生境　microhabitat

栖息地中的一个特定部分,是一个个体在特定时间里所处的空间与环境。

05.207 栖息地岛屿 habitat island

又称"生境岛屿"。限制同种个体相互交换和基因流的不连续的岛状栖息地。

05.208 资源利用曲线 resource utilization curve

生物在某一生态因子维度上的分布曲线。常呈正态曲线。

05.209 零增长等值线 zero net growth isoline, ZNGI

在相平面中,指种群增长率为零的曲线。根据两曲线相交情况,可以分析两相互作用物种的种群动态稳定性和平衡点。

05.210 种子库 seed bank, seed pool

土壤基质中有活力的种子的总和。

05.211 种子扩散 seed dispersal

种子离开母株的运动过程。

05.212 地表种子库 surface seed bank

土壤表面种子的总和。

05.213 土壤种子库 soil seed bank, soil seed pool

存在于土壤上层凋落物和土壤中全部存活种子的总和。

05.214 瞬时土壤种子库 transient soil seed bank

种子在土壤中存在不超过一年就萌发的土壤种子库。

05.215 永久土壤种子库 permanent soil seed bank

种子在土壤中的存留期超过一年的土壤种子库。

05.216 扩散前死亡率 predispersal mortality

植物种子在成熟扩散前由于早期死亡,种子发育停止和动物捕食等而造成的死亡率。

05.217 扩散前种子捕食 predispersal seed predation

昆虫及其他动物对成熟扩散前植物的种子和果实的取食。

05.218 动物散布 synzoochory

由动物传布种子、果实等方式。

05.219 大量结实 masting

某些年份内植物同步生产大量种子,食种子动物不能全部消耗掉,使一些种子存活下来的现象。

05.220 定量防卫 quantitative defense

植物产生的化学物质能在食草动物体内不断积累并抑制食草动物食物消化的现象。如丹宁和树脂。

05.221 定性防卫 qualitative defense

尤其指非常有毒的物质,只需要很小剂量就足以杀死食草动物的现象。如阿托品。

05.222 诱导防卫 induced defense

植物在同种或异种个体的刺激条件下才产生防御的现象。

05.223 放牧促进 grazing facilitation

一种食草动物的放牧活动能改善另一种食草动物的食物供应的现象。

05.224 放牧系统 grazing system

由植物和食草动物构成的一个相互作用的整体系统。

05.225 相互作用的放牧系统 interactive grazing system

食草动物的食草作用会对其所吃的植物的生产量和增长率产生影响的放牧系统。

05.226 非相互作用的放牧系统 non-interactive grazing system

某些雀类吃禾本或草本植物的种子,但其吃

食活动却不会影响到这些植物的生产力的放牧系统。

05.227 风险分摊 spreading of risk
伴随着克隆生长,基株的死亡风险(或概率)被分摊到各个克隆分株或分株系统,降低了基株的死亡概率,从而具有进化上的优势。

05.228 母体效应 maternal effect
母体所经受的环境胁迫会影响到子代的生长、发育、行为和生理等特征的现象。

06. 群落生态学

06.001 生物群落 biotic community, biocommunity, biocoenosis
简称"群落(community)"。在相同时间聚集在一定地域或生境中各种生物种群的集合。

06.002 群落组成 community composition
一个群落的物种构成成分。

06.003 物种组成 species composition
又称"种类组成"。构成一个群落的所有物种。

06.004 优势种 dominant species
(1)对群落其他种有很大影响而本身受其他种的影响最小的物种。(2)在群落中具有最大密度、盖度和生物量的物种。

06.005 建群种 constructive species, edificato
在群落中处于优势层的优势种。

06.006 从属种 subordinate species
群落中除优势种以外的其他物种。

06.007 亚优势种 subdominant species
个体数量和生态作用都次于优势种,但在决定群落性质和生态过程方面起着一定作用的物种。

06.008 伴生种 companion species
在群落中经常出现,但不起主要作用的植物种。

06.009 偶见种 accidental species, incidental species, casual species
在群落中出现频率很低的种类。

06.010 稀有种 rare species
在群落中出现频度较低的种类,比偶见种常见。

06.011 恒有种 constant species
能在90%以上的群落地段内出现的物种。

06.012 构造种 structural species
对群落结构起着最重要作用的物种。

06.013 随遇种 indifferent species
不固定在某一群落中出现的物种或对任何生态系统没有显著影响的物种。

06.014 土著种 indigenous species, native species
某一地区原来就有、而不是从其他地区迁移或引入的物种。它可以是这一地区的固有种,也可以是特有种或孑遗种。

06.015 机会种 fugitive species, opportunist species
占据临时性生境,仅存活、生长有限世代的物种。一般生活史较短,个体较小,散布能力强。

06.016 区别种 differential species
在某个群落中虽不是特征种,但却占有一定优势的物种。其在各群落型的多度差异可以区分出不同的群落型。

06.017 指示种 index species, indicator species

生态幅狭窄而局限于某一群落或生境中,并对群落或生境有一定的指示作用的物种。

06.018 杂草种 ruderal species

多为一年生和生活周期短的杂草,能够急速生长,并产生大量的种子,竞争能力小,出现在资源丰富的临时生境中。

06.019 植物群落数量特征 quantitative phytosociological character

组成群落的植物的多度、密度、盖度、高度、重量、体积、同化面积和吸收面积等可以用数量来度量的特征。

06.020 多度 abundance

表示一个种群在群落中个体数目的多少或丰富程度的指标。

06.021 物种相对多度 relative abundance of species

群落中某一物种的多度占所有物种的多度之和的百分比。

06.022 物种多度曲线 species-abundance curve

又称"物种丰度曲线"。以多度为纵坐标、以物种多度从大到小排序为横坐标所得到的曲线。

06.023 密度 density

单位面积或单位空间内的个体数。

06.024 密度比 density ratio

某一物种的密度占群落中密度最高的物种密度的百分比。

06.025 盖度 cover, coverage

植物地上器官垂直投影面积占样地面积的百分比。

06.026 相对盖度 relative coverage

某个种的盖度占全部种类盖度之和的百分比。

06.027 基盖度 basal cover, basal coverage

植物基部断面的覆盖面积占样地面积的百分比。

06.028 投影盖度 projective cover degree

植物地上部分垂直投影面积占样地面积的百分比。

06.029 频度 frequency

群落中某种植物出现的样方数占整个样方数的百分比。

06.030 频度定律 frequency law

如果将频度在 1% ~20%, 21% ~40%, 41% ~60%, 61% ~80%, 81% ~100% 的物种分别划归入 A,B,C,D,E 五个等级,那么这五个频度级将满足关系式:A > B > C ≥ D < E。

06.031 植被覆盖百分率 percentage of vegetation

一定区域内绿色植物所覆盖的面积占总面积的百分率。

06.032 郁闭 crown closure

林分中林木树冠彼此互相衔接的状态。

06.033 郁闭度 crown density

单位面积上林冠覆盖林地面积与林地总面积之比。

06.034 优势度 dominance

某个种在群落中所具有的作用和地位的大小。经常用相对多度来表示。

06.035 重要值 importance value

研究某个种在群落中的地位和作用的综合数量指标。是相对密度、相对频度、相对优势度的总和。其值一般介于 0 ~300 之间。

06.036 优势度指数 dominance index

表明群落内优势种集中程度的指标,等于群

落内各物种的重要值与全部物种的重要值之比的平方和。

06.037 存在度 presence
某种生物在属于同一群落类型且空间上彼此分隔的各个群落中出现的百分率。

06.038 恒有度 constance
在样地面积大小相同时某一种出现的样地占全部样地的百分率。

06.039 确限度 fidelity
某个种局限于某一群落类型的局限性程度。

06.040 群集度 sociability, colonizality, gregariousness
对种在群落内水平分布状况的度量,常采用布朗-布朗凯(Braun-Blanquet)的五级制进行目测。

06.041 均匀度 evenness
一个群落或生境中全部物种个体数目的分配状况。反映的是各个物种个体数目分配的均匀程度。

06.042 物种均匀度 species evenness
一个群落中全部物种个体数目的分配状况。

06.043 物种丰富度 species richness
一个群落或生境中的物种数目。

06.044 物种饱和度 species saturation
群落最小面积内所出现的种类的最大数目,或当种-面积曲线趋于稳定时所拥有的种类数目。

06.045 物种多样性 species diversity
一定时间一定空间中全部生物或某一生物类群的物种数目与各个物种的个体分布特点。一般是指物种丰富度和物种均匀度。

06.046 物种多样性指数 index of species diversity
表征物种多样性的指数,是物种丰富度和均匀度的综合指标。代表性的多样性指数有辛普森多样性指数和香农-维纳多样性指数。

06.047 群落内多样性 within-community diversity
某一群落内的物种多样性和生境多样性。

06.048 α多样性 alpha diversity
又称"α丰富度(alpha richness)"。群落或生境内物种的数量。

06.049 β多样性 beta diversity
又称"β丰富度(beta richness)"。在一个环境梯度上,从一个生境到另一个生境之间所发生的物种数目的变化,亦即群落间的物种多样性。

06.050 γ多样性 gamma diversity
又称"γ丰富度(gamma richness)"。在一个地理区域内一系列生境中物种的数目,是这些生境的α多样性和生境之间的β多样性的综合。

06.051 生境内多样性 within-habitat diversity
某一具体生境内的物种多样性。

06.052 进化时间学说 evolutionary time theory
该学说认为物种多样性的高低与群落的进化时间有关,如进化时间长,环境条件稳定,灾难性气候变化少,群落的多样性高;反之,则低。

06.053 生态时间学说 ecological time theory
该学说认为物种把分布区扩大到尚未占有的地区需要一定时间,温带地区的群落是处于尚未饱和的状态,所以比热带地区物种多样性低。

06.054 空间异质性学说 spatial heterogeneity theory

该学说认为物理环境越复杂、越多样,即异质性越高,则其动物和植物的区系就越复杂,物种多样性越高。

06.055 气候稳定学说 climatic stability theory

该学说认为气候越稳定,变化越小,动植物的种类就越丰富。

06.056 竞争学说 competition theory

解释群落间多样性差异的一种假说。认为温带和极地的自然选择主要受物理因素所控制,而在热带地区,生物之间的竞争则是物种进化和生态位特化的动力,即热带地区的物种比温带地区的物种具有更狭窄的生态位,从而允许有更多的物种共存在一起。

06.057 捕食学说 predation theory

关于物种多样性差异的观点之一,认为热带区有较多的捕食者和寄生者,由于捕食者的捕食作用使猎物的数量处于较低水平,从而减少了猎物相互之间的竞争,竞争的减少又允许有更多种类的猎物共存,这又转而支持了新的捕食者。

06.058 生产力学说 productivity theory

美国动物生态学家康奈尔(J. H. Connell)和美国学者奥里亚斯(E. Orians)1964 年提出:认为群落的多样性高低决定于通过食物网的能流量,通过食物网的能流量越大,种的多样性就越高。

06.059 特异反应假说 idiosyncratic response hypothesis

认为生物群落的功能随着物种多样性的变化而变化,但变化的强度和方向是不可预测的。

06.060 零假说 null hypothesis

认为生物群落的功能与物种多样性无关,即物种的增减不影响生物群落功能的正常发挥。

06.061 种间关联 species association

不同物种在数量上和空间分布上的相互关联性。

06.062 关联系数 association coefficient, AC

描述种间连接程度的指标之一。

06.063 随机生态位假说 random niche hypothesis

群落中物种的资源分割是随机的,假定生态位是一维的,分享生态位的物种,像随机折棒一样,折断的每节长度就是某一物种的生态位大小。

06.064 生态位优先占领假说 niche-preemption hypothesis

该假说认为第一位优势种首先占领生态位空间的大部,第二位的占领其余下的大部空间,依此类推,到末位的只能占留下的很少空间。这种分布多出现在群落生境严酷,种数相对较少的群落。

06.065 对数-正态假说 log-normal hypothesis

物种对生态位的占有情形,决定于影响种间竞争的一系列条件,诸如气候、食物、空间等,符合这种分布的群落多属于环境条件优越,物种丰富度高的群落。

06.066 群落结构 structure of community

群落中所有生物及其个体在空间和时间上的分布状态。主要包括物理外貌(植物生长型、层片、垂直分层与季相)与生物组成(物种组成和多样性、演替、种间相互作用)。

06.067 生活型 life form

不同物种对于相同生境进行趋同适应而形成的外貌上相同或相似的类型。

06.068 植物生活型 plant life form

植物长期适应外界环境而形成的植物类型。

06.069 高位芽植物 phanerophyte

在不利时期休眠芽位于距地面25 cm以上的植物。

06.070 地上芽植物 chamaephyte
芽或顶端嫩枝位于地表或很接近地表的植物。一般不高出土表25 cm以上,能被地表的植物凋落物或积雪覆盖而得到保护。

06.071 地面芽植物 hemicryptophyte
更新芽位于近地面土层内的植物。在不利季节时,平卧于地面的残存苗系为枯死枝条残留物所保护,到生长季时再从这些残存苗系上萌生出枝条。

06.072 隐芽植物 cryptophyte
又称“地下芽植物(geophyte)”。更新芽位于较深土层中或水中,多为鳞茎类、块茎类和根茎类多年生草本植物或水生植物。

06.073 一年生植物 therophyte
在一个生长季内完成生活史的植物。

06.074 二年生草本 biennial herb
在两个生长季内完成生活史的草本植物。第一个生长季仅由种子萌发后产生根、茎、叶等营养器官,越冬后,在第二个生长季开花、结实,产生种子后死亡。

06.075 多年生型 perennial form
一般指个体寿命超过两年以上的植物,其中大多数在一生中能够开花结实多次。

06.076 生活型谱 life form spectrum
某一地区或某一群落中,属于各种生活型的生物所占百分率。可以反映某一地区或某一群落中植物与环境(尤其是气候)之间的关系。

06.077 生长型 growth form
生物对外界环境适应的外部表现形式,同一生长型的生物在体态上、适应特点上是相似的。

06.078 乔木 tree
具有直立主干、树冠广阔、成熟植株在3 m以上的多年生木本植物,是描述植物和用于植物分类的主要概念之一。

06.079 灌木 shrub
成熟植株在3 m以下的多年生木本植物。

06.080 下木 underwood
森林中林冠之下的大灌木和低矮乔木的总称。

06.081 草本 herb
一般指具有木质部不甚发达的草质或肉质的茎,而其地上部分大都于当年枯萎的植物。

06.082 垂直结构 vertical structure
群落中不同物种个体在垂直空间上的分化与配置方式。

06.083 垂直成层 vertical stratification
群落在垂直方向上的结构分化。

06.084 层片 synusium
由占据一定小环境的相同生活型或相近生活型植物组成的具有一定空间、时间特征和植物环境的群落亚单位。

06.085 层次 stratum, layer
群落中根据植物同化器官高度来划分的垂直结构。

06.086 林冠 canopy
又称“冠层”,“树冠”。距地面一定距离,由乔木的枝、小枝和叶所形成的一个层。

06.087 乔木层 tree layer
森林群落中由高大的乔木树冠构成的一层。

06.088 灌木层 shrub layer, brushwood layer
位于乔木层之下,由灌木树种和一些未长到乔木层高度的幼年乔木共同构成的覆盖层。

06.089 草本层 herb layer
位于灌木层之下,一般由草本植物和低矮的

半灌木构成。

06.090 地面植被层 field layer, field stratum, grand
植物群落中的草本和小型灌木组成的层次。

06.091 活地被物层 living mulch, ground vegetation
位于群落的最下层,一般由遮蔽地面的苔藓、地衣、菌类等组成。

06.092 郁闭林冠 closed canopy
乔木的冠层彼此重叠,形成一个连续的、郁闭度0.8以上的冠层结构。

06.093 纯林 pure forest
林冠仅由一个乔木树种组成的森林。

06.094 混交林 mixed forest
林冠由两个或多个优势乔木树种或不同生活型的乔木所组成的森林。

06.095 水平结构 horizontal structure
群落在空间的水平分化或内部小聚群的镶嵌现象。

06.096 水平格局 horizontal pattern
构成群落的成员在水平方向上的分布格局。

06.097 镶嵌性 mosaic
两种或多种群落在二维空间的相间分布格局。

06.098 斑块性 patchiness
斑块的空间格局及其变异。通常表现在斑块大小、密度、多样性、排列状况、结构和边界特征等方面。

06.099 小群落 microcommunity, microcenose
群落内的种类组成和外貌与所在群落明显不同的小聚群。

06.100 时间结构 temporal structure
由于不同植物种类的生命活动在时间上的差异,导致的结构部分在时间上的相互配置。

06.101 时空结构 temporal-spatial structure
群落在时间与空间上表现出来的变化特点。

06.102 时空格局 spatial and temporal pattern
群落在空间(水平和垂直)的位置以及随时间变化的动态。

06.103 时间格局 temporal pattern
时间(昼夜与季节)上表现出的群落结构变化。

06.104 时间尺度 temporal scale
时间长短的度量。

06.105 空间生态位 spatial niche
每个种在群落内中所处的空间位置。

06.106 时间生态位 temporal niche
不同物种对资源的利用在时间上的分化。

06.107 季相 aspect
群落在一年中因各种植物的不同物候进程而在不同季节里表现出来的不同外貌。

06.108 暂时季相 temporary aspect
植物群落并非每年都重复出现的季节性外貌。

06.109 生态过渡带 ecotone
又称“群落交错区”,“生态交错带”。两个不同群落交界的区域。

06.110 边缘效应 border effect, edge effect
(1)在生态过渡带中生物种类和种群密度增加的现象。(2)指在群落边缘的生物个体因得到更多的光照等资源而生长特别旺盛的现象。

06.111 关键种 keystone species
对群落结构和功能有重要影响的物种。这些物种从群落中消失会使得群落结构发生严重改变,可能导致物种的灭绝和多度剧烈变化。

06.112 抽彩式竞争 lottery competition

一个物种的个体先于另一个物种到达空斑块或萌发会造成先到达个体在以后的竞争中占据非常有利的位置,使得谁先到谁就可以占据空斑块。

06.113 利用性竞争 exploitation competition

又称"资源竞争(resource competition)"。利用共同有限资源的不同生物个体之间的妨害作用,通过使资源总量减少而使得竞争对手的存活、生殖和生长受到间接影响。在资源利用性竞争中,生物之间没有直接的干涉。

06.114 根系竞争 root competition

植物地下部分对水分、营养物质等资源的竞争。

06.115 逃命共存 fugitive coexistence

物种共存的一种机制。物种如果在竞争能力和扩散能力上存在负耦联,竞争弱者如果是扩散与侵占上的强者,则可以作为逃亡种首先侵占生境中产生的空白地块、定居并繁殖后代,从而实现与竞争强者的共存。

06.116 中度干扰假说 intermediate disturbance hypothesis

由美国生态学家康奈尔(J. H. Connell)等人于1978年提出的一个假说,认为中等程度的干扰频率能维持较高的物种多样性。如果干扰频率过低,少数竞争力强的物种将在群落中取得完全优势;如果干扰频率过高,只有那些生长速度快、侵占能力特强的物种才能生存下来;只有当干扰频率中等时,物种生存的机会才是最多的,群落多样性最高。

06.117 麦克阿瑟平衡说 MacArthur equilibrium theory

麦克阿瑟(R. H. MacArthur)和威尔逊(E. O. Wilson)于1967年提出的均衡理论。认为某个区域内物种数目的多少由新物种的迁入和原有物种消亡或迁出之间动态变化所决定,它们遵循着一种动态平衡的规律。

06.118 平衡说 equilibrium theory

把生物群落视为相对稳定实体的一种假说。

06.119 非平衡说 non-equilibrium theory

认为组成群落的物种始终处于变化之中,群落不能达到平衡状态,自然界中的群落不存在全局稳定性,有的只是群落的抵抗性(群落抵抗外界干扰的能力)和恢复性(受干扰后恢复到原来状态的能力)。

06.120 群落动态 community dynamics

群落形成、变化、演替及进化的过程。

06.121 群落系统发生 phylocoenogenesis

又称"群落系统发育","植被演化(vegetation evolution)"。与地质年代中的环境变迁相联系的、彼此间存在着一定的亲缘关系的森林、草原、草甸、荒漠、沼泽等一切植被类型的演化形成过程。

06.122 演替 succession

某一地段上群落由一种类型自然演变为另一类型的有顺序的更替过程。

06.123 世纪演替 era succession

延续时间以地质年代计算的植物群落演替,也就是与大陆和植物区系进化相联系的演替。

06.124 快速演替 quick succession, rapid succession

演替延续时间为几年或十几年的演替。

06.125 长期演替 prolonged succession

需要很长时间才能达到顶极群落的演替,一般为原生演替。

06.126 短期演替 temporary succession

短时间达到顶极群落的快速演替。

06.127 原生演替 primary succession
开始于原生裸地(完全没有植被并且也没有任何植物繁殖体存在的裸露地段)的群落演替。

06.128 次生演替 secondary succession
在原有群落被去除的次生裸地上开始的演替。

06.129 采伐演替 logging succession
森林采伐后所发生的演替,是森林群落最重要的次生演替类型之一。

06.130 弃耕地演替 succession on abandoned field
在弃耕地上发生的群落次生演替。

06.131 水生演替 hydroarch succession
开始于水生环境中的演替。

06.132 旱生演替 xerarch succession
开始于干旱基质上的原生演替。

06.133 内因[性]演替 endogenetic succession
群落演替如果发生在气候以及其他条件相当稳定的情况下,演替的原因来自群落内部,这种演替称为内因[性]演替。

06.134 外因[性]演替 exogenetic succession
又称"异发演替(allogenic succession)"。由于外界环境因子的作用所引起的群落变化。其中包括气候发生演替、地貌发生演替、土壤发生演替、火成演替和人为发生演替。

06.135 火后演替 post-fire succession
发生在火烧后所形成的次生裸地上的演替。

06.136 火成演替 pyrogenic succession
由于火因子而引起的演替。

06.137 土壤演替 soil succession
又称"土壤演化(soil evolution)"。土壤在其发展过程中从一个阶段到另一个阶段的顺序更替过程。

06.138 自养演替 autotrophic succession
在生态系统发育早期,如果初级生产力或总光合量大于群落呼吸称为自养演替。

06.139 异养演替 heterotrophic succession
在生态系统发育早期,如果初级生产力或总光合量小于群落呼吸称为异养演替。

06.140 自发演替 autogenic succession
由植物本身生命活动造成的环境变化所引起的演替。

06.141 周期性演替 periodic succession
由于环境因子的周期性干扰而引起的演替。

06.142 群落的周期性演替 cycling change in community
某些群落由一个类型转变为另一个类型,最后又回到原有类型的周期性变化过程。

06.143 群落发生演替 succession of syngenesis
组成未来群落的植物在早期生境定居的过程。

06.144 进展演替 progressive succession
植物个体数量增多、群落结构复杂化、群落生产力不断增强的过程。

06.145 退化演替 retrogressive succession
又称"逆行演替"。由于自然的或者人为的原因而使群落发生与原来演替方向相反的演替的现象。群落结构趋于简化、群落生产力降低、植物种类减少、并出现了一些能够适应不良环境的种类。

06.146 区域性演替 regional succession
又称"景观演替"。大范围的植被演替。

06.147 季节演替 seasonal succession, aspection

又称“季相演替”。群落结构和外貌随着季节的更迭依次出现的改变。

06.148 动物区系演替 faunal succession
在一定地理区域内动物区系由一种类型转变为另一种类型的有顺序的演变过程,这种演替是由化石证据揭示的。

06.149 群落演替 community succession
在一定地段上,群落由一个类型转变为另一类型的有顺序的演变过程。

06.150 演替格局 succession pattern
整个演替过程的演变顺序与规律。

06.151 演替趋同 successional convergence
不同的群落向相同或相似顶极发展的现象。

06.152 演替动态 successional dynamics
群落演替过程中生物组成与优势种的变动。

06.153 演替速率 successional rate
演替过程中群落更替的快慢。

06.154 演替替代 successional replacement
演替过程中,群落类型转变为另一类型。

06.155 演替阶段 succession stage, stage of succession
群落演替过程中的一个相对稳定的时期。

06.156 先锋阶段 pioneer stage
演替初期的过渡性群落。某一地段的演替初期阶段,由先锋群落所占据。

06.157 先锋种 pioneer species
在演替过程中首先出现的、能够耐受极端局部环境条件且具有较高传播力的物种。

06.158 重建阶段 phase of regeneration
在原生或次生裸地上使植物定居并最终形成群落的过程。

06.159 演替系列 successional series, sere
一个完整的演替过程中群落取代的序列。在特定地点顺序发生的一系列群落。

06.160 小演替系列 microsere
又称“小演替序列”。一个群落内部在动态上相关联的一些斑块序列。

06.161 古演替系列 eosere
地质年代中曾经存在过的演替系列。

06.162 原生演替系列 primary sere
又称“初级演替系列”。在原生裸地上开始的植物群落演替系列。

06.163 次生演替系列 subsere
在次生裸地上开始的演替的全过程。

06.164 旱生演替系列 xerosere
在旱生生境开始的演替系列。

06.165 演替系列群落 seral community
在演替过程各阶段具有过渡性质的群落。

06.166 演替系列群丛 associes
通常指演替系列中的亚顶极群落。

06.167 [演替]顶极群系 climax formation
顶极群落中的一个成熟的、稳定的植物群落类型。

06.168 演替系列顶极[群落] serclimax, sereclimax
演替发展过程中最后形成的相对稳定的成熟群落。

06.169 顶极[群落] climax
在一定气候、土壤、生物、人为或火烧等条件下,演替最终形成的稳定群落。

06.170 单顶极 single climax
在一个气候区域内只有一个顶极群落。

06.171 气候顶极群落 climatic climax
在一定区域气候条件下演替发展最终形成的结构稳定的群落。

06.172　多顶极　polyclimax

在一个气候区域内除气候顶极外还存在着其他因子所决定的顶极类型。

06.173　泛顶极　panclimax

两个或更多个有亲缘关系、具有共同的气候条件、相同的生活型，以及属于同一属优势种的演替顶极。

06.174　地带性顶极　zonal climax

与当地地带性气候协调稳定的顶极群落。

06.175　前[演替]顶极　proclimax

在一个特定气候区内，由于局部气候比较适宜而产生的较优越气候区的顶极。

06.176　亚[演替]顶极　subclimax

群落演替过程中由于特殊原因出现停止在气候顶极之前的一个稳定群落状态。

06.177　偏途演替顶极　disclimax

由于某种干扰因素使真正的演替顶极群落改变，其植物组成由另外的种代替成为优势种，形成相对稳定的耐干扰的群落。

06.178　后顶极　post climax

在一个特定的气候区内由于局部气候条件较差(热、干燥)而产生的稳定群落。

06.179　优势顶极　prevailing climax

在连续变化的顶极群落格局中，通常位于格局中心、分布最广泛、最能反映该地区气候特征的顶极群落。

06.180　潜在顶极　potential climax

演替过程中可能达到的顶极群落。

06.181　火烧[演替]顶极　fire climax

在火成为群落结构决定性因子的情况下，演替的顶极群落。

06.182　土壤演替顶极　edaphic climax

由土壤因子决定的顶极群落。如受碱性、盐分或干燥度等土壤因子的影响而不受气候或地理特征影响。

06.183　土壤顶极群落　edaphic climax community

土壤演替最后到达的相对稳定的群落。

06.184　地形土壤顶极　topo-edaphic climax

在当地地形和土壤性质作用下，能较长时间保持稳定状态的植物群落。

06.185　地形顶极　topographic climax

局部地形影响了小气候而产生的演替顶极群落。

06.186　动物[演替]顶极　zootic climax

在动物的主导作用下，演替产生的优势动物与植被密切联系的顶极群落。

06.187　[演替]顶极群落复合体　climax complex

一群相互有关的演替顶极群落类型。

06.188　单顶极学说　monoclimax hypothesis

由美国生态学家克莱门茨(F. E. Clements)于20世纪初提出，认为任何一个特定的气候区只有一个潜在的演替顶极，它是这种气候所能生长的最中性的群落。

06.189　多顶极学说　polyclimax theory

由英国生态学家坦斯利(A. G. Tansley)提出，认为某一气候区域的物理环境远不是同一的，因此在该气候区域内的不同生境中就会有各种不同类型的顶极群落。

06.190　顶极－格局假说　climax-pattern hypothesis

美国学者惠特克(R. H. Whittaker)于1953年根据多顶极学说提出的一种假说。认为随着环境梯度的变化，各种类型的顶极群落也连续变化，彼此之间难以彻底划分开来，形成顶极群落连续变化的格局。

06.191　气候顶极植被　climatic climax vegetation

在特定的气候条件下处于平衡状态的植被。

06.192 更新 regeneration

被破坏或利用后重新恢复到受破坏前的原生植被状态,并趋向于重新建立顶极群落的过程。

06.193 群落分类 community classification

依据群落在物种组成等方面的相似或相异程度将其划分和归纳为不同类别。

06.194 群落复合体 community complex

在一定地段上,不同植物群落及其片段在不同生境下重复出现,呈现出相互交错分布的植物群落总体。

06.195 群落最小面积 minimum community area

在种-面积曲线中,曲线开始平伸的一点就是群落最小面积。在该面积里,群落的组成得以充分的表现。

06.196 镶嵌复合体 mosaic complex

一个比较狭小的空间内由不同群落类型构成的不规则的、但有一定规律的分布格式。

06.197 群落镶嵌 community mosaic

一个群落内部的水平分化。群落片层在二维空间的不均匀配置,使群落在外形上表现为斑块相间的现象。

06.198 植被镶嵌 vegetation mosaic

植被与植被之间群落相互交错的现象。

06.199 结构斑块 structural patch

群落中不同类型形成的镶嵌。

06.200 共生 symbiosis

生物间密切联系、互有益处地共同生活在一起的现象。

06.201 社群 society

同种动物个体共同生活在一起,通过社会等级、领域行为和社会分工而相互作用形成的群体组织。

06.202 集落 colony

同种生物的个体在特定的环境空间和特定时间内的集聚群体。

06.203 群落外貌分类 physiognomic classification of community

以群落外貌或生态-外貌为依据的分类。

06.204 植被型 vegetation type

具有相同生活型群系的结合。是我国植被分类体系的高级分类单位。

06.205 群系 formation

相近群丛的联合,其优势种是同一个种或几个种。是我国植被分类体系的中级单位。在英美等国,群系类同于我国的植被型。

06.206 亚群系 subformation

生态幅度比较宽的群系中,根据优势层片及其反映的生境条件的差异而划分的亚级分类单位。

06.207 群丛 association

具有相似种类组成、优势种、结构和外貌的同类群落的集合。是植物群落的基本分类单位。

06.208 亚群丛 subassociation

群丛内由于生态条件的差异,或发育上的差异产生的群丛以下的低(亚)级单位。

06.209 植物群系 plant formation

共建种或建群种相同的植物群落的联合,是植物群落的基本分类单位。

06.210 荒漠群系 psammoeremion

建群种或共建种相同的荒漠植物群落联合。

06.211 疏林群系 woodland formation

相近疏林群丛的复合体。

06.212 两栖生物群落 amphibiome

可居于水体和陆地上的群落。如在委内瑞

拉和巴西的潮湿地境与干旱地境镶嵌分布地区形成的一种特殊的沼泽生物群落,在永久潮湿的地区生长着棕榈科植物,而在黑色、酸性的泥炭土上生长有禾草。

06.213 植物群落 phytocoenosis, phytocoenosium, phytocommunity
在特定空间和时间范围内,具有一定的植物种类组成和一定的外貌及结构与环境形成一定相互关系并具有特定功能的植物集合体。

06.214 原生植物群落 primary phytocoenosium
未受人类影响和改变的原始植物群落。

06.215 植物地理群落 phytogeocoenosis
地球表面的某一地段内植物群落与自然地理环境因素相互作用、相互影响而形成的统一整体。

06.216 稳定植物群落 stable phytocoenosium
处于稳定平衡状态下的植物群落。

06.217 陆生草本群落 terrestrial herbaceous community
陆地上以草本植物占优势,木本植物极少的植被类型。

06.218 旱生植物群落 xerophytia
干旱基质上建立的植物群落。

06.219 木本植物群落 woody plant community, xylium
以木本植物为优势种的群落。

06.220 极地植物群落 polar plant community
由苔藓、地衣和某些特别适应于干冷环境的少数草本、灌木和灌木型的乔木所构成的植物群落。

06.221 荒地群落 wasteland community
在人类荒废的土地上自然发生的群落。

06.222 疏林群落 woodland community
树高 5 m 以上、树冠盖度至少为 20%,但树冠不衔接的稀疏乔木群落。

06.223 撒勃尔群落 subor
分布在中欧和东欧地区沙土上的含有低矮栎树的松林群落。

06.224 常绿群落 evergreen community
以常绿植物为主构成的植物群落,包括常绿林、常绿灌丛等。

06.225 多优种群落 polydominant community
具有两个或两个以上同等重要的建群种的群落。

06.226 单优种群落 consociation, monodominant community
只有一个优势种的群落。通常这个优势种的多度、盖度等数量特征在 80% 以上。

06.227 先锋群落 pioneer community
演替初期由先锋种所组成的群落。

06.228 指示群落 indicator community
能表征某一生境所有因子的综合影响的群落。

06.229 动物群落 zoocoenosis
在特定生态系统中,与环境和植物相互作用下形成的不同动物种群组成的复合体。

06.230 陆生动物群落 terrestrial animal community
陆地动物种群相互联系形成的群落。

06.231 土壤群落 edaphic community
由土壤因子决定形成的群落。

06.232 原生群落 primary community
未受人类影响和改变之前就已存在的自然群落。

06.233 次生群落 secondary community
原有群落遭到破坏后经过次生演替形成的群落。

06.234 次生裸地 secondary barren
原有植被被破坏,但原有植被影响下的土壤条件仍然存在或受到很少破坏,甚至还残留原有植被的种子或繁殖体的裸地。

06.235 衍生群落 derived community
由于人类活动产生的和经营过的群落。

06.236 同源群落 vicarious community
分布在地理隔离区域的相似群落。这种相似性由各自群落中有亲缘关系的生物造成。

06.237 集合群落 metacommunity
由多个局域群落构成的,且这些局域群落相互之间存在着多个物种个体的迁移。

06.238 短期群落 temporary community
演替过程中快速经过的不稳定的群落阶段。

06.239 地带性群落 zonal community
又称“显域群落”。因环境条件的气候地带性而呈相应带状分布的群落。

06.240 盐生群落 salt community
在盐生生境中由耐盐或适盐程度不同的植物所形成的群落。

06.241 水生群落 aquatic community
生长在一定水域中彼此相互作用并与环境有一定联系的不同种类生物的集合体。

06.242 寄生群落 opium
寄生生物与其所依赖的寄主构成的生物群落。

06.243 草甸 meadow
分布在气候和土壤湿润、无林地区或林间地段上的多年生中生草本植物群落。

06.244 高山草甸 alpine meadow
亚高山带以上由寒生草类构成的低草草甸。

06.245 盐生草甸 salt meadow
在海滨湿润区、湖边、河岸或地下水位较高的局部低洼处,由耐盐或适盐程度不同的植物所形成的一种低密的植物群落。

06.246 冻原 tundra
分布在极地树木线以外,主要由矮灌木、苔藓、地衣、禾草和苔草组成的种类丰富的植物群落,土壤具永冻层。

06.247 草原 steppe
温带半干旱气候下的有旱生或半旱生草本植物组成的植被。

06.248 草原火 steppe fire
草原上火灾。由于草原特性往往蔓延迅速,造成严重破坏。

06.249 泰加林 taiga
横跨亚洲、欧洲和北美寒温带的针叶林。

06.250 热带稀树草原 savanna
又称“萨瓦纳”。分布于热带、亚热带,其特点是在高大禾草的背景上常散生一些不高的乔木。在具有较长期干旱季节的热带或亚热带地区,以旱生草本植物为优势,并星散分布着旱生乔木或灌木的植物群落。

06.251 稀树干草原 steppe savanna
出现在季节性干旱地区的具有稀疏乔木和灌木的高草草原。

06.252 热带稀树干草原 tropodendropoion
分布在热带和亚热带,以高大禾本科植物为主并散生乔木和灌木的干草原。

06.253 北美高草草原 true prairie
分布于加拿大与美国中部的高草草原。

06.254 [热带]高山矮曲林 elfin forest, elfin woodland
森林上限由矮小匍匐和扭曲树木形成的疏林或散生孤立木。

06.255 高山湿原 alpine mat
又称"高山植毡"。在阿尔卑斯山积雪覆盖但首次降雪时并未冻结的高山带上由稠密的灌木植物组成的一种植被类型。

06.256 真草原 true steppe
以旱生密丛禾草植物等旱生或广旱生植物为建群种的典型草原。

06.257 草原灌丛 steppe scrub
草原上分布的灌木丛。

06.258 撒哈拉沙漠 Sahara desert
位于非洲北部的广大沙漠,一般年降雨量少于 50 mm。

06.259 植被 vegetation
某一地段全部植物群落的总和。

06.260 植被图 vegetation map
又称"植物群落分布图"。将某地区各级植被分类单位的分布状况按比例绘制而成的图。

06.261 植被分类 vegetation classification
根据植被外貌和结构、物种构成、生态地理特征以及动态特征等区分植被的不同类型。

06.262 半自然植被 seminatural vegetation
在天然植被的基础上,运用农业技术措施加以改造的植被。

06.263 嗜酸性植被 acidophilous vegetation
又称"喜酸植被"。在酸性环境中生长得更好或仅限于在酸性环境中生长的植被。

06.264 嗜碱性植被 basophilous vegetation
又称"喜碱植被"。在碱性环境中生长得更好或仅限于在碱性环境中生长的植被。

06.265 高山植被 alpine vegetation
位于高山森林线以上的植被。如高山灌丛、高山草甸及高山冻原。广义的高山植被还包括亚高山植被与亚冰雪植被,即亚高山—真高山—亚冰雪带植被。

06.266 旱生植被 xeromorphic vegetation
在干旱基质上生长的由旱生植物构成的植被。

06.267 荒漠植被 desert vegetation
极端大陆性干旱地区的地带性植被类型。

06.268 沼泽植被 swamp vegetation
由某片地表常年过度湿润的地段(沼泽)上所有群落组成的复合体。

06.269 沙丘植被 sand dune vegetation
发生在流动或不甚稳定的沙质基质上,多具发达的根系及水平匍匐茎或有强大营养繁殖能力的耐旱植物组成的植物群落。

06.270 冻原植被 tundra vegetation
生长于冻原的植被,通常为常绿多年生草本。

06.271 复原植被 restored plant cover
受到人类影响和改变之后又恢复到原来状态的植被。

06.272 原始林地 virgin woodland
自然发育来的、未被采伐过的原始林地。

06.273 公园疏林 park woodland
在草地上具有疏开树冠树木的疏林地。

06.274 高山植物 alpine plant
高山或高原上在森林线以上和常年积雪带下限之间的植物。

06.275 固沙植物 sand binder
用来固持沙土以免被风吹走的各种植物。

06.276 短命植物 ephemeral plant
短生命周期的植物。

06.277 植物地理区划 plant geographic division
根据植物空间分布及其组成并结合其形成

因素而划分的不同地区。

06.278 植被区划 vegetation regionalization
根据植被空间分布及其组合等区域特征而划分的植物地带性区域。

06.279 地带性植被 zonal vegetation
在地球表面,与水热条件相适应,呈带状分布的植被。

06.280 非地带性植被 azonal vegetation
不限于某一地理带内的植被或群落类型。

06.281 植被格局 vegetation pattern
植被中各群落的空间分布与相互作用。

06.282 植被动态 vegetation dynamics
植被随着时空变化而呈现出的规律变动。

06.283 植被异质性 vegetation heterogeneity
组成植被的群落多样性。

06.284 植被连续体 vegetation continuum
植被间因边界不明显而形成的连续变化的整体。

06.285 植被地带性 zonation of vegetation
植被在地球表面因气候带而呈带状更替的分布现象。主要有纬度地带性、经度地带性和垂直地带性。

06.286 纬度地带性 latitudinal zonality
环境因子、生命现象或及其组合因辐射与热量变化按纬度呈带状分布的地理规律性。

06.287 经度地带性 longitudinal zonality
环境因子、生命现象或及其组合因水分梯度沿经度呈带状分布的地理规律性。

06.288 垂直地带性 vertical zonality
随着海拔高度升高,因热量与温度变化而发生的群落垂直更替的分布现象。

06.289 植被区 vegetation region
大范围分布的、有一个群落为优势群落、但变化较大的自然群落复合体。

06.290 生物地理区 biotic province
整个地球表面按照生物区系的性质和特点所划分的若干生物地理区域。

06.291 生物区系 biota
一定区域内的所有生物种类。

06.292 陆生生物区系 terrestrial biota
在某一陆地区域内的所有植物区系、动物区系和微生物区系。

06.293 区域性生物区系 regional biota
分布区限于某一有限地区或某种局部特有生境而不在其他地区出现的生物区系。

06.294 动物区系 fauna
生活在某一地区的全部动物种类。

06.295 动物区系屏障 faunal barrier
不同动物区系之间的地理隔离。

06.296 动物区系带 faunizone
以某些种类的动物居住为特征的区域。

06.297 微生物区系 microbiota, microfauna, microflora
与一定的气候、土壤、动植物体以及其他微生物等条件相联系的微生物类群的总体。

06.298 植物区系 flora
某一地区所有植物种类的总和。是组成各种植被类型的基础,也是研究自然历史特征和变迁的依据之一。

06.299 植物区系成分 floral element, floristic element
根据植物的分布类型、种的发生地和迁移路线等所划分的若干群,称为植物区系成分。

06.300 植物区 floral region, floral kingdom, floristic area
植物区系分区的最高级单位,具有一组特有科和共同的发展历史的植物地理区域。主要以古地理因素为依据划分植物区的界线。

06.301　植物区系区划　floristic division
根据各地植物区系与生态条件变化的一致性，以及区系的形成、发展的共同性等特征，划分出从小到大、彼此从属的单位。如植物区系（植物区）、植物区系亚区等。

06.302　亚高山植物区系　subalpine flora
在无树的高山区之下，组成以矮曲林、灌丛、草甸和草原为主要特征的亚高山植被的植物类群。

06.303　北极第三纪植物区系　Arcto-Tertiary flora
第三纪时期分布在 N35° ~（45°）~60°（北美）以及 N45° ~55°（欧亚）之间广大地区的所有植物种类。

06.304　物种分布区域性　provinciality
物种分布仅限于某一地区范围内，而不在其他地区自然分布。

06.305　随机空间分布　random spatial distribution
种群个体在群落内每个位置出现的机会是相等的，且某一个体的存在并不影响其他个体的分布。

06.306　窄域分布　stenochory
某生物因为对某一生态因子的生态适应幅度小，分布局限在较小的区域的现象。

06.307　带状分布　zonal distribution
又称“显域分布”。由于环境条件的影响使得群落按一定方向有规律的带状更替现象。

06.308　动物地理带　zoogeographical zone
地球表面按照动物区系性质与特点划分的成带状分布的动物群落分布。

06.309　垂直分布　vertical distribution
群落垂直方向上的生物分布状态。

06.310　垂直带　altitudinal zone, altitudinal belt
在山地和高原地区，根据海拔高度的变化所引起的气候、土壤、生物群落的差异而划分出来的垂直方向上的条带。

06.311　分布区　range of distribution
某一动植物科、属、种或群落类型在地球表面的整个分布范围。

06.312　间断分布区　range disjunction
因气候变化、海陆变迁以及人为活动等使原来的连续分布区隔断成若干彼此相隔很远、繁殖体不能借助于现存自然条件进行传播的分布区。

06.313　垂直生境选择　vertical habitat selection
生物在群落垂直方向上的生态位分布。

06.314　聚集　aggregation
由于受环境资源吸引而形成的个体聚群现象。

06.315　寄生物－寄主间相互关系　parasite-host interaction
寄生物与寄主间通过寄生与反寄生作用而协同进化的过程。

06.316　丛生指标　clumping index
用于比较两个总体为 N 的取样集聚程度的检验方法。

06.317　相似性指数　index of similarity
又称“群落系数”。测量群落间或样方间相似程度指数指标。

06.318　属相似性指数　index of generic similarity
两个地区植物区系所共有的非世界性属数与其中某一地区的非世界性属数之比。可以表示不同地区植物区系的相似性程度。

06.319　极限相似性　limiting similarity

在共存的物种之间,生态位重叠程度存在着一个上限,超过这个上限,物种不能稳定共存在一起,这种相似性称为极限相似性。

06.320 物种相似性 species similarity
群落间或取样间植物种类组成的相似程度或相异程度。

06.321 相似系数 coefficient of similarity
根据物种的重量、数量等数量指标比较两个群落或取样的相似程度的变量。

06.322 惠特克指数 Whittaker's index
判断两个群丛相似程度的指数,表达式为共有物种数/(两群丛物种总数 - 共有物种数)。

06.323 排序 ordination
近代群落生态学研究的一种方法,通过排序可以把很多实体例如森林的林分作为点,并以属性为坐标轴,在一维或多维空间中,按其相似关系将它们排列起来。

06.324 植被排序 vegetational ordination
为分析植被之间以及与生境之间的关系,将某地区的植被样地按相似程度排定顺序。

06.325 数值分类 numerical classification
对实体(或属性)集合,按其属性(或实体)数据所反映的相似关系进行的分组,或者说是基于物种分布或取样组成的数据,对植物群落或环境因子进行比较客观的分类,找出物种之间、植被之间,或植被与环境因子之间的相互关系。

06.326 格局分析 pattern analysis
按一定模式对植物个体生长状况造成的形态格局、植物种群对环境变化直接反应而产生的生态格局、植物间相互关系以及植物和动物间相互关系而产生的群落格局、大的植被类型以及分类单位在全球范围内的景观格局进行分析,寻找规律的方法。

06.327 无样地取样 plotless sampling
在植被取样中,不事先选定样地,而只选择一个起始点,然后,从起始点起,沿某一方向进行的样线、点四分法及邻近个体法等非样方法取样。

06.328 收获法 harvest method
通过收割称量生物量来测量群落或生态系统生产力的一种方法。

06.329 小气候 microclimate
又称"微气候"。地表以上1.5~2.0 m空气层内因局部地形、土壤和植被等影响所产生的特殊气候。

06.330 季节性栖息地 seasonal habitat
又称"季节性生境"。由于环境因子的限制,只能在一年内的某个时期或季节被生物所利用的生境。

06.331 暂时栖息地 temporary habitat
又称"暂时生境"。群落中短暂存在的小块生境。

06.332 暂时异步性 temporary asynchrony
同步现象中出现的短暂的不对应现象。

06.333 机体论学派 organismic school
该学派认为群落是一个真实的、有机的实体,是组成群落的各个种群的有组织的集体。

06.334 个体论学派 individualistic school
该学派认为群落在自然界中并非一个实体,而只是生态学家从一个呈连续地变化着的植被中收集来的一组生物而已。

07. 生态系统生态学

07.001 生态系统 ecosystem
在一定空间范围内，植物、动物、真菌、微生物群落与其非生命环境，通过能量流动和物质循环而形成的相互作用、相互依存的动态复合体。

07.002 生物地理群落 biogeocoenosis
苏联植物生态学家苏卡乔夫(V. N. Sukachev)1944年指出，一个地段内，动物、植物、微生物与其地理环境组成的功能单元。该词多见于前苏联、中欧等一些文献中。1965年在哥本哈根召开的国际学术会议上认定该词和生态系统是同义词。

07.003 生态系统环境 ecosystem environment
存在于生态系统外部与系统发生作用的各种因子的总称。是为系统提供输入的或接受系统输出的环境。生态系统是开放系统，所以环境的属性、状态和变化都对系统产生影响。

07.004 陆地生态系统 terrestrial ecosystem
特定陆地生物群落与其环境通过能量流动和物质循环所形成的一个彼此关联、相互作用并具有自动调节机制的统一整体。如温带森林生态系统、热带雨林生态系统、针叶林生态系统、典型草原生态系统、高寒草甸生态系统、荒漠生态系统、冻原生态系统等。

07.005 土地生态系统 land ecosystem
在陆地上，岩石、水文、植被、土壤、地貌和气候等要素与人类相互作用而形成的统一整体。

07.006 森林生态系统 forest ecosystem
具有一定郁闭度的、乔木为其外貌特征的生态系统。

07.007 草原生态系统 grassland ecosystem
以各种多年生草本植物占优势的生物群落与其环境构成的功能综合体。

07.008 荒漠生态系统 desert ecosystem
由耐干旱的植物、动物、微生物及其干旱环境所组成的生态系统。

07.009 半干旱生态系统 semiarid ecosystem
在年降水量为250～450 mm区域内的生态系统。

07.010 沙丘生态系统 dune ecosystem
沙丘生长的沙生植物、动物、微生物所组成的生态系统。

07.011 冻原生态系统 tundra ecosystem
由极地平原和高山的生物群落与其生存环境所组成的综合体。

07.012 高寒草甸生态系统 alpine meadow ecosystem
在高山寒冷生境下发育的，以多年生中生草本植物占优势为其外貌特征的生态系统。

07.013 水域生态系统 aquatic ecosystem
又称“水生生态系统”。水域系统中生物与生物、生物与非生物因子之间相互作用的统一体。包括内陆水域(湖泊、水库、河流、湿地等)、河口和海洋生态系统等。

07.014 海洋生态系统 marine ecosystem
海洋生物群落与海底区和水层区环境之间进行不断物质交换与能量传递所形成的统一整体。

07.015 大洋生态系统 large marine ecosystem, LME

接近大陆边缘的广阔海域的生态系统。其面积大,具有独特的海洋学特征和种群生产力特征,生物种群组成一个自我发展的循环系统,对污染、人类捕捞和海洋环境的压力具有相同的反应。

07.016 深海生态系统 deep-sea ecosystem

大陆架以外深水水域的海底区和水层区所有海洋生物群落与其周围无光、低温、压力大而无植物分布的环境进行物质交换和能量传递所形成的统一整体。

07.017 大陆架生态系统 shelf ecosystem

大陆架内海底区和水层区所有海洋生物群落与其周围环境进行物质交换和能量传递和流动所形成的统一整体。

07.018 上升流生态系统 upwelling ecosystem

上升流区域由特定的生物及周围的环境构成的生态系统。一般食物链较短而生产力很高。

07.019 湖泊生态系统 lake ecosystem

湖泊生物群落与大气、湖水及湖底沉积物之间连续进行物质交换和能量传递,形成结构复杂、功能协调的基本生态单元。

07.020 河流生态系统 river ecosystem

河流生物群落与大气、河水及底质之间连续进行物质交换和能量传递,形成结构、功能统一的流水生态单元。

07.021 河口生态系统 estuary ecosystem

河口水层区与底栖带所有生物与其环境进行物质交换和能量传递所形成的统一整体。

07.022 湿地生态系统 wetland ecosystem

介于水、陆生态系统之间的一类生态单元。其生物群落由水生和陆生种类组成,物质循环、能量流动和物种迁移与演变活跃,具有较高的生态多样性、物种多样性和生物生产力。

07.023 珊瑚生态系统 coral reef ecosystem

热带、亚热带海洋中由造礁珊瑚的石灰质遗骸和石灰质藻类堆积而成的礁石及其生物群落形成的整体。是全球初级生产量最高的生态系统之一。

07.024 红树林生态系统 mangrove ecosystem

热带、亚热带海滩以红树林为主的生物群落所形成独特的海陆边缘生态系统。在全球生态平衡中起着不可替代的作用。

07.025 藻菌生态系统 algae-bacteria ecosystem

藻类与菌类彼此协同形成的自然生态系统。有时,人们运用其共生作用,形成净化污水的人工生态系统。

07.026 人类生态系统 human ecosystem

人口密集并以燃料供能的生态系统。包括经济系统和社会系统的复合生态系统。

07.027 关键生态系统 keystone ecosystem

对景观的结构与功能比其预计面积产生更大影响的生态系统。

07.028 隔离生态系统 isolated ecosystem

一种有严格边界的生态系统，其边界能阻止任何物质和能量的输入和输出。

07.029 开放生态系统 open ecosystem

与外界环境发生能量与物质交换的生态系统。

07.030 封闭生态系统 closed ecosystem

与外界环境只有能量交换的生态系统。在自然界十分罕见。

07.031 人工封闭生态系统 artificial closed ecosystem

人工建立的完全封闭的生态系统。如宇宙舱生态系统等。

07.032 自然生态系统 natural ecosystem

在没有人类干扰的特定环境中形成的生态系统。

07.033 半自然生态系统 seminatural ecosystem

介于人工生态系统和自然生态系统之间，既有人类干扰，同时又受自然规律支配的生态系统。

07.034 人工生态系统 artificial ecosystem

由人类所建立的生态系统。

07.035 受控实验生态系统 controlled experimental ecosystem

受人类控制的体积较大的实验生态系统。实验装置直接悬浮在海上研究现场，较接近自然，可同时研究污染物的生物效应、行为与归宿。

07.036 围隔生态系统 enclosure ecosystem

用塑料薄膜等材料在水体中围出一定体积，内含实验现场水、泥和各种生物群落的可控生态单元。用于现场研究静水生态系统中各种重要成分之间相互作用与重要生态学过程。

07.037 温室生态系统 greenhouse ecosystem

一定空间内，由玻璃、塑料膜等装置利用太阳能构建生物群落生长的人工生态系统。

07.038 保护的生态系统 protective ecosystem

合法建立，通过经营和管理，以达到特定目标的生态系统。

07.039 弹性生态系统 elastic ecosystem

对干扰有敏感反应，能较快恢复到原有状态，并保持其结构和功能的生态系统。

07.040 自持生态系统 self-maintaining ecosystem

能适应环境，持久地维持完整的结构和功能的生态系统。

07.041 可持续生态系统 sustainable ecological system

将经济发展与环境保护协调一致，使之满足当代人的需求，又不对后代人需求的发展构成危害的永续的生态系统。

07.042 易火生态系统 fire-prone ecosystem

积累了易燃凋落物常常引发低强度的火灾，从而避免强度很大火灾发生的生态系统。

07.043 自然补加太阳能生态系统 natural subsidized solar-powered ecosystem

由自然提供辅助能的生态系统。如河口生态系统有潮汐、海浪和洋流为其提供了新的能量。

07.044 自然无补加太阳能生态系统 natural unsubsidized solar-powered ecosystem

基本上依赖于太阳的直接照射，一般没有或只有极少补加能量的生态系统。

07.045 顶极系统 climax system

由演替发展形成的最终的成熟系统。

07.046 受损生态系统 damaged ecosystem

受到损害的生态系统。

07.047 退化生态系统 degraded ecosystem

在自然因素、人为因素干扰下，导致生态要素和生态系统整体发生不利于生物和人类生存的量变和质变。

07.048 濒危生态系统 endangered ecosystem

由于各种威胁而处于濒危状态的生态系统。

07.049 微宇宙 microcosm

又称“小宇宙”，“微型生态系统(microecosystem)”。人为设计建造的具有生态系统水平的生态学实验研究单元。大小、形式多样，用以研究湖泊、海洋和河流生态系统中各种重要成分之间相互作用与重要生态学过程。

07.050 小环境 microenvironment

又称“微环境”。在一定时间里接近生物个体表面或不同部位的各种生态因子的综合。

07.051 中国生态系统研究网络 Chinese ecosystem research network, CERN

1992年在中国科学院的组织下,由各生态系统定位研究站所组成的,具有统一观察指标体系的研究网络。

07.052 国际生物学计划 International Biological Programme, IBP

1964～1974年,有54个国家参加该项研究计划,主要研究自然生态系统的结构、功能和生产力等,计划实施取得了重要进展,是人类大规模研究自然生态系统的开端。

07.053 生态元 ecological unit

从基因到生物圈内任何一种具有一定生命力或生态学结构和功能的组织单元,是构成上一层次生态系统的基本组分。

07.054 生态库 ecological pool

能为目标生态系统提供、运输和储存物质、能量、信息或人才,或能降解、缓冲、消纳目标生态系统输出的不利影响,并对该系统的生存、发展和演替发挥重要作用的外部系统。

07.055 耗散结构 dissipative structure

系统在远离平衡态条件下,通过与外界进行交换及组分间非线性关系所形成的一种新型有序组织结构。

07.056 反馈机制 feedback mechanism

生态系统种群以及群落与环境之间存在着多种多样的联系。主要通过正、负反馈相互交替,相辅相承,自行调节,使系统维持着稳态。

07.057 反馈环 feedback loop

又称“反馈回路(feedback circuit)”。系统在输出端通过一定通道反送到输入端,所形成的闭合的回路。

07.058 负反馈 negative feedback

系统对付外部施加变化的响应及返回到一种稳定状态的过程。

07.059 正反馈 positive feedback

系统的输出促进系统的输入,使系统偏离强度愈来愈大,不能维持稳态的过程。

07.060 控制论系统 cybernetic system

开放系统如果具有能调节其功能的反馈机制,该系统就称为控制论系统。

07.061 双重等级 dual hierarchies

即生态系统具有的结构与功能两者之间相互依存、相互制约、相互转化、密不可分的辩证关系。

07.062 等级组织 hierarchical organization

生态系统是多层次的组织,每一级层次都有一定的特征和行为符合于等级系统原理。

07.063 等级系统 hierarchical system

又称“层级系统”。包括两个或两个以上层次的综合系统,其较高级层次系统在一定程度上控制较低级层次系统的活动。

07.064 包含型等级系统 nested hierarchy

一层级的成分都被上一层所包含的等级系统。

07.065 非包含型等级系统 nonnested hierarchy

一层级的成分并没有被上一层级所包含的等级系统,高层级与低层级具有不同的实体。如食物网。

07.066 分层现象 stratification

生态系统无论是生物还是非生物的空间结构具有明显层次的现象。

07.067 网络式结构 network structure

生态系统组分间的联系及其功能过程形成

的多层次的结构，构成了生态系统的整体性。

07.068 网络分析 network analysis

美国理论生态学家乌拉诺维茨(R. E. Ulanowicz)在2000年根据生态系统组分间的联系进行的统计分析，对生态系统健康和整体性用数量表示并计算胁迫的影响。

07.069 网络支配指数 index of network ascendancy

生态系统健康状况评估所采用的一种指数。该指数由物种丰度、生态位的特化、完善的循环与反馈以及整体活力4个属性组合而成。

07.070 铆钉假说 rivet-popper hypothesis

美国生态学家埃利希(P. R. Ehrlich)等人1981年提出，认为生态系统中每个物种都具有同样重要的功能，每一个物种好比一架精制飞机上的每颗铆钉，任何一个物种的丢失或灭绝都会导致严重的事故或系统的变故。

07.071 冗余种假说 species redundancy hypothesis

澳大利亚生态学家沃克(B. H. Walker)1992年最早提出，认为某些物种在生态功能上有相当程度的重叠，因此其中某一个物种的丢失不会给生态系统带来太大影响的一种假说。那些高冗余的物种对于保护生物学工作来说，则有较低的优先权。冗余是对生态系统功能丧失的一种保险。

07.072 功能冗余性 functional redundancy

某些物种在生态功能上有相当程度的重叠，其中某一个物种被去除后，生态系统功能应保持不变或接近正常状态。

07.073 冗余种 species redundancy

存在与否对整个群落和生态系统的结构和功能不会造成太大影响的物种。

07.074 功能群 functional group

又称“同资源种团(guild)”。在生态系统内一些具有相似特征，在行为上也表现相似的物种，尽可能地组合成一个集团，即功能群。

07.075 等值种 equivalent species

在不同生物地理区域中的相类似的生物群落之间，虽然其物种组成有很大区别，但在相近生态位上，却存在一些生态特征很相似的物种。

07.076 非生物因子 abiotic factor

又称“非生物成分(abiotic component)”。生态系统中的物理、化学因子和其他非生命物质。

07.077 生物因子 biotic factor

又称“生物成分(biotic component)”。生态系统中有生命的组分，如生产者(植物)、消费者(动物)、分解者(微生物等)。

07.078 生命支持系统 life support system

又称“支持生命的环境”。包括太阳辐射热、气、水、土和营养物等。它们提供了生物生存的场所、食物和能量。

07.079 非生物环境 abiotic environment

生态系统中非生物因子的总称。由物理、化学因子和其他非生命物质组成。

07.080 生产者 producer

能利用无机物质合成为有机物质的生物，是自养者。

07.081 初级生产者 primary producer

又称“第一性生产者”。能利用二氧化碳、水和营养物质，通过光合作用固定太阳能，合成有机物质的绿色生物。如生态系统中的绿色植物。

07.082 分解者 decomposer

又称“还原者”。以动植物残体、排泄物中的有机物质为生命活动能源,并把复杂的有机物逐步分解为简单的无机物的生物,主要是细菌、真菌等微生物和一些无脊椎动物。

07.083 消费者 consumer
吃其他生物的生物, 即一切异养生物。

07.084 食草动物 herbivore
又称"初级消费者(primary consumer)"。以自养生物为食物的动物。

07.085 食肉动物 carnivore
又称"次级消费者(secondary consumer)"。主要以食草动物为食物的动物。

07.086 顶级食肉动物 top carnivore
又称"三级消费者(tertiary consumer)"。以食肉动物为食的动物。通常是位于食物链的最高营养级的物种。

07.087 食碎屑动物 detritivore
又称"食碎屑者(detritus feeder)"。以动植物残体为食的生物。

07.088 汁食性者 sap feeder
又称"吸汁液者(juice sucker)"。以针状口器刺破植物组织吸取汁液的昆虫。如蚜虫、蝽象、蝉等。

07.089 食腐动物 saprophage
吃死的或腐烂有机物质的动物。

07.090 渗养者 osmotroph
分解死的原生质并吸收某些分解产物, 释放无机营养物、能量和其他物质的异养生物。主要指细菌和真菌。

07.091 小型消费者 microconsumer
又称"微消费者"。生态系统中营腐生生活的微生物,主要是细菌和真菌。

07.092 消费者-资源相互作用 consumer-resource interaction
消费者和资源(被食者)在长期历史演化进程中,形成协同进化的关系。

07.093 关键竞争者 keystone competitor
由于其进入而导致其他物种消失的一种竞争能力很强的物种。

07.094 关键食草动物 keystone herbivore
一种使植物群落结构与组成发生变化的以食植物为生的动物。如非洲象。

07.095 关键互利共生者 keystone mutualist
某一生物为其他生物提供重要的生活物质,亦依赖其他物种为其传播、繁衍后代,当该物种消失,可导致依赖其生存的物种消失。

07.096 关键捕食者 keystone predator
某种捕食者(物种)的消失,会改变被捕食者的多度,这种捕食者为关键捕食者。

07.097 关键被食者 keystone prey
由于该被食者(物种)消失,严重影响捕食者的生存称之为关键被食者。

07.098 关键病原体 keystone pathogen
某种病原体侵入关键捕食者或竞争者,导致其灭绝,并使生态系统发生变化,这类病原体称之为关键病原体。

07.099 关键寄生物 keystone parasite
某种寄生物侵入关键捕食者或竞争者而导致它们灭绝,并使生态系统发生变化,这类寄生物称之为关键寄生物。

07.100 食物链 food chain
由生产者和各级消费者组成的能量运转序列,是生物之间食物关系的体现。

07.101 牧食食物链 grazing food chain
又称"捕食食物链(predatory food chain)"。以活的绿色植物为基础,从食草动物开始的食物链。如小麦→蚜虫→瓢虫→食虫鸟。

07.102 碎屑食物链 detrital food chain
又称"腐食食物链"。以死的动植物残体为

基础,从真菌、细菌和某些土壤动物开始的食物链。

07.103 腐生食物链 saprophagous food chain
以腐烂的动植物尸体为基础而取得能量,并在不同生物中传递的食物链。

07.104 寄生食物链 parasite food chain
以活的动植物有机体为基础,从某些专门营寄生生活的动植物开始的食物链。如鸟类→跳蚤→鼠疫细菌。

07.105 微生物食物环 microbial food loop, microbial loop
以自养微生物为基础的食物链。异养微生物可将光合作用中释放出的溶解有机体转化为细菌本身,然后被微型浮游动物所利用。

07.106 食物网 food web
根据能量利用关系,不同的食物链彼此相互连结而形成复杂的网络结构。形象地反映了生态系统内各生物有机体间的营养位置和相互关系。

07.107 功能食物网 functional food web
在消费者对资源种群动态影响的基础上,对于群落中物种之间相互关系的描述。

07.108 级联模型 cascade model
群落食物网随机理论的一种数学模型,该模型完全放弃了一个物种取食任一物种的潜在假设,并以三角矩阵描述了食物网中严格的营养等级关系。

07.109 碎屑食物途径 detrital pathway
碎屑在生态系统中的流动和去向。

07.110 碎屑 detritus
植物和动物残体被分解成的破碎的颗粒状有机物质。

07.111 腐殖化作用 humification
土壤有机质在微生物作用下,一些分解的中间产物重新合成复杂高分子聚合物的过程。

07.112 泛化种 generalist
又称"广幅种"。食性和栖息地广泛的物种。

07.113 基位种 basal species
在食物网中不取食任何其他生物的物种。包括一种或数种被食者。

07.114 中位种 intermediate species
在食物网中既是捕食者,又是被食者。

07.115 顶位种 top species
食物网中不被任何其他天敌捕食的物种。

07.116 基位-中位链 basal-intermediate link
联系基位种和中位种的链。

07.117 基位-顶位链 basal-top link
联系基位种和顶位种的链。

07.118 中位-中位链 intermediate-intermediate link
联系中位种和中位种的链。

07.119 营养级 trophic level
生物在生态系统食物链中所处的层次。

07.120 营养联系 trophic linkage
生态系统内或生态系统间,生产者、消费者、分解者及其非生物环境之间的营养传输和交流的关系。

07.121 营养互利共生 trophic mutualism
两种生物在食物的联系中双方都能从中获益的共生现象。

07.122 营养信号 trophic signals
生物中存在的多种传递有关食物种类、数量和质量的复杂信号。

07.123 营养谱 trophic spectrum
把消费者一生中取食不同营养级上的多种食物类型加以分析和总结。

07.124 营养结构 trophic structure

生态系统中生产者、各级消费者和分解者之间的取食和被取食的关系网络。

07.125 营养级联 trophic cascade

在多营养级中的自上而下的链式反应。

07.126 下行控制 top-down control

又称"下行效应(top-down effect)"。由美国生态学家海尔斯顿(N. G. Hairston)等人1968年提出,指较低营养级的种群结构(多度、生物量、物种多样性等)依赖于较高营养级物种(捕食者)的影响。

07.127 上行控制 down-up control

又称"上行效应(bottom-up effect)"。较低营养级的密度、生物量等(食物资源)可决定较高营养级的种群结构。

07.128 生态场 ecological field

生物与生物之间以及生物与环境之间相互作用形成生态势的时空范围。是由光、温、水、二氧化碳、营养成分等物质性因子构成的作用空间,生态场的物质性是其最基本的属性。

07.129 生态势 ecological potential

生态场的基本特征函数。

07.130 生态场图形 graph of ecological field

采用生态场绘图方法,直观形象地反映或部分再现相互作用的形成与过程。

07.131 生物地理理论 biogeographic theory

主要阐明物种分布大尺度地理格局,以及形成这种分布的原因及其历史的理论。

07.132 生物矿化 biomineralization

有机物质在微生物作用下分解,释放能量,转化为简单无机物质的过程。

07.133 生物能 biotic energy

太阳能通过绿色植物的光合作用转换成化学能,储存在生物体内部的能量。

07.134 氢能 hydrogenic energy

氢原子在高温高压下聚变成一个氦原子反应所产生巨大的能量。是人类社会未来极重要的能源。

07.135 糖胁迫 carbohydrate stress

又称"碳水化合物胁迫"。由于不良环境导致植物体内糖类物质稀缺的现象。

07.136 隐花植物种 cryptogenic species

无花、果及种子等繁殖器官的植物种。它们用孢子进行繁殖。

07.137 累积效应 cumulative effect

某些物质被多次吸收进入生物体后产生蓄积、累加作用的现象。

07.138 凋落物 litter

又称"枯枝落叶"。最近从植物体上落下的植物物质,覆盖在土壤表面,只有部分分解,其中植物器官可被辨认。

07.139 凋落物分解 litter decomposition

凋落物经过代谢、降解变成简单的有机物或无机物的过程。

07.140 根际 rhizosphere

由植物根系与土壤微生物之间相互作用所形成的独特圈带。它以植物的根系为中心聚集了大量的细菌、真菌等微生物和蚯蚓、线虫等土壤动物,形成了一个特殊的生物群落。

07.141 分解作用 decomposition

有机物质经过代谢降解变成简单的有机和无机物质的过程。

07.142 分解速率 decomposition rate

有机物质在单位时间内的分解速度。

07.143 废物分解 decomposition of waste

生物的残株、尸体等弃置物,通过碎化、淋溶和降解作用,分解为简单无机物的过程。

07.144 木质素浓度 lignin concentration
凋落物或其他植物组织中木质素的含量。

07.145 木质纤维素降解 ligocellulose degradation
细菌和真菌对木质纤维素进行分解,使之分解为葡萄糖、二氧化碳和水的过程。

07.146 粗纤维分解率 crude fiber resolvability
微生物分解粗纤维生成二氧化碳和水或醇和有机酸的速率。

07.147 微生物分解 microbial decomposition
微生物把有机物质经过代谢降解,变成简单有机物或无机物质的过程。

07.148 反硝化作用 denitrification
在厌氧条件下,把硝酸盐及亚硝酸盐作为电子受体而生成氮气的过程。

07.149 生物谱 biological spectrum
标明某个地区或群落中所有的物种名称及其百分比多度的一个表格。常以植物群落为主要内容。

07.150 生物量 biomass
在一定时间内,生态系统中某些特定组分在单位面积上所产生物质的总量。

07.151 生物量累积比 biomass accumulation ratio
生态系统的生物量对年生产量的比率。

07.152 生物量增量 biomass increment
在一定面积内单位时间干物质增加的量。

07.153 生物量方法 biomass method
测定在单位面积或体积内生物物质数量的方法。

07.154 [生物]生产量 [biological] production
一定时间内生物产生的有机物质的总量。

07.155 总生产量 gross production
个体、种群和群落在单位体积或面积上所形成的有机物质总量。

07.156 净生产量 net production
个体、种群或群落所形成的有机物质总量,扣除生物呼吸消耗后,所剩余的有机物质的总量。

07.157 初级生产量 primary production
又称“第一性生产量”。生态系统中植物通过光合作用将无机物质转化为有机物质的总量。

07.158 次级生产量 secondary production
又称“第二性生产量”。动物采食植物或捕食其他动物之后,经体内消化和吸收,把有机物再次合成的总量。

07.159 总初级生产量 gross primary production, GPP
又称“总第一性生产量”。一定时间内绿色植物把无机物质合成为有机物质的总数量或固定的总能量。其中包括同期间植物呼吸所引起的有机物质的消耗量。

07.160 总次级生产量 gross secondary production
又称“总第二性生产量”。动物采食植物或其他动物后经过体内消化和吸收把有机物再次合成的数量。包括其呼吸消耗的能量。

07.161 净初级生产量 net primary production, NPP
又称“净第一性生产量”。由植物群落的总生产量扣除植物器官呼吸消耗后的剩余量。即一定时间内,以植物组织或其贮藏物质表现出来的蓄积的有机物质数量。

07.162 净次级生产量 net secondary production
又称“净第二性生产量”。消费者的个体或种群所形成的有机物质总量扣除呼吸作用所消耗的量,其所剩余的有机物质的总量。

07.163 被食者生产量 prey production
被其他生物所食的生物,在一定时间内所产生的有机物质总量。

07.164 [生物]生产力 [biological] productivity
单位面积、单位时间内生物群落所产生的有机物质总量。

07.165 初级生产力 primary productivity
又称"第一性生产力"。生态系统中植物群落在单位时间、单位面积上所产生有机物质的总量。

07.166 次级生产力 secondary productivity
又称"第二性生产力"。在单位时间内,各级消费者所形成动物产品的量。

07.167 总初级生产力 gross primary productivity
又称"总第一性生产力"。单位时间、单位面积内植物把无机物质合成为有机物质的总量或固定的总能量。

07.168 净初级生产力 net primary productivity
又称"净第一性生产力"。是指植物群落的总初级生产力扣除植物呼吸消耗所剩余的有机物的数量。

07.169 总生产效率 gross production efficiency
个体或种群在转化为新的生物量过程中所消耗能量的百分比。

07.170 净地上生产力 net aboveground productivity, NAP
植物地上部分的总生产力减去单位面积、单位时间内植物呼吸消耗后所剩余的有机物质数量。

07.171 净生产效率 net production efficiency
(1)生产量占同化量的百分比。(2)光合同化能量转化为动物生长和发育的比例。

07.172 现存量 standing crop
生态系统特定时刻全部活有机体的总重量。

07.173 现存产量 standing yield
单位时间($t_1 \rightarrow t_2$)内生态系统(单位空间)中,生产者的有机物质的生产量。

07.174 Miami 模型 Miami model
第一个全球生态系统初级生产量模型。由德国生态学家利思(H. Lieth)于 1972 年根据自然生态系统温度和降水,用最小二乘法建立的全球初级生产量模型。用该模型估算的结果可靠性达 66% ~75%。

07.175 内岛模型 Chikugo model
日本内岛 1985 年通过将辐射干燥度与净辐射统计分析拟定出半理论半经验的方法,并综合考虑了诸多因子的作用而建立的模型。该模型是估算自然生态系统植被净初级生产力较好的方法而被广泛应用。

07.176 林德曼定律 Lindeman's law
又称"百分之十定律"。由美国学者林德曼(R. L. Lindeman)于 1942 年提出,他认为在生态系统中,一个营养级到另一个营养级的能量转化效率通常为 10% 左右。

07.177 生态效率 ecological efficiency
又称"林德曼效率(Lindeman's efficiency)"。$n+1$ 营养级所获得的能量占 n 营养级获得能量之比。它相当于同化效率、生长效率和消费效率的乘积。

07.178 生长效率 growth efficiency, GE
又称"生产效率(production efficiency)"。同一营养级的净生产量与同化量的比值。

07.179 同化效率 assimilation efficiency, AE
衡量生态系统中有机体或营养级利用能量的效率。

07.180 消费效率 consumption efficiency, CE

又称“利用效率(exploitation efficiency)”。一个营养级所消费的能量占前一个营养级的净生产量的百分比。

07.181 消耗量 consumption

又称“摄食量(ingestion)”。被食者被消费者所取食的部分。

07.182 生产力–多样性关系 productivity-diversity relationship

生态系统群落生产力与多样性之间存在的广泛联系。一个具有中等生产力的生态系统常具有较高的物种多样性。

07.183 生物量锥体 pyramid of biomass

又称“生物量金字塔”。在一个生态系统中,生产者的生物量,一般大于食草动物的生物量,食草动物的生物量一般又大于食肉性动物的生物量,形成一个金字塔状。有时呈倒置状。

07.184 能量锥体 pyramid of energy

又称“能量金字塔”。在一个生态系统中能量通过营养级逐级减少,如果把通过各营养级的能流量,由低到高制成图,就成为一个金字塔形,称为能量锥体。

07.185 数量锥体 pyramid of numbers

又称“数量金字塔”。在一个生态系统中,生产者的数量总是大于食草动物,食草动物的数量又大于食肉动物,而顶级食肉动物的数量,往往是最小的,这样就形成金字塔状。多呈倒置状。

07.186 生态锥体 ecological pyramid

又称“生态金字塔”。生物量锥体、能量锥体和数量锥体三者之合称。

07.187 边缘效应理论 edge effect theory

该理论认为两种生境交汇处或者两类生态系统的过渡带,此处由于异质性高,往往潜藏着重要资源和许多特殊物种,即导致物种多样性高。

07.188 热动态 thermodynamics

能量(热)流动及能量从一种形式转换为另一种形式的全过程。

07.189 年热能收支 annual heat budget

一个生态系统全年中热量的输入和输出的统计分析。

07.190 辅助能 auxiliary energy

生态系统由外部环境输入除太阳能以外的风能、海洋能、地热能等。

07.191 能质 energy quality

能量的性质,其大小用能值表示。

07.192 能值 emergy

又称“体现能(embodied energy)”。由美国生态学家奥德姆(H. T. Odum)1986年创立,他认为:一种流动或储存的能量中所包含的另一种类别能量的数量,称为该能量的能值。如属不同类的能,一般可以按照其产生或作用过程中直接或间接使用的太阳能的总量来衡量,以其实际能含量乘以太阳能转化率来比较。

07.193 能谱 energy spectrum

用以表征生态系统能量分配格局和动态的图。纵坐标表示能流的数量,横坐标表示能量的质量。

07.194 新质 emergent property

又称“新生特性”。多个组分结合形成整体的生态系统,出现了各组分单独存在时所没有的特点和性质。

07.195 能量 energy

生命系统的基础和生态系统的动力,一切生命活动都存在着的能量流动和转化。

07.196 能量分析 energy analysis

以能量作为共同尺度,对系统中能量的流

动、转化和储存等过程所进行的分析和研究。

07.197 能值分析 emergy analysis
以能值为基准，把生态系统或生态经济系统中不同种类、不可比较的能量转换成同一标准的能值来衡量和分析，评价其在系统中的作用和地位。

07.198 能值转换率 emergy transformity
单位能量(J)或物质(g)所具有的能值。它是从生态系统食物链和热力学原理引申出来的重要概念，是衡量不同类别能量的能质的尺度。

07.199 有效能 available energy
具有做功能力的潜能，其数量在做功过程中减少。

07.200 太阳能值 solar emergy
任何流动或储存的能量所包含太阳能的数量即为该能量的太阳能值。任何能量均始于太阳能，故以此作为标准。

07.201 太阳能值转换率 solar transformity
单位能量(物质)所含的太阳能值之量。

07.202 能值功率 empower
单位时间内的能值流量。

07.203 能量等级系统 energy hierarchy
生态系统及组分的能量具有的等级层次的关系。

07.204 能量收支 energy budget
在一个生态系统中的能量收入、使用和损失的估算。

07.205 能量守恒 energy conservation
能量可由一种形式转化为其他形式的能量，其总量不变。

07.206 能量消耗 energy dissipation
能量在营养级间转化过程中的耗损与散失。

07.207 能[量]流[动] energy flow
从太阳能被生产者(绿色植物)转变为化学能开始，经过食草动物、食肉动物和微生物参与的食物链而转化，从某一营养级向下一个营养级过渡时部分能量以热能形式而失掉的单向流动。

07.208 单向能流 one way flow of energy
能量以光能的状态进入生态系统后，就不能再以光的形式存在，而是以热的形式不断地逸散于环境之中的不可逆的流动。

07.209 能流假说 energetic hypothesis
该假说认为只要有较高的初级生产力的系统，食物链就有可能变得更长。

07.210 能流通道 energy flow pathway
生态系统中能量流动的渠道——食物链。

07.211 能流速率 energy flow rate
单位时间($t_1 \to t_2$)能量流经生态系统的平均速度。

07.212 能量流通 energy flux
生态系统中能量在不同营养级生物内或生物间以单一方向流动和传递的状态和变化。

07.213 能量分配 energy partition
太阳辐射能进入生态系统后，能量通过不同营养级，进入各组分的流动、转化、储存等一系列量化过程。

07.214 能量库 energy sink
能量被吸收储存的集中场所。

07.215 辅加能量 energy subsidy
又称“能量补助”。对一个生态系统补加除太阳能以外的其他能量(水肥、农药等)。

07.216 能量符号语言 energy symbol language
由美国生态学家奥德姆(H. T. Odum)在1983年创建的一整套能量的符号语言，用于描述复杂的生态系统。

07.217　能量转化者　energy transformer

又称“能量转换器”。生态系统中进行着能量传递和转化的各类生物。

07.218　能量枯竭　energy drain

生态系统由于耗散和其他一些胁迫所引发能量极度耗尽的现象。

07.219　能量流程图　energy-flow diagram

生产者、消费者、分解者之间的输送能量及物质的流动方向及其流量的图式。

07.220　能量转化率　energy transformation ratio

某营养级所固定的能量与前一营养级所持有能量之比。

07.221　能量利用系数　utilization coefficient of energy

生态系统中输出能量与输入能量的比率。

07.222　平衡状态　equilibrium state

生态系统处于或接近于成熟期，系统中能量和物质的输入和输出趋于相等的状态。

07.223　物质循环　matter cycle, material cycle

又称“物流(matter flow, material flow)”。地球表面物质在自然力和生物活动作用下，在生态系统内部或其间进行储存、转化、迁移的往返流动。

07.224　生物地球化学循环　biogeochemical cycle

化学物质在生物圈中的生物部分与非生命环境之间的转移、转化等往返过程。

07.225　生物地球化学效应　biogeochemical effect

生物地球化学循环对生态系统所产生的复杂作用和影响。

07.226　生物地球化学过程　biogeochemical process

物质在自然界岩石圈、水圈、大气圈和生物圈中的循环过程。

07.227　生物地球化学反应　biogeochemical reaction

生态系统对生物地球化学循环产生多方面的影响和作用。

07.228　水循环　hydrological cycle

大气降水通过蒸发、蒸腾又进入大气的往返过程。全球水循环是由太阳能驱动的，水是地球上一切物质循环和生命活动的介质，没有水循环，生态系统就无法启动，生命就会死亡。

07.229　气态物循环　gaseous type cycle

又称“气体型循环”。氮、二氧化碳和氧等气体元素的循环。流动性较大，在生物地球化学循环中与大气和海洋密切相关，不会发生元素过分聚集或短缺的现象。

07.230　气体调节　gas regulation

自然生态系统在不同空间尺度上对大气化学成分产生的效应，它有利于生物的生存。

07.231　碳循环　carbon cycle

绿色植物(生产者)在光合作用时从大气中取得碳，合成糖类，然后经过消费者和分解者，通过呼吸作用和残体腐烂分解，碳又返回大气的过程。

07.232　氮循环　nitrogen cycle

氮在大气、土壤和生物体中迁移和转化的往返过程。大气是最大的氮气(N_2)库，但一般生物不能直接利用大气中的氮，必须通过高能、生物和工业三个主要途径固氮。

07.233　沉积型循环　sedimentary cycle

主要是磷、钾、钠、镁等元素的循环。这些物质主要以固体状态参与循环，其主要储存库是岩石、土壤和沉积物。

07.234　磷循环　phosphorus cycle

在生物地球化学循环中，磷几乎没有气态成分，主要以固态成分依赖于缓慢的地质过程和人类活动而流动的过程。

07.235 硫循环 sulfur cycle
硫在大气、土壤和生物体中迁移和转化的往返过程。

07.236 矿物质循环 mineral cycle
矿物质在环境、生态系统中的生产者、消费者和分解者之间传递和循环过程。

07.237 矿化作用 mineralization
在生态系统的分解过程中，无机的营养元素从有机物中释出的过程。

07.238 物质良性循环 element beneficial cycle
生态系统通过物种共生和物质不断循环，朝向高效、无污染和可持续的方向发展的过程。

07.239 物质收支 material budget
生态系统单位时间中物质不断输入和输出的统计分析。

07.240 汞循环 Hg cycle
汞在大气、降水、生物、土壤、湖泊、河流和海洋中转移的循环系统。

07.241 硝化作用 nitrification
化能菌将氨化物和氨转化为硝酸根（NO_3^-）或亚硝酸根（NO_2^-）离子的过程。

07.242 固氮作用 nitrogen fixation
由物理－化学过程（闪电）和微生物把大气中的氮转变为硝态氮、亚硝态氮和铵态氮的过程。

07.243 氮状况 nitrogen status
自然生态系统氮循环的基本状态以及人类活动对氮循环的影响。

07.244 固氮生物 diazotroph
又称"氮养生物（diazotrophic organism）"。能把大气中的氮合成为含氮有机化合物的生物。

07.245 循环库 cycling pool
在生物地球化学循环过程中，某种元素集合达到一定数量的场所。

07.246 交换库 exchanging pool
生物因子（如植物库、动物库等）所在的场所。容量小、活跃。

07.247 储存库 reservoir pool
非生物因子（如岩石、沉积物等）所在的场所。容积大，活动慢。

07.248 有机碳库 organic carbon pool
有机物质的集中场所。

07.249 干湿循环 wetting-drying cycle
物质在生物地球化学循环中，有时以干，有时以湿或者以干干湿湿的状态出现。

07.250 非保持流通 nonconservative flux
元素在生物地球化学循环中，在生物体及环境介质中进行不断的流动和交换。

07.251 失汇 missing sink
元素在生物地球化学循环中，部分下落不明的现象。

07.252 养分 nutrient
生物在生长发育过程中不断地吸收、摄食赖以生存的各种物质。

07.253 养分有效性 nutrient availability
能够被植物吸收利用的养分性质。一般指水溶性、交换性和易活化的养分。

07.254 养分平衡 nutrient balance
生态系统在某一时间，养分（单种或多种）输入与输出量基本相等的状态。

07.255 养分流 nutrient flow
生态系统中养分以一定数量由一个库转移

到另一个库的过程。

07.256 营养输出 nutrient export
营养物质通过水、风、气体和动植物的收获物等途径，由生态系统移出的过程。

07.257 养分收支 nutrient budget
生态系统中的养分在养分库中的输入与输出的比较。

07.258 平衡等值线 equilibrium isoline
一定时间或一个区域中，水、氮等可利用性元素在生物地球化学循环中所具有输入输出数值的等值线，显示生态系统中动态的平衡性。

07.259 自溶 autolysis
动植物尸体、残株和粪便等不经过微生物的作用就能释放出营养物质的现象。

07.260 周转 turnover
进入生态系统的物质的通过量与总存量之比。

07.261 周转率 turnover rate
流通率与库中营养物质总量之比。

07.262 流通率 flow rate
物质或能量在单位时间、单位面积（或单位体积）内的转移量。

07.263 营养周转率 nutrient turnover rate
流通率与存在于生态系统营养物质的储存量的比率。

07.264 自然周转率 natural turnover rate
生态系统的物质在自然的过程中的流通量与总存量之比。

07.265 周转期 turnover time
又称“周转时间”。周转率的倒数即为周转期。

07.266 滞留时间 residence time
分室大小对于通过分室的流的比率，以时间单位表示，是能量或物质在分室中停留时间。

07.267 循环指数 recycle index
生态系统中营养物质再循环量与通过总量的比率。

07.268 输出环境 output environment
接纳生态系统向外送出物质、能量的场所。

07.269 输入环境 input environment
向生态系统内送入物质、能量的场所。

07.270 植物功能型 plant functional type
由具有确定的植物功能特征的一系列植物组成，是研究植被随环境动态变化的基本单元。目前广泛用来寻找全球变化中不同尺度上植物有机体与环境相互作用的普遍模式。

07.271 形态-功能关系 form-function relationship
有机体或群落的物理化学特征与形态和结构的关系。

07.272 功能收敛假说 functional convergence hypothesis
任何一种资源的短缺，会导致植物调节其对光的获取，因而光的俘获可当作资源状况二氧化碳同化的生物化学能力的整合器。

07.273 地质过程 geological process
地球物质的发生、形成、变化和破坏以及与这些事件形成有关的过程。

07.274 物质流通率 ratio of material flow
生态系统中的物质在单位时间、单位面积或体积的移动量。

07.275 组织流动与转化理论 tissue flow and turnover theory，TFT theory
由新西兰生态学家霍奇森（J. Hodgson）等人提出，他认为草地植物的生长与积累、家畜对植物的利用和畜产品的生产是草地放牧生态系统物质循环的三个主要转化环节，各环节既相互独立又相互影响。

07.276 热源 heat source

放出或吸入一些热量一般并不引起温度发生变化的系统。太阳就是各类生态系统最终的热源。

07.277 信息流 information flow

生态系统中产生着大量、复杂的信息，经过信道不断运送和交流汇成了信息流。

07.278 信息容量 information capacity

信道在单位时间内运送、传递的最大信息量。

07.279 信息量 information content

信源消除信宿不确定性所需要的量，是信息定量表征。

07.280 信息反馈 information feedback

信息从信源发出，经信道传递到信宿，有一部信息回授给输出端的过程。

07.281 信息处理系统 information processing system

为了不同目的而实施的对信息进行的加工和变换。

07.282 信息再生 information regeneration

一个利用已有的信息来产生信息的过程，即由客观信息转变为主观信息为主的过程。

07.283 有信息的贝叶斯决策方法 information Bayes decision method

以贝叶斯定理为基础的一种统计模式识别决策的方法。它按照统计期望值对备选方案做出比较和评价，实现决策最优化。

07.284 界面 interface

又称“接触面”。两个或多个不同物相之间的分界面。如气/水界面。

07.285 生态系统边界 ecosystem boundary

生态系统与环境的分界线。边界的确定既要考虑能量与物质的输入输出，也要注意植物群落的巨大变化，在空间尺度上作调整。边界的划定是实施生态系统管理的关键要素之一。

07.286 生态系统结构 ecosystem structure

生态系统生物和非生物组分保持相对稳定的相互联系，相互作用而形成的组织形式、结合方式和秩序。

07.287 生态系统功能 ecosystem function

又称“生态系统过程(ecosystem process)”。生态系统整体在其内部和外部的联系中表现出的作用和能力。随着能量和物质等的不断交流，生态系统亦产生不断变化和动态的过程。

07.288 生态系统复杂性 ecosystem complexity

生态系统由大量单元组成，单元之间存在大量非线性联系，形成具有开放性、自维持、自调控功能的极其复杂的网络系统。

07.289 生态系统整体性 ecosystem holism

生态系统是一个整体的功能单元，其存在方式、目标和功能都表现出统一的整体性，是生态系统最重要的特征之一。

07.290 生态系统不确定性 ecosystem indeterminacy

生态系统的随机性和不可预知性。

07.291 生态系统稳定性 ecosystem stability

生态系统抵抗外界环境变化、干扰和保持系统平衡的能力。

07.292 生态系统动态 ecosystem dynamic

生态系统在发育过程中，生物群落不断发生变化，使生态系统的外貌和内部结构发生不断演变的过程。

07.293 动态稳定状态 dynamic steady state

进入生态系统的能量和物质与输出的量处于相对平衡的状态。

07.294 生态冲击 ecological backlash

又称“生态报复(ecological boomerang)”。人类对自然生态系统干扰、破坏,常常造成始料未及的有害后果,抵消了原计划想得到的效益,环境恶化甚至产生了人们难以处置的灾难。

07.295 生态系统开发 ecosystem exploitation

人类对生态系统适度的开采和利用。

07.296 生态系统化学计量 ecosystem stoichiometry

测算生态系统内产生的化学反应与产物间的定量关系。

07.297 生态平衡 ecological balance

生态系统处于成熟期的相对稳定状态,此时,系统中能量和物质的输入和输出接近于相等,即系统中的生产过程与消费和分解过程处于平衡状态。

07.298 生态系统进化 ecosystem evolution

生态系统在地球环境逐步发展、改善中形成的演变过程。

07.299 生态系统发育 ecosystem development

生态系统从幼年期到成熟期的发育过程。

07.300 生态系统演替 ecosystem succession

在同一空间内,一类生态系统被另一类生态系统替代的过程。

07.301 干扰 disturbance

在不同空间和时间尺度上偶然发生的,不可预知的自然事件。它直接影响着生态系统的演变过程并具有破坏性。

07.302 土壤物理干扰 soil disturbance

土地的翻耕、平整等的干扰,对农业生态系统影响较小,对自然生态系统影响较大。可导致地表粗糙度增加,有利于外来种的入侵,并减少物种丰富度。

07.303 扰动 perturbation

一般是指系统在正常范围内的波动。它往往有一定的规律可循,并具有可预知性,为一般意义上的环境波动行为。

07.304 生物扰动 bioturbation

由生物引起的生物多样性丧失或生态系统结构和功能的破坏。

07.305 蝴蝶效应 butterfly effect

初始值的极微小的扰动而会造成系统巨大变化的现象。

07.306 恢复力 resilience

又称“弹性”。生态系统维持结构与格局的能力,即系统受干扰后恢复原来功能的能力。

07.307 抵抗力 resistance

又称“抗性”。生态系统受到干扰后产生变化的大小。为衡量系统受外界干扰而保持原状的能力。

07.308 局域稳定性 local stability

描述生态系统在经受一小干扰后回复到原来状态的能力。

07.309 全域稳定性 global stability

描述生态系统在经受一较大干扰后回复到原来状态的能力。

07.310 脆弱性 fragility

生态系统抗外界干扰能力低、自身稳定性差,在环境改变不大的条件下保持稳定的状态。

07.311 强壮性 robustness

生态系统在环境急剧的大变化中保持稳定的状态。

07.312 恒定性 constancy

在特定时间内,生态系统的物种数量、结构、群落配置或环境的物理特征等参数没有发生变化的特性。

07.313 持久性 persistence

生态系统在一定边界范围内,保持恒定或维持某一特定状态的持续时间。

07.314 滞后性 hysteresis

干扰移走后系统的恢复时间。

07.315 活力 vigor

生态系统的能量输入和营养循环容量。具体指标是生态系统的初级生产力和物质循环等。在一定范围内,能量输入越多,物质循环越快,活力就越高。

07.316 整体活力 overall activity

生态系统具有结构与功能的基本指标和多项服务的能力。

07.317 惯性 inertia

生态系统对外部的干扰,如风、火、食草动物及病虫害的数量剧增等干扰时,仍能保持干扰前的状态。

07.318 稳态 homeostasis

生态系统在面对变化着的外部条件下,能保持稳定的内部状态。

07.319 基[础]态 ground state, base state

表明生态系统是处于最初的、基本的状态。

07.320 生物整体性指数 index of biotic integrity

根据鱼类群落诸多特征,概括出的生物指数。对河流生态系统状况能做出客观的评估。

07.321 长期生态研究 long-term ecological research, LTER

对那些长期处于动态的、周期性的过程和现象或者是复杂的现象和过程进行长期的生态学的观察和研究。

07.322 清晰边界带 limes convergens

又称"限量趋同"。草原生态系统中一个物种个体数量集中,形成高密度的局部样带,与周围低密度区存在明显的差别。

07.323 模糊边界带 limes divergens

又称"限量趋异"。草原生态系统中高密度样带与低密度区之间有逐渐过渡的分布区域,使二者之间界限不明显。

07.324 边缘意愿 marginal willingness

对于自然生态系统提供的生物多样性或服务,个人愿意支付的金钱。

07.325 最大流量问题 maximal flow problem

生态系统中能量、物质、物种和信息等流经网络时,在一特定条件下,要求达到最大流量的问题。

07.326 最大动力原理 maximal power principle

又称"最大功率原理"。生态系统发育中,获得更多的能量,并使全部有用的能量发挥最大作用的原则。

07.327 机会代价 opportunity cost

又称"择机代价"。由于选择一种方案而放弃另一种方案的收益。

07.328 物理信号 physical signal

用来载荷信息和表示信息的符号、状态和标志的物理媒介。

07.329 不稳定平衡 unstable balance, unstable equilibrium

生态系统的输入和输出,生产和呼吸之间存在较大差距,稍受干扰就发生大的动荡而不能保持平衡的状态。

07.330 火促草类 fire-enhancing grasses

生长在高频率火灾发生的环境中,形态和生理生态方面有独特适应的草本植物。

07.331 火使用制度 fire regime

又称"火状况"。主要指火频率、火强度、发生季节、时间、火烧的时空格局和火烧深度等。

07.332 火成因子 fire-generated factor

草原火烧一次性产生的衍生现象和结果。如光照、热量和烟雾等。

07.333 林冠火 crown fire

又称"野火(wildfire)"。林冠燃烧的、失控的大火,强度非常剧烈,通常能破坏所有植被。

07.334 表火 surface fire

又称"低强度火灾"。主要燃烧地表凋落物等易燃物质的火灾。有利于植物体的分解作用,对于一些耐火性强的物种有促进其发展的作用。

07.335 外来侵入种 alien invasive species

当外来物种在自然或半自然生态系统中建立了种群,改变或威胁本地物种多样性时,就成为外来侵入种。

07.336 外来植物 alien plant

出现在其历史上自然分布范围之外的植物。

07.337 诊断测试 diagnosis test

测试胁迫生态系统的反应变量,以进一步判定系统病症及其发展趋势。

07.338 雏菊世界模型 daisy world model

由英国化学家洛夫洛克(J. E. Lovelock)和英国生态学家沃森(A. J. Watson)1983年提出,认为盖娅(Gaia)假说和协同进化理论并不互相排斥,当外界不需要调节时,生物有机体并不额外地调节其环境。

07.339 自然资本 natural capital

自然生态系统所提供的各种财富。如金属矿产、能源、农业耕地等。

07.340 自然更新 natural regeneration

通常指植物自然地繁衍后代,由幼苗、幼株成长后替代老熟植物的过程。

07.341 自然服务 nature's service

地球上众多自然生态系统产生的物质及其维持良好的生态条件与环境状态,对人类所产生的各种公益服务。

07.342 生态系统恢复 ecosystem restoration

通过人工措施,使受损生态系统恢复合理的结构和功能,使其达到能够自我维持的状态。生态系统恢复有狭义和广义两种涵义。狭义的生态系统恢复是恢复到受损前生态系统的原貌;广义的生态系统恢复是再建一个与原先不同的、但与当地环境相适应的、符合发展要求的生态系统。

07.343 生态系统重建 ecosystem rehancement, ecosystem reconstruction

将生态系统现有的状态进行改善,增加人类所期望的某些特点,降低某些人类所不希望的自然特点,改善的结果使生态系统远离其初始状态,但能提供更多的生态服务功能。

07.344 生态系统修补 ecosystem remedy

对受损生态系统的受损部分进行修复,使其恢复原有的结构和功能。

07.345 生态系统改建 ecosystem rehabilitation

将生态系统恢复和生态系统重建措施有机结合起来,对受损系统进行改进,以改进某些人类期望的结构与功能,使不良状态得到改善。

07.346 生态系统改进 ecosystem enhancement

对原有受损的生态系统进行人为改善,以提高某方面的结构和功能。

07.347 生态系统管理 ecosystem management

具有明确和可适应的目标，通过政策、协议和实践活动而实施的对生态系统的管理。

07.348　可适应的生态系统管理　adaptive ecosystem management, AEM
由于现有的生态系统生态学知识的限制，对任何一次管理活动都应视为是一种试验，并对后果进行评估、比较，然后再设计，再进行新的实验，使之不断完善。

07.349　生态系统过获　ecosystem overharvesting
人类对陆地、水体生态系统生物资源进行过度的收获，其主要后果是物种消失。

07.350　生态系统健康　ecosystem health
生态系统没有病患反应，稳定且可持续发展，即生态系统随着时间的进程有活力并且能维持其组织及自主性，在外界胁迫下容易恢复。

07.351　生态系统再植　ecosystem revegetation
恢复生态系统的部分结构和功能，或恢复当地先前土地利用方式。

07.352　生态系统服务　ecosystem service
又称“生态系统公益(ecosystem benefit)”。是指生态系统为人类社会的生产、消费、流通、还原和调控活动提供的有形或无形的自然产品、环境资源和生态损益的能力。

07.353　生态系统服务价值　value of ecosystem service
对生态系统的服务和自然资本用经济法则所做的估计。美国学者科斯坦萨(Costanza)等人首先作了尝试。据估计，其总价值每年平均至少为33万亿美元(按1994年价格计算)。

07.354　生态系统服务功能　ecosystem service function
生态系统在能流、物流的生态过程中，对外部显示的重要作用。如改善环境，提供产品等等。

07.355　生态系统服务功能维持　maintenance of ecosystem service
是人类评价生态系统健康与否的一条重要标准。一般是对人类有益的方面，如降解有毒化学物质，净化水，减少水土流失等，不健康的生态系统的上述服务功能的质和量均会减少。

07.356　淡水生态系统服务　freshwater ecosystem service
淡水生态系统是重要的水资源库，给人类提供用水，并向集水区、含水岩层供水，促进物质循环，调节气候和维护良好的水域环境。

07.357　生态系统综合评估　integrated ecosystem assessment, IEA
对生态系统进行健康诊断，并对其生产及服务能力做出综合的生态和经济分析，对今后的发展趋势做出评价。

07.358　千年生态系统评估　millennium ecosystem assessment
2000年结束，联合国呼吁要对全球生态系统的过去和目前“自然的、社会的、生态的、经济的以及利用的自然资源”做认真调查、研究和评估，使可持续发展成为现实。

07.359　管理模式　management model
对生态系统进行管理流程特点的简要描述。主要包括：健康评估要点、监测指标、管理步骤、方法以及总的管理目标等。

07.360　外部输入减少　reduced subsides
生态系统被管理的过程中减少了依赖于外部物质输入的现象。是生态系统健康标准之一。健康的生态系统对肥料、农药等输入会大量减少。

07.361　整体管理　holistic management
对系统的人力、物力、资金、信息和环境等从整体意义上进行安排,充分发挥各组分及其系统整体的功能,以保证所期望的最佳效果。

07.362 多目标规划 multiple objective program

生态系统管理中,为了同时达到两个或两个以上的目标,需要在许多可行性方案中进行选择的整个过程。

07.363 侵蚀控制 erosion control

通过生物和工程等措施有效地防治风、水等外营力对地表土层的冲刷和破坏。

07.364 外植体 explant

将一些生物体移植于人工控制的条件下,以观测对环境变化的反应,此生物体即为外植体。

07.365 化学物质归宿 fate of chemical

无机和有机化合物在生态系统中不同时空的分布、迁移、转化及其分解和消失。

07.366 服务流 flow of service

生态系统产生了许多物质资源和良好的生存环境,给人类提供了源源不断的公益性的服务。

07.367 森林产品及服务 forest goods and services

又称"森林服务公益"。森林生态系统保持着最高的物种多样性和基因库,给人类提供物质资源,调节气候、保护环境,维护了良好的自然环境。

07.368 增量价值 incremental value

一个生态系统价值随着组分、物种和环境质量等因素的增加而提升。

07.369 伦理价值 ethical value

用伦理法则对生物资源进行的个人和社会的评价。

07.370 生态伦理观 eco-ethics

人与自然之间整体协调发展关系的行为准则,是人对自然界应遵守的行为准则。

07.371 战略环境评价 strategic environmental assessment, SEA

以生态学规律和理论在战略层次上,对法规、政策、计划、规划及各种替代方案作为环境影响的综合分析和评价。

07.372 土地健康 land health

土地具有自我更新的能力,稳定的生产力以及足够的肥力以保持服务功能的状态。

07.373 土地处理系统 land treatment system

利用土地进行着各种物理、化学和生物的作用,对污染物进行分解、转化和吸收。

07.374 土地利用改变 land use change

人类根据土地的位置、性质和类型,改变经营特点和利用方式。

07.375 土地利用格局 land use pattern

人类社会所利用土地的分类面积、权属及其分布状况。通常是按土地的经济用途划分,如耕地、园地、林地等。

07.376 最大持续产量 maximal sustainable yield, MSY

又称"最大持续收获量"。人们在不减少种群大小时,可以从种群中获得个体的最大收获量。即在最大持续产量时,补充量等于或超过收获量。

07.377 最大经济产量 maximum economic yield, MEY

又称"最大经济收获量"。对于正处于密度下降的种群应采用降低收获努力的对策。即在低于最大持续产量收获努力的一个最适经济努力水平下,获得的收获量,就称为最大经济产量。

07.378 动态库模型 dynamic pool model

又称"补充群体模型"。考虑了不同年龄组

的出生率、生长和死亡率等之间相互关系的一种数学模型。能较好地指导渔业生产，调整捕捞强度和产量的预测等。

07.379 预判 prognosis

根据生态系统所表现出的症状，结合过去的历史和现状，对生态系统未来和发展做出事先的断定。

07.380 快速诊断测试 quick diagnosis test

在生态系统退化症状未出现前就对生态系统做出程序化的诊断测试，尽早提出治疗方法。如水域富营养化。

07.381 空间协调 reconciling spatial scale

对被人为分割的生态系统，加以调整，使之形成整体的生态系统。

07.382 时间协调 reconciling temporal scale

对不同时间和空间发生着的各种生态过程，必须顺应时间进行管理。

07.383 土壤健康质量 soil health quality

土壤维持生产力，维持土壤环境质量和促进生物健康的能力，是土壤系统健康的主要标志。

07.384 资源管理决策 resource management decision

从社会经济持续发展的目标出发，制定实现资源优化配置和代际公平的开发、利用和保护的决策。

07.385 存留标准 retention standards

为保证生态系统的永续性，有针对性地规定一系列保留的标准。如对某一区域规定在演替后期的丰度和生物多样性的要求。

07.386 报偿反馈 reward feedback

保护大自然的投资将在经济上产生巨额回报。

07.387 风险分析 risk analysis

对可能遇到的自然环境的灾难和危害的潜在频率和后果，所提出的各种备选方案，做出评估和分析。

07.388 河流连续体概念 river continuum concept

预测沿温带河流长度而发生的自然结构、优势生物和生态系统过程变化的一种模式。即在源头或近岸边，生物多样性较高；在河中间或中游因生境异质性高，因而生物多样性最高，在下游因生境缺少变化而生物多样性最低。

07.389 自我设计与人为设计理论 self-design versus design theory

自我设计理论认为只要有足够的时间，退化生态系统将根据环境条件合理地组织自己并会最终改变其组分；而人为设计理论认为，通过工程方法和植物重建可直接恢复退化生态系统，但恢复的类型可能是多样的。

07.390 土壤呼吸率 soil respiration rate

单位时间未扰动土壤中产生二氧化碳的数量。

07.391 土壤服务 soil service

是指土壤是产粮基地，将潜在病原物无害化，大量动植物栖息地，净化人类生存环境等能力。

07.392 可持续管理 sustainable management

对资源管理方式不仅满足短期利益，更重要着眼于长远的利益。

07.393 可持续利用 sustainable use

对可更新资源的利用以不导致环境及资源退化为前提，进行科学地、适当地利用。

07.394 流域管理 watershed management

作为水系集水区要加强流域整治、环境治理、各种资源的适量开采和保护，并提出趋势预测。

07.395 流水生境管理 riparian habitat management

重点保护流水生境的特定属性,发挥水陆组带作用,做好水生生物和流水的相互关联性,流水资源合理利用和水文整治工作。

08. 景观生态学

08.001 景观 landscape

人类尺度上、具有空间可量测性，由不同生态系统类型所组成的异质性地理单元。

08.002 狭义景观 landscape in narrow sense, special landscape

由不同生态系统或土地利用类型所组成的异质性地理单元，其范围通常为几千米到几百千米。

08.003 广义景观 landscape in broad sense, general landscape

从微观到宏观的各个尺度上,为人类或生物所感知,具有异质性的空间单元。

08.004 景观单元 landscape cell, landscape unit

在特定空间分辨率下能够分辨的最小均质多边形。通常是景观制图中表达的最小单元。

08.005 景观组分 landscape component

构成景观类型的气候、土壤、植被等特征组分。

08.006 景观要素 landscape element

景观镶嵌体水平上可以辨识的空间要素或相对均质单元。一般认为有斑块、廊道和基质三大要素。

08.007 斑块 patch

与周围环境在外貌或性质上不同,并具有一定内部均质性的空间单元。景观尺度上的斑块通常为某一生态系统。

08.008 干扰斑块 disturbance patch

由局部性干扰(如树木死亡、小范围火灾)事件形成的与周边基质不同的斑块。

08.009 残余斑块 remnant patch

在大规模干扰事件影响下,动植物群落在本底上残留下来的斑块。

08.010 引入斑块 introduced patch

由于人类活动或新物种的引进,形成与周边基质环境不同的斑块。

08.011 功能斑块 functional patch

对一定的功能而言有同质特性的斑块。

08.012 环境资源斑块 environment resource patch

由于环境条件或资源的差异,形成的与周边基质不同的斑块。

08.013 源斑块 source patch

在生物地球化学循环中，其生态流经常处于输出部位的景观斑块类型。

08.014 汇斑块 sink patch

在生物地球化学循环中，其生态流经常处于输入部位的景观斑块类型。

08.015 斑块属性分析 patch attribute analysis

对景观内各斑块的大小、形状、属性、成因等所作的系统分析。

08.016 斑块形状指数 patch shape index

用斑块周长除以同面积的圆周长所表示的指数。

08.017 斑块－廊道－基质模式 patch-corridor-matrix model

描述景观空间结构的一种拓扑学模式。

08.018 斑块动态理论 patch dynamic theory
强调空间异质性及其生态学成因和机制,突出斑块组分及其动态特征的理论。

08.019 廊道 corridor
景观中为不同类型生境围绕的线形或带状的景观单元。

08.020 基质 matrix
面积最大、连通性最好、在景观功能上起控制作用的景观要素。

08.021 景观结构 landscape structure
景观组分的类型、多样性及其空间关系。

08.022 空间格局 spatial pattern
生态或地理要素的空间分布与配置。

08.023 景观格局 landscape pattern
景观组成的类型、数目及其时空分布。

08.024 景观镶嵌体 landscape mosaic
由不同类型的廊道、斑块和基质构成的异质性景观。

08.025 景观异质性 landscape heterogeneity
景观系统空间结构的不均匀性及复杂程度。

08.026 景观多样性 landscape diversity
由不同类型景观要素或生态系统构成的景观,在空间结构、功能机制和时间动态方面的复杂性和变异性,反映了景观的复杂程度。

08.027 景观稳定性 landscape stability
景观在受到干扰后,保持平稳不变和维持原貌的能力。

08.028 尺度 scale
观测或研究对象的物体或过程的空间分辨率和时间单位,通常以粒度和幅度来表达。

08.029 大尺度 broad scale, large scale
根据时空范围或分辨率对生态系统组织水平的判别,通常指景观、区域以至全球尺度。

08.030 小尺度 fine scale
根据时空范围或分辨率对生态系统组织水平的判别,通常指景观以下的斑块及更小的尺度。

08.031 粒度 grain
景观空间图像中能识别的最小面积单元。

08.032 幅度 extent
研究对象在时、空尺度上的持续范围。

08.033 粗粒景观 coarse-grained landscape
具有大尺度组分,斑块平均面积一般大于1ha的景观。

08.034 细粒景观 fine-grained landscape
具有小尺度组分,斑块平均面积一般小于1ha的景观。

08.035 尺度效应 scale effect
由于尺度不同研究对象特征所产生的相应变化。

08.036 尺度推绎 scaling
又称“尺度转换”。利用某一尺度上所获得的信息或知识来推测其他尺度上的变化规律。

08.037 尺度下推 scaling down
利用大尺度上所获得的信息或知识来推测小尺度上的变化规律。

08.038 尺度上推 scaling up
利用小尺度上所获得的信息或知识推测大尺度上的变化规律。

08.039 格局指数 pattern index, pattern metrics
刻画景观空间格局的定量指标,包括景观要素特征指标和景观异质性指标。

08.040 景观指数 landscape index, landscape metrics
高度浓缩空间格局信息,反映景观结构组

成和空间配置特征的定量指标。

08.041 景观丰富度 landscape richness
景观中景观类型的丰富程度，一般与景观类型的数量有关。

08.042 蔓延度 contagion
又称“聚集度”。反映景观中不同斑块类型分布的非随机性或聚集程度。

08.043 景观形状指数 landscape shape index
计算整个景观内斑块形状特点的指数。

08.044 平均斑块面积 mean patch area
景观中所有斑块或某一种斑块的平均面积。

08.045 斑块数 patch number
景观中所有斑块或某一种斑块的数量。

08.046 平均斑块周长 mean patch perimeter
景观中所有斑块或某一种斑块的平均周长。

08.047 连接度指数 connectivity index
反映景观中斑块之间连接程度的指标。

08.048 距离指数 distance index
反映景观中斑块之间隔离程度的指标。

08.049 破碎化指数 fragmentation index
反映景观中斑块破碎程度的指标。

08.050 镶嵌度指数 mosaic index
刻画景观内各斑块相对于基质的镶嵌程度。

08.051 对比度 contrast
景观中不同斑块之间属性的差异程度。

08.052 连接度 connectivity
从生态功能上描述景观中各单元之间相互联系的程度。

08.053 连通性 circuity, connectedness
从表面结构上描述景观中各单元之间相互联系的客观程度。

08.054 景观破碎化 landscape fragmentation
在自然过程或人为活动影响下，连续的整体景观转变为分割和破碎的景观镶嵌体的过程。

08.055 景观分维数 landscape fractal dimension
描述斑块或景观镶嵌体几何形状复杂程度的非整型维数值。

08.056 景观功能 landscape function
景观结构与生态过程相互作用所产生的景观性质与效益。

08.057 景观过程 landscape process
景观格局在时、空尺度上的连续或非连续性变化。

08.058 生态流 ecological flow
反映生态系统中生态关系的物质代谢、能量转换、信息交流、价值增减以及生物迁徙等的功能流。

08.059 景观变化 landscape change
景观结构与功能随时间过程所产生的改变。

08.060 景观模型 landscape model
对景观生态系统的简化或数学抽象，按处理空间异质性的方式可分为空间直观、准空间和非空间等三种模型。

08.061 景观中性模型 landscape neutral model
不包含任何具体生态过程或机制，只产生数学期望值的时空格局模型。

08.062 景观过程模型 process-based landscape model
模拟干扰、扩散等生态过程在景观中的发生、发展和传播的模型。

08.063 空间景观模型 spatial landscape model
在大的空间和时间尺度上模拟景观格局与

空间过程及其相互关系的计算机模拟模型。

08.064 空间直观景观模型 spatially explicit landscape model

可直观表达所研究景观单元和过程的空间位置及其相互作用关系的数学模型。

08.065 随机景观模型 stochastic landscape model

将空间信息与概率分布相联系的景观模型。

08.066 网格自动机模型 cellular automata model

又称"细胞自动机模型"。一类由相同单元组成、根据简单邻域规则即能在系统水平上产生复杂结构的离散动态模型。

08.067 空间梯度 spatial gradient

景观要素或景观生态过程沿某一方向有规律变化的现象。

08.068 梯度分析 gradient analysis

从连续体的角度出发，对景观要素和生态流的空间分布梯度特征进行研究的方法。

08.069 空间自相关 spatial auto-correlation

系统中的变量在空间上的靠近和相似程度。

08.070 空间自相关分析 spatial auto-correlation analysis

空间变量的取值与相邻空间单元上该变量取值的相似性程度分析。

08.071 林窗模型 gap model

以干扰作用下林窗形成、植被更新与演替过程为模拟对象的森林植被动态模型。

08.072 空间局部插值法 Kriging spatial interposition

又称"克里金空间插值法"。在有限区域内对区域化变量的取值进行无偏最优化估计的一种方法。

08.073 小波分析 wavelet analysis

运用傅里叶(Fourier)变换的局部化思想，进行时空序列分析的一种数学方法。

08.074 谱分析 spectral analysis

对空间数据进行格局、尺度分析的一种数学方法，运用傅里叶变换求取观测数据分解产生正弦波及拟合最优波函数。

08.075 栅格像元 grid cell, raster cell

以栅格形式表达的遥感图像或栅格图的最小单元。

08.076 邻接分析 adjacency analysis

对某类斑块的空间分布与相邻斑块关联度的测度分析。

08.077 八邻规则 eight-neighbor rule

与中心网格直接相连的上、下、左、右以及两条对角线上的8个网格都为其相邻网格，因此整个邻域由9个网格组成。

08.078 孔隙度分析 lacunarity analysis

利用不同大小的滑箱对全工作区进行有重叠的覆盖性扫描，然后利用记录到的组分出现频率信息进行异质性评估的分析方法。

08.079 渗透理论 percolation theory

当介质密度达到某一临界值，渗透物突然能够从介质一端到达另一端的物理理论。常用于研究生态流在景观中的扩散过程。

08.080 渗透阈值 percolation threshold

又称"渗透临界值"。允许连通斑块出现的最小生境面积百分比，理论值为59.28%。

08.081 簇 cluster

由属性特征比较相近的互相连接成组的网格或像元。

08.082 生态立地 ecotope

在一个区域内的特定生境类型。

08.083 生态单元 biotope

生物圈的最小地理单元，由代表性生物群

落所确定的生境。

08.084 立地 site
生境类型单元。

08.085 景观分类 landscape classification
按照既定分类系统对某区域进行景观类型划分的过程。

08.086 景观制图 landscape mapping
按既定分类系统，根据制图原则将景观分类图形化的过程。

08.087 自然景观 natural landscape
天然的很少受到人类活动干扰影响的原始景观。

08.088 半自然景观 seminatural landscape
受到一定程度人为活动干扰影响，同时表现出较多自然属性的景观类型。

08.089 人类主导景观 human directed landscape
人类活动对景观演化起主导作用的各类景观，包括经营景观、人工景观和文化景观等。

08.090 经营景观 managed landscape
受到较强人为活动干扰影响的半自然景观。如农田景观。

08.091 人工景观 man-made landscape, artificial landscape
又称“人为景观”，“人造景观”。由人类活动直接建造的、完全不同于自然基质的景观类型。

08.092 城市景观 urban landscape
人口高度聚集、由大量规则的景观要素（如建筑物、道路、绿化带等）组成的人造景观集合体。

08.093 文化景观 cultural landscape
历史时期以来为人类活动所塑造并具有特殊文化价值的景观。

08.094 绿洲景观 oasis landscape
干旱区中由于水分局部聚集而形成高覆盖度植被和适于生物活动的特殊景观。

08.095 湿地景观 wetland landscape
介于陆地与水域之间的，为水体暂时或永久覆盖的景观，包括沼泽、河滩、湖泊、河口和水深小于 6 m 的海域。

08.096 基塘系统景观 dike-pond system landscape
以我国珠江三角洲地区为典型的一种水陆复合景观类型。“塘”即池塘，“基”指隔开池塘的土埂。根据“基”上栽植作物的不同，可以有桑基、蔗基等。

08.097 生态景观 ecoscape, eco-landscape
指由地理景观（地形、地貌、水文、气候）、生物景观（植被、动物、微生物、土壤和各类生态系统的组合）、经济景观（能源、交通、基础设施、土地利用、产业过程）和人文景观（人口、体制、文化、历史等）组成的多维复合生态体。它不仅包括有形的地理和生物景观，还包括了无形的个体与整体、内部与外部、过去和未来以及主观与客观间的系统耦合关系。

08.098 景观图谱 landscape graphic structure model
运用图形思维方式研究景观格局与过程的一种方法。如山地垂直带图谱、特殊景观形态结构图谱和景观地球化学图谱。

08.099 景观管理 landscape management
运用生态学的原理及方法，人工调控和整合景观系统的结构与功能的过程。

08.100 景观规划 landscape planning
按照人类目标改变和设计景观的结构、形态与功能的宏观布局过程。

08.101 景观设计 landscape design

按生态学与美学原理对局地景观的结构与形态进行具体配置与布局的过程，包括对视觉景观的塑造。

08.102 景观保护 landscape protection

防止或治理对自然与文化景观的破坏所造成的景观结构与功能上的损失，包括生态系统与视觉景观两方面的保护。

08.103 景观评价 landscape evaluation

从社会经济、生态和美学角度对景观生态系统的功能与效益所进行的价值评估。

08.104 景观生态建设 landscape ecological construction

景观尺度上的生态建设，主要通过景观单元的结构调整和构建来改善景观生态系统的功能和效率。

08.105 小流域综合治理 catchment management

以小流域为单元，采取工程、生物等措施对水土流失和生态退化进行的治理与开发活动，景观生态建设的一种。

08.106 生物控制论 biocybernetics

通过正、负反馈相互耦合的自稳定和自组织，从而使生物系统得到控制和调节的理论。

08.107 等级理论 hierarchy theory

关于具有等级形式的复杂系统结构、功能和动态的理论。

08.108 土地覆盖 land cover

以地表植被为主的陆地表面覆盖层。

08.109 土地系统 land system

由特定地形、土壤和植被类型界定，并具有一定空间联系的土地单元等级。

08.110 非平衡范式 non-equilibrium paradigm

强调生态系统的非平衡动态、开放性以及外部环境作用的一种方法体系。

08.111 归一化植被指数 normalized differential vegetation index, NDVI

反映土地覆盖植被状况的一种遥感指标，定义为近红外通道与可见光通道反射率之差与之和的商。

08.112 树篱 hedgerow

在乡村或城市景观中条带状栽植，用作界标或防护的灌木或乔木林带。

08.113 脚踏石 stepping stone

生物在迁移或运动过程中临时停留的过渡性或暂歇地生境。

08.114 空间分辨率 spatial resolution

又称"空间解析度"。对地物目标空间量测的最小精度。

09. 全球生态学

09.001 全球变暖 global warming

由于二氧化碳、甲烷以及其他温室气体在大气中含量的增加而导致的全球气温升高的现象。

09.002 温室效应 greenhouse effect

大气中的温室气体通过对长波辐射的吸收而阻止地表热能耗散，从而导致地表温度增高的现象。

09.003 荒漠化 desertification

干旱、半干旱和亚湿润干旱区由气候变化和人类活动等多种因素引起的土地退化现象。

09.004 海平面变化 eustatic movement, sea-level change

由于热膨胀、冰盖在温暖条件下的消融或在寒冷条件下的扩张而引起的相对海平面的长期变化。

09.005 土地覆盖变化 land cover change

由于气候变化和人类活动而导致的地表的植被覆盖物(森林、草原、耕作植被等)和非植被覆盖物(冰雪等)的面积变化和类型间的相互转换。

09.006 盖娅假说 Gaia hypothesis

由英国化学家洛夫洛克(J. E. Lovelock)提出的假说,认为地球生物对其环境具有调节功能。

09.007 生物圈 biosphere

地球上存在生物有机体的圈层。包括大气圈的下层、岩石圈的上层、整个水圈和土壤圈全部。

09.008 水圈 hydrosphere

地球上水的总称。包括海洋、河流、湖泊以及地壳中的所有水。

09.009 岩石圈 lithosphere

固体地球的最外层,由地壳和上地幔的岩石所组成。

09.010 生物圈2号 biosphere 2

人工模拟的生物圈,相对于地球(生物圈1号)而言。1991年建成于美国亚利桑那州的荒漠中。

09.011 地质循环 geological cycle

地球物质的形成和破坏及相关过程。包括水循环、构造循环、岩石循环及地球化学循环等次级循环。

09.012 土壤-植物-大气连续体 soil-plant-atmosphere continuum, SPAC

土壤水分通过植物根系吸收、导管传输、蒸腾作用进入大气层,大气降水进入土壤后再次被植物所吸收,从而形成一个水分传输的体系。

09.013 净生物群系生产力 net biome productivity, NBP

净生态系统生产力中减去各类自然和人为干扰(如火灾、病虫害、动物啃食、森林间伐以及农林产品收获)等非生物呼吸消耗所剩下的部分。

09.014 生态系统净交换 net ecosystem exchange, NEE

生态系统吸收与释放的二氧化碳的差值。

09.015 净生态系统生产力 net ecosystem productivity, NEP

净初级生产力中减去异养生物呼吸消耗(如土壤呼吸)的部分。

09.016 二氧化碳施肥效应 CO_2 fertilization

因大气中二氧化碳浓度增加而导致的植物光合速率提高的现象。

09.017 碳密度 carbon density

单位面积的碳储量。通常指有机碳。

09.018 碳源 carbon source

有机碳释放超出吸收的系统或区域。如热带毁林、化石燃料燃烧等。

09.019 碳汇 carbon sink

有机碳吸收超出释放的系统或区域。如大气、海洋等。

09.020 碳库 carbon stock, carbon pool

系统中的总碳储量。

09.021 碳固存 carbon sequestration

一个系统所固结的碳量。

09.022 生物量碳 biomass C

活有机体的碳量。植物的生物量碳通常为生物量的45%~50%。

09.023 土壤呼吸 soil respiration

土壤中的植物根系、食碎屑动物、真菌和细菌等进行新陈代谢活动,消耗有机物,产生二氧化碳的过程。

09.024 二氧化碳失汇 CO_2 missing sink

在全球碳平衡中尚未确定的二氧化碳汇,即人为活动引起的二氧化碳释放量和大气二氧化碳增加量之差。

09.025 碳信用 carbon credit

国际有关机构依据《京都议定书》等国际公约,发给温室气体减排国、用于进行碳贸易的凭证。一个单位的碳信用通常等于1 t或相当于1 t二氧化碳的减排量。

09.026 碳贸易 carbon trade

为削减大气二氧化碳浓度,在国家或企业间进行的二氧化碳排放量的交易。

09.027 生物质燃料 biomass fuel, bio-fuel

包括植物材料和动物废料等有机物质在内的燃料,是人类使用的最古老燃料的新名称。

09.028 化石燃料 fossil fuel

由地史时期生物有机体形成的现存于地层中的碳氢化合物。如煤、石油、天然气等。

09.029 气溶胶 aerosol

空气中的液态或固态微粒悬浮物。

09.030 炭黑 black carbon

煤、石油、生物质燃料等不完全燃烧后所形成的细小颗粒。炭黑进入大气后,能吸收太阳光,减少到达地面的太阳辐射。

09.031 温室气体 greenhouse gas, GHG

大气中由自然或人为产生的能够吸收长波辐射的气体成分。如水汽(H_2O)、二氧化碳(CO_2)、氧化亚氮(N_2O)、甲烷(CH_4)、臭氧(O_3)和氯氟烃(CFC)是地球大气中的主要温室气体。

09.032 二氧化碳 carbon dioxide, CO_2

碳或含碳化合物完全燃烧,或生物呼吸时产生的一种无色气体,是主要温室气体之一。

09.033 一氧化碳 carbon monoxide, CO

碳或含碳化合物不完全燃烧时产生的一种无色无味的气体。

09.034 甲烷 methane, CH_4

一种主要由稻田和湿地释放出来的温室气体。

09.035 氯氟烃 chlorofluorocarbon, CFC

由碳、氢、氯和氟组成的化合物,常用作烟雾促进剂或致冷剂。在平流层紫外线照射下可分解成活泼的自由基,加速臭氧的分解。

09.036 硫氧化物 sulfur oxide

由燃烧含硫的化石燃料而产生的污染物。

09.037 氮沉降 nitrogen deposition

大气中的氮化合物(包括自然来源和人类活动来源)通过非生物途径进入生态系统的过程。

09.038 氧化亚氮 nitrous oxide, N_2O

俗称"笑气"。一种重要的温室气体,主要来自于土壤微生物过程和生物质燃烧等。

09.039 臭氧 ozone, O_3

氧气的同素异形体,每个分子由三个氧原子组成。当其存在于平流层时有助于保护地球上的生物免受紫外线的伤害,而当其在地球表面附近时,是城市光化学烟雾的一种组分,对植被和人类有伤害作用。

09.040 臭氧损耗 ozone depletion

主要由人类活动造成的NO_x、H_2O、N_2O、CFC等气态物的增加以及大的火山喷发排放的氯化氢等分解臭氧层中的臭氧造成的平流层的臭氧减少。

09.041 臭氧洞 ozone hole

在一些地区,特别是在南极极地涡旋上空,

春、冬季出现一个臭氧总量的低值区。

09.042 臭氧伤害 ozone injury
臭氧层变薄导致地球表面太阳辐射，特别是紫外线B增加，从而对动植物和人类健康产生的危害。

09.043 臭氧层 ozone layer, ozonosphere
在平流层中距地表10～50 km高度的臭氧圈层。

09.044 臭氧屏障 ozone shield
平流层大气中的臭氧通过吸收太阳的紫外辐射，使对生物有杀伤力的短波辐射保持较低的浓度，从而保护地表的生物和人类。

09.045 太阳紫外辐射 solar ultraviolet radiation
指来自太阳的紫外波段的辐射。特别是波长范围为280～320 nm的紫外线B，能直接杀伤生物细胞。

09.046 紫外线 ultraviolet ray, UVR
来自太阳辐射的一部分，它由紫外光谱区的三个不同波段组成，从短波的紫外线C到长波的紫外线A。

09.047 光化学反应 photochemical reaction
大气中的物质在光诱导下发生的化学反应，主要发生在城市地区。

09.048 光化学烟雾 photochemical smog
大气中的氮氧化物和碳氢化合物等一次污染物及其受紫外线照射后产生的以臭氧为主的二次污染物所组成的混合污染物。

09.049 平流层 stratosphere
距地表约10～50 km处的大气层。位于对流层之上，逸散层之下。

09.050 平流层突发性增温 stratospheric sudden warming
每年10～11月南极平流层气温突发性升高现象，与臭氧浓度突然增加有密切关系。

09.051 生物群系 biome
又称“生物群区”。根据地带性植被所划分的生态系统类型。

09.052 生物区 bioregion
依据动植物区系以及相关的气候、土壤、地貌等典型特征划分的生物分布的地域。

09.053 生态梯度 ecological gradient
生物的某些特征或属性沿单个或多个生态因子在空间上的连续变化。

09.054 植被带 vegetation belt, vegetation zone
与气候带对应的地球表面植被的带状分布。

09.055 生命[地]带 life zone, life belt
又称“生物带(biozone)”。地球上有规律分布的生物地带。

09.056 霍尔德里奇生命地带 Holdridge life zone
美国植物生态学家霍尔德里奇(L. E. Holdridge)1947年根据在南美观察到的植被分布与气候间的关系，提出的一种划分植被气候带的方法。该方法利用年生物温度、年平均降水量和可能蒸散率的三角关系来对陆地植被带进行划分。

09.057 气候 climate
一个地区长期平均的天气状况。

09.058 气候带 climate zone
由于地球自转和公转的相互作用使得地球表面的太阳辐射从赤道向两极逐渐减少，从而出现不同气候的带状分布。

09.059 地带性气候 zonal climate
一个地区受太阳辐射和海陆位置所决定的水热组合状况。

09.060 垂直气候带 vertical climatic zone
在山地，随着海拔高度的增加，导致不同海拔高度有不同的水热组合状况，形成气候条件沿海拔高度的带状分布。

09.061 海洋性气候 oceanic climate

由于海洋的热容量比陆地大,在受来自海洋的气流影响明显的地区,气温的年较差和日较差都较小,降水量也偏多,这种气候类型称为海洋性气候。

09.062 温暖指数 warmth index, WI

由日本生态学家吉良龙夫(Kira Tatuo)提出的反映一个地区热量条件的指标,是一种简易的有效积温,由大于5℃的各月平均气温累加得到。

09.063 寒冷指数 coldness index, CI

日本生态学家吉良龙夫(Kira Tatuo)提出的一种反映某一地区气候寒冷程度的指标,由小于5℃的各月平均气温求得。

09.064 桑思韦特气候分类 Thornthwaite climate classification

由美国气候学家桑思韦特(C. W. Thornthwaite)1948年创立的以反映热量高低和水分多寡的潜在蒸散量为主要指标所进行的气候分类。

09.065 生态气候图解 climate diagram

反映一个地区一年内水热组合变化等与植被关系的气候图式。

09.066 埃尔奇琼火山爆发 El Chichon volcano eruption

位于墨西哥的埃尔奇琼(El Chichon)火山于1982年3月29日爆发,造成方圆7 km内的村庄全部毁灭,2000多人死亡。火山爆发形成的气溶胶对北半球的气候产生了重大影响,使当年全球气温显著下降。

09.067 皮纳图博火山爆发 Mount Pinatubo volcano eruption

1991年6月,菲律宾的皮纳图博(Pinatubo)火山发生喷发,它所释放的烟雾和灰烬形成了30余公里高的云团,对地球气候产生重大影响,使当年全球平均气温下降约0.5℃。

09.068 厄尔尼诺 El Niño

赤道东太平洋冷水域中海温异常升高现象。这种周期性的海洋事件产生的异常热量进入大气后影响全球气候。

09.069 拉尼娜 La Niña

与厄尔尼诺相反的现象。即赤道东太平洋海温较常年偏低。

09.070 恩索 ENSO

赤道厄尔尼诺与南方涛动两者组合的缩略词。

09.071 南方涛动 southern oscillation, SO

热带太平洋气压与热带印度洋气压的升降呈反向相关联系的振荡现象。

09.072 北大西洋涛动 north Atlantic oscillation, NAO

北大西洋上的冰岛低压与亚速尔高压中心气压的变化经常是相反的。当亚速尔气压高时,冰岛气压低;而亚速尔气压低时,冰岛气压高。北大西洋上两个活动中心的这种变化称为北大西洋涛动。

09.073 海洋温盐环流输送带 oceanic thermohaline conveyor belt

由于海面受热冷却不均、蒸发降水不均所产生的温度和盐度变化,导致密度分布不均匀形成的热力学海流。

09.074 海啸 tsunami

来源于日语,指海底地震或火山爆发所引起的具有强大破坏力的海浪。

09.075 前寒武纪 Precambrian

从46亿年前地球诞生一直到5.7亿年前寒武纪开始这一段地质历史时期。

09.076 放射性碳定年 radiocarbon dating

基于放射性碳衰变来推断年代的方法,这种

方法假定空气中的^{14}C的衰变速率是个常数,然后利用校准曲线将放射性碳定年转为日历年。

09.077 冰期 glacial stage
地质史上出现大规模冰川广布现象的时期。

09.078 间冰期 interglacial stage
两个冰期之间气候比较温暖的时期。

09.079 新仙女木事件 Younger Dryas
发生在约 10 000 至 10 800 年(碳同位素定年)的更新世末期的一次寒冷事件。

09.080 全新世 Holocene
距今约 1 万年以来的地质时期。

09.081 小冰期 little ice age
公元 14 世纪到 19 世纪全球普遍寒冷的时期。

09.082 冰缘 periglacial
气候条件并未寒冷到出现冰川的地步,但出现永久性冻土,植被呈泰加林性质。

09.083 永久冻土 permafrost
永久性冻土,暖季土壤上层可能解冻,但下层仍然冻结。

09.084 极圈 polar circle
根据太阳光确定的极区永久界限。在地球上,纬度 66°33′为极圈,在南半球为南极圈,在北半球为北极圈。

09.085 极地带 polar zone
根据盛行气团划分出的南极带与北极带的合称。

09.086 寒极 cold pole
世界极端最低气温出现的地方。南极点附近(-89.2℃)和东西伯利亚内陆地区(-71.2℃)被认为是地球上最寒冷的地点。

09.087 冰碛 till
冰川冰堆积的、未分选的岩石碎屑。

09.088 林线 timberline
郁闭森林的海拔上限与树线之间的过渡带,由边界明显的树岛或孤立木组成。

09.089 树线 tree line
在遗传上仍然属于大高位芽植物的低矮树木分布的最上限。

09.090 植被活动 vegetation activity
大尺度植被生长和覆盖的动态变化。通常通过卫星遥感进行监测。

09.091 通量 flux
单位时间内垂直通过单位面积所传递的某种物理量。如碳通量、热通量和水汽通量等。

09.092 同位素 isotope
中子数不同的同一种元素的一种原子形式,包括稳定同位素和放射性同位素。

09.093 自由大气二氧化碳浓度增加实验 free-air carbon dioxide enrichment experiment, FACE experiment
研究生态系统对二氧化碳浓度升高反应的一种实验技术。该技术的应用能在不改变温度、湿度和光照条件下,研究二氧化碳浓度增加时的生态系统的反应。

09.094 涡度相关技术 eddy covariance technique
陆地生态系统通量观测的一种方法。通过三维风速、气体浓度和水分脉动的观测来获取二氧化碳、热量和水分的通量。

09.095 连续二氧化碳梯度装置 continuous CO_2 gradient facility
通过二氧化碳通道来获得连续的二氧化碳浓度梯度,用以研究植物和生态系统对不同浓度二氧化碳反应的装置。

09.096 冰芯 ice core
在冰川、冰原上所钻取的冰体岩芯。

09.097　东方站冰芯　Vostok ice core

由俄、法科学家合作，在前苏联的南极东方站钻取的冰芯，深达 2083 m，记录年代为 16 万年，后来美国科学家参与，1995 年钻到 3058 m 深处，得到 30 万年的记录。

09.098　格陵兰冰芯　Greenland ice core

由欧共体和美国合作在格陵兰冰盖钻取的冰芯，主要包括 GRIP 和 GISP2，长度分别为 3029 m 和 3208 m。它们较好地记录了 1 万年以来，特别是近百年来的气候变化及多次火山喷发气溶胶引起的降温过程和 11 年太阳黑子周期的影响。

09.099　冒纳罗亚观测站　Mauna Loa Observatory, MLO

全球最早建立的大气基准观测站之一，设于美国夏威夷的冒纳罗亚(Mauna Loa)火山(海拔 3397 m)。因最早于 1958 年以来连续观测大气二氧化碳浓度而闻名。

09.100　样带　transect

一定地区内按照环境因子或人为活动梯度设置的具有一定长度和宽度的带状区域，其中包括一定的定位观测和野外实验地点。

09.101　中国东北样带　Northeast China Transect, NECT

国际地圈－生物圈计划(IGBP)样带之一，从吉林省的长白山一直延伸到内蒙古的二连浩特，经度范围为 112°～130°30′E，纬度范围为 42°～46°N，长度为 1600 km，宽度为 300 km，是一条主要由降水驱动的气候梯度带。

09.102　动态全球植被模型　dynamic global vegetation model, DGVM

模拟植被的时间变化与气候的动态影响的一类模型。如伦德－波茨坦－耶拿(Lund-Potsdam-Jena)动态全球植被模型(LPJ-DGVM)在同一模式框架中整合了机制性的陆地植被动态以及碳和水循环等。

09.103　大气环流模型　general circulation model, GCM

模拟全球和大区域气候变化过程的一种大气动力学模型。

09.104　生态系统过程模型　ecosystem process model

根据生态系统的生理生态学特性，结合影响生态系统过程的观测指标，提出的能够反映生态系统过程的机制模型。

09.105　遥感　remote sensing

对研究对象不直接接触，从一定距离以外获取其信息的一种现代科学技术。

09.106　卫星影像　satellite image

通过放置在卫星上的传感器获取的记录各种地物的电磁波振幅大小的胶片(或像片)。

09.107　卫星监测　satellite monitoring

通过搭载在卫星上的观测仪器对大气、云和地表等变化的监测。

09.108　再造林　reforestation

在原本有森林覆盖但由于自然或人为因素而遭到破坏的立地上造林。

09.109　植被－生态系统模型和分析项目　Vegetation/Ecosystem Modeling and Analysis Project, VEMAP

由美国科学家组织实施的大规模生态模型比较计划。主要内容是借助运行不同气候方案的生态模型并比较其结果，预测陆地生态系统对气候和不断增加的大气二氧化碳浓度的反应。

09.110　政府间气候变化专门委员会　Intergovernmental Panel on Climate Change, IPCC

由世界气象组织(WMO)和联合国环境规划署(UNEP)于 1988 年组织设立，其作用是对与人类引起的气候变化相关的科学、技术和社会经济信息进行评估。

09.111 国际地球物理年 International Geophysical Year, IGY

1957 年为国际地球物理年。当年,12 个国家 1000 多名科学家在北极和南极进行了大规模、多学科的考察,标志着极地研究进入了正规化、现代化和国际化的阶段。

09.112 国际山地年 International Year of Mountains, IYM

地球陆地表面的 22% 是山地,在山区生活的人口超过 7 亿。为提高国际社会对山地不合理开发和利用给山区及其下游地区造成危害的重视,联合国宣布 2002 年为国际山地年。

09.113 国际地圈 - 生物圈计划 International Geosphere-Biosphere Programme, IGBP

由国际科学联合会(ICSU)组织的针对整个地球系统的跨学科的国际合作项目,侧重地圈和生物圈的相互作用,于 1986 年正式确立。

09.114 全球变化与陆地生态系统 Global Change and Terrestrial Ecosystem, GCTE

国际地圈 - 生物圈计划(IGBP)的核心研究计划之一。旨在分析全球尺度上大气成分、气象、人类活动和其他环境变化对陆地生态系统结构和功能的影响,预测未来全球变化对农业、林业、土壤和生态系统复杂性的影响。

09.115 过去的全球变化研究计划 Past Global Changes, PAGES

国际地圈 - 生物圈计划(IGBP)的核心研究计划之一。通过树木年轮、冰芯、黄土、湖泊沉积、深海沉积岩芯、珊瑚、古土壤、历史记录等代用资料,重建古气候和古环境,推断生态系统对气候变化的响应机制。

09.116 全球环境变化的人文因素计划 International Human Dimension Programme on Global Environmental Change, IHDP

又称"HDP 计划"。由国际远景研究机构联合会(IFIAS)、国际社会科学联合会(ISSC)和联合国教科文组织(UNESCO)联合制定、组织和协调的一个国际性研究计划,其目标为加强对人 - 地系统复杂相互作用的认识,探索和预测全球环境下的社会变化,确定社会战略以减缓全球变化的不利影响。

09.117 土地利用与土地覆盖变化 Land Use and Land Cover Change, LUCC

由国际地圈 - 生物圈计划和全球环境变化的人文因素计划共同发起的研究计划,主要研究土地利用和土地覆盖变化的机制以及区域和全球尺度的综合模型。

09.118 京都议定书 Kyoto Protocol

1997 年在日本京都召开的《气候框架公约》第三次缔约方大会上通过的国际性公约,为各国的二氧化碳排放量规定了标准,即:在 2008 年至 2012 年间,全球主要工业国家的工业二氧化碳排放量比 1990 年的排放量平均要低 5.2%。

09.119 国际水文发展十年计划 International Hydrologic Decade, IHD

由联合国教科文组织(UNECO)于 1965 ~ 1974 年实施,着重开展了以世界水平衡、人类活动对水文循环的影响等 14 个领域的国际协作。

10. 数学生态学

10.001 随机分布 random distribution

生物种群内各个体相互独立,互不干扰,随意占据一定位置的空间分布格局。

10.002 均匀分布 uniform distribution

又称“规则分布(regular distribution)”。生物种群内各个体间距大致相等的空间分布格局。这种分布表明个体之间有一定的排斥性。

10.003 泊松分布 Poisson distribution

一种概率分布,其特点是该分布的均值等于方差。在生态学中常用来描述随机分布型的生物个体的空间分布格局。

10.004 核心分布 contagious distribution

又称“蔓延分布”。生物种群形成多个核心,个体由核心向四周扩散的空间分布格局。如某些昆虫的田间分布。

10.005 聚集分布 aggregated distribution, clumped distribution

又称“负二项分布(negative binomial distribution)”。生物种群内各个体相互吸引,个体空间分布成聚集状的空间分布格局。其数学表达式与指数为负的二项分布的展开式类似。

10.006 奈曼分布 Neyman's distribution

又称“泊松-泊松分布”。由泊松分布的群所构成。此分布的个体群之间是随机的,个体群大小约相等,个体群周围呈放射状蔓延。

10.007 泰勒幂法则 Taylor's power law

自然种群的样本均值(m)和方差(S^2)可用幂函数关系表达:$S^2 = am^b$, a、b 为正常数,当 a、b 取不同的值时可以判别种群为随机分布、聚集分布或均匀分布。

10.008 χ^2 分布 chi-square distribution

概率曲线随自由度而改变的一类分布。自由度为 n 的 χ^2 分布的概率密度函数为:

$$f_n(\chi^2) = \frac{(\chi^2)^{\frac{n}{2}-1}}{2^{\frac{n}{2}}\Gamma(\frac{n}{2})} \cdot e^{-\frac{1}{2}\chi^2},$$

其中 χ^2 是服从于 $N(0,1)$ 分布的相互独立的 n 个随机变量的平方和。

10.009 正态分布 normal distribution

概率论中最重要的一种分布,也是自然界最常见的一种分布。该分布由两个参数——平均值和方差决定。概率密度函数曲线以均值为对称中线,方差越小,分布越集中在均值附近。

10.010 χ^2 检验 chi-square test

判别实际观察数和理论数是否符合的统计检验。

10.011 聚类分析 cluster analysis

把观测或变量按一定规则分成组或类的数学分析方法。

10.012 列联表 contingency table

将两个属性变量的不同取值置于行和列的位置,在表格中填入变量组合取值的频数的表格。

10.013 相关系数 correlation coefficient

由回归因素所引起的变差与总变差之比的平方根。

10.014 多元分析 multivariate analysis

同时考虑多个反应变量的统计分析方法。

其主要内容包括两个均值向量的假设检验、多元方差分析、主成分分析、因子分析、聚类分析和典范相关分析等。

10.015 随机化区组 randomized block
依据数学上概率的原理，将被试材料按相等机会原则分组。理论上可使不同组的被试材料除实验处理之外，其他无关变量保持相等，可弥补配对法顾此失彼的特点，是控制无关变量较好的方法。

10.016 秩和检验 rank-sum test
从两个非正态总体中所得到的两个样本之间的比较，其零假设为两个样本从同一总体中抽取的。

10.017 t 检验 t-test
两总体方差未知但相同，用以两平均数之间差异显著性的检验。

10.018 方差分析 analysis of variance, ANOVA
分析试验（或观测）数据的一种方法。它要解决的基本问题是通过数据的分析，弄清与研究对象有关的各个因素之间相互作用对该对象的影响。它所研究的对象都假定遵从正态分布。

10.019 变异系数 coefficient of variation
将标准差作为算数平均数的百分率来表示，以说明样本的分散程度。

10.020 典范相关 canonical correlation
找两组随机变量的线性组合，使之相关系数平方最大，从而分析两组随机变量间的关系。

10.021 序贯抽样 sequential sampling
在抽样时不预先指定子样容量，而是要求给出一组停止采样的规则，每新抽一个子样后立即按此规则考察一下，是停止采样还是继续采样。如果采样一旦停止，就按此时所给出的观察值作为一个固定子样容量进行统计推断。

10.022 随机抽样 random sampling
对一个生物的总体，机会均等地抽取样本，估计其总体的某种生物学特性的方法。

10.023 分层随机抽样 stratified random sampling
在抽样总体中按生物个体划分为若干个层（组），对每层分别抽取一组随机样本，然后通过加权对总体参数做出估计。

10.024 双重抽样 double sampling
当简单性状与复杂性状存在关系时可用抽取简单性状来间接估计复杂性状的抽样方法。

10.025 系统抽样 systematic sampling
又称“机械抽样”。按事先规定的法则进行抽样来估计生物总体参数的方法。通常是先随机地决定一个样本单位的位置，然后按事先规定的法则每隔一定间距取一个样本。

10.026 黑箱模型 black box model
对一个内在结构未知的系统，所建立的系统输入和输出关系的模型。

10.027 白箱模型 white box model
又称“因果模型(causal model)”。所有过程都建立在因果关系基础上的模型。

10.028 还原性模型 reductionistic model
尽可能多的包含系统相关细节的模型。

10.029 整体性模型 holistic model
按照系统一般原理建立的模型。

10.030 自治模型 autonomous model
导数不明显地依赖于自变量或时间的模型。

10.031 非自治模型 non-autonomous model
导数明确地依赖于自变量或时间的模型。

10.032 猎物－捕食者模型 Lotka-Volterra model

又称“洛特卡－沃尔泰拉模型”。由美国学者洛特卡(L. A. Lotka)(1925)和意大利学者沃尔泰拉(V. Volterra)(1926)分别提出的描述两物种间相互竞争作用的数学模型。

10.033 空间明晰的种群模型 spatially explicit population model, SEPM

结合异质景观中每一小的栖息地中特定的生长参数和扩散行为信息,对栖息地斑块和有机体的位置进行详细描述的模型。

10.034 自由体模型 free-body model

在建立生态系统模型时,先对生态系统的每一个组成成分各自单独建模,这种模型称为自由体模型。

10.035 霍林圆盘方程 Holling disc equation

描述寄生物与寄主间数量关系的差分方程的模型。

10.036 概率单位变换 probit transformation

又称“普罗比变换”。一种概率坐标变换式。其所用的曲线是正态分布 $N(0,1)$,此时纵坐标(0,1)区间的任一点对应此曲线的横坐标值为其概率值。

10.037 分对数变换 logit transformation

变换 $p'=\ln(p/(1-p))$。指通过变换把区间(0,1)内的p值,变换到区间$(-\infty,+\infty)$变化的 p'值。

10.038 脚踏石模型 stepping-stone model

模型假定自然种群在其分布区内并不总是连续分布的,而是会形成许多离散的居群,其原因比如生境的破碎化或寄主植物的斑块状分布,只有在相近或是相邻的居群之间才有基因交流。

10.039 无限[等位]基因突变模型 infinite alleles mutation model

模型假定每次突变产生一种新的当前种群不存在的等位基因。

10.040 逐步突变模型 stepwise mutation model

突变将或多或少逐步改变同工酶所带电荷,因而在电泳凝胶上迁移相同或类似距离的同工酶应比迁移不同距离的同工酶对应着更少的突变。

10.041 更新概率模型 renewal probability model

将演替过程视为马尔可夫过程,以图表的形式表示出在特定时间段内一些个体被同种或他种个体更替的概率。

10.042 静态模型 static model

假设系统处于稳态时所建立的模型,系统的状态不随时间而变化。

10.043 动态模型 dynamic model

系统状态随时间而变化的模型。

10.044 确定性模型 deterministic model

只要初始条件确定,输出也就确定,无随机成分的模型。

10.045 莱斯利矩阵 Leslie matrix

又称“种群投影矩阵(population projection matrix)”。用来研究带年龄结构的种群动态的方法。最早由 Lewis (1942) 和 Leslie (1945)提出,因此又称“刘易斯－莱斯利矩阵(Lewis-Leslie matrix)”。

10.046 岛屿模型 island model

整个种群分为若干局域种群,在每个局域种群内部随机交配,在整个种群内即局域种群之间有一定比例的迁移发生。

10.047 大陆－岛屿模型 continent-island model, mainland-island model

该模型假定一个具固定基因型频率的大陆种群和一个基因型频率可变的岛屿种群,迁移由大陆种群单向流向岛屿种群。

10.048 距离隔离模型 isolation-by-distance

model

模型假定一个空间分布很广的物种，即使在没有地理屏障的情况下，由于个体实际的迁移距离远小于其分布的空间范围，从而不能在其整个分布范围内形成一个单一的随机交配单位，而产生某种距离上的隔离。

10.049 功能反应 functional response

捕食者的捕食量对猎物密度变化的反应。

10.050 数值反应 numerical response

捕食者的密度对猎物密度变化的反应。

10.051 周限增长率 finite rate of increase

生物种群在一定条件下经过单位时间后的增长倍数。

10.052 几何增长率 geometric rate of increase

种群的增长按照几何级数增加时所对应的种群增长率。

10.053 指数增长 exponential growth

又称"马尔萨斯增长(Malthusian growth)"。满足如下方程的种群增长：$dN_t/dt = \lambda N_t$，N 为种群大小，λ 为常数。

10.054 逻辑斯谛增长 logistic growth

种群每个个体的增长率是种群大小的线性函数，且种群越大，对进一步增长的抑制作用也越大。

10.055 S型生长曲线 sigmoid growth curve

又称"逻辑斯谛[增长]曲线"。当种群在有限资源里生长，其生长符合逻辑斯谛微分方程，随时间变化的生长曲线就呈S形状。在数学上，它是逻辑斯谛微分方程的解析解。

10.056 平均拥挤度 mean crowding

每个个体在同一取样单位中所遇其他个体的平均数。

10.057 拥挤效应 crowding effect

又称"环境阻力(environmental resistance)"。根据逻辑斯谛种群增长模型，种群数量每增加一个个体，其抑制性定量就是 $1/K$(K 为负载力)，该抑制性影响称为拥挤效应。

10.058 世代离散 discrete of generation

亲代与子代之间没有重叠，即亲代个体与子代个体不混杂在一起的现象。

10.059 世代重叠 overlapping of generation

亲代与子代之间有重叠，即亲代个体与子代个体混杂在一起的现象。

10.060 种群指数 population index

后代种群数量与前一代种群数量的比值。

10.061 分布参数系统 distributed parameter system

系统变量与参数是空间位置的函数，系统方程常为偏微分方程。

10.062 集中参数系统 lumped parameter system

系统变量和参数与空间位置无关，系统方程常为常微分方程。

10.063 线性系统 linear system

系统的数学模型满足叠加原理。

10.064 非线性系统 non-linear system

系统的数学模型不满足叠加原理或其中包含非线性环节。

10.065 确定性系统 deterministic system

系统的结构与参数是确定的，在确定的输入下，输出也为确定的系统。

10.066 随机系统 stochastic system

系统的输入输出及干扰有随机因素，或系统本身带有某种不确定性。

10.067 常系数系统 constant coefficient system

又称"定常系统"。用以描述系统的数学模型中的参数不随时间而变化。

10.068　变系数系统　variable coefficient system

又称"时变系统"。描述系统的数学模型中的参数随时间而变化。

10.069　分室系统方法　compartmental system approach

把生态系统组成分成若干个相互联系的分室，建立各分室之间物质与能量流动的定量关系，这种建模方法称为分室系统方法。

10.070　实验组成成分法　experimental component approach

把复杂的生态过程分解成许多较为简单的子过程，通过实验，得到参数并建立各子过程的数学模型，最后把各子过程通过逻辑关系组装成整个生态系统模型。

10.071　反馈　feedback

系统过去的行为结果返回给系统，以控制未来的行为。

10.072　灵敏度　sensitivity

系统参数的变化对系统状态的影响程度。

10.073　生态缓冲能力　ecological buffer capacity

与灵敏度是倒数关系。用以下公式定义：$\beta = dF/dX$，F 是外部输入，X 是系统的状态变量。

10.074　状态变量　state variable

表示状态数值的量。

10.075　模拟　simulation

又称"仿真"。不是去求系统方程的解析解，而是从系统某初始状态出发，去计算短暂时间之后接着发生的状态，再以此为初始状态不断的重复，就能展示系统的行为模式。

10.076　校准　calibration

建模时，微调各参数值，以使得计算的理论值与观察值更加符合。

10.077　检验　verification

考察生态模型的内部结构的合理性和逻辑性，以及模型是否按预定的要求做出反应等。

10.078　验证　validation

主要指模型的输出和观察值是否相符。

10.079　约束方程　constraint equation

在建立系统模型时，系统的状态变量必须满足的一些条件所构成的方程。

10.080　稳定性　stability

一个系统受到环境扰动后，能够回复到原来的状态。

10.081　变异性　variability

系统某些波动的频率和幅度。

10.082　突变论　catastrophe theory

法国数学家托姆（R. Thom）最早在1969年提出的。它的特点是研究非连续的变化现象。在生态学中有很多应用，如种群动态的突然暴发或突然崩溃。

10.083　博弈论　game theory

又称"对策论"。研究竞争中参加者为争取最大利益应当如何做出决策的数学方法。

10.084　生态位转移　niche shift

受到物种状态、物种间相互作用以及对环境资源的利用影响的生态位空间的位置变动。

10.085　熵　entropy

系统中无序或无效能状态的度量。熵在信息系统中作为事物不确定性的表征。

10.086　无序　disorder

系统结构和过程的不规律性，亦表明其混沌程度。

10.087　霍普夫分岔　Hopf's bifurcation

又称"霍普夫分支"。指以极限环为稳定平衡态，以原点为不稳定平衡态的动力学系统,其系统状态随参数变化而变化的现象。

10.088 辛普森多样性指数 Simpson's diversity index

一种简便的测定群落中物种多样性的指数。其公式如下:$D=1-\sum(N_i(N_i-1))/(N(N-1))$,其中 N_i 为群落中第 i 种的个体数,N 为群落中所有种的个体数。

10.089 香农-维纳多样性指数 Shannon-Wiener's diversity index

一种常用的测定群落中物种多样性的指数,其公式为:$H=-\sum P_i\ln P_i$,其中 P_i 是第 i 种在总体中的个体比例。

10.090 李雅普诺夫指数 Lyapunov exponent

用以度量相空间中两条相邻轨迹随时间按指数律分离的程度。

10.091 相空间 phase space

动力系统中坐标是状态变量或状态向量的分量组成的空间。

10.092 吸引子 attractor

相空间中稳定的不动点集。

10.093 奇异吸引子 strange attractor

相空间中具有分数维的吸引子。

10.094 1/f噪声 1/f noise

广泛存在于大自然的随机过程,其频谱密度函数$S(f)$与频率f的关系近似于:$S(f)\propto 1/f$。

10.095 自相似 self-similarity

一种形状的每一部分在几何上相似于整体,一般对分形而言。

10.096 分形 fractal

分数维大于拓扑维的几何性质。

10.097 分数维 fractal dimension

度量分形复杂程度的特征量,具有多种数学定义。

10.098 混沌 chaos

对初始条件敏感的非线性确定性系统的动态,具有正的李雅普诺夫指数。

10.099 谐波分析 harmonic analysis

从不规则动态中分离出若干振幅和相位不同的简谐波,以便逐个研究其统计规律和特征。

11. 化学生态学

11.001 信息化学物质 semiochemicals, infochemicals

生物释放的能引起其他生物行为或生理反应的化学物质。

11.002 气味化学物质 odor chemicals

在生物之间传递信息的挥发性化学物质。

11.003 气味通信 odor communication

借助挥发性化学物质传递信息的通信方式。

11.004 他感化学物质 allelochemics, allelochemicals

简称“他感素”。植物、微生物释放的,对其他生物生长发育产生影响的信息化学物质。

11.005 利己素 allomone

一种生物释放的,能引起他种生物产生对释放者有利反应的信息化学物质。

11.006 利他素 kairomone

一种生物释放的,能引起他种生物产生对接受者有利反应的信息化学物质。

11.007 互利素 synomone

一种生物释放的,能引起他种生物产生对释

放者和接受者均有利反应的信息化学物质。

11.008 偏利素 apneumone
非生物释放的,对某种生物有利,但对他种生物可能有害的信息化学物质。

11.009 相克素 antimone
一种生物释放的,能引起他种生物产生对释放者和接受者均有不利反应的信息化学物质。

11.010 信息素 pheromone
一种生物释放的,能引起同种其他个体产生特定行为或生理反应的信息化学物质。

11.011 性信息素 sex pheromone
性成熟动物释放的,能引起同种异性个体求偶行为反应的信息化学物质。

11.012 踪迹信息素 trail pheromone, trace pheromone
又称"示踪信息素"。某些昆虫在采食等活动中沿途留下标记其行踪的信息化学物质,对其同伴有引导作用。

11.013 标记信息素 marking pheromone
昆虫在产卵、采集等活动场所留下的,对其他昆虫有提示作用的信息化学物质。

11.014 聚集信息素 aggregation pheromone
昆虫等释放的,能引起同种其他个体聚集的信息化学物质。

11.015 疏散信息素 epideictic pheromone
又称"抗聚集信息素"。昆虫等释放的,能阻止同种其他个体聚集的信息化学物质。

11.016 扩散信息素 dispersal pheromone
昆虫等释放的,能促使同种个体扩散,以调解种群密度的信息化学物质。

11.017 警戒信息素 alarm pheromone
又称"告警信息素"。昆虫等释放的,向同种其他个体报告敌害来临的信息化学物质。

11.018 简单警戒信息素 simple alarm pheromone
由一种或少数几种化合物组成的警戒信息素。

11.019 多组分警戒信息素 multicomponent alarm pheromone
由多种化合物组成的警戒信息素,其中不同化合物激发不同的警戒行为。

11.020 多源警戒信息素 multisource alarm pheromone
由数种腺体分泌物组成的警戒信息素。在蚁类中相当普遍。

11.021 掠夺信息素 robbing pheromone
某些社会性昆虫在掠夺他种昆虫巢穴、食物等活动中释放的,有召集同伴或迷惑对方作用的信息化学物质。

11.022 类信息素 parapheromone
化学结构和功能与某信息素相似的信息化学物质。

11.023 前信息素 propheromone, prepheromone
在一定条件下能转化成信息素的前体化学物质。

11.024 信息素抑制剂 pheromone inhibitor
能阻止或干扰动物向信息素做定向运动或其他行为反应的化学物质。

11.025 社会化学物质 sociochemicals
社会性昆虫分泌到体外的信息化学物质。

11.026 社会信息素 social pheromone
社会性昆虫分泌的,对其群体行为和繁殖等活动起调控作用的信息化学物质。

11.027 外分泌腺 exocrine gland
能向体外分泌信息化学物质的腺体。

11.028 外分泌液 exocrine secretion

向体外分泌的含信息化学物质的液体。

11.029 外分泌提取物 exocrine extract

外分泌腺体的提取物,内含信息化学物质。

11.030 蜂王信息素 queen pheromone

蜂王分泌的信息化学物质,其中有上颚腺信息素、背板腺信息素等。

11.031 上颚腺信息素 mandibular gland pheromone

又称"蜂王物质(queen substance)"。蜂王上颚腺分泌的口授信息化学物质。主要成分有反-9-氧代-2-癸烯酸和反-9-羟基-2-癸烯酸等,起稳定蜂群、抑制工蜂卵巢发育、阻止工蜂建造王台和引诱雄蜂交配等作用。

11.032 背板腺信息素 tergum gland pheromone

蜂王腹节背板腺分泌的信息化学物质,具有吸引工蜂和稳定蜂群等作用。

11.033 那氏信息素 nosanov pheromone

又称"引导信息素"。工蜂那氏腺(臭腺)分泌的、具有特殊气味的信息化学物质,在蜜蜂的结团、集体等活动中起引导作用。主要成分有橙花醇、柠檬醛、牻牛儿基乙酸酯等。

11.034 蚁类社会性化学物质 sociochemicals of ants

蚁类社会性昆虫分泌到体外,对其群体活动有调控作用的信息化学物质。

11.035 蚁类外分泌腺 exocrine gland of ants

蚁类向体外分泌与排出信息化学物质的腺体。

11.036 腺体外分泌物 exocrine glandular secretion

外分泌腺体排出的信息化学物质。

11.037 后蚁信息素 ant queen pheromone

后蚁分泌的信息化学物质,通过接触传给工蚁,再经工蚁在蚁群中传播,对产卵前雌蚁的脱翅和卵的发育有抑制作用。

11.038 表面信息素 surface pheromone

仅在近距离,甚至只能通过接触传递的信息化学物质。

11.039 蚁群气味 colony odor

通过个体间相互接触在蚁群中传播表面信息素,使之成为群体气味。

11.040 告警化学通信 alarm chemical communication

蚁类等通过释放警戒信息素与同种其他个体联系的方式。

11.041 蚁类毒液 ant venom

蚁类释放到体外具有防卫作用的分泌物。

11.042 化学宣传物质 chemical propaganda substance

奴役蚁在抢掠奴隶蚁时释放的信息化学物质。这种"宣传物质"能使奴隶蚁产生恐慌、迷向、不能自卫而被俘虏。

11.043 奴役[现象] dulosis

蚁类等社会性昆虫掠夺他种昆虫的幼虫或蛹,待其长成后充作奴役的现象。

11.044 征召 recruitment

蚁类等社会性昆虫召集同巢伙伴协同进行某项活动的行为。

11.045 征召信息素 recruitment pheromone

蚁类等社会性昆虫召集同巢伙伴进行某项活动时释放的信息化学物质。

11.046 化学标迹物 chemical trail

蚁类等社会性昆虫分泌的,用以引导同伴到达食物源或新巢的信息化学物质。

11.047 群体征召 group recruitment

某些蚁群通过分泌化学标迹物来引导同伴到达食物源和返回巢穴。

11.048 大量征召 mass recruitment

某些蚁类在发现大量食物源时会在返巢途中释放高浓度具有定向和刺激功能的信息化学物质，以便引导大量工蚁共同进行搬运活动。

11.049 昆虫性信息素 insect sex pheromone

昆虫释放的，能引起同种异性个体求偶行为反应的信息化学物质。

11.050 昆虫雌性信息素 female sex pheromone of insect

雌虫释放的，能引起同种雄性昆虫求偶行为反应的信息化学物质。

11.051 蚕蛾性诱醇 bombykol

世界上鉴定的第一个昆虫性信息素，是家蚕雌蛾释放的，能引诱同种雄蛾交配的性信息素，化学成分为反-10，顺-12-十六碳二烯醇。

11.052 棉铃虫性信息素 sex pheromone of *Helicoverpa armigera*

棉铃虫雌蛾释放的，能引诱同种雄蛾交配的性信息素，主要成分为顺-11-十六碳烯醛，次要成分为顺-9-十六碳烯醛。

11.053 二化螟性信息素 sex pheromone of *Chilo suppressalis*

二化螟雌蛾释放的，能引诱同种雄蛾交配的性信息素，含顺-11-十六碳烯醛和顺-13-十碳烯醛(5:1)两种成分。

11.054 亚洲玉米螟性信息素 sex pheromone of *Ostrinia furnacalis*

亚洲玉米螟雌蛾释放的，能引诱同种雄蛾交配的性信息素，主要成分为顺-12-十四碳烯基乙酸酯和反-12-十四碳烯基乙酸酯。

11.055 小菜蛾性信息素 sex pheromone of *Plutella xylostella*

小菜蛾雌蛾释放的，能引诱同种雄蛾交配的性信息素，主要成分为顺-11-十六碳烯醛和顺-11-十六碳烯基乙酸酯。

11.056 白杨透翅蛾性信息素 sex pheromone of *Paranthrene tabaniformis*

白杨透翅蛾雌蛾释放的，能引诱同种雄蛾交配的性信息素，主要成分为反-3，顺-13-十八碳二烯醇。

11.057 马尾松毛虫性信息素 sex pheromone of *Dendrolimus punctatus*

马尾松毛虫雌蛾释放的，能引诱同种雄蛾交配的性信息素，主要成分为顺-5，反-7-十二碳二烯醇及其乙酸酯和丙酸酯。

11.058 梨小食心虫性信息素 sex pheromone of *Grapholitha molesta*

梨小食心虫雌蛾分泌的性信息素，主要成分为顺-8-十二碳烯基乙酸酯，反-8-十二碳烯基乙酸酯和顺-8-十二碳烯醇的混合物(90:8:2)。

11.059 桃小食心虫性信息素 sex pheromone of *Carposina niponensis*

桃小食心虫雌蛾分泌的性信息素，主要成分为顺-7-二十碳-11-酮和顺-8-十九碳-12-酮。

11.060 引诱剂 attractant

能引起动物向释放源作定向运动的化学物质。

11.061 性诱剂 sex attractant

对成熟动物有性引诱作用的化学物质，包括性信息素和有相似作用的类似物。

11.062 昆虫性诱剂 insect sex attractant

对昆虫有性引诱作用的化学物质，包括昆虫性信息素和人工合成的类似物。

11.063 己诱剂 hexalure

又称“海克诱剂”。人工合成的对红铃虫雄蛾有引诱作用的性诱剂，化学成分为顺-7-十六碳烯基乙酸酯。

11.064　红铃虫性诱剂　gossylure

红铃虫雌蛾释放的性信息素,含顺-7,顺-11-十六碳二烯基乙酸酯和顺-7,反-11-十六碳二烯基乙酸酯(1:1)两种成分。

11.065　舞毒蛾性诱剂　disparlure

舞毒蛾雌蛾释放的,能引诱同种雄蛾交配的性信息素,化学成分为(+)顺-7,8-环氧-2-甲基十八烷。

11.066　粉纹夜蛾性诱剂　looplure

粉纹夜蛾雌蛾释放的,能引诱同种雄蛾交配的性信息素,含顺-7-十二碳烯基乙酸酯和十二烷基乙酸酯两种成分。

11.067　苹果小卷蛾性诱剂　codlemone

又称"苹果蠹蛾性诱剂"。苹果小卷蛾(俗名苹果蠹蛾)雌蛾分泌的性信息素,其成分为反-8,反-10-十二碳二烯醇。

11.068　家蝇性诱剂　muscalure

雌性家蝇分泌的,能引诱雄性家蝇的性信息素,主要成分为顺-9-二十三碳烯。

11.069　地中海实蝇性诱剂　trimedlure

人工合成的对地中海实蝇雌蝇有引诱作用的化学物质,成分为2-甲基-4-氯环己烷羧酸特丁基酯。

11.070　瓜实蝇性诱剂　cuelure

人工合成的瓜实蝇性诱剂,其成分为6-己酰基苯基丁基-2-酮。

11.071　日本丽金龟性诱剂　japanilure

对日本丽金龟雄虫有引诱作用的化学物质,主要成分为(R,Z)-5-(1-癸烯基)-二氢-2(H)呋喃酮,与甲基丁香酚和环己基丙酸甲酯混合用效果更好。

11.072　雄虫性信息素　sex pheromone of male insect

雄性昆虫分泌到体外,能引诱或安抚雌虫接受交配的信息化学物质。

11.073　棉象甲性诱剂　grandlure

棉象甲雄虫释放的,能引诱同种异性交配的性信息素,含顺-2-异丙烯基-1-甲基-环丁烷基乙醇等成分。

11.074　斑蝶酮　banaidone

雄性斑蝶(*Danaus gillippus berenice*)香刷分泌的性信息素,其成分为2,3-二氢-7-甲基-1H-吡咯啉嗪酮-1,有促使雌蝶接受交配作用。

11.075　菜豆象雄性信息素　male sex pheromone of *Acanthoscelides obtectus*

菜豆象雄虫释放的性信息素,主要成分为反-2,4,5-十四碳三烯酸甲酯。

11.076　葡萄虎天牛雄性信息素　male sex pheromone of *Xylotrechus pyrrhoderus*

葡萄虎天牛雄性分泌的性信息素,主要成分为2*S*,3*S*-辛二醇和2-羟基-3-辛酮。

11.077　尖翅蠊素　nauphoetin

雄性尖翅蠊体表蜡中含的一种信息化学物质,化学结构为顺-9-二十四烯酸十八烷基酯。

11.078　昆虫聚集信息素　insect aggregation pheromone

昆虫释放的,能引起同种其他个体聚集的信息化学物质。

11.079　波纹小蠹诱剂　multilure

波纹小蠹的一种聚集信息素成分,化学结构为2,4-二甲基-5-乙基-6,8-二氧杂二环[3,2,1]辛烷。

11.080　齿小蠹烯醇　ipsenol

齿小蠹属(*Ips*)昆虫的一种聚集信息素成分,化学结构为2-甲基-6-亚甲基-7-辛烯-4-醇。

11.081　食菌甲诱醇　sulcatol

食菌甲分泌的聚集信息素成分,化学结构为

6－甲基－5－庚烯－2－醇，含65% *R*(－)和35% *S*(＋)对映体。

11.082 哺乳动物化学信号 mammal chemical signal

在哺乳动物间起传媒作用的信息化学物质，其中有信息素、他感素和偏利素等。

11.083 性识别信息素 sex-identifying pheromone

哺乳动物释放的气味化学物质，同种其他个体嗅到这种气味便能识别释放者的性别并产生相应的行为或生理反应。

11.084 豹鳎毒素 pardaxins

太平洋豹鳎(*Pardachirus pavoninus*)分泌的一种防御性化学物质，由三种鱼毒肽组成，对鲨鱼有蜂毒般强烈的毒性。

11.085 笠贝酮 limatulone

笠贝(*Collisella limatula*)释放的一种防御性化学物质，对鱼、蟹有很强的拒避作用。

11.086 蜱螨信息素 acarina pheromone

蜱螨释放到体外的，能引起同种其他个体行为或生理反应的信息化学物质。

11.087 蜱螨性信息素 sex pheromone of acarina

蜱螨的雄性或雌性释放到体外以引诱同种异性个体进行交配的信息化学物质。

11.088 滞留性信息素 arrestant sex pheromone

植绥螨等雌螨分泌的，能诱使雄螨停留下来与其交配的信息化学物质，主要成分有法尼醇、橙花叔醇、牻牛儿醇和香茅醇。

11.089 引诱性信息素 attractant sex pheromone

后沟蜱雌蜱分泌的，能引诱雄蜱与其交配的信息化学物质，主要成分为酚类化合物，如苯酚、对甲酚等。

11.090 接触性信息素 contact sex pheromone

钝缘蜱等雌蜱分泌的近距离信息化学物质，其作用是促使已爬上雌蜱的雄蜱与之交配。

11.091 盾窝腺 foveal gland

蜱类产生释放信息素的腺体。

11.092 螨警戒信息素 acarid alarm pheromone

螨的一对后背腺释放的，能向同种其他个体通报敌情的信息化学物质。

11.093 腐食酪螨警戒信息素 alarm pheromone of *Tyrophagus putrescentiae*

腐食酪螨释放的一种警戒信息素，主要成分有橙花醇等单萜类化合物。

11.094 刺足根螨警戒信息素 alarm pheromone of *Rhizoglyphus robini*

刺足根螨释放的一种警戒信息素，主要成分有橙花酸等单萜类化合物。

11.095 椭圆嗜粉螨警戒信息素 alarm pheromone of *Aleuroglyphus ovatus*

椭圆嗜粉螨释放的一种警戒信息素，主要成分有橙花醛等单萜类化合物。

11.096 乳果螨警戒信息素 alarm pheromone of *Carpoglyphus lactis*

乳果螨释放的一种警戒信息素，主要成分有柠檬醛等单萜类化合物。

11.097 河野脂螨警戒信息素 alarm pheromone of *Lardoglyphus konoi*

河野脂螨释放的一种警戒信息素，主要成分有牻牛儿醇等单萜类化合物。

11.098 粉尘螨警戒信息素 alarm pheromone of *Dermatophagoides farinae*

粉尘螨释放的一种警戒信息素，主要成分为橙花醛和牻牛儿醛的混合物。

11.099 似食酪螨警戒信息素 alarm pheromone of *Tyrophagus similis*

似食酪螨释放的一种警戒信息素，主要成分有异薄荷二烯酮等单萜类化合物。

11.100 后背腺 opisthonotal gland

螨类释放警戒信息素的腺体。

11.101 聚附信息素 aggregation and attachment pheromone

花蜱属一些种的雄蜱释放的能诱使其同伴聚集并依附到那些已在取食的个体周围的信息化学物质。

11.102 彩饰花蜱聚附信息素 aggregation and attachment pheromone of *Ameblyomma variegatum*

彩饰花蜱雄蜱释放的一种信息化学物质，由邻硝基苯酚、水杨酸甲酯和壬酸组成，邻硝基苯酚诱发搜索与聚集行为，后两者诱导依附行为。

11.103 信息素提取物 pheromone extract

用溶剂提取信息素得到的产物。

11.104 信息素粗提物 pheromone crude extract

用溶剂提取信息素得到的未经纯化的提取物。

11.105 单腺体信息素提取物 pheromone extract from a single gland

用溶剂提取单个信息素腺体得到的产物。

11.106 信息素鉴定 identification of pheromone

分析测定信息素的化学成分与化学结构。

11.107 信息素分子结构 molecular structure of pheromone

信息素分子中各原子之间的连接与排列方式。

11.108 信息素分子构型 molecular configuration of pheromone

由于信息素分子中原子排列方式的不同而产生的几何异构体或光学异构体。

11.109 信息素合成 synthesis of pheromone

通过一个或一系列反应由比较简单的物质制备信息素的过程。

11.110 信息素生物合成 biosynthesis of pheromone

在生物体内生成信息素的过程。

11.111 信息素生物合成激活肽 pheromone biosynthesis activating neuropeptide, PBAN

由脑和食道下神经节分泌的神经肽，由33个氨基酸组成，控制信息素的生物合成与分泌。

11.112 促信息素肽 pheromonotropin

能促进信息素生成的神经肽。

11.113 抑信息素肽 pheromonostatin

能抑制信息素生成的神经肽。

11.114 信息素化学合成 chemical synthesis of pheromone

通过化学反应由比较简单原料制备信息素的过程。

11.115 立体选择反应 stereoselective reaction

一种立体异构体比其他立体异构体优先进行的化学反应，是昆虫信息素合成中经常采用的方法。

11.116 他感作用 allelopathy

植物、微生物释放的化学物质对其他生物生长发育产生的影响。

11.117 植物他感作用 allelopathy of plant

植物释放的化学物质，对其他生物的生长发育产生抑制或促进作用。

11.118 植物种内他感作用 allelopathy

among same plants

又称“自毒作用”。一种植物释放的化学物质，对同种植物个体的生长有抑制或毒害作用。

11.119 植物种间他感作用 allelopathy among different plants

一种植物释放的化学物质，对异种植物个体有抑制或促生作用。

11.120 植物次生物质 plant secondary substance

又称“次生代谢物（secondary metabolite）”。植物代谢过程的副产品，对食草动物有一定的警示和防御作用，并对其他植株的生长有抑制等不利作用。如尼古丁、丹宁、薄荷油等。

11.121 植物挥发物 plant volatile

植物释放的挥发性化学物质。

11.122 植物酚类物质 plant phenolics

在植物中存在的儿茶酚、单宁酸等酚类物质，对昆虫等生物有抑制或毒害作用。

11.123 酚酸 phenolic acid

对植物生长发育有影响的，带酚类基团的有机酸。如香草酸、肉桂酸、对羟基苯甲酸等。

11.124 类萜 terpenoid

针叶树等植物挥发物的主要化学成分。如α蒎烯、β蒎烯、苎烯、月桂烯等。

11.125 黑麦他感素 allelochemic of *Secale cereale*

黑麦释放的他感化学物质，能抑制他种植物根部的生长，主要成分为苯并噁嗪酮和苯并噁唑酮。

11.126 胜红蓟素 ageratochromene

胜红蓟（*Ageratum conyzoides*）释放到土壤中的他感素的主要成分，对其他植物根的生长有抑制作用。

11.127 寄主植物他感素 allelochemicals of host-plant

寄主植物释放的能引起寄生物行为或生理反应的化学物质。

11.128 信息化学物质生物测定 bioassay of semiochemicals

测量信息化学物质引起动植物靶标的生物效应的大小与强度。

11.129 信息素生物测定 bioassay of pheromone

测定信息素引起同种动物靶标的行为或生理反应的大小与强度。

11.130 嗅觉仪 olfactometer

测定昆虫对气味物质嗅觉反应的仪器。

11.131 信息素嗅觉仪 olfactometer of pheromone

测定昆虫对信息素嗅觉反应的仪器。

11.132 触角电位图 electroantennogram, EAG

昆虫触角化学感受器受刺激时其神经电位发生变化的图像。

11.133 触角电位检测 electroantennogram detection, EAD

用触角电位仪检测昆虫触角受化学气味刺激时其神经电位发生变化的情况。

11.134 气相色谱－触角电位联用 gas chromatography-electroantennagram detection, GC-EAD

先用气相色谱柱分离被测物质，然后通过触角电位仪检测不同组分引起昆虫触角神经电位发生变化的情况。

11.135 Y型迷宫嗅觉仪 Y-maze olfactometer

测定鼠类对气味物质嗅觉反应的一种仪器。

11.136 风洞 wind tunnel

测定昆虫对挥发性物质的定向行为反应的装置。

11.137　信息素风洞试验　wind tunnel test of pheromone

在风洞中测定昆虫对信息素的定向行为反应的试验。

11.138　田间试验　field test, field trial

在野外测定药物和其他生物活性物质引起动植物靶标的生物效应大小与强度的试验。

11.139　信息素田间试验　pheromone field test, pheromone field trial

在野外测定信息素引起昆虫等靶标行为或生理反应的试验。

11.140　昆虫生长调节剂　insect growth regulator, IGR

能调节或影响昆虫生长发育的化学物质,主要有昆虫保幼激素、蜕皮激素及其类似物等。

11.141　保幼激素　juvenile hormone, JH

昆虫幼虫咽侧体分泌的一种倍半萜类激素,有调控幼龄期昆虫生长发育的作用。

11.142　保幼激素类似物　juvenile hormone analogue, JHA, juvenoid

与保幼激素化学结构相似且有类似生理活性的人工合成的化学物质。

11.143　蜕皮激素　ecdysone

又称"α蜕皮素(α-ecdysone)"。由昆虫前胸腺分泌的一种甾体激素,有引起昆虫蜕皮的作用。

11.144　蜕皮甾酮　ecdyterone

又称"β蜕皮素(β-ecdysone)"。由蜕皮素羟化生成的一种胆甾烯酮,有较高的蜕皮生理活性。

11.145　植物性蜕皮素　phytoecdysone

从植物中提取的,有诱发昆虫蜕皮作用的甾酮类物质。

11.146　牛膝蜕皮酮　inokosterone

从牛膝(*Achyranthes* sp.)中提取的、具蜕皮生理活性的甾酮类物质。

11.147　苏铁蜕皮酮　cycasterone

从苏铁(*Cycas* sp.)中提取的、具蜕皮生理活性的甾酮类物质。

11.148　信息化学物质应用　application of semiochemicals

信息化学物质在有害生物治理或有益生物利用方面的应用。

11.149　昆虫信息素应用　application of insect pheromone

昆虫信息素在害虫防治或益虫利用方面的应用。

11.150　合成性信息素　synthetic sex pheromone

用化学方法人工合成的性信息素。

11.151　合成信息素诱捕器　synthetic pheromone-baited trap

装有合成信息素诱芯的捕虫器具。

11.152　雌虫诱捕器　virgin female-baited trap

装有成熟雌虫作诱饵的捕虫器具。

11.153　诱芯　lure

含有昆虫性信息素或性诱剂的载体。

11.154　诱捕器　trap

用来引诱和捕获昆虫的器具。常用的有三角形、船型、艇型、水盆型、漏斗型等。

11.155　信息素释放器　pheromone dispenser

用于释放或散发信息素的载体或器具。

11.156　散发　emission

信息素或其他气味物质自生物体或载体向空气中释放、扩散的过程。

11.157 气缕 plume
昆虫信息素或植物源气味物质在空中扩散的轨迹。

11.158 大量诱捕 mass trapping
在田间大量设置诱捕器捕杀害虫，以降低虫口密度和危害的一种方法。

11.159 雄蛾捕获量 catches of male moths
诱捕器捕获雄蛾的数量。

11.160 交配干扰 mating disruption
又称“迷向法”。用合成的性信息素或其类似物迷惑、干扰昆虫的定向与交配活动，以降低虫口密度和危害的一种方法。

11.161 驱－诱结合 push-pull
将驱避剂与引诱剂配合使用防治害虫的一种方法。如，在防治区用性诱剂诱杀害虫，在周边地区用驱避剂阻止外部害虫迁入，以提高防治效果。

11.162 大气弥漫 atomospheric permeation
通过向空气中释放足够量的合成性信息素或其类似物迷惑、干扰昆虫的交配活动，以降低虫口密度和危害的一种方法。

11.163 信息素防治区 pheromone-treated plot
用合成信息素防治害虫的区域。

11.164 诱捕法防治区 mass trapping plot
用大量诱捕法防治害虫的区域。

11.165 交配干扰防治区 mating disruption plot
又称“迷向法防治区”。用干扰交配法防治害虫的区域。

11.166 雌蛾交配率 mating rate of virgin female meths
已交配雌蛾占试验雌蛾总数的百分比。是评价大量诱捕法或交配干扰法防治效果的一项重要指标。

12. 分子生态学

12.001 后继适应 abaptation
生物体从其亲本或祖先获得适应原来生境的特定遗传特征后，适应目前生境的过程。

12.002 扩展适应 exaptation
一个适应特性使得生物体获得其他的适应特性的过程。

12.003 分子适应 molecular adaptation
生物体在分子水平上的变化以适应其生存环境的过程。

12.004 适合度代价 fitness cost
在没有选择压力下，如果特定基因型个体的适合度低于种群平均的适合度，即可以认为该基因型存在适合度代价。

12.005 遗传标记 genetic marker
一种研究遗传物质传递轨迹的标记方法。在分子水平上称为“分子标记（molecular marker）”。

12.006 显性标记 dominant marker
仅能检测显性等位基因，不能够区分纯合和杂合基因型的遗传标记。

12.007 共显性标记 co-dominant marker
同时能检测出显性和隐性等位基因，能够区分纯合和杂合基因型的遗传标记。

12.008 微卫星 microsatellite
又称“简单重复序列（simple sequence repeat，SSR）”。一般指基因组中由短的重复单元(一般为 1 ~ 6 个碱基)组成的 DNA 串联重复序列。

12.009 小卫星 minisatellite

通常指以 9 ~ 100 个碱基为重复单元的串联重复序列。

12.010 DNA 指纹 DNA fingerprint

通过获得一个 DNA 片段(或等位基因)图谱用于个体鉴定的一种技术。

12.011 聚合酶链式反应 polymerase chain reaction, PCR

用引物和 DNA 聚合酶进行体外扩增特定的 DNA 区域的一种技术。

12.012 限制性片段长度多态性 restriction fragment length polymorphism, RFLP

由专一性的限制性酶切获得的 DNA 片段长度的变异。通过电泳分离酶切产物并转移至膜上与标记探针杂交后可以检测到这种长度变异性。

12.013 扩增片段长度多态性 amplified fragment length polymorphism, AFLP

用两个限制性内切酶处理基因组 DNA 并连接一个大约 20 个碱基的接头后进行 PCR 扩增获得 DNA 片段长度变异的一种分子标记。

12.014 随机扩增多态性 DNA random amplified polymorphic DNA, RAPD

以单一的随机引物(一般为 10 个碱基)利用 PCR 技术随机扩增未知序列的基因组 DNA 获得的 DNA 片段长度变异。

12.015 单链构象多态性 single strand conformation polymorphism, SSCP

PCR 扩增产物变性后进行电泳时,相同长度的 DNA 片段之间即使相差一个碱基,也会形成不同的构象,导致不同的电泳迁移率,反映出个体间的遗传变异。

12.016 变性梯度凝胶电泳 denaturing gradient gel electrophoresis, DGGE

一种分离相似大小 DNA 片段的电泳方法。随着电泳凝胶中的变性剂浓度的增大,由双链 DNA 分子变性形成的单链分子的电泳迁移率发生变化。

12.017 DNA 微阵列 DNA microarray

将不同的 DNA 或 RNA 与点在固相支持物上的同一探针进行杂交。通过比较两个阵列所有对应点的杂交信号的强度,可以同时检测数千个基因表达的改变。

12.018 同工酶 isozyme

具有相同底物,但电泳迁移率不同的酶。可来源于多个基因座或等位基因的表达,也可能是基因翻译后形成的。

12.019 等位酶 allozyme

由于同一基因座上不同等位基因的差异而导致的具有不同电泳迁移率的编码蛋白,是一种特殊的同工酶。

12.020 质量性状 qualitative character

由主基因控制的变异不连续的遗传性状。

12.021 数量性状 quantitative character

由微效多基因控制的变异连续的遗传性状。

12.022 外显率 penetrance

在特定环境条件中,某一基因型显示预期表型的个体比率。一般用百分比表示。

12.023 异源多倍体 allopolyploid

来自不同物种的染色体组构成的多倍体。

12.024 同源多倍体 autopolyploid

由同一物种的单一基因组(或一套染色体)加倍形成的多倍体生物体。

12.025 单倍型 haplotype

一个个体的单倍基因型,通常指线粒体、叶绿体等细胞器基因组。

12.026　基因污染　gene contamination

一般指转基因生物的外源基因通过某种途径转入并整合到其他生物的基因组中，使得其他生物或其产品中混杂有转基因成分，造成自然界基因库的混杂和污染。

12.027　遗传性死亡　genetic death

(1) 携带降低适合度的突变等位基因的基因型被选择淘汰的现象。(2)一个个体不能有效地产生后代的状态。

12.028　遗传距离　genetic distance

通过遗传标记对种群或分类单元间遗传相似性和进化关系的测度。

12.029　固定　fixation

当某一等位基因在种群中的频率达到100%时，称为固定。

12.030　固定指数　fixation index

衡量种群中基因型实际频率是否偏离遗传平衡理论比例的指标。一般用符号"F"表示。

12.031　F统计量　F-statistics

建立在固定指数基础上，衡量亚种群间分化程度的指标。指在随机交配的情况下，相对于总体来说，亚种群中杂合度下降的程度。一般用符号"F_{ST}"表示。

12.032　遗传分化系数　genetic differentiation coefficient

根井正利（Masatoshi Nei）提出来的估测种群间和种群内遗传相似性的指数，以亚种群间的遗传分化占总的遗传多样性的比例来表示。一般用符号G_{ST}表示。

12.033　遗传多样性指数　genetic diversity index

度量遗传多样性水平的一种测度。

12.034　基因多样性指数　gene diversity index

一个种群中每个位点上平均期望杂合度。一般用符号"H"表示。

12.035　根井正利基因多样性指数　Nei's gene diversity index

由根井正利（Masatoshi Nei）提出来的测度基因多样性的指数。$H=1-(\sum P_i^2)/N$，这里，P_i是等位基因的频率，N是种群的基因座数。

12.036　遗传冲刷　genetic erosion

又称"遗传侵蚀"。人类活动中，由于长期依赖于遗传背景单一的品种，影响到其更适应局域环境的亲缘品种的生存，从而产生的遗传信息丢失的现象。

12.037　遗传湮没　genetic swamping

通常指由基因流导致的个体数量较大种群的种与个体数量较小的（隔离）种的种间杂交而引起小种群的遗传多样性的丧失，从而使后者有灭绝的风险。

12.038　遗传稳态　genetic homoeostasis

种群有平衡其遗传成分并能够抵抗突然的变化的倾向。

12.039　遗传一致度　genetic identity

种群间遗传相似性的测度。一般用符号"I"表示。

12.040　单态性　monomorphism

一个种群的所有个体在特定基因座具有相同的等位基因。

12.041　遗传二态性　genetic dimorphism

一个种群具有两种由遗传决定的非连续的形态类型。

12.042　遗传多态性　genetic polymorphism

同一种群中具有两种或两种以上基因型并存的现象。

12.043　多态性基因座　polymorphic locus

存在两个或多个等位基因的基因座。

12.044 遗传结构 genetic structure
种群中遗传变异分布的时空格局。

12.045 遗传变异 genetic variation
同一基因库中,生物体之间呈现差别的定量描述。在 DNA 水平上的差异称"分子变异(molecular variation)"。

12.046 同义突变 synonymous mutation
密码子确定的氨基酸与以前相同的突变。

12.047 非同义突变 nonsynonymous mutation
使某一密码子成为编码另一氨基酸的密码子的突变。

12.048 突变率 mutation rate
某一个体中,每单位时间里每核苷酸位点或每基因产生的突变数。

12.049 突变热点 hotspot of mutation
基因组 DNA 的一个片段,对自发的或某种特别诱变剂作用下的突变表现出较高的倾向性。

12.050 高变位点 hypervariable site
变异频率很高的 DNA 位点。

12.051 沉默替换 silent substitution
不改变其携带者表型的替换,包括非编码基因 DNA 中的替换和同义替换。

12.052 中性等位基因 neutral allele
对生物体适合度没有影响的等位基因。

12.053 中性突变 neutral mutation
不改变生物体适合度的突变。

12.054 同胞种 sibling species
两个在外表(形态)上一致但彼此之间存在生殖隔离的物种。

12.055 同胞关系 sibship
来自同一亲本的子代个体间的关系。

12.056 遗传率 heritability
又称"遗传力"。对一个表型在遗传上受选择影响和改变程度的测度。

12.057 遗传同类群 genodeme
具有相同基因型特征的地区性自交种群。

12.058 基因生态同类群 genoecodeme
存在于一个特定生境中的具有相同基因型特征的地区性自交种群。

12.059 基因型 genotype
决定一个生物体的结构和功能的全部遗传特征。

12.060 基因型与环境互作 genotype-environment interaction
又称"基因型环境互应"。可供选择的遗传因子(等位基因)的相对表达依赖于环境的变化。

12.061 表型 phenotype
生物体可观察到的结构和功能特性的总和,是基因型与环境相互作用的结果。

12.062 表型可塑性 phenotypic plasticity
在环境影响下,某一基因型在表型上产生变异的能力。

12.063 基因多效性 pleiotropy
一个基因能够引起多个不相关的表型效应。

12.064 异质性指数 heterogeneity index
基于基因型距离的遗传变异的测度。

12.065 杂合现象 heterozygosis
在一特定基因座上存在不同的等位基因的现象。

12.066 杂合度 heterozygosity
遗传变异的测度。在种群中指特定基因座上杂合个体的比率;在个体中指杂合基因座的比例。

12.067 纯合度 homozygosity

对种群或个体遗传均匀性的测度。在种群中指特定基因座上纯合个体的比率;在个体中指纯合基因座的比例。

12.068 同源性状 homologous character
来自同一祖先的性状。

12.069 同塑性 homoplasy
并非由共同祖先遗传而来的性状相似性。

12.070 比对 alignment
又称“排比”。根据两个或多个的核苷酸序列的重合部分,找出序列结构变化的差错、插入、缺省和交换部分。

12.071 繁育系统 breeding system
同一或不同分类群间个体杂交的方式、格局和程度。

12.072 杂交衰退 hybrid depression
与亲本相比,遗传上不同的两个品系的杂交种在生长、育性和种子产量等方面发生下降的现象。根据亲本亲缘关系的远近分“近交衰退(inbreeding depression)”和“远交衰退(outbreeding depression)”。

12.073 杂合优势 heterozygote superiority, heterozygous advantage
由于杂合个体其基因型与双亲基因型不同而表现出生命力增强的现象。

12.074 杂种衰败 hybrid breakdown
杂交导致杂种后代(F_1 或回交世代)适合度下降和繁殖失败的现象。

12.075 杂种群 hybrid swarm
由两个物种的杂交以及与其杂交种回交形成的一个在形态学上有区别但是连续的杂种系列。

12.076 杂种优势 hybrid vigor, heterosis
杂交子代在生长活力、育性和种子产量等方面都优于双亲均值的现象。

12.077 杂种带 hybrid zone
不断产生并存在杂交个体的地理区域。

12.078 杂交育种 cross-breeding
通常指远缘杂交,或两个遗传上不相关个体间进行繁殖后代的行为。

12.079 杂交 hybridization
能产生杂种后代的两个遗传组成上不同的个体之间的交配。

12.080 天然杂种 natural hybrid
在自然界中存在的、在没有任何的人类干预下形成的杂交种。

12.081 近交 inbreeding
亲缘关系极为相近的个体之间或遗传组成极相似的个体之间的交配方式。

12.082 远交 outbreeding
亲缘关系很远的个体间的交配方式。

12.083 回交 backcross
杂种生物体与亲本或遗传上与亲本相似的生物体间的交配方式。

12.084 渐渗杂交 introgression hybridization
两个种杂交后形成可育的后代,并且可通过不断的与亲本的回交而实现一个种的基因插入到另一个种的基因组中的杂交方式。

12.085 基因流 gene flow
又称“基因扩散(gene dispersal)”。由于交配或迁移而导致的基因从一个繁殖种群向另外一个种群扩散,使得繁殖种群中的等位基因频率发生变化的现象。基因流是双向的。

12.086 水平基因转移 horizontal gene transfer
遗传信息在不同物种间从一个基因组向另一个基因组的转移。

12.087 遗传漂变 genetic drift

对于所有有限大小的种群来说，由于小样本抽样的基因数量有限而导致种群的等位基因频率在世代间发生变化的现象。

12.088 相邻种群区 neighborhood area

一个种群内的区域，能够为所研究植株提供95%的亲本。在随机交配的条件下，遗传上的相邻种群区等同于整个种群。

12.089 相邻种群大小 neighborhood size

相邻种群区的基株数量。

12.090 重定居 recolonization

又称“回迁”。生物重新在原分布区定居的过程。

12.091 花粉漂流 pollen drift

植物花粉通过风媒、虫媒或其他媒介向种群内或向种群外散布的过程。

12.092 遗传修饰生物体 genetically modified organism, GMO

通过分子生物学技术对生物体的基因组进行遗传修饰，所得到的基因组成和性状改变了的生物体。

12.093 转基因生物 transgenic organism

通过外源基因转化和插入获得新性状的生物体。

12.094 转基因逃逸 transgene escape

转基因生物的外源基因通过与亲缘种的杂交或种子的逸生等形式进入到自然界中的过程。

12.095 基因沉默 gene silencing

非遗传突变所致的基因组中的编码基因不表达的现象。

12.096 标记基因 marker gene

已知效应的基因，能够使个体具备特定的特征并且通过生理学、形态学、生物化学或分子生物学检测能够发现其存在的基因。在基因转化过程中经常要插入标记基因。

12.097 遗传传递 genetic transmission

生物的遗传物质向后代转移的过程。

12.098 庇护所策略 refuge strategy

在抗虫转基因作物的田间种植中，一般需要种植一定比例的非转基因作物以作为害虫的庇护所，目的是稀释田间抗性等位基因的频率，延迟害虫耐受性的进化。

12.099 释放 release

将具有特定性状的生物体向自然界引入的过程。

12.100 F_2代筛选 F_2 screen

一种根据F_2抗性频率鉴别并估计获得稀有抗性等位基因并估计其频率的过程。

12.101 抗性进化 resistant evolution

生物体对环境胁迫敏感性降低的遗传变化。

12.102 自播植物 volunteer plant

作物种子无意散落后在田间自然繁殖的植株。

12.103 逸生植物 feral plant

从栽培转变为野生状态的植物。

12.104 超级杂草 superweed

驯化作物逸生或与野生近缘种杂交而产生的有害植物。一般具有很高的选择优势，难以根除。

13. 保护生态学

13.001 岛屿生物地理学说 theory of island biogeography

由美国理论生态学家麦克阿瑟(R. H. MacArthur)和美国生态学家威尔逊(E. O. Wilson)在1967年创建的一门学说，研究岛屿面积与物种数目、物种生存、灭绝，岛屿距大陆的距离与物种迁移、定殖之间的关系。

13.002 生物地理分析 biogeographic analysis

从生物与地理环境的关系出发，结合有关生物生境和动植物区系分布，研究生物在不同地质时期的演化史及其与气候的关系，从中获得生物分布和环境演变过程的信息。

13.003 人类中心伦理观 anthropocentric ethic

以人类利益为中心的价值观。

13.004 环境伦理 environmental ethics

与环境有关的道德、价值和行为规范问题。

13.005 文化多样性 cultural diversity

一个地区或国家传统风俗习惯文化的丰富程度。

13.006 文化进化 cultural evolution

一个地区或国家文化传统的演化历程。

13.007 世界非物质遗产 intangible heritage

又称“无形文化遗产”。从审美或科学角度看具有突出的普遍价值的、由非物质组成的文化。如民歌、戏曲、音乐等。2001年联合国教科文组织开始审定世界非物质遗产。

13.008 多样性 diversity

种类、特征、性状和实体数目存在的各种类型。

13.009 多样性指数 diversity index

用来测度分类单元多样程度和考察每一单元相对多度的指数。常用的有香农-维纳多样性指数等。

13.010 多样性梯度 diversity gradient

由于土壤水分、盐分、海拔高度以及纬度等环境因素而形成的物种多样性渐次升高或降低的现象。

13.011 生物多样性 biodiversity

生物类群层次结构和功能的多样性。包括遗传多样性、物种多样性、生态系统多样性和景观多样性。

13.012 生态多样性 ecological diversity

物种生态特征的多种多样性。

13.013 地区多样性 regional diversity

一个地理区域中的物种数目或其他分类单元数目。

13.014 栖息地多样性 habitat diversity

又称“生境多样性”。生物栖息环境的多种多样性。

13.015 遗传多样性 genetic diversity

种内不同种群之间或同一种群内不同个体的遗传变异总和。

13.016 进化显著单元 evolutionary significant unit, ESU

种群中具有显著进化意义的、由遗传组成所决定的生物地理单元。

13.017 奠基者效应 founder effect

建立一个种群的最初群体的大小与遗传组成对所建立的种群的遗传结构的影响。

13.018　多样性中心　diversity center

常指生物多样性高的地区或物种起源演化的中心。

13.019　生物多样性热点　biodiversity hotspot

生物多样性高度丰富的地区,其特点是:物种数目多,特有物种多,并且是物种的起源演化中心。

13.020　种－面积曲线　species-area curve

用来描述一定地域内物种数目随着取样面积增大而增加的曲线图。

13.021　种－面积效应　species-area effect

一定地域内物种数量随着面积增大而增加的现象。

13.022　种－面积关系　species-area relationship

在一定地域内物种数量与面积之间的函数关系,$S=CA^z$,式中:S 为物种数目,A 为面积,C,z 为常数。

13.023　岛屿生物区系　island biota

生活在岛屿或岛屿状生境中的生物物种总和。

13.024　隔离种　insular species

又称“岛屿种”。生存在岛屿或岛屿状生境中的物种。

13.025　外来种　exotic species

由于人类活动,出现在其过去或现在的自然分布范围以外的物种。

13.026　侵入种　invader species

成功定殖到新的生境中的物种。

13.027　物种入侵　species invasion

一个物种进入一个地区,并在该地区成功建立种群的过程。

13.028　引入　introduction

又称“引种”。人工将一个品种引入到新的生境的过程。

13.029　再引入　reintroduction

一个物种在原产地灭绝后,从其他地区或其他国家将这个物种的个体引入并重新建立繁殖种群的过程。

13.030　原住民　indigenous people

一个地区的原有住民。

13.031　濒危种　endangered species

由于生态环境变化、人类活动影响而濒临灭绝的物种。

13.032　进化濒危种　evolutionarily endangered species

指那些种群数量稀少、分布区狭窄的孑遗物种或由于环境变化后,适应环境能力较差而面临灭绝风险的物种。此物种是进化时间尺度中濒临生存危机的物种。

13.033　生态濒危种　ecologically endangered species

指那些不能适应人类活动造成的生态环境演化,或者受到人类活动直接影响而面临灭绝风险的物种。此物种是生态时间尺度中濒临生存危机的物种。

13.034　渐危种　vulnerable species

生存受到威胁的物种。在世界自然保护联盟(IUCN)红色名录标准中其濒危程度较濒危种低。

13.035　特有现象　endemism

生物分类单元只在一个地区发生的现象。

13.036　种群生存力分析　population viability analysis

利用数学模型模拟分析种群在不同环境条件下种群灭绝风险的方法。

13.037　最小可生存种群　minimum viable population, MVP

又称“最小存活种群”。一个种群在不需要

补充外来血缘的条件下可以生存繁衍的种群大小,是一个具有争议的概念。

13.038 灭绝 extinction
当一个物种的最后一个个体死亡后,称该物种灭绝。

13.039 局部灭绝 extirpation
一个物种在某一地区灭绝的现象。

13.040 聚群灭绝 mass extinction
又称"大灭绝"。生物区系的大部分突然消失的现象。其引起的原因可能是环境灾变,如流星的影响等。在二叠纪末和白垩纪曾出现过聚群灭绝。

13.041 次生灭绝 secondary extinction
由于生态系统中的食物链或食物网关系,生态系统中一个物种的灭绝而导致食物链或食物网中另一个物种或另一些物种灭绝的现象。

13.042 人为灭绝 anthropogenic extinction
由于人类直接利用或者破坏生境引起的物种灭绝。

13.043 背景灭绝 background extinction
没有人类活动而产生的环境变化时,物种的自然灭绝。

13.044 随机灭绝 stochastic extinction
由于个体出生和死亡率以及初生个体性别比例的随机波动而导致的种群灭绝。

13.045 经济灭绝 economic extinction
指一个物种的个体在自然界仍然存在,但由于种群密度低,失去了规模商业生产利用的价值。

13.046 灭绝率 extinction rate
一定时间内灭绝物种占所有生存过的物种的比例。

13.047 孑遗种 relict species
又称"残遗种"。主要指在第四纪冰川活动期存活下来的物种。

13.048 孑遗特有种 relic endemic species, palaeo-endemic species
从某一地质时期遗留下来的且仅分布在一定地区的物种。

13.049 孑遗群落 relict community
主要指在第四纪冰川活动期存活下来的生物群落。

13.050 孑遗生态型 relict ecotype
主要指在第四纪冰川活动期存活下来的物种的生态类型。

13.051 孑遗动物区系 relict fauna
主要指在一个地区经历了第四纪冰川活动存活下来的动物区系。

13.052 孑遗植物区系 relict flora
主要指在一个地区经历了第四纪冰川活动存活下来的植物区系。

13.053 孑遗型 relict form
主要指在一个地区经历了第四纪冰川活动存活下来的生物生活型。

13.054 资源编目 resource inventory
又称"资源总量"。一个地区自然资源种类和数量的清单。

13.055 遗传有效种群大小 genetically effective population size
一个种群中能将其基因连续传递到下一代的个体平均数。实际上相当于理想状态下(指种群内个体随机交配、不同性别个体间交配概率相等)种群的大小。遗传有效种群大小小于或等于实际种群大小。

13.056 生境分析 habitat analysis
利用生物的生境要素与生境结构之间的关系,建立生物与生境之间关系的数学模型,然后开展相关分析的过程。

13.057 生境廊道 habitat corridor

又称"生境走廊"。动物交配、繁殖、取食、运动时使用的通道或在集合种群中个体在不同种群间的迁进迁出通道。

13.058 生境破碎 habitat fragmentation

人类活动改变了生物生境的形状、类型及其在景观中空间排列的现象。即在人类活动的影响下一个生境缩小并分割成两个或更多生境斑块的现象。

13.059 生境评价程序 habitat evaluation procedure

评价生物生存环境的过程,可分为总体评价和局部评价。首先通过分析资料建立生境适宜度模型,然后根据研究点或样方研究资料,建立生物与生境关系的数学模型,对不同地点的生境进行综合评判。

13.060 生境管理 habitat management

对野生生物生境进行的人工管理,以利于野生生物种群的生存和繁衍。

13.061 生境适宜度指数 habitat suitability index, HSI

一种评价野生生物生境适宜程度的指数。研究生境适宜度指数常取三个环境变量的几何平均值,所评价的生境要素取值范围为0~1。

13.062 环境退化 environmental degradation

人类或其他物种生存的环境由于某种原因而发生的不利于人类或其他物种生存的环境改变。

13.063 环境不确定性 environmental uncertainty

环境的不可预测的性质。

13.064 灾变 catastrophe

自然界发生的对生物种群产生强烈影响的不可预测事件。

13.065 自然灾害 natural catastrophes

对自然生态环境、人居环境和人类及其生命财产造成破坏和危害的自然现象。如飓风、地震、海啸、干旱、洪水、火山爆发、小行星撞击地球等。

13.066 自然禁猎区 natural sanctuary

为保护一个特定区域的自然生态系统、特有物种、濒危物种以及地质遗迹而设立禁止人类狩猎的区域。

13.067 鸟类禁猎区 bird sanctuary

禁止捕猎鸟类的地区。

13.068 庇护所 refuge, refugium

生物类群渡过重大灾变(如第四纪冰期)的场所。

13.069 偷猎 poaching

违法的狩猎活动。

13.070 禁伐林 reserve forest

禁止砍伐的森林。

13.071 围栏 enclosure

又称"禁牧区"。用铁丝围栏、木围栏、尼龙网等材料围起来的空间。

13.072 保留地 reserve

美国与加拿大为印第安人保存传统文化设立的、由印第安人管理的区域。

13.073 自然保护 nature conservation

对自然生态系统、特有种、濒危种、地质遗迹、自然遗产地以及风景名胜的保护活动。

13.074 天然公园 nature park

为人们观赏、接触大自然而设立的公园。主要以自然风光取胜,人造景观较少、对公园内环境的人为改造较少。

13.075 自然保护区 nature reserve

是指对有代表性的自然生态系统、珍稀濒危野生生物种群的天然生境地集中分布区、有特殊意义的自然遗迹等保护对象所在的陆地、陆地水体或者海域，依法划出一定面积予以特殊保护和管理的区域。

13.076 严格自然保护区 strict nature reserve

是指拥有杰出的或有代表性的生态系统、地质学或生理学上的特征和(或)种类的陆地和(或)海洋地区。除科学研究、环境监测或必要的管理外，严禁一切人类活动的干扰。

13.077 人与生物圈自然保护区 Man and Biosphere Reserve, MAB Reserve

联合国教科文组织人与生物圈计划建立的自然保护区。

13.078 荒野地 wildness area

未受人类活动影响的并受到保护的荒野自然区域。世界生物多样性保护监测中心承认的保护区之一。

13.079 保护地 protected area

泛指所有受到人类保护的地区。如自然保护区、国家公园、世界自然遗产地、天然公园、风景名胜区、禁猎区等。

13.080 核心生境 core habitat

一个物种生境的关键区域。

13.081 缓冲区 buffer zone

自然保护区内围绕核心保护区的区域，为缓冲人类活动对自然保护区核心区的影响而设立。

13.082 空隙分析 geographical approach process analysis, GAP analysis

利用地理信息系统模型，对植被图、濒危物种分布图、土地权属图、保护区图等图层进行叠加，将生物多样性热点地区与已经保护的地区相比较，查找未保护的空白地区的分析过程。

13.083 SLOSS 原则 single large or several small principle, SLOSS principle

人们关于建立自然保护区时是应当建立一个大的自然保护区，还是应当建立几个小的自然保护区的争论。

13.084 保护物种 protected species

受到地方、国家法律法规或国际法保护的野生生物物种。

13.085 就地保护 in situ conservation

将濒危种在其自然生境中进行的保护形式。

13.086 易地保护 ex situ conservation

将濒危种迁出其原来生活的自然生境，易地进行的保护形式。

13.087 人工养殖 captive breeding, artificial propagation

人工饲养繁殖以及人工培育增殖野生动植物的过程。

13.088 硬释放 hard release

将人工繁殖的野生动物直接释放到大自然的过程。

13.089 软释放 soft release

将人工繁殖的濒危种个体释放到大自然时，仍在一段时间内为释放的动物提供食物、饮水和躲避捕食者的场所使其逐步适应野生环境的过程。

13.090 检疫 quarantine

为了防止外来动植物病虫害、外来传染病和寄生虫病而制定的隔离观察检查制度。

13.091 使用价值 instrumental value

对人类的物质与服务功效。

13.092 沙[尘]暴 sandstorm

通常指大风扬起地面的尘沙使空气浑浊，水平能见度小于 1 km 的风沙现象。

13.093 野生生物 wildlife

自然界中生存的各种生物。早期野生动物

管理学中,wildlife 仅指野生动物。

13.094 野生生物保护 wildlife conservation
保护和管理野生生物的行动。

13.095 野生生物管理 wildlife management
对野生生物的生境、种群结构实施的人工管理措施。

13.096 野生生物保护区系统 wildlife refuge system
美国为保护野生生物而设立的自然保护区网络。

13.097 狩猎动物 game animal
种群较大,繁殖率较高,可以开放供猎手狩猎的物种。通常是野生有蹄类动物。

13.098 狩猎经营 game management
对开放狩猎物种的经营管理。

13.099 狩猎牧场 game pasture
养殖野生动物供狩猎用的牧场。

13.100 芜原 barren area
由于土壤的某些物理或化学性质植物生长稀疏的区域。

13.101 可再生资源 renewable resources
又称“可更新资源(regenerative resources)”。指在社会生产、流通、消费过程中的物质,不再具有原使用价值而以各种形式储存,但可通过不同加工途径而使其重新获得使用价值的各种物料的总称。

13.102 非再生资源 nonrenewable resources, unrenewable resources
又称“不可更新资源”,“可耗竭自然资源(exhaustible natural resources)”。为地球演化的一定阶段形成的一类自然资源,其数量有限,资源蕴藏量保持不变、不再增加,在开发利用后,其储量逐渐减少不会自我恢复。

13.103 关键资源 keystone resources
维系一个物种或一个生态系统生存的资源。

13.104 联合国生物多样性公约 United Nations Convention on Biological Diversity
简称“生物多样性公约”。1991 年在联合国第二次环境与发展大会上为保护和持续利用生物多样性而签订的一项条约。

13.105 国际生物多样性科学研究规划 DIVERSITAS
由国际生物科学联盟(International Union of Biological Sciences, IUBS)、国际微生物科学联盟(International Union of Microbiological Sciences, IUMS)、环境问题科学委员会(Scientific Committee the Problem of Environment, SCOPE)、国际地圈 - 生物圈研究计划核心项目之一全球变化与陆地生态系统(International Geosphere-Biosphere Programme-Global Change and Terrestrial Ecosystem, IGBP-GCTE)以及联合国教科文组织共同发起的国际生物多样性研究项目。

13.106 世界保护监测中心 World Conservation Monitoring Center
联合国环境规划署、国际濒危野生动植物种贸易公约共建的生物多样性和自然保护监测机构,设在英国剑桥市。该机构不定期发布有关生物多样性与自然监测报告。

13.107 世界自然保护联盟 World Conservation Union, International Union for Conservation of Nature and Natural Resources, IUCN
是目前世界上最大的、最重要的世界性保护联盟,是政府及非政府机构都能参予合作的少数几个国际组织之一,成立于 1948 年 10 月,当时名称为 International Union for the Protection of Nature (IUPN),1956 年更名为国际自然与自然资源保护联盟(International Union for the Conservation of Nature and Natural Resources),1990 年正式更名世界自然保护联盟。目前共有 82 个国家,111 个政府机构和800多非政府组织。中国首次参加了在蒙特利尔召开的世界自然保护联盟大会，成为第75个成员国。

13.108 世界自然保护联盟红皮书 IUCN Red Data Book

世界自然保护联盟发布的关于全球或区域性物种濒危状态的文件。世界自然保护联盟自20世纪60年代开始编制全球濒危物种红皮书。最初红皮书仅包括陆生脊椎动物,后来收录无脊椎动物和植物，逐步发展为濒危物种红色名录。

13.109 世界自然保护联盟红色名录 IUCN Red List

世界自然保护联盟编制发布的关于全球濒危物种濒危状态的文件。世界自然保护联盟红色名录根据物种受威胁程度和估计灭绝风险将物种列为不同的濒危等级。

13.110 世界遗产公约 World Heritage Convention

联合国教科文组织大会于1972年11月16日通过的公约,认为国际社会有必要采用公约形式以保护具有突出的普遍价值的文化和自然遗产。

13.111 世界自然遗产 World Heritage

从审美或科学角度看具有突出的普遍价值的由物质和生物结构或该结构群组成的自然面貌、地质和自然地理结构、天然名胜或明确划分的自然区域以及明确划为受威胁的动物和植物的生境区。

13.112 世界自然遗产名录 World Heritage List

联合国教科文组织为保护世界自然遗产而颁布的名录。

13.113 生物多样性相关公约 Biodiversity-related Conventions

指与生物多样性有关的国际公约,如濒危野生动植物种国际贸易公约(CITES)、保护野生动物迁徙物种公约（Convention on the Conservation of Migratory Species of Wild Animals, CMS)、拉姆萨尔湿地公约(Ramsar Convention on Wetlands)以及世界遗产公约(World Heritage Convention)。

13.114 保护野生动物迁徙物种公约 Convention on the Conservation of Migratory Species of Wild Animals, CMS

又称“波恩公约(Bonn Convention)”。为了保护迁徙陆地、海洋动物和鸟类,一些国家1979年在德国波恩签订的国际公约,为联合国环境署协调的国际公约之一。那些有可能灭绝的迁徙物种,根据其濒危程度分别列入保护迁徙野生动物物种公约的附录一和附录二。目前有91个缔约国。

13.115 关于特别是水禽栖息地的国际重要湿地公约 Convention on Wetlands of International Importance Especially as Waterfowl Habitat

简称“拉姆萨尔湿地公约(Ramsar Convention on Wetlands)”。1971年在伊朗拉姆萨尔为保护那些国际重要湿地,特别是作为水禽重要栖息地的湿地而签订的国际公约,要求各缔约国至少指定一块湿地列入国际重要湿地名录,同时设立湿地自然保护区。我国为缔约国。

13.116 濒危野生动植物种国际贸易公约 Convention on International Trade in Endangered Species of Wild Fauna and Flora, CITES

为了控制野生动植物国际贸易1973年在华盛顿签署的国际公约。现有162个签约国。CITES管制的国际贸易野生动植物物种分别列入CITES附录一、附录二和附录三。

13.117 濒危物种等级标准 criteria for endangered species

人们为评价物种的濒危等级而设立的标准。

如世界自然保护联盟红色名录标准、濒危野生动植物物种国际贸易公约附录物种标准等。

13.118 梅斯－兰德物种濒危等级标准 Mace-Lande Species Endangerment Criteria

1991 年，英国学者梅斯(G. Mace)和兰德(R. Lande)提出，根据在一定时间内物种的灭绝概率来确定物种濒危等级的思想，据此制定了一套物种濒危标准。1994 年 11 月世界自然保护联盟第 40 次理事会会议正式通过了经过修订的梅斯－兰德物种濒危等级标准作为新的世界自然保护联盟濒危物种等级标准系统。

13.119 卡塔赫纳生物安全议定书 Cartegena Protocol on Biological Safety

一些生物多样性公约缔约国为了安全转移、处理和使用那些利用现代生物技术而获得的遗传修饰生物体，避免其对生物多样性和人类健康可能产生的潜在影响而签订的议定书，中国 2005 年在加拿大蒙特利尔正式加入。

13.120 生物遗传资源的元所有权 meta-property right of biogenetic resources

对生物遗传资源的载体——生物体、生殖细胞以及生物的遗传信息都拥有的所有权。

13.121 生物遗传资源的衍生所有权 derived property right of biogenetic resources

在一种生物遗传资源被商业修饰后，那些对这种生物遗传资源拥有元所有权的国家仍拥有的部分所有权。

13.122 遗传资源的获取与共享 access and benefit sharing of genetic resources, ABS of genetic resources

遗传资源的所有、获取与惠益共享，是联合国生物多样性公约各缔约国政府和专家关注和争论的焦点之一。

13.123 生物安全 biological safety

安全转移、处理和使用那些利用现代生物技术而获得的遗传修饰生物体，避免其对生物多样性和人类健康可能产生的潜在影响。

14. 污染生态学

14.001 污染 pollution, contamination

外来物质或能量的作用，导致生物体或环境产生不良效应的现象。

14.002 大气污染 atmospheric pollution

自然或人为原因使大气圈层中某些成分超过正常含量或排入有毒有害的物质，对人类、生物和物体造成危害的现象。

14.003 空气污染 air pollution

一般指近地面或低层的大气污染，有时仅指居室内空气的污染。

14.004 空气污染预报 air pollution forecasting

根据污染物在近地面大气中的输送、扩散过程以及各种气象因子，用数值预报模式对污染源强度进行未来 24 h 的扩散计算，从而做出的事先预报。

14.005 空气质量分级 air quality classification

将一系列复杂的空气质量监测数据综合为空气污染指数，据此进行的分级。我国现行空气质量划分为优、良、轻度、中度和重度污染等 5 级。

14.006 水污染 water pollution

进入水中的污染物超过了水体自净能力而导致天然水的物理、化学性质发生变化，使水质下降，并影响到水的用途以及水生生物生长的现象。包括水污染和水体污染两层含义。

14.007 地表水污染 surface water pollution

又称“地面水污染”。污染物进入江、河、湖泊和水库等地球表面各种形式的水体，并导致水质下降的过程。

14.008 地下水污染 groundwater pollution

工业“三废”排放以及其他途径使污染物进入地下水中并由此导致其水质下降的过程。

14.009 沉积物污染 sediment pollution

污染物及其转化降解产物在水底沉积物中的积累，并直接或间接对生态系统产生不良影响的现象。

14.010 土壤污染 soil pollution, soil contamination

各种外来物质进入土壤并积累到一定程度，超过土壤本身的自净能力，而导致土壤性状变劣、质量下降的现象。

14.011 土壤污染指数 soil pollution index

用数学公式表征土壤环境的各种质量参数，并以简单的数值综合表示土壤环境污染的程度或土壤环境质量的等级。

14.012 生物污染 biological pollution

由病原微生物、霉菌、寄生虫以及某些有害生物过量生长引起的各种环境单元质量下降或失去利用价值的现象。

14.013 放射性污染 radioactive pollution, radio-contamination

由放射性物质释放的放射线造成的污染。

14.014 辐射污染 radiation pollution

电磁辐射的强度达到一定程度时，对生物机体功能或生态系统的破坏作用。

14.015 热污染 heat pollution, thermal pollution

因能源消费引起环境增温效应，达到损害环境质量的程度，以致危害人体健康和生物生存的现象。

14.016 光污染 light pollution

过量的光辐射对人类生活和生产环境造成不良影响的现象。包括可见光、红外线和紫外线造成的污染。

14.017 噪声污染 noise pollution

因自然过程或人为活动引起各种不需要的声音，超过了人类所能允许的程度，以致危害人畜健康的现象。

14.018 石油污染 oil pollution

主要指原油及其制品进入环境造成的一种有机污染。对海洋生态系统危害极大。

14.019 农药污染 pesticide pollution

主要指农药及其在自然环境中的降解产物污染大气、水体和土壤，并破坏生态系统，引起人和动、植物的急性或慢性中毒的一种有机污染。

14.020 复合污染 combined pollution, multiple contamination

通常指两种或两种以上不同性质的污染物或几种来源不同的污染物，在同一环境单元同时存在，并同时对生物体产生胁迫作用的环境污染现象。

14.021 污染物 pollutant, contaminant

人类活动直接或间接产生的，以及自然界突发的，能导致生物体或生态系统产生不良效应的物质或能量。

14.022 无机污染物 inorganic pollutant

能导致生物体或生态系统产生不良效应的无机化合物。

14.023 有机污染物 organic pollutant

能导致生物体或生态系统产生不良效应的有机化合物。可分为天然有机污染物和人工合成有机污染物两大类。

14.024 持久性有机污染物 persistent organic pollutants, POPs

化学性质稳定、在环境中能持久残留、易于在人体、生物体和沉积物中积累并能致癌、致畸的有机化学物质。

14.025 营养性污染物 nutrient pollutant

主要指氮、磷及其化合物,包括铵盐、硝酸盐、磷酸盐、糖类、蛋白质、氨基酸和含磷洗涤剂等,进入天然水体后能导致水体富营养化,使水质恶化。

14.026 生物性污染物 biological pollutant

细菌、病毒和寄生虫等能导致不良生态效应的活体物质。

14.027 潜在污染物 potential pollutant

对生物具有间接伤害作用,或者由于环境中存在量的关系暂时尚未显示出直接危害性的污染物。

14.028 一次污染物 primary pollutant

又称"*原生污染物*"。由人类活动直接产生,自污染源直接排入环境后,其物理和化学性状未发生变化的污染物。

14.029 二次污染物 secondary pollutant

又称"*次生污染物*"。排入环境的一次污染物,由于自然界的物理、化学和生物因子的影响,其性质和状态发生变化而形成的新的污染物。

14.030 污染物形态 form of pollutant, species of pollutant

污染物存在的形式与状态,随环境条件的变化而发生转化。如土壤中重金属形态可分为水溶态、可交换态、碳酸盐结合态、铁锰氧化物结合态、有机质－硫化物结合态和残渣态等。

14.031 重金属 heavy metal

一般指比重大于4.0,且工业上常用的、对生物体有毒性的金属元素。如汞、镉、铅、铜和铬等。

14.032 砷中毒 arsenic poisoning

因砷的环境污染导致生物体发生不良症状或病变的现象。如慢性中毒可导致黑脚病和皮肤癌,严重时因脑麻痹而死亡。

14.033 骨痛病 itai-itai disease

因受镉污染危害而产生的人体病症,主要表现为镉对骨中钙的置换使骨质软化、发生骨折,患者全身骨节疼痛难忍,最早发现于日本富山县神通川流域一带。

14.034 铅中毒 saturnism

环境中的铅经食物和呼吸途径进入人体,引起消化、神经、呼吸和免疫系统急性或慢性毒性影响,通常导致肠绞痛、贫血和肌肉瘫痪等病症,严重时可发生脑病甚至导致死亡的现象。

14.035 水俣病 Minamata disease

由汞污染引起的最为致命的公害病,主要由于环境中的汞经生物甲基化作用转化为甲基汞,并通过鱼、贝富集以及人的摄食等食物链途径,导致人体中枢神经病患,因最早发现于日本水俣湾而得名。

14.036 氟中毒 fluorosis

由于长期生活在高氟环境中而摄入含氟量高的饮水、食物和空气,导致人体中氟元素蓄积而引起氟斑牙、氟骨症等牙齿和骨骼病变的现象。

14.037 多环芳烃 polycyclic aromatic hydrocarbons, PAHs

含有一个苯环以上的芳香化合物,产生于工业生产、有机物热解或不完全燃烧,其中有许多被证明具有致癌毒性。

14.038 多氯联苯 polychlorinated biphenyls, PCBs

联苯苯环上的氢被氯取代而形成的多氯化合物,对生物体有积蓄性毒害作用。

14.039 二噁英 dioxine

又称"酰氯"。具有高毒性、强致癌性的一类$C_4H_4O_2$六环化合物。

14.040 污水 sewage

生活活动产生的不清洁水的总称。包括来自城镇系统的雨雪水。

14.041 废水 wastewater

生产活动产生的液状废弃物,常常含有有毒、有害组分。

14.042 空气污染物 air pollutant

通常以气态形式进入近地面或低层大气环境的外来物质。如氮氧化物、硫氧化物和碳氧化物以及飘尘、悬浮颗粒等,有时还包括甲醛、氡以及各种有机溶剂,其对人体或生态系统具有不良效应。

14.043 飘尘 floating dust

又称"飞灰(fly ash)"。燃料燃烧过程中产生的随烟气排出的颗粒物,其粒径小于10 μm,可随风飞扬,造成大气污染。其含量是评价大气污染对人体健康影响的重要指标。

14.044 降尘 dustfall

一般指粒径大于30 μm的可自然沉降的大气固体颗粒物。其含量是评价大气污染程度的指标之一。

14.045 伦敦型烟雾 London smog

燃煤所产生的烟尘、二氧化碳与自然雾混合在一起积聚而形成的烟雾,最早发生在伦敦而得名。

14.046 氮氧化合物 nitrogen oxide

NO、NO_2、N_2O、N_2O_3、N_2O_4和N_2O_5等的总称。通常指NO和NO_2,以NO_x表示。

14.047 光化学过程 photochemical process

在一定的地理、气象和空气污染条件下,空气污染物由于太阳辐射光或其他电磁辐射的作用,而引起的光化学反应过程。

14.048 阳伞效应 umbrella effect

由大气污染物或火山喷发等对太阳辐射的削弱作用而引起的地面冷却效应。

14.049 逆温层 inversion layer

气温随高度的增加而增加或保持不变的大气层次。

14.050 湿沉降 wet precipitation

大气污染物随降雨、降雪等降水形式沉降到地面的过程。

14.051 干沉降 dry fallout

大气污染物以干的形式离开大气而沉降到地面的过程。

14.052 酸沉降 acidic precipitation

由人为排放并释人大气的SO_2和NO_x等污染物经一系列化学变化过程,生成相应的酸或盐之后,再以湿沉降或干沉降形式沉降到地面的过程。

14.053 酸雨 acid rain

硫、氮等氧化物所引起的雨、雪和冰雹等大气降水酸化以及pH小于5.6的大气降水。

14.054 脱硫作用 desulfurization

为防止硫对大气环境的污染,在燃料使用之前采用一定措施使其中的硫分与燃料相脱离的过程。

14.055 放射性废物 radioactive waste

核燃料生产、加工,同位素应用,核电站,核研究机构,医疗单位,放射性废物处理设施等所产生的废物。

14.056 高放射性废物 high-level radioactive

waste

含有辐照核燃料后处理过程分离出的绝大部分高放射裂变产物、若干锕系元素等放射性废物及其固化体。

14.057 核废物 nuclear waste

含有 α、β 和 γ 辐射的不稳定元素并伴随有热产生的无用材料。

14.058 放射性本底 radioactive background

自然环境中的宇宙射线和天然放射性物质构成的辐射总称。

14.059 放射性尘埃 radioactive dust

放射性沉降物中可长期漂浮在大气中的粒径小于 25 μm 的气溶胶粒子。

14.060 放射性沉降物 radioactive fallout

核爆炸的裂变碎片与大气混合凝结成的微粒或附着在其他尘粒上形成的固体物质。

14.061 放射性半衰期 radioactive half-time

当放射性的核素因衰变而减少到原来的一半时所需的时间。

14.062 放射性损害 radioactive damage

环境中放射性同位素经不同途径进入生物体,在生物体内积累并达到一定浓度时导致生物体的不良效应。

14.063 热辐射 thermal radiation

物体因其表面的温度而以电磁波的形式向外辐射能量,即红外辐射。

14.064 紫外辐射 ultraviolet radiation, UV

电磁波谱中介于电离辐射和可见光辐射之间的部分,其波长介于 100 ~ 400 nm 之间。

14.065 辐射病 radiation sickness

受辐射伤害引起的病症,分为急性和慢性两种类型,前者由短期内一次或多次大剂量射线作用机体所引起,或者系机体长期接受小剂量射线辐照所致,有头晕、食欲不振、脱发、白细胞减少等症状。

14.066 污染源 pollution source

污染物发生源。分自然污染源和人为污染源两大类。

14.067 点污染源 point source of pollution

呈点状分布、易于辨别的污染源。如工厂、医院排污口等。

14.068 非点污染源 non-point source of pollution

又称"面污染源"。呈广泛大面积、易于扩散的污染源。如暴雨形成的地表径流,位点分散难于确定和定量的污染源。

14.069 农业污染源 agricultural pollution source

因使用化肥和农药等农业生产活动造成的环境污染发生源。

14.070 污染强度 polluting strength, polluting intensity

环境中污染物含量的高低与毒性强弱的程度。

14.071 污染水平 pollution level

环境受污染的程度。根据有关标准划分不同污染等级,一般分轻(slight)、中(meso-)和重(heavy)污染三级。

14.072 污染系数 coefficient of pollution

各种污染物的实际浓度与允许存在的标准浓度之比的比标系数之和。

14.073 污染负荷 pollution loading

在单位时间、单位面积或单位体积环境单元内所接纳、承受污染物的量。

14.074 生物有效性 bioavailability

又称"生物可利用性"。指污染物成分被生物体利用的实际程度,与污染物的存在形态有直接关系。

14.075 归宿 fate

污染物在经过迁移、转化和降解后,最终在

水、沉积物、土壤、大气和生物体等环境单元中沉积和分配的过程。

14.076 污染监测 pollution monitoring

应用物理、化学或生物学的方法测定、分析环境中污染物种类(包括病原微生物)、形态及其含量的方法。

14.077 生物测定 bioassay

利用生物的反应测定某种污染物的毒性或危害的方法。

14.078 指示生物 bioindicator, indicator organism

对环境中的污染物或某些因素能产生非一般性反应或特殊信息的生物体。它可以将受到的各种影响以不同症状表现出来,以此表征环境质量状况。

14.079 生物监测 biological monitoring, biomonitoring

利用生物个体、种群或群落对环境污染或变化所产生的反应进行定期、定点分析与测定以阐明环境污染状况的环境监测方法。

14.080 生物退化 biodeterioration

由于生物的活动导致非生命物质的性质发生不利于人类需求的变化,即非生命物质的内在价值受到削弱。

14.081 生物群落效应 biocenological effect

污染物进入环境介质改变与破坏正常群落结构和功能的现象。

14.082 吖啶橙直接计数法 acridine orange direct count, AODC

使用荧光染料吖啶橙染色细菌细胞的一种计数方法,可以直接检测环境中的细胞总数(活的和死的细胞)。

14.083 污染指示生物 pollution indicating organism

对污染反应灵敏,用来监测和评价污染状况的生物。

14.084 环境指标 environmental indicator

表征环境质量的物理、化学、生物学和生态学的参数。

14.085 环境背景值 environmental background value

又称"环境本底值"。在相对未受人为活动影响的水、大气和土壤中本身固有的化学物质或元素的含量。

14.086 环境容量 environmental capacity

在不产生不良效应前提下,某一生态系统单元或环境介质对污染物的最大容纳量。

14.087 环境质量 environmental quality

在一定的时间内环境的总体或其某些要素对生物生存特别是人类的生存、繁衍和社会经济发展的适宜程度。

14.088 环境质量标准 environmental quality standard

国家或地区权力机构为保障人体健康、保护生物资源和环境,根据人群和生态系统的综合要求,而制定的各种环境参数允许水平的法规。

14.089 污染控制 pollution control

采用技术的、经济的、法律的以及其他管理手段和方法,以杜绝、削减污染物排放的环保措施。

14.090 污染预防 pollution prevention

采用各种方法防止污染物向环境系统排放的综合措施。

14.091 生态安全 ecological safety

生态系统完整性和健康的整体水平,尤其是指生存与发展的不良风险最小以及不受威胁的状态。

14.092 污水污染 sewage pollution

污水排入环境系统而导致环境质量下降的

现象。

14.093　污水生物系统　saprobic system, saprobien system

河流受生活污水污染后形成的特有生物群落体系。受污染后随流程的延长和自净过程形成不同的带（多污带、中污带和寡污带），各带河流理化特征和生物群落结构不同。

14.094　多污带　polysaprobic zone, septic zone

有机物严重污染河段，其特征为：大分子有机物丰富，溶解氧很少或无，并有硫化氢生成；细菌很多，基本无植物或有少量蓝藻；有少数几种食腐败物质的细菌和动物。

14.095　α 中污带　α-mesosaprobic zone, strongly polluted zone

中等污染河段，其特征为：有机物较少也较简单，溶解氧较少；细菌、真菌较多，藻类大量出现；微型动物占多数，出现耐污动物和鱼类。

14.096　β 中污带　β-mesosaprobic zone, mildly polluted zone

轻度污染河段，其特征为：有机物得到进一步矿化，溶解氧较多；细菌较少，适于多种藻类生长，是鼓藻主要分布区，有一些有根植物和多种动物生长。

14.097　中污生物　mesosaprobe

生活在大分子有机物得到初步分解并有少量溶解氧的中污带水体中的生物。

14.098　寡污带　oligosaprobic zone

污染恢复带或清洁带，其特征为：有机物完全矿化，溶解氧含量恢复正常水平；水中细菌和藻类少，着生藻类多；有多种昆虫幼虫和其他动植物生长。

14.099　寡污生物　oligosaprobe

只能生活在有机物含量低、溶解氧充沛的水体中的生物。

14.100　富营养化　eutrophication

水体中氮、磷等营养物质的富集以及有机物质的作用，造成藻类大量繁殖和死亡，水中溶解氧不断消耗，水质不断恶化，鱼类大量死亡的现象。

14.101　赤潮　red tide

又称“红潮”。因海洋中的浮游生物爆发性急剧繁殖造成海水颜色异常的现象。

14.102　赤潮生物　red tide plankton

形成赤潮时占优势的浮游生物种类，主要分布在离水面几十厘米到一米左右的海水表面。

14.103　藻华　phytoplankton bloom, water bloom

又称“水华”。水中滋生大量的浮游植物（微细藻类）而使水变色的现象。

14.104　专性污水生物　lymabiont

只在污水中生活的生物。

14.105　兼性污水生物　lymaxene

能在污水也能在非污水中生活的生物。

14.106　污着生物　fouling organism

生长在船底和水中一切设施表面的动物、植物和微生物。

14.107　污着群落　fouling community

船底、码头、浮标和管道等处的不同种污着生物构成的特定生物群落。

14.108　耐污生物　pollution tolerant organism

可以在相当的程度上忍受不良条件的刺激，甚至可以由于群落中其他种类的消失而独自发展为优势种类的生物。

14.109　耐性种　tolerant species

又称“耐污染物种”。对环境条件的变化具有较强耐受能力的物种。

14.110 腐生菌群落 saprophytic bacteria community, saprophytic community

在有机物丰富的污水中生活并经过污水处理后仍能继续生存的各种细菌。

14.111 腐生生物群落 saprium

在有机物丰富的污水中生活的各种动、植物和微生物群体。

14.112 水质 water quality

水对生物体的适宜程度,是其物理、化学和生物学特性的综合反映。

14.113 水质评价 water-quality assessment

依据人类对水体的不同利用功能,运用参数、标准和方法对水体的质量进行定性或定量的评定。

14.114 水质监测 water-quality monitoring

对水体中各种水质指标、污染物及微生物进行定点、定时检测与分析。

14.115 [浑]浊度 turbidity

水体不透明的程度,由能使入射光散射的微粒引起。

14.116 悬浮物 seston, suspended substance, SS

悬浮在水体中、无法通过 0.45 μm 滤纸或过滤器的有机和无机颗粒物。如难溶于水的淤泥、黏土、有机物、藻类和微生物等,是衡量水质污染程度的指标之一。

14.117 生物悬浮物 bioseston

悬浮在水中的浮游动植物、细菌等微型生物颗粒物。

14.118 非生物悬浮物 tripton, abioseston

悬浮在水中的死有机体、有机碎屑和胶体物质等无生命有机颗粒物。

14.119 混合液悬浮固体 mixed liquor suspended solid, MLSS

一种表示活性污泥生物量的方法,即每升混合液含有的经 105℃烘干后的污泥重量,用 g/L 表示。可以粗略地反映活性污泥中的微生物生物量。

14.120 混合液挥发性悬浮固体 mixed liquor volatile suspended solid, MLVSS

一种表示活性污泥生物量的方法,即混合液中悬浮固体经 600℃高温灼烧后所失去的重量,用 g/L 表示。可较为准确地反映活性污泥中微生物生物量,但测定手续较繁琐,工程上常用混合液悬浮固体代替混合液挥发性悬浮固体。

14.121 生化需氧量 biochemical oxygen demand, BOD

地面水体中的有机物经微生物分解所消耗水中溶解氧的总量,用 mg/L 表示。通常采用一定体积的水样在 20℃条件下培养 5 天后,测定水体中溶解氧消耗的毫克数。

14.122 化学需氧量 chemical oxygen demand, COD

水中有机物和还原性物质被化学氧化剂氧化所消耗的氧化剂量,折算成每升水样消耗氧的毫克数,用 mg/L 表示。该指标主要反映水体受有机物污染的程度。

14.123 总有机碳 total organic carbon, TOC

溶解于水中的有机物总量折合成碳计算的量。

14.124 总有机物 total organic matter, TOM

水中溶解性和悬浮性有机物的总量,用总有机碳表示。

14.125 有机负荷 organic loading

在单位时间、单位面积或单位体积内环境单元所能被去除的有机化合物的量,记作 kg/(m^3 · d)。

14.126 嗅觉指标 olfactory index

根据人对恶臭物质的反应以判定大气环境质量恶臭物污染状况的方法。通常分为无臭、轻微臭味、明显臭味、强烈臭味和难忍受臭味等5类。

14.127 总氮 total nitrogen, TN

水中各种形态无机和有机氮的总量。包括 NO_3^-、NO_2^- 和 NH_4^+ 等无机氮和蛋白质、氨基酸和有机胺等有机氮，以每升水含氮毫克数计算。常被用来表示水体受营养物质污染的程度。

14.128 总磷 total phosphorus, TP

水中各种形态磷的总量。即水样经消解后将各种形态的磷转变成正磷酸盐后测定的结果，以每升水含磷毫克数计算。

14.129 污水处理 sewage treatment

用各种方法将污水中所含的污染物分离出来或将其转化为无害物，从而使污水得到净化的过程。

14.130 一级处理 primary treatment

又称“初级处理”。应用物理法中的各种处理单元，从废水中去除呈悬浮状态的固体污染物，使废水初步得到净化的过程。

14.131 二级处理 secondary treatment

又称“生物处理”。继一级处理以后的废水处理过程，主要利用构筑物内或特定环境中的生物（主要是微生物）去除水中溶解的或悬浮的有机物。常用方法有活性污泥法和生物过滤法。

14.132 三级处理 tertiary treatment

又称“高级处理”，“深度处理”。继二级处理以后的废水处理过程，通常用于处理二级处理不能处理的氮、磷和病原菌以及部分重金属等污染物。

14.133 土地处理 land treatment

通过土壤的物理、化学作用以及土壤中微生物、植物根系的生物学作用，使污水得以净化的自然与人工相结合的污水处理系统。

14.134 好氧处理 aerobic treatment

在充分供氧和适当温度、营养条件下，使好氧性微生物大量繁殖，并利用其将污水中的有机物氧化分解为二氧化碳、水、硫酸盐和硝酸盐等无害物质的过程。

14.135 好氧生物处理 aerobic biological treatment

利用好氧微生物进行的废水处理方法。

14.136 厌氧生物处理 anaerobic biological treatment

利用厌氧微生物对废水处理的方法。有机物不能完全降解，有一部分转化为甲烷，可以作为能源利用。

14.137 活性污泥 activated sludge

由细菌、真菌、原生动物和后生动物等各种生物和金属氢氧化物等无机物所形成的污泥状的絮凝物。有良好的吸附、絮凝、生物氧化和生物合成性能。

14.138 活性污泥法 activated sludge method, activated sludge process

利用活性污泥对污水进行好氧生物处理的方法，其基本工艺流程是曝气池和二次沉淀池依次串联，并有回流污泥管将二次沉淀池沉淀下来的污泥又送回到曝气池中。

14.139 序批式反应器 sequencing batch reactor, SBR

按时间顺序间歇操作运行的反应器，活性污泥法的一种变形，其特点是在空间上完全混合，时间上完全推流，整个处理过程（包括除磷脱氮过程）在同一反应器中进行。

14.140 CASS 工艺 cyclic activated sludge system

一种循环式活性污泥法。与序批式反应器相比，增加了预反应区，设计更优化合理的生物反应器。该工艺将主反应区中部分剩余污泥回流至选择器中，实现了连续进水。

14.141　氧化沟　oxidation ditch

传统活性污泥法污水处理技术的改良，外形呈封闭环状沟，其特点是混合液在沟内不中断地循环流动，形成厌氧、缺氧和好氧段，且将传统的鼓风曝气改为表面机械曝气。

14.142　污泥浓缩　sludge thickening

将污泥初步脱水的过程。

14.143　食料微生物比　food-to-microorganism ratio, F/M

又称"污泥负荷(sludge load)"。在活性污泥法中，废水中的有机物(即食物)与活性污泥(即微生物)的比值。有机物可用生化需氧量(BOD)表示，而活性污泥可用混合液悬浮固体(MLSS)表示。

14.144　微生物驯化　microbial acclimation

一种定向选育微生物的方法，其中的微生物由于逐步适应某种特定条件，最后获得较高耐受力和代谢活性。

14.145　剩余污泥　surplus sludge, excess sludge

由于微生物的代谢和生物合成作用，使得曝气池中的活性污泥生物量增加，经二次沉淀池沉淀下来的污泥一部分回流到曝气池供再处理污水用，多余的排放到系统之外的部分即剩余污泥。

14.146　生物膜法　biofilm process

利用固着在惰性材料表面的膜状生物群落处理污水或废气的方法。生物滤池法、生物接触氧化法和生物转盘法均属于此种方法。

14.147　生物膜　biofilm

由细菌、真菌、藻类、原生动物和后生动物组成的膜状生物群落，构成的食物链可有效地去除水中的有机污染物。同活性污泥相比，生物膜的食物链长而复杂，因此产生的污泥少而抗冲击负荷的能力强。

14.148　污泥膨胀　sludge bulking

活性污泥沉降性能变差的现象。有非丝状菌性膨胀和丝状菌性膨胀两种，前者系因黏性物质大量积累而引起，后者系丝状菌异常增长而引起。

14.149　生物滤池　biological filter

一种用于处理污水的生物反应器，内部填充有惰性过滤材料，材料表面生长生物群落，用以处理污染物。

14.150　生物转盘　biological disc

一种好氧处理污水的生物反应器，由水槽和一组圆盘构成，圆盘下部浸没在水中，圆盘上部暴露在空气中，圆盘表面生长有生物群落，转动的转盘周而复始地吸附和生物氧化有机污染物，使污水得到净化。

14.151　生物接触氧化反应器　biological contact oxidation reactor

一种好氧处理污水的生物反应器，内装填一定数量的填料，利用生长在填料上的生物膜和供应充足的氧气去除污染物。

14.152　氧化塘　oxidation pond

一种常用污水处理系统，塘中处于好氧状态，利用细菌、藻类和水生生物处理污水，依靠藻类放氧促进好氧菌活动去除水中有机污染物。

14.153　藻菌共生体系　algae-bacteria symbiotic system

利用藻类和好氧菌两类微生物之间在功能上的协调作用处理污水的生态系统。

14.154　构造湿地系统　constructed wetland system

一种人工建造的污水生物处理系统，利用芦苇等水生植物去除水中污染物。

14.155　腐化池系统　septic tank system

又称"化粪池系统"。一种具有沉淀、澄清和厌氧消化功能的小型污水处理构筑物，底层积累的污泥需定期抽取，出流进入污水处理系统或消纳场地，后者通过土地处理。

14.156 互养共栖 syntrophism, syntrophy
两种或多种有机体共同利用某种有机物的现象。

14.157 种间氢转移 interspecies H_2 transfer
一种微生物产生氢气，而另一种微生物消耗氢气的互养共栖现象。

14.158 消化池 digester
又称"*沼气池*"。厌氧处理装置，用于处理污水、污泥和固体废物，产生气体为沼气。

14.159 两相消化法 two stage digestion process
厌氧消化处理的前段为酸化，后段为产甲烷，是由不同微生物区系活动的结果。该法将这两类微生物安排在两个反应器中，有利于提高代谢速率和系统稳定性。

14.160 升流式厌氧污泥床 upflow anaerobic sludge blanket, UASB
一种高效处理污水的厌氧生物反应器。反应器内无填料，污水从反应器下部进入，上部有悬浮的颗粒污泥层，最上部有一关键性的气－液－固三相分离装置。

14.161 颗粒污泥 granule sludge
升流式厌氧污泥床及其类似的反应器产生的颗粒状污泥，中空接近圆形，主要由无机沉淀物和胞外聚多糖构成，多种微生物生活在一起可有效地去除废水中的污染物。

14.162 聚磷菌 poly-P bacteria
一类可对磷超量吸收的细菌，磷以聚磷酸盐颗粒（异染粒）的形式存在于细胞内。

14.163 生物脱氮 biological removal of nitrogen
通过硝化细菌和反硝化细菌的联合作用使污水中的含氮污染物转化为氮气的过程。

14.164 生物絮凝作用 biological flocculation
在水或污水处理中，使溶胶和其他带电悬浮小颗粒聚集沉淀的过程。

14.165 微生物絮凝剂 microbial flocculant
由微生物产生的具有絮凝活性的高分子有机物，主要含有糖蛋白、黏多糖、纤维素和核酸等。

14.166 水解作用 hydrolysis
污染物与水反应引起自身分解并形成新化合物的过程。

14.167 固体废物 solid waste
以固体形式存在的废弃物，尤以城市垃圾为常见。

14.168 生活废物 sanitary waste
城镇生活、市政建筑和商业活动等遗弃的各种固体废弃物。

14.169 有机废物 organic refuse
环境中被废弃的固体有机物的总称。

14.170 生物碎屑 organic detritus
又称"*有机碎屑*"。动植物和微生物死体或代谢产物的碎片或细小颗粒。

14.171 生物气溶胶 bioaerosol
含有生物性粒子的气溶胶。包括细菌、病毒以及致敏花粉、霉菌孢子、蕨类孢子和寄生虫卵等，除具有一般气溶胶的特性以外，还具有传染性、致敏性等。

14.172 原生病原体 primary pathogen
废物中原来含有的细菌、病毒、原生动物和蠕虫卵等病原体。

14.173 次生病原体 secondary pathogen
在废物处理过程中新产生的病原体。如在堆制过程中产生的真菌和放线菌等可以造成呼吸系统疾病的微生物。

14.174 白腐菌 white rot fungi
属担子菌纲丝状真菌，因腐朽木材呈白色而

得名。代表菌株为黄孢原毛平革菌(*Phanerochaete chrysosporium*),在污染土壤修复中常有应用。

14.175 恶臭物质 malodorous substance

能散发难闻气味,引起多数人不愉快感觉的物质。

14.176 生物除臭剂 biological deodorant

植物提取物、微生物酶或菌体构成的去除废物中恶臭的制剂。

14.177 生物涤气器 bioscrubber

一种生物处理废气的装置,由吸收器和生物反应器两部分组成,前者溶解废气中的污染物,后者用活性污泥法和生物膜法降解或转化溶解在水中的污染物。

14.178 废物再循环 waste recycling

采取管理和工艺措施从废物中回收有用的物质和能源的过程。

14.179 废物资源化 reclamation of wastes

采用管理和工艺等措施,从废物中分选、回收有利用价值的物质,变废为宝的过程。

14.180 垃圾处理 refuse treatment

运用填埋、焚烧、综合处理和回收利用等多种形式,对城市垃圾进行减量化、资源化和无害化处理的过程。

14.181 卫生填埋 sanitary landfill

为防止地下水和大气污染,利用坑洼地填埋城市垃圾,是一种既可处置废物,又可覆土造地的保护环境措施。现在主要进行厌氧填埋,同时可回收甲烷气体。

14.182 堆制处理 composting

利用天然微生物区系人为地促进生物来源的有机废料好氧分解和稳定化的过程。

14.183 污水灌溉 sewage irrigation

利用未处理或经初步处理的城市污水或工业废水对农田进行的灌溉。

14.184 土壤退化 soil deterioration

又称"土壤恶化"。在各种自然的,特别是人为的因素影响下所发生的导致土壤的农业生产能力或土地利用和环境调控潜力,即土壤质量及其可持续性暂时或永久性的下降,甚至完全丧失其物理的、化学的和生物学特征的过程。

14.185 毒激活作用 toxic activation

无害的前体物质转化为有毒产物的过程。

14.186 生物激活作用 bioactivation

在有机体内,污染物分子通过转化而加入到一个具有更高生物化学活性的代谢过程。

14.187 激活缓和 defusing of activation

一种化合物 A 可以转化为毒性更高的化合物 B,也可以转化为无毒化合物 C,由于 A 向 C 的转化而削弱了 A 向 B 的激活,称为激活缓和。

14.188 植物毒素 phytotoxin

植物体内含有的能对人和动物等产生毒害作用或致死的化学成分,包括有高生物活性的各类次级代谢物。如生物碱、酚类、氰苷和毒蛋白等。

14.189 植物毒素抑制 phytotoxic inhibition

植物向环境中释放化学物质,使别的植物受到直接或间接损害的现象。

14.190 毒性 toxicity, poisoness

毒物的化学分子或化合物到达生物敏感部位引起机体损害的能力。

14.191 慢性毒性 chronic toxicity

污染物在生物大部分或整个生命周期内持续损害机体的过程,可能通过遗传作用造成对下一代生物的不良效应。

14.192 急性毒性 acute toxicity

又称"急性毒作用"。污染物一次或 24 h 短暂时间内多次作用于机体而导致机体受损的过程。

14.193 蓄积性毒性 cumulative toxicity
低于一次中毒剂量的污染物反复地与生物接触一定时间后致使其出现的中毒作用。

14.194 植物毒性 phytotoxicity
污染物对植物产生毒害作用的程度。

14.195 生殖毒性 genotoxicity
又称"遗传毒性"。污染物长期暴露引起动物生殖细胞或遗传物质形态结构发生变化的现象。

14.196 毒性指数 toxicity index
表示和比较毒物毒性大小的统一标准方法和尺度,即参照数值或指标数值。

14.197 急性中毒 acute intoxication
大量的环境污染物于短期(24 h)内一次或多次作用于机体所引起的损害作用。

14.198 急性致毒剂量 acute dose, acute dosage
在短时间内即可引起生物产生中毒反应的剂量。

14.199 毒性试验 toxicity test
通过研究生物接触污染物而产生的毒性反应及其严重程度,来确定污染物毒性的一种试验方法。

14.200 急性毒性试验 acute toxicity test
一次投给实验动物较大剂量的受试物,观察其在短时期(一般为24 h到2周以内)中毒反应的一种试验方法。

14.201 毒性阈值 toxicity threshold
能引起超出机体平衡限度生物变化的最小暴露水平或剂量。

14.202 耐受性 toleration
生物对进入其体内的有害元素积累的忍耐能力。

14.203 耐毒性 toxic tolerance
生物在有毒物存在时仍能生长的一种特性。

14.204 耐毒极限 toxic limit, toxicity limit
生物对有毒污染物所能忍受的最高限度。

14.205 忍耐指数 index of tolerance
以简单的数值综合表示生物有机体对污染物或环境因素改变的耐受程度。

14.206 农药残留 pesticide residue
在农业生产中施用农药后一部分农药直接或间接残存于谷物、蔬菜、果品 、畜产品、水产品以及土壤和水体中的现象。

14.207 残效 residual effect
一种化学药剂施于农作物或土壤中后,在一定时期内仍对有害生物有一定毒杀作用的现象。

14.208 效应外推 effect extrapolation
根据某种生物毒性试验数据计算出其他物种、其他生命阶段或条件下的相应数值的方法。

14.209 生态风险 ecological risk
环境自然变化,尤其是人类活动导致的自然环境物理破坏引起的不良生态效应的或然性、可能危险性。

14.210 生态风险评价 ecological risk assessment
又称"生态风险评估"。应用定量的方法评估、预测各种环境污染物对生物系统可能产生的风险及评估该风险可接受程度的模式或方法。

14.211 高风险 high-risk
又称"高危"。污染物发生毒性作用的相对危险性明显高于正常的情况。

14.212 生物半寿期 biological half-life
由于生物的代谢作用,污染物在机体或器官内的量减少到原有量的一半所需要的时间。

14.213 剂量－反应关系 dose-response relationship

污染物对生物危害的程度取决于污染物的毒性和进入机体剂量的相关关系。

14.214 结构－活性定量关系 quantitative structure-activity relationships, QSARs

某种污染物的毒性或危害性与其物理、化学性质或分子结构特性之间的定量相关关系。

14.215 致死剂量 lethal dosage, LD

污染物足以引起生物死亡的剂量。

14.216 亚致死剂量 sublethal dose

尚未出现死亡但能引起行为、生理、生化和组织等方面的某种效应的毒物剂量。

14.217 半数致死剂量 median lethal dosage, LD_{50}

受试生物半数死亡所需污染物的剂量。

14.218 最大允许剂量 maximum permissible dose, MPD

污染物在环境中允许存在的最高浓度,为最低有影响剂量和最大无影响剂量之间的剂量。

14.219 无作用浓度 no effect level

在一定时间内受试生物能保持良好状态的污染物浓度。

14.220 安全浓度 safe concentration, SC

长期暴露而不会产生不良效应的化合物浓度。

14.221 亚致死浓度 sublethal concentration

不足以使受试生物死亡,如果积累起来就可以引起死亡的污染物浓度。

14.222 临界浓度 critical concentration

生物开始表现受害症状时的有害物质浓度。

14.223 最大无影响浓度 no observed effect concentration, NOEC

在毒性试验中化合物对实验生物的影响和对照相比无统计学差异的最大浓度。

14.224 最低有影响浓度 lowest observed effect concentration, LOEC

在毒性试验中化合物对实验生物的影响和对照相比有统计学差异的最低浓度。

14.225 最大允许毒物浓度 maximum acceptable toxicant concentration, MATC

最低有影响浓度和最大无影响浓度之间的毒物浓度。

14.226 耐污性 pollution tolerance

生物有机体对污染物所产生的一种耐受和适应的能力。

14.227 抗污性 pollution resistance

生物对某种污染物所具有的忍受能力。

14.228 致死温度 lethal temperature

生物存活数与死亡数各占 50% 的环境温度。

14.229 亚致死热胁迫 sublethal heat stress

生物尚未出现死亡但能引起行为、生理、生化和组织等方面的某种反应的环境温度。

14.230 致畸试验 teratogenesis test

一种采用与人代谢方式相近的动物来替代人类进行的畸变试验。

14.231 亚致死损伤 sublethal damage

细胞接受辐射能量后所引起的损伤不足以使细胞致死,如果损伤积累起来就可以引起细胞死亡。

14.232 DNA 损伤 DNA injury

外来化学物直接损伤 DNA 或产生其他遗传学改变而使基因和染色体发生的改变。包括基因突变、染色体畸变和染色体分离异常三类。

14.233 生物标记 biomarker

根据某一区域以及生物体内分子、生化及生理指标的反应及其信号，评估污染物对个体生物以及整个生态系统影响的方法。

14.234　变态反应　allergic reaction
又称“过敏性反应”。机体对化学物产生的一种有害免疫介导反应。

14.235　回避反应　avoidance reaction
生物避开污染物逃向非污染区的行为。

14.236　致癌作用　carcinogenesis
污染物直接或间接诱发恶性肿瘤的过程。

14.237　致畸剂　teratogen
通过人或动物母体影响胚胎发育和器官分化，使子代出现先天性畸形的环境因子或污染物质。

14.238　生态效应　ecological effect
生物因子或非生物因子，在其存在或活动过程中，对其所在生态系统中的结构、功能所产生的影响。

14.239　生物积累　bioaccumulation
生物在其整个代谢活跃期内通过呼吸、吸收、吸附和吞食等作用，把污染物从其周围环境浓缩到生物体内的过程。

14.240　生物浓缩　bioconcentration
又称“生物富集(bioenrichment)”。生物机体或处于同一营养级上的许多生物种群，从周围环境中蓄积某种元素或难分解的化合物，使生物体内该物质的浓度超过环境浓度的现象。

14.241　生物放大　biomagnification
在生态系统的同一食物链上，由于高营养级生物以低营养级生物为食物，某种元素或难分解化合物在机体中的浓度随着营养级的提高而逐步增大的现象。

14.242　生物浓缩因子　bioconcentration factor, BCF
生物体内某种元素或难分解化合物的浓度同其所生存的环境中该物质浓度的比值。

14.243　联合效应　joint effect
污染物之间不同的交互作用，通过各种污染生态过程，产生不同的生态效应，通过植物、动物和微生物反应表现出来的现象。

14.244　联合毒性　joint toxicity
污染物之间发生交互作用，产生协同或拮抗或加和的效应，导致对生物体或生态系统的毒性与单独存在时不同的现象。

14.245　竞争效应　competitive effect
两种或多种污染物同时从外界进入生态系统，一种污染物就与另一种污染物发生竞争，而使另一种污染物进入生态系统的数量和概率减少；或者使外界来的污染物和环境中原有的污染物竞争吸附点或结合点的现象。

14.246　保护效应　protective effect
生态系统中存在的一种污染物对另一种污染物的掩盖作用，进而改变这些化学污染物的生物学毒性和对生态系统一般组分相接触的现象。

14.247　抑制效应　inhibitory effect
生态系统中的一种污染物对另一种污染物的作用，使之生物活性下降，不容易进入对生态系统生命组分进行危害的现象。

14.248　加和作用　addition
两种或两种以上污染物共存时的毒性是其单独存在时毒性之和的现象。

14.249　拮抗作用　antagonism
一种污染物因另一种污染物的存在而使其毒性减少的作用。

14.250　协同作用　synergism
一种污染物因另一种污染物的存在而使其毒性增强的作用。

14.251 独立作用 independent action

多种污染物各自对机体产生不同的效应，作用方式、途径和部位也不同，彼此之间互无影响。

14.252 异生物质 xenobiotics

又称“外来化合物”。非自然界固有、非生物产生的(或非生物必需的)一类有机物。尤指合成农药、有机溶剂等。

14.253 难生物降解物质 recalcitrant substance

又称“抗生物降解物质”。难被微生物降解甚至不能被微生物降解的物质。

14.254 生物修复 bioremediation

通过具有降解功能的细菌和真菌等微生物的作用，使环境介质中的污染物得以去除的过程。

14.255 原位生物修复 in situ bioremediation

在污染的原地点进行的生物修复。采用工程措施但不挖掘土壤或抽取地下水等方法。有生物通气法、生物注气法和生物冲淋法等。

14.256 生物通气法 bioventing process

向井内不饱和层供给空气或氧气促进其中的污染物生物降解的方法。通常用真空泵使井内形成负压的原位生物修复方法。

14.257 生物注气法 biosparging process

将空气压入饱和层水中使挥发性化合物进入不饱和层进行生物降解，同时饱和层也得到氧气促进其生物降解的原位生物修复方法。

14.258 生物冲淋法 bioflooding process

通过注入井或注入沟补充含氧气和营养盐的水以促进土壤和地下水中的污染物生物降解的原位生物修复方法。

14.259 异位生物修复 ex situ bioremediation

采用挖掘土壤或抽取地下水等工程措施移动污染物到邻近地点或反应器内进行的生物处理方法。有土地耕作、土壤堆腐或泥浆反应器等。

14.260 泥浆相处理 slurry phase treatment

一种土壤污染的异位生物修复技术。泥浆反应器可以是一般的经过防渗处理的池塘，也可以是先进污染物混合器。操作运行在许多方面与活性污泥反应器很相似。

14.261 植物修复 phytoremediation

以植物能够忍耐和超量积累某种或某些化学元素的理论为基础，通过植物及其共存微生物体系清除环境中污染物的一种环境污染治理技术。

14.262 植物提取 phytoextraction

利用植物吸收积累污染物的特性，待植物收获后再进一步集中处理污染物的一种植物修复方法。通常用以处理重金属污染物。

14.263 植物稳定化 phytostabilization

植物在与土壤等环境介质的共同作用下，将污染物固定，从而减少其对生物与环境危害的一种植物修复方法。

14.264 植物挥发 phytovolatilization

植物将污染物吸收到体内后并将其转化为气态物质释放到大气中的一种植物修复方法。

14.265 化学修复 chemical remediation

应用化学方法，针对污染物的吸附、释放性，选择适用的表面活性剂通过脱吸、溶解等方法清除环境污染物的过程。

14.266 生态修复 ecological remediation

以生物修复为基础，强调生态学原理在污染土壤和地下水以及地表水修复中的应用，是物理－生物修复、化学－生物修复、微生物－植物修复等各种修复技术的综合。

14.267　共代谢过程　cometabolism process

有些有机污染物不能作为微生物唯一的碳源与能源,必须有另外的化合物存在提供碳源或能源时该有机物才能被降解,这种降解过程称为共代谢过程。

14.268　微生物强化　microbial augmentation

在生物处理过程中,通过接种高效降解菌或增加营养盐等方式提高微生物代谢活动以达到去除污染物的过程。

14.269　生物表面活性剂　biological surfactant

又称“*界面活性剂*”。能显著改变特别是降低液体表面张力或两相间界面张力的物质,有阴离子型、阳离子型、非离子型和两性表面活性剂。

14.270　生物吸附　biological adsorption

污染物或有效性养分通过物理化学作用吸附到生物表面或生物膜表面的现象。

14.271　生物转化　biological transformation

污染物经生物体或其酶的作用而发生的化学结构改变或价态变化的过程。

14.272　生物氧化　biological oxidation

在生物体内,从代谢物脱下的氢及电子，通过一系列酶促反应与氧化合成水，并释放能量的过程。

14.273　自净作用　self-purification

生态系统一种自我调节的机制,通过其自身的物理、化学和生物学作用使污染环境逐渐恢复到原来状态的过程。

14.274　生物净化　biological purification

通过生物类群的代谢作用,使环境中的污染物趋于无害化的过程。

14.275　生物降解　biodegradation

有机污染物在生物或其酶的作用下分解的过程。

14.276　终极降解　ultimate biodegradation

有机物被生物降解为无机产物二氧化碳和水的过程。

14.277　生物可降解性　biodegradability

污染物被微生物以及其他生物降解的可能性。

14.278　吸附作用过程　adsorption process

气体、液体、固体黏着在固体表面的过程。

14.279　扩散过程　diffusion process

污染物以微粒子形式在同一相或不同相之间由高浓度向低浓度方向迁移,直至混合均匀为止的物理运动过程。

14.280　生物脱毒作用　biological detoxification

生物体或其酶系将环境中有毒物质转化为无毒或毒性较低的物质的作用或过程。

14.281　排毒系数　toxicity-emission coefficient

污染物的实测浓度或单位时间绝对排放量与毒性标准之比值,或者用以实验为依据的毒性标准对参数进行等标化处理后得到能够进行比较的同一量纲的数值。

14.282　轭合作用　conjugation

生物体内的中间代谢产物和异生物质进行的合成反应,一般可以使其毒性减弱。

14.283　生物甲基化　biological methylation

在生物的代谢作用下,有机物中的氢原子为甲基所取代或金属离子转化为金属甲基分子的过程。汞等金属在微生物作用下形成的甲基金属的毒性大为增强。

14.284　抗汞微生物　mercury-resistant microorganism

能使有机汞或无机汞化物转化为元素汞的微生物。

14.285　石油微生物　petroleum microbe

通过连续加富培养技术可分离得到的能利用较为复杂石油组分的微生物。

14.286 金属硫蛋白 metallothionein, MT
由微生物和植物产生的金属结合蛋白,富含半胱氨酸的短肽,对多种重金属有高度亲和性。

14.287 铁载体 siderophore
一种存在于胞外,可富集环境中低浓度的铁并促进其转移到细胞中的低分子量化合物。

15. 农业生态学

15.001 原始农业 primitive agriculture
基本利用自然力而自发进行农产品生产,主要供自己(劳动者自己及其家庭)的最初级农业形态。

15.002 移耕农业 shifting cultivation
又称"轮荒农业"。一种较原始的农作方式。开垦一片荒地种植作物,数年后地力衰退而弃耕,转而开垦另一片荒地,种植几年后弃耕,返回原来弃耕数年而地力恢复的荒地再开垦,如此反复。

15.003 刀耕火种 slash and burn agriculture
又称"烧荒垦种"。特指热带、亚热带地区的一种原始耕作方式。先砍伐树木,再用火烧光林地,种植数年便撂荒,自然恢复林地后,再砍树、烧荒、种植作物,如此反复。

15.004 雨养农业 rainfed farming, rainfed agriculture
无人工灌溉,仅靠自然降水作为水分来源的农业生产。

15.005 少耕法 less-tillage system, reduced-tillage system
尽可能减少对土壤的扰动和对农田环境影响的耕作方式。

15.006 传统农业 traditional agriculture
在工业化社会前,完全没有现代投入的前提下,主要依靠人力、畜力和当地自然资源的农业。

15.007 中国传统农业 Chinese traditional agriculture
体现和贯彻中国传统的天时、地利、人和以及自然界各种物质与事物之间相生相克关系的阴阳五行思想,精耕细作,轮种套种,用地与养地结合,农、林、牧相结合的一类典型的有机农业。

15.008 自然农业 natural agriculture
又称"自然农法(natural farming)"。源于日本。受中国道家"无为"思想影响,主张农业走与自然合作的道路,而不是征服自然,形成不翻耕、不施化肥、不中耕、不施化学农药的种植方法。

15.009 现代农业 modern agriculture
向农业大量输入机械、化肥、燃料、电力等各种形式的工业辅助能,用现代科技武装,以现代管理理论和方法经营,生产效率达现代先进水平的农业。

15.010 白色农业 white agriculture
又称"农业微生物业(agricultural microorganism industry)"。通过工厂化微生物工程,分解动植物废弃物资源,形成非绿色植物的、不污染环境的新型农业和产业。

15.011 替代农业 alternative agriculture
寻求改变现有农业,探索农业发展新方向、新出路的多种农业生产模式。如集约农业、生态农业、有机农业、立体农业等。

15.012 有机农业 organic agriculture, organic farming

又称“生物农业(bio-agriculture)”。在生产中完全或基本不用人工合成的肥料、农药、生长调节剂和畜禽饲料添加剂,而采用有机肥满足作物营养需求的种植业,或采用有机饲料满足畜禽营养需求的养殖业。

15.013 生态农业 ecological agriculture, eco-agriculture

一种小型农业,其生态上能自我维持,低输入的,经济上有活力的,在环境、伦理道德、审美、人文社会方面不引起大的或长远不可接受的变化。

15.014 立体农业 multi-storied agriculture

在单位面积土地上(水域中)或在一定区域范围内,进行立体种植、立体养殖或立体复合种养,并巧妙地借助模式内人工的投入,提高能量的循环效率、物质转化率及第二性物质的生产量,建立多物种共栖,多层次配置,多时序交错,多级质、能转化的农业模式。

15.015 集约农业 intensive agriculture

在单位面积上投下大量的劳力、资本、肥料等,或实施轮作以提高单位面积平均收获量的农业。

15.016 可持续农业 sustainable agriculture, permaculture

又称“永续农业”。通过管理和保护自然资源,调整农作制度和技术,以确保获得并持续地满足目前和今后世世代代人们需要的农业,是一种能维护和合理利用土地、水和动植物资源,不会造成环境退化,同时在技术上适当可行、经济上有活力、能够被社会广泛接受的农业。

15.017 可持续农业与农村发展 sustainable agriculture and rural development, SARD

在合理利用和维护资源与环境的同时,实行农村体制改革和技术革新,以生产足够的粮食和纤维,来满足当代人类及其后代对农产品的需求,促使农业和农村的全面发展。

15.018 综合农业 integrated agriculture

将自然资源和自然界调节机制综合到农耕活动中,从而最大限度地替代外购投入,确保可持续地生产高质量的食物和农产品,维系农业除生产之外的生物多样性保护和休闲、观赏等多功能性质。

15.019 节水农业 water saving agriculture

节约和高效用水的农业,其根本目的是在水资源有限的条件下实现农业生产的效益最大化,其本质是提高农业水的利用效率。

15.020 生物动力学农业 bio-dynamic agriculture

通过加强与土地、植物、动物的联系,建立起一种和谐的、有节律的农村生产与生活整体,生产以自给自足形式为主的农业。

15.021 生态林业 ecological forestry

遵循生态学和经济学的基本原理,与生态农业一样,应用多种技术组合,实现最少化的废弃物输出以及尽可能大的生产(经济)输出或生态输出,保护、合理利用和开发森林资源,实现森林的多效益的永续利用。

15.022 乡村林业 rural forestry

以农村为对象,以农民为参与主体,充分利用农村地区自然资源条件而发展的林业生产。

15.023 生态农场 ecological farm

依据生态经济学原理,实施生态农业的新型农业生产模式。因地制宜地保护和合理开发利用农业自然资源,并利用多种生产技术提高太阳能的转化率、生物能的利用率和再循环率,同步获取高的经济、生态、社会效益。

15.024　能源农场　energy farm

种植与加工各种生长快、产能高的农作物及能源植物,最终将其蕴藏的生物能转化为电能或热能,且对环境不产生污染和不良影响的农场。

15.025　农村能源　rural energy

农村地区因地制宜,就近开发利用的能源。薪柴、作物秸秆、人畜粪便(制沼气或直接燃烧)、小水电、太阳能、风能和地热能等都属于可再生能源。

15.026　农业布局　agricultural pattern, agricultural layout

就一个地区或一个农业生产单位而言,其农、林、牧、渔各业和种植业内部的构成和配置的总称。

15.027　农业区划　agricultural regionalization, agricultural zoning

依据自然和社会经济条件的空间差异,将一个特定的农业地区划分出不同的农业发展类型区,而同一农业类型区内农业生产条件相似,农业发展方向亦相同。

15.028　半农半牧区　farming-pastoral region

又称"农牧交错区"。以种植业为主的农业地区与以草地畜牧业为主的牧区之间的过渡地区。该地区既有种植业生产,又有草地畜牧业生产。

15.029　迁移性放牧　transhumance

又称"牲畜季节性迁移"。通过迁移使牲畜的营养需要与植物的生物量随着季节更迭而同步匹配的草地畜牧业放牧方式。

15.030　草田轮作制　ley farming

在同一块耕地上轮换种植牧草与农作物的作业方式。

15.031　三熟种植　triple cropping

在同一块田地上,一年内连茬种植或套种三季作物的作业方式。

15.032　农地指示生物　agricultural bio-indicator, agricultural indicator

农地中自然存在的可以用来指示农地某种性状(如农地的碱性、酸性、旱涝状况、肥沃或贫瘠等)的生物种,多数指植物种,亦可能是某种动物或微生物。

15.033　养地作物　soil improving crop

具有固氮能力的豆科作物。

15.034　耐盐作物　salt tolerant crop

能在含盐量较高的土壤上生长,对土壤中较高的盐分含量有一定耐受能力的作物。如高粱、水稻、甜菜、向日葵等。

15.035　土地改良　land amelioration, land improvement

对土地采取一定的物理、化学或生物措施以保持和改善其生产能力的方法。

15.036　土地利用图　land use map

用以表明一特定区域内各种利用类型的土地(如农田、林地、牧草地、居民点及工矿用地、交通用地等)分别所处的位置、大小及范围的地图。

15.037　地力级　land capability class

根据土地的生产能力而将土地划分成的不同等级。

15.038　土地利用规划　land use planning

对一特定地域内各类土地的供应与需求、开发、利用、保护、整治等进行统筹安排,确定各类土地的用途及其合理利用的目标、规模、结构与利用方式,整治和保护的重点及步骤。

15.039　盐化作用　salinization

在一定的环境条件下,溶解在水中的盐分随水移动到土壤上层并在其中沉淀积累的过程。

15.040　盐分累积　salt accumulation

在盐化作用下使土壤上层可溶性盐沉淀量增加,甚至能在土壤表面形成盐霜、盐结皮或盐结壳的现象。

15.041 土壤因子 edaphic factor

影响植物生长发育的土壤质地、结构、理化性状及生物特征等因子的统称。

15.042 土壤吸收作用 soil absorption

土壤所具有的能吸收和保持某些水溶性化合物和某些微粒的作用,其中包括土壤的机械吸收、物理吸收、化学吸收、物理化学吸收和生物吸收作用等。

15.043 土壤碱化作用 soil alkalization

由于盐碱土中的交换性盐基中部分钙、镁被交换性钠所取代,致使土壤发生不同程度的碱性化现象。

15.044 土壤自养细菌 soil autotrophic bacteria

土壤中不利用有机化合物而只利用矿质化合物为营养的细菌。

15.045 土壤异养细菌 soil heterotrophic bacteria

土壤中能利用生物残体和其他有机化合物为营养的一类细菌。

15.046 土壤改良树种 soil improving tree species

在一定条件下能改善土壤理化性状,提高土壤肥力的树种。如有固氮能力的树种可增加土壤中的氮素营养,有些树种能有效地增强土壤的吸水能力。

15.047 土壤代谢 soil metabolism

土壤中的植物根系、土壤动物和微生物通过呼吸作用不断与土壤环境进行的物质交换和能量转化的过程。

15.048 土壤缓冲能力 soil buffering ability

当向土壤中加入酸或碱时,由于土壤胶体及其吸收的阳离子,以及土壤溶液中存在弱酸及弱酸盐类的作用,而具有阻滞土壤酸度或碱度变化的能力。

15.049 土壤容重 soil bulk density

单位体积自然状态下土壤(包括土壤空隙的体积)的干重,是土壤紧实度的一个指标。

15.050 土壤气候 soil climate

土壤环境的气候条件。由投射到土壤中的太阳辐射、土壤水分状况、热状况和气体含量等因素决定。

15.051 土壤诊断 soil diagnosis

利用生物、化学等测试手段,分析研究影响作物正常生长发育的土壤营养元素丰缺协调与否、土壤障碍因子以及土壤物理变化。

15.052 土壤干旱 soil drought

在长期无雨或少雨的情况下,土壤含水量少,植物根系难以从土壤中吸收到足够的水分以补偿蒸腾的消耗的现象。使植物生长受抑制,甚至造成植物枯死。

15.053 土壤蒸发 soil evaporation

土壤中的水分经过土壤表面和土壤内部被汽化成水蒸气进入到大气中的过程。在有植被覆盖时,土壤蒸发较小,而土壤表面裸露时,土壤蒸发较大。

15.054 土壤自由水 soil free water

土壤中可以自由移动的、与各土壤粒子没有相互作用的水分。包括毛管水和重力水。毛管水因毛管吸力而被保持在土壤中,重力水则在降雨后迅速从土壤上层流到下层。

15.055 土壤毛管水 soil capillary water

靠毛管吸引力而保持于土壤毛管孔隙中的水。可分为毛管上升水和毛管悬着水。毛管水可在土壤中移动,既能被土壤保持,又能被植物吸收利用。

15.056 土壤有效水 soil available water

土壤中可以被植物有效利用的水分。通常为田间持水量和土壤萎焉系数间的水量。是土壤保水特性的一个指标,越接近于田间持水量,其可利用性越强;越接近于土壤萎焉系数,其可利用性越差。

15.057 田间持水量 field capacity, field moisture capacity, field water capacity

在不受地下水影响的自然条件下,土壤所能保持的水分含量最大值,是土壤毛管悬着水达最大值时的土壤含水量。

15.058 土壤含水量 soil water content

在105℃下将土壤烘干至恒重时失去的水量。以单位质量干土中水的质量或单位土壤总容积中水的容积表示。

15.059 土壤萎蔫系数 soil wilting coefficient

即永久萎焉点。植物产生永久萎蔫时的土壤含水量,通常可视为植物可利用土壤水的下限。

15.060 土壤水分特征曲线 soil water characteristic curve

用以表示土壤水分含量和土壤基质势间关系的曲线。该曲线可用于说明土壤的保水性和结构等物理性质。

15.061 土壤水分枯竭 soil water depletion

当土壤中的水分减少到植物再不能从其中吸收到水分时的状态。

15.062 土壤硝化作用 soil nitrification

土壤中的氨或铵盐在亚硝化细菌和硝化细菌的作用下,被氧化为硝酸盐供植物利用的过程。硝化作用是一种氧化作用,只有在土壤通气良好的条件下才能顺利进行。

15.063 土壤输出 soil outflux

在一定时间和范围内物质以气态、液态或固态移动、生物吸收和人类活动等方式从土壤库中移出的过程。

15.064 土壤杀菌 soil sterilization

又称"土壤消毒"。通过化学方法(如施用化学药剂)或物理方法(如蒸汽消毒)杀灭存在于土壤中的病原体的过程,能有效控制由土壤传播的病害的发生。

15.065 土壤习居菌 soil inhabitant microbe

对土壤适应性强,在土壤中可以长期存活,并能在土壤有机质上繁殖的土壤微生物,尤指真菌和细菌。

15.066 土壤[地]带 soil zone

土壤区划的第一级分级单位,是根据土壤地带性原则对土壤进行的区域性划分。同一土壤带内具有相似的水热条件、生物过程和土壤形成过程。

15.067 土壤宜耕性 till suitability of soil

土壤适宜于耕作的程度,通常与土壤含水量、土壤质地、土壤结构等因素有关。土壤宜耕性是决定土壤耕作措施、时间与质量的重要依据。

15.068 表土 topsoil

土壤剖面中最靠近地表的一个层次(A层),该层土壤富含腐殖质,一般厚度20~30cm,黑土和黑钙土的A层厚度可达50~100cm。

15.069 水土保持 water and soil conservation

通过各种工程措施、生物措施和经营管理措施,防止水分和土壤流失的综合性科学技术。

15.070 水土流失 water and soil loss

缺少有效保护的土壤不能有效地将水分保持在土壤中而造成水分流失的现象,同时伴随水的流失,产生对土壤的侵蚀和冲刷,也使土壤流失。

15.071 水分平衡 water balance, water equilibrium

植物吸水、用水、失水的和谐动态关系或者是在某一特定时段进入某一特定空间范围内的水量等于流出该空间范围的水量与该空间在该时段前后所含水分变化量的代数和。

15.072 含水量 water content
含水物质中所含水分量占该物质总重量的百分比(重量含水量)或所含水分的体积占该物质总体积的百分比(容积含水量)。

15.073 地下灌溉 subirrigation, subsurface irrigation
使灌溉水从地面以下一定深度处浸润土壤的灌水方法。如渗灌。

15.074 水能 water energy
因水的运动或水的位势而具有的能量的统称。

15.075 水分短缺 water shortage
水分条件不足以满足特定用水活动的需求时,对于该活动而言即为水分短缺。通常指植物的水分短缺。

15.076 渍水土壤 waterlogged soil
因地形、土壤结构、地下水位、排水条件等原因而引起土壤上层含水量经常超过田间持水量而呈渍水状态的土壤。

15.077 水培 solution culture, hydroponics
又称"*溶液培养*"。在含有全部或部分营养元素的溶液中栽培植物的方法。

15.078 砂砾培养 gravel culture
在砂砾中加入含有全部或部分营养元素的溶液进行植物栽培的方法。常用于研究各种矿质元素的生理功能,较单纯的溶液培养更接近于自然状况。

15.079 作物气候适应性 crop climatic adaptation
作物生长发育和产量形成的规律与环境气候规律相吻合的程度。

15.080 作物生长率 crop growth rate, CGR
在一定时间内单位土地面积上作物群体的干物质总重的增长率。

15.081 农田生态系统 ecosystem of cropland
一定农田范围内,作物和其他生物及其环境通过复杂的相互作用和相互依存而形成的统一整体,即一定范围内农田构成的生态系统。

15.082 绿色能源 green energy
绿色植物通过光合作用将太阳能转化并储存于体内的化学能。人们直接或加工利用这些化学能作为能源,代替煤、石油等不可再生的能源。在可持续发展的理念下,绿色能源体现了与环境友好相容的自然资源的开发利用原则。

15.083 有机食品 organic food
来自于有机农业生产体系,根据国际有机农业生产要求和相应的标准生产加工的,通过独立的有机食品认证机构,如国际有机农业运动联盟(FOAM)认证的食品。

15.084 绿色食品 green food
在无污染的生态环境中种植及全过程标准化生产或加工的农产品,严格控制其有毒有害物质含量,使之符合国家健康安全食品标准,并经专门机构认定,许可使用绿色食品标志的食品。

15.085 绿肥作物 green manure crops
以其新鲜植物体就地翻压或沤、堆制肥为主要用途的栽培植物总称。绿肥作物多属豆科,在轮作中占有重要地位,多数可兼作饲草。

15.086 绿色革命 green revolution
20 世纪 60 年代起,国际农业发展组织将高产谷物品种和与之配套的施肥、灌溉等技术推广到亚洲、非洲、南美洲的部分地区,促使其粮食增产的一项技术改革活动。

15.087 生长控制物质 growth controlling

substance

一些生理效应与动植物激素相似的人工合成的有机化合物,可影响动植物的生长发育、繁殖和新陈代谢。

15.088 腐殖质分解者 humivore

以腐殖质为营养源并将其还原为无机物质的微生物。

15.089 人工气候 man-made climate

人为控制某些气象要素或模拟自然界一定的气候条件所形成的气候。

15.090 湿润系数 moisture coefficient

又称"湿润度指数"。为降水－蒸发比,是综合性气候指标之一,用以表示某地气候的湿润程度。

15.091 养分利用效率 nutrient-use efficiency, NUE

投入养分转化为有效农产品的效率。

15.092 适度放牧量 proper stocking rate

草场的放牧量与草场的承载能力达到一种动态平衡,保持家畜正常生产的放牧强度。

15.093 过度放牧 overgrazing

放牧超过了草场的承载能力而使草场植物不能恢复正常生长,造成草场退化,甚至半荒漠化、荒漠化的现象。

15.094 载畜量 stocking capacity, stocking rate

在单位时期内、单位草地面积上保持正常畜牧生产所能容纳的放牧牲畜的头数。

15.095 放牧休闲 summer fallow

又称"生草休闲"。特指牧场轮换的组成环节之一。在轮牧一定时间之后,草地全年休闲,停止放牧,使牧草有结籽成熟的播种机会。

15.096 草原改良 grassland improvement

通过各种人为措施使草地生产条件改善,生产力提高,促进草地畜牧业的可持续发展。

15.097 放牧地指示生物 grazing indicator

放牧地上存在的可以用来指示放牧地某种性状(如放牧地的盐碱化程度,沙化程度,退化程度,放牧地质量,利用情况与营养条件等)的生物种,多数指植物种。

15.098 适口性 palatability

某一种饲料被动物采食时,其理化性状刺激动物的视觉、味觉和触觉而使动物表现出好恶反应的现象。

15.099 防护林 shelter forest

以发挥防护作用,保护和改善生态和环境为主要功能的森林。依防护功能和对象的不同,可分为防风林、固沙林、水土保持林等。

15.100 农田防护林 shelter forest for farmland

以保护农田免受风沙等自然灾害,改善农田小气候环境为目的而建立的人工林,通常为带状,在农田上纵横交错,构成农田防护林网。

15.101 综合防治 integrated control

从农田生态系统的整体性出发,本着预防为主的指导思想和安全有效、经济、简易的原则,合理应用农业的、化学的、生物的、物理的以及其他有效的防治技术,将有害生物控制在经济损害允许水平之下,以达到保护作物,人畜健康,增加生产和保护环境的目的。

15.102 耕作防治 cultural control

又称"农业防治"。运用农作物的栽培管理措施,有目的地改变环境条件,使之有利于农作物的生长发育,不利于病、虫、杂草的发生和繁殖,从而使农作物免受或减轻病、虫及杂草的危害。

15.103 化学防治 chemical control

利用各种化学物质及其加工产品控制有害生物危害的防治方法。

15.104　害虫　pest

危害农林作物，并能造成显著损失的生物。包括植物病原微生物、寄生性植物、植物线虫、植食性昆虫、杂草、鼠类以及鸟兽等。

15.105　益虫　beneficial insect

广义的概念是指一切对人类有益的昆虫，包括资源昆虫，如蜜蜂、家蚕等。狭义的概念主要指天敌昆虫，乃是与害虫相对而言，且能捕食害虫或寄生于害虫体内。

15.106　潜在害虫　potential pest

又称“次生害虫”。在现行的防治措施下，某些生物一般情况下不会造成相当损害而引起明显的产量损失，如果条件改变，则有可能变为害虫。

15.107　当地原有害虫　indigenous pest

在当地完成周年生活史的害虫，即每年初发世代的虫源由当地越冬的虫态发育而来。

15.108　经济危害水平　economic injury level, EIL

有害生物造成农作物经济损失时的最低密度，即农作物受有害生物为害而致的经济损失与防治费用相等时的有害生物密度。

15.109　经济阈值　economic threshold, ET

有害生物达到对被害作物造成经济允许损失水平时的临界密度。在此密度下应采取控制措施，以防止有害生物种群继续发展而达到经济危害水平。

15.110　防治阈值　action threshold, control threshold

在能阻止有害生物会再暴发的前提下所允许的有害生物密度。在此密度下应开始采取控制措施，一般指施用农药，以防止达到经济危害水平。

15.111　虫害预测　prediction of pest attack

通过实际的系统调查，根据害虫的发生发展规律，结合当地历年积累的有关气象、虫情和作物农情等资料及当年的具体情况，分析预测害虫发生发展的可能趋势。

15.112　害虫抗药性　pest resistance to insecticide

害虫具有耐受杀死正常种群大部分个体的药量的能力，并且该能力可在后代种群中遗传的现象。

15.113　植物抗虫性　plant resistance to insect

植物在进化过程中形成的对害虫危害所产生的一定程度的避害、耐害或抗生的生态适应性。

15.114　植物杀菌素　phytocidin

植物原来含有的，或在受外来刺激后产生的，对细菌及真菌或其他微生物有杀灭作用的物质。

15.115　微生物农药　microbial pesticide

直接利用细菌、真菌和病毒等产生的天然活性物质或生物活体本身开发的，对植物病虫草害进行防治的农药。

15.116　植物杀虫剂　vegetable insecticide

一类利用具有杀虫活性的植物的某些部位或提取其有效成分制成的杀虫剂。

15.117　选择性除草剂　selective herbicide

只杀死某一种或某一类杂草，不损伤作物或其他杂草的一类除草剂。

15.118　选择性杀虫剂　selective insecticide

致死某种害虫，但对其他有益生物如天敌、高等动物相对无害，或对一些害虫有毒而对另一些害虫无毒的一类杀虫剂。

15.119　植物病原体　plant pathogen

能寄生于植物体并导致侵染性病害发生的生物，多为异养型的非专性寄生物。主要有真菌、细菌、病毒、线虫等。

15.120　微生态制剂　probiotics

又称“益生菌”。用于提高人类、畜禽宿主或植物寄主的健康水平的人工培养菌群及其代谢产物，或促进宿主或寄主体内正常菌群生长的物质制剂之总称。可调整宿主体内的微生态失调，保持微生态平衡。

15.121 虫媒传播疾病 insect borne disease
通过节肢动物叮咬，取食人、动植物而传播的疾病。

15.122 虫媒授粉 insect pollination
植物的花粉借助昆虫传播而进行授粉的方式，是一些植物和昆虫相互作用长期进化的结果。

15.123 寄主植物 host plant
寄生物或者病原物赖以生存的植物。

16. 水域生态学

16.001 内陆水域 inland water
分布在陆地表面和地下各种状态的水。包括冰川、地表水和地下水。地表水包括静水、流水和湿地三种类型，是研究内陆水域生态学的主要对象。

16.002 静水水域 standing water, lentic habitat
不流动或流动很小的水体。包括池塘、湖泊、水库和沼泽。

16.003 流水水域 running water, lotic habitat
各种流动的水体。包括大小溪流、沟渠和河川。

16.004 内流湖泊 endorheic lake
地处年蒸发量大于年降水量地区的没有排水口的湖泊，湖水盐度较高，包括内陆咸水湖。

16.005 外流湖泊 exorheic lake
地处年蒸发量等于或低于年降水量地区的具有排水口的湖泊，湖水盐度较低，包括一般淡水湖。

16.006 盐湖 salt lake, athalassic lake
离子含量近于饱和的湖泊。按主要成分可分为碳酸盐湖、硫化物湖和氯化物湖。

16.007 潟湖 lagoon
部分海水被泥、沙岸或珊瑚礁所环绕而形成的出口很窄的咸水湖。

16.008 湖上层 epilimnion
分层湖泊的表层或变温层以上水温较高、光线和氧气较充足的水层。

16.009 湖下层 hypolimnion
湖泊变温层以下水温较低、光线微弱、缺乏氧气的水层。

16.010 营养生成层 trophogenic zone
有足够的光线、水生植物能进行光合作用合成有机物质的浅水层。相当于湖上层和大洋表层。

16.011 营养分解层 tropholytic zone
没有光线不能合成有机物、分解营养生成层沉降下来的有机物质的水层。相当于湖下层。

16.012 碱性湖泊 alkaline lake
湖水 pH 值较高、有机质含量较低、沉积物中有机碳含量小于 50% 的湖泊。

16.013 酸性湖泊 acid lake
湖水 pH 值低于 6、有机质丰富、沉积物中有机碳含量大于 50% 的湖泊。

16.014 硬水湖泊 hard water lake
湖水 pH 值在 8.5 以上、游离二氧化碳呈负值、碳酸氢盐含量高于35 mg/L的湖泊。

16.015 软水湖泊 soft water lake
游离二氧化碳含量较高、碳酸氢盐含量不足10 mg/L、pH值在6以下的湖泊。

16.016 湖水对流 overturn
湖水上下翻转与流动使上下水层充分混合、分层不明显的现象。

16.017 单循环湖 monomictic lake
每年湖水有一次循环的湖泊。如极地湖泊每年夏季温度不超过4℃的情况下有一次湖水混合(冷单循环),水温较高的亚热带湖泊每年冬季出现一次循环(热单循环)。

16.018 二次循环湖 dimictic lake
每年湖水出现春、夏两次循环的湖泊。其冬季水温上低下高,夏季水温上高下低。主要分布在温带和较高纬度的亚热带地区。

16.019 寡循环湖 oligomictic lake, tropical lake
年最低水温明显高于4℃、湖水循环不多且无固定循环季节的热带湖泊。

16.020 多循环湖 polymictic lake
湖水不分季节地频繁混合的湖泊。

16.021 全循环湖 holomictic lake
湖水上下完全混合的湖泊。

16.022 局部循环湖 meromictic lake
又称"*局部分层湖*"。湖上层循环而湖下层不循环的湖泊。

16.023 混成层 mixolimnion
深水湖泊在化学突变层以上能完全混合的水层。

16.024 永滞层 monimolimnion
又称"*无循环层*"。局部循环湖的下层积累大量溶解物质,因密度大而不发生循环的水层。

16.025 腐殖质湖 humus lake
湖水呈棕褐色、富含动植物分解物质包括溶解或不溶解酸性大分子有机质的湖泊。分为寡、中、多腐殖质湖。

16.026 营养状况 trophic status
水体的营养水平。是由水体氮、磷等营养元素浓度、叶绿素a含量和透明度高低等因素决定的。

16.027 自养型湖泊 autotrophic lake
水体中无机营养物质通过生物、物理和化学作用而转化为有机物质的湖泊。其群落初级生产量高于或等于呼吸量。

16.028 异养型湖泊 heterotrophic lake
水体中溶解或颗粒有机物丰富,经过各种微生物(主要是异养菌)的分解作用,转化为无机物质的湖泊。其群落呼吸量等于或高于初级生产量。

16.029 贫营养湖 oligotrophic lake
营养物质浓度、生物量和生产力很低的湖泊。这类湖泊水较深,水温低,溶解氧含量丰富,透明度很大。

16.030 中营养湖 mesotrophic lake
营养物质浓度中等、生物量较大、生产力较高的湖泊。其水深中等,水温较高,溶解氧含量较丰富,沿岸植物繁茂。

16.031 富营养湖 eutrophic lake
营养物质浓度和生物量较大而生产力中等的湖泊。其下层溶解氧不足,存在氧跃层,湖水浅,沉积物较多,沿岸植物发达,浮游生物丰富。

16.032 超富营养湖 hypertrophic lake
极端富营养的湖泊。其磷酸盐含量很高,溶解氧含量时空变化很大,蓝绿藻类和细菌数量丰富,经常出现有毒藻类水华。

16.033 贫营养化 oligotrophication

湖泊因矿物质长期沉积变浅而肥力下降的现象。如酸沼。

16.034　水团　water mass

具有共同的起源和稳定特征值(如温度、盐度和密度)的水的聚集体。如无循环运动,该特征值不会改变。

16.035　间歇河流　intermittent stream

又称“季节性河流”。水源主要由地表径流补给、雨季期间出现水流而旱季可能干枯的河流。

16.036　中断河流　interrupted stream

部分河段在地表、地下两种形式交替出现的河流。

16.037　永久河流　permanent stream

河水主要由泉水或地下水渗漏补给、全年维持流水状态的河流。

16.038　一级河流　first-order stream

无支流流入的河流,一般指河流源头小河沟。

16.039　二级河流　second-order stream

两条一级河流汇合后的河流。

16.040　三级河流　third-order stream

两条二级河流汇合后的河流。

16.041　河口[湾]　estuary

河流与海洋交汇、河水与海水混合的水域。该处出现咸淡水不同流向和潮汐昼夜变化的现象,形成独特的水域环境和生物区系。

16.042　正向河口　positive estuary

淡水流量充足、盐度朝海洋方向递增的河口。

16.043　反向河口　negative estuary

盐度朝海洋方向递减的河口。出现于干旱和蒸发量大于淡水补给量的地区。

16.044　湿地　wetland

陆地上有长期或季节性薄层积水或间隙性积水、生长有沼生或湿生植物的土壤过湿地段。是陆地、流水、静水、河口和海洋系统中各种沼生、湿生区域的总称。

16.045　沼生湿地　palustrine wetland

由地下水、地表径流和雨水供给、土壤全年被水饱和的湿地。一般位于水位线以上。除内陆和沿海盐沼外,大部分沼生湿地属于淡水范畴。包括有草沼、树沼、酸沼和小浅水塘等。

16.046　湖沼湿地　lacustrine wetland

湖泊等静水水域沿岸或浅水湖泊沼泽化过程而形成的湿地。包括浅水湖、水库和大池塘。拉姆萨尔湿地公约把湖泊本身也包括在湿地范畴之内。

16.047　河流湿地　riverine wetland

河流等流水水域沿岸、浅滩、缓流河湾等沼泽化过程而形成的湿地。包括河流、小溪、运河及沟渠等。拉姆萨尔湿地公约把河流本身也包括在湿地范畴之内。

16.048　河口湿地　estuarine wetland

海水回水上限至海口之间咸淡水河段、沿岸与河漫滩地形成的湿地。包括有半咸水和咸水沼泽、草本和木本沼泽。

16.049　海洋湿地　marine wetland, coastal wetland

又称“海岸湿地”。从潮上带至低潮线之间的海滩形成的湿地。拉姆萨尔湿地公约将该湿地范围扩大到低潮线以下水深 6 m 处。

16.050　沿岸湿地　aquatic marginal wetland

由河流、湖泊和海洋等敞水水体形成并补给的湿地。包括水边湿地和洪涝湿地。

16.051　水边湿地　fringe wetland

每天都能维持与水源水接触的湖泊周围和流速缓慢的河流边缘、挺水植物占优势的区域。

16.052 洪涝湿地 flood wetland
受堤岸阻隔平时在水文上不与水源水相通，只在洪水期间高水位时才与水源水相连接的湿地。

16.053 河岸湿地 riparian wetland
洪涝湿地之一。洪水过后因排涝和蒸发作用而完全干枯的湿地。

16.054 泥炭沼泽 mire
水源由地下水、地表径流和雨水供给、土壤发育有泥炭层的湿地。包括矿质泥炭沼泽和酸性泥炭沼泽。

16.055 矿质泥炭沼泽 fen, minerotrophic mire
简称"*碱沼*"，又称"*矿物营养沼泽*"。水和营养盐类由地下水、地表径流补给、营养物质比较丰富的泥炭沼泽。

16.056 酸性泥炭沼泽 bog, ombrotrophic mire
简称"*酸沼*"。位于水位线以上、水源由雨水和大气降水补给、营养不足的泥炭沼泽。典型植物为水藓。

16.057 盐沼 salt marsh
含有大量盐分的湿地。内陆盐沼多分布于干旱地区，由河流或地下水带来盐分的长期蒸发积累而成；海滨盐沼分布在河口或海滨浅滩，由海水浸渍或潮汐交替作用而成。

16.058 树沼 swamp
地表被浅水淹没或浸润、主要生长湿生木本植物的湿地。包括森林沼泽和灌木沼泽。这一术语也用来表示生长有芦苇、香蒲等较高挺水植物为主的湿地。

16.059 草沼 marsh
一般未被淹没，但土壤维持水浸状态，主要生长草本植物的湿地。优势植物有苔草、莎草和灯芯草等。

16.060 红树林沼泽 mangrove swamp
热带和亚热带半咸水域潮间带软底质环境中以红树植物为建群种的生物群落繁茂的盐沼地带。

16.061 红树林海岸 mangrove coast
热带和亚热带红树植物群落占优势的海岸。

16.062 高潮线 high tidal mark
涨潮时海水在海岸上抵达的最高线界。

16.063 低潮线 low tidal mark
落潮时海水在海岸上退落的最低线界。

16.064 高潮区 high tidal region
介于大潮高潮线和小潮高潮线之间的地区。

16.065 中潮区 mid-tidal region
小潮高潮线和小潮低潮线之间的地区。

16.066 低潮区 low tidal region
小潮低潮线和大潮低潮线之间的地区。

16.067 珊瑚礁 coral reef
热带海洋中一些海岸、岛屿、暗礁周围和海滩大量生长造礁石珊瑚为主的骨骼堆积形成的礁体，统称为珊瑚礁。有岸礁、堡礁和环礁三种类型。

16.068 岸礁 fringing reef
由大陆或岛屿岸边浅水区大量生长的造礁石珊瑚骨骼构成的珊瑚礁。

16.069 堡礁 barrier reef
由大量生长的造礁石珊瑚骨骼构成的、与海岸或岛屿平行或其间有宽而浅的潟湖相隔的珊瑚礁。

16.070 环礁 atoll
由大量生长的造礁石珊瑚骨骼所构成的环形珊瑚礁，中间有不太深(100 m 以内)的潟湖，出口较窄。

16.071 人工礁 artificial reef
人为地在海中设置以不同材料制成的、类似

礁石的护鱼或防浪设施。

16.072 近海区 neritic province, neritic region

又称“浅海区”。大陆架外缘(水深大约200 m)以内近海的整个水层区。其水文和理化条件多变。

16.073 大洋区 oceanic province, oceanic region

大陆架(水深大约200 m)以外的远海大洋水层区。该区理化条件比较稳定。

16.074 水层区 pelagic division

整个海洋的水体部分。该区栖息浮游和游泳两个生态类型的生物。

16.075 水底区 benthic division

从潮间带至大洋深渊水层下面的整个海底。该区栖息底栖生物,包括底上和底内生物。

16.076 上层带 epipelagic zone

从海表面至水深大约在200~300 m以内的大洋水层。该层光线、温度等垂直和昼夜变化明显。

16.077 中层带 mesopelagic zone

从上层的下限到水深约1000 m之间的水层。该层光线极微弱,温度垂直和季节变化不明显。

16.078 深层带 bathypelagic zone

从中层带底部到水深约4000 m之间的水层。

16.079 深渊水层带 abyssopelagic zone

水深在4000~6000 m之间的水层。

16.080 超深渊水层带 hadopelagic zone

水深超过6000 m至大洋最深处的水层。

16.081 海面微表层 sea-surface microlayer

海表面深度仅几毫米厚的表层区。

16.082 水底边界层 benthic boundary layer

紧靠海底上面的水层。

16.083 沿岸带 littoral zone

沿水体岸边的浅水地带。在湖泊中是指从岸边到有根植物生长下限之间高等水生植物占优势的区域(包括水底及覆盖其上的水体)。在海洋中相当于潮间带。

16.084 亚沿岸带 sublittoral zone

在湖泊中是指沿岸带以下到深底带之间的过渡带。在海洋中相当于浅海带。

16.085 湖沼带 limnetic zone

又称“敞水带”。沉水植被外缘以外的敞水水域。其主要生物类群是浮游生物和游泳生物。

16.086 深底带 profundal zone

变温层以下的湖底部分,即营养分解层或湖下层的底部。底质由细微颗粒组成,无任何植物生长。

16.087 潮上带 supratidal zone

大潮高潮线以上一条很窄的底栖带。

16.088 潮间带 intertidal zone, mediolittoral zone

介于大潮高潮线与低潮线之间的底栖带,周期性地暴露于空气中。

16.089 潮下带 subtidal zone

从大潮低潮线伸展至大陆架外缘的底栖带。

16.090 浅海[底]带 neritic zone

低潮位至大陆架外缘(水深大约200 m)之间的海底。

16.091 深海[底]带 bathyal zone

从大陆架外缘水深200 m至大约2000~6000 m深的海底。

16.092 深渊[底]带 abyssal zone

深度超过6000 m的海底。无光,温度低,压力大,无植物,仅有深海动物,有的动物能发光。

16.093　超深渊[底]带　hadal zone, ultra-abyssal zone

在深渊带中凹陷深度最大的地带。无光,温度低,压力大,为数不多的动物视觉退化,有的具发光器。

16.094　深渊平原　abyssal plain

深度超过 4000 m 的深渊软底平原。

16.095　深海沟　trench

水深 6000 m 以下、狭窄且两侧相对陡峭的硬相海底下陷沟。

16.096　洋中脊　mid-oceanic ridge

纵贯大洋盆底中部大体与大陆边缘平行的隆起山脊。

16.097　大陆隆　continental rise

平坦海底之隆起嵴。

16.098　深渊山丘　abyssal hill

深度超过 4000 m 的深渊底上突出软底的山丘。

16.099　透光带　photic zone, euphotic zone

又称"真光层"。光线较充足的湖泊、海洋表层。该水层光合作用固定的有机碳量超过植物呼吸消耗的量。

16.100　弱光带　dysphotic zone

又称"弱光层"。介于透光层和无光层之间的水层。该层光合作用固定的碳量少于植物呼吸消耗的量。

16.101　无光带　aphotic zone

又称"无光层"。弱光层下方至湖底或海底之间无光线的水层。

16.102　补偿层　compensation level

在 24 h 内植物产氧量与生物呼吸和有机物分解消耗氧量相等的水层。

16.103　补偿深度　compensation depth

光合作用固定的有机碳量与 24 h 内植物消耗量相等的深度。

16.104　补偿光照强度　compensation light intensity

植物的光合作用生产恰好与其呼吸作用消耗相等的光照量。

16.105　临界深度　critical depth

从海表面到某一深度水体中所产生的光合作用总生产量恰好等于同一深度浮游植物总呼吸作用所消耗的能量的那一深度。

16.106　深海散射层　deep scattering layer, DSL

又称"深水散射层"。因浮游动物大量密集于一定深度而引起声波散射的水层。

16.107　温跃层　thermocline

深水湖泊和海洋夏季温度分层期间,自上而下温度随水深而突降的水层。

16.108　变温层　metalimnion

湖上层和湖下层之间水温梯度下降的过渡层。下降梯度可达每米 1℃ 或更多。相当于温跃层。

16.109　化变层　chemocline

全称"化学突变层"。局部循环湖泊中随深度的增加,溶解固体物质含量从较低的水层突然增加到较高的水层之间的密度梯度层。

16.110　盐跃层　halocline layer

又称"盐变层"。盐度在一定深度突然变高或变低的水层。

16.111　密度跃层　pycnocline

又称"密度突变层"。在一定深度水的密度发生突变的水层。

16.112　营养跃层　nutricline

又称"营养突变区"。一种或几种营养物质浓度快速增加或降低的水层或区域。

16.113 氧跃层 oxycline, clinograde

在一定深度水中溶解氧浓度突然变化的水层。

16.114 无氧带 anoxic zone

又称"缺氧层"。溶解氧被耗尽的水层、区域或河段。

16.115 湖相沉积 lacustrine deposit

又称"湖泊沉积"。河流悬浮物、大气飘尘、地表径流和湖岸侵蚀以及湖中动植物死体逐年在湖底沉积的现象。

16.116 透明度 transparency

水体清澈和光线透过的程度。透光越深透明度越大。

16.117 电导率 electric conductivity

以数字表示溶液传导电流的能力。单位以每米毫西门子(mS/m)表示。

16.118 酸度 acidity

水与强碱标准溶液定量作用至一定 pH 值的能力。单位以 $CaCO_3$mg/L 表示。

16.119 碱度 alkalinity

水与强酸标准溶液定量作用至一定 pH 值的能力。单位以 $CaCO_3$mg/L 表示。

16.120 pH 值 pH value

又称"氢离子浓度"。水的 pH 值为水中氢离子活度的负对数值。表示在一定温度条件下水溶液酸性或碱性的强度。

16.121 氧化还原电位 redox potential, oxidation-reduction potential

测定化学物质间因电子交换而改变性质的有效性。是水质的重要参数之一。

16.122 溶解氧 dissolved oxygen

溶解在水中的分子态氧。其含量与水温、氧分压、盐度、水生生物的活动和耗氧有机物浓度有关。

16.123 临界氧 critical dissolved oxygen

水生动物处于窒息与生存之间的溶解氧浓度。

16.124 硬度 hardness

水沉淀肥皂的能力,大体反映水中钙、镁离子的含量。钙镁浓度的总和称为总硬度,以每升水含碳酸钙的毫克数或毫克当量表示。

16.125 硬水 hard water

流经石灰岩含大量碱性物质、碳酸氢盐含量大于 100 mg/L($CaCO_3$)、硬度大于 150 mg/L($CaCO_3$)的水。

16.126 软水 soft water

流经酸性火成岩地质含盐分低、碳酸氢盐含量小于 25 mg/L($CaCO_3$)、硬度小于 50 mg/L($CaCO_3$)的水。

16.127 盐度 salinity

每 1000 g 海水中溶解无机盐类的克数。

16.128 氯度 chlorinity, chlority

在 1 g 海水中,若将溴和碘以氯代替时,所含氯、溴、碘的总克数。以符号 Cl‰ 表示。

16.129 淡水 freshwater

含盐量小于 0.5 g/L 的水。

16.130 寡盐水 oligohaline water

含盐量在 0.5 ~ 5 g/L 之间的水。

16.131 中盐水 mesohaline water

含盐量在 5 ~ 18 g/L 之间的水。

16.132 多盐水 polyhaline water

含盐量在 18 ~ 30 g/L 之间的水。

16.133 真盐水 euhaline water

含盐量在 30 ~ 40 g/L 之间的水。

16.134 超盐水 hyperhaline water, ultrahaline water

又称"高盐水"。含盐量超过 40 g/L 的水。

16.135 半咸水 brackish water

又称“咸淡水”。含盐量在0.5 ~ 18 g/L之间的水。

16.136 卤水 brine water

为盐分所饱和的水。

16.137 等盐线 isohaline

海水盐度分布图上盐度值相同各点的连线。

16.138 等温线 isotherm

海水温度分布图上温度值相同各点的连线。

16.139 等深线 isobath

海水或湖水深度分布图上深度相同各点的连线。

16.140 潮差 tidal range, tide range

连续高潮和低潮之间水面的高度差。

16.141 潮隔 tidal rip

又称“流隔”。由两种不同性质的水体(如暖流和寒流、高盐水和低盐水)交汇而形成的锋面。

16.142 潮位 tidal level

不同潮汐周期的水面高度。

16.143 潮线 tidal line

不同潮汐阶段水面的高度线。

16.144 潮滩 tidal flat

又称“潮坪”。潮间带高潮淹没、低潮露出水面的平坦泥沙滩涂。

16.145 全日潮 diurnal tide

每一潮汐日出现一次高潮和一次低潮的潮汐。

16.146 半日潮 semi-diurnal tide

每一潮汐日出现两次高潮和两次低潮的潮汐。

16.147 大潮 spring tide

靠近新月和满月(朔、望)时出现高低潮差最大的潮。

16.148 小潮 neap tide

靠近上弦和下弦时出现高低潮差最小的潮。

16.149 高潮 high water, HW

涨潮时海水达到的最高水位。

16.150 低潮 low water, LW

落潮时海水降到的最低水位。

16.151 潮汐周期性 tidal periodicity

潮汐具有从一次高潮或低潮期到下一次高潮或低潮期间的时间性周期循环的特点。

16.152 上升流 upwelling

海底富含营养盐的高密度海水向海表面涌升的现象。

16.153 下降流 downwelling

上层海水向深底层下沉的流动现象。

16.154 湍流 turbulence

海洋水体中任意点速度大小和方向都显著变动的(不稳定的)紊乱流动。

16.155 对流 convection

水体内由于密度差而形成的垂直流动。

16.156 平流 advection

水的水平或垂直运动。

16.157 大洋环流 ocean circulation

在海面风力和热盐效应等作用下,大洋海水从某海域向另一海域流动而形成首尾相接、时空变化连续、相对独立和稳定的环流系统或流旋。

16.158 热盐环流 thermohaline circulation

海水由于受热盐变化而导致密度分布不均匀所产生的大洋环流。

16.159 海流 ocean current

海水因受气象因素和热盐效应的作用在较长时间内大体上沿一定路径的大规模流动。

16.160 **潮流** tidal current
海水在引潮力作用下的周期性水平流动。

16.161 **黑潮[暖流]** Kuroshio [Current]
北太平洋副热带总环流系统中的西部边界流。

16.162 **台湾暖流** Taiwan Warm Current
黑潮暖流在台湾东北海域分出的一个分支，沿台湾岛向北流向东海北部。

16.163 **涡** eddy
水体形成旋涡式的环形运动。

16.164 **流涡** gyre
一种尺度大于涡的水体旋涡式的环形运动。

16.165 **气旋性流涡** cyclonic gyre
在北半球呈反时针方向运动，而在南半球顺时针方向运动的流涡。

16.166 **反气旋性流涡** anticyclonic gyre
在北半球呈顺时针方向运动，而在南半球呈反时针方向运动的流涡。

16.167 **寒流** cold current
水温显著低于流经海域的海流。

16.168 **暖流** warm current
水温显著高于流经海域的海流。

16.169 **离岸流** offshore current
背向海岸的海流。

16.170 **向岸流** onshore current
流向海岸的海流。

16.171 **边界流** boundary current
由于受陆架陆块影响导致西向或东向盛行海流的偏向而引起的、与陆架边缘平行或接近的北向或南向的表面海流。

16.172 **硅藻软泥** diatomaceous ooze
至少含有30%硅藻遗骸颗粒的洋底沉积物。

16.173 **有孔虫软泥** foraminiferan ooze
含有30%或更多有孔虫遗壳的洋底沉积物。

16.174 **放射虫软泥** radiolarian ooze
主要由放射虫骨骼形成的洋底沉积物。

16.175 **清水生物** catarobia
生活于清水(淡水)中的生物种类。

16.176 **半咸水种** brackish water species
只分布于低盐度的河口等半咸水域的生物种类。

16.177 **浅水种** shallow water species
只分布于近岸浅水区的生物种类。

16.178 **陆封种** land-locked species
因自然或人为的生态隔离而滞留在内陆水域中生长、繁殖的洄游动物。

16.179 **冷水种** cold water species
一般生长与繁殖适温为4℃、其自然分布区平均水温不高于10℃的海洋生物，包括寒带种和亚寒带种。

16.180 **寒带种** frigid zone species
生长生殖适温范围为0℃左右的冷水种。

16.181 **亚寒带种** subfrigid zone species
适温范围为0～4℃左右的冷水种。

16.182 **温水种** temperate water species
一般生长与生殖适温范围较广(4～20℃)、其自然分布区月平均水温变化幅度较宽(0～25℃)的海洋生物，包括冷温带种和暖温带种。

16.183 **冷温带种** cold temperate species
适温范围为4～12℃的温水种。

16.184 **暖温带种** warm temperate species
适温范围为12～20℃的温水种。

16.185 **暖水种** warm water species

一般生长与生殖适温范围高于20℃、其自然分布区月平均水温为大于15℃的海洋生物，包括亚热带种和热带种。

16.186 亚热带种 subtropical species
适温范围大于20℃的暖水种。

16.187 热带种 tropical species
适温范围高于25℃的暖水种。

16.188 水平分布 horizontal distribution
生物从一地向另一地的平面分布现象。

16.189 不育分布 sterile distribution
又称“不妊分布”。某些生物在其不能生殖的分布区出现的现象。

16.190 同域分布 sympatry
一个种群在分布区内由于生态位分离而逐渐建立若干子种群，群间由于逐步建立的生殖隔离而形成基因库的分离，形成新物种的分布。

16.191 异域分布 allopatry
通过大范围地理分割，两个分开的种群各自演化，形成生殖隔离机制和新物种；另有少数个体从原种群中分离出去，在它处经地理隔离和独立演化而形成新物种的分布。

16.192 北方两洋分布 amphi-boreal distribution
某些海洋生物可同时在北温带北大西洋和北太平洋两岸水域出现的分布现象。

16.193 太平洋两岸分布 amphi-Pacific distribution
某些海洋底栖生物同时在北温带太平洋东西两岸水域出现的分布现象。只能在北温带太平洋两岸分布，不能跨越热带太平洋深海盆在两岸分布。

16.194 两极分布 bipolarity, bipolar distribution
又称“两极同源”。海洋生物中某一种或种下单元只分布在南北两极附近海域，而不出现在低纬度热带海洋的隔离分布现象。

16.195 世界种 cosmopolitan species
又称“广布种”。能广泛分布于世界各大洋或淡水各区域中的生物种。

16.196 环热带分布种 circumtropical species
环绕地球热带区而不在温带或寒带区分布的物种。

16.197 滤食性摄食 filter feeding
水生动物借助过滤器官过滤水中浮游生物和颗粒物为食的摄食方式。

16.198 悬浮物摄食 suspension feeding
水生动物过滤悬浮在周围水层中的无机颗粒物和藻类、细菌及有机碎屑等有机颗粒物为食的摄食方式。

16.199 沉积物摄食 deposit feeding
水生动物吞食水底沉积物消化吸收其中的有机颗粒和生物有机体的摄食方式。

16.200 碎屑食性摄食 detritus feeding
水生动物以动植物死体碎片、排泄物和被分解的颗粒有机物为食的摄食方式。

16.201 食微生物动物 microbivore
以微生物为食物源的动物。

16.202 滤食动物 filter feeder, suspension feeder
又称“食悬浮物动物”。以滤食性摄食、悬浮物摄食、碎屑食性摄食的摄食方式获得其食物的动物。

16.203 食浮游生物动物 planktivore
主要以浮游生物为食的动物。

16.204 食底栖生物动物 benthivore
主要以底栖生物为食的动物。

16.205 食鱼动物 piscivore

主要捕食鱼类的动物。

16.206 鱼类年龄组成 fish age composition
渔获物中同种鱼群各龄鱼数与同种鱼总个数的比率。

16.207 鱼类体长组成 fish length composition, length-frequency distribution
渔获物中同种鱼群各体长组鱼数与其总个体数的比率。

16.208 鱼类年龄鉴定 fish age determination
根据鱼类鳞片、耳石、脊椎骨、鳍条上的年轮以及体长组成等确定鱼类年龄，为分析鱼类生长速度、环境条件和捕捞策略提供参考。

16.209 鱼类饵料基础 fish feeding base
水域中各种饵料生物的种类和数量。包括浮游、底栖和部分游泳生物。

16.210 鱼类摄食强度 fish feeding intensity
表示鱼类胃内或肠道内食物饱满的程度。分5级:0级，空胃;1级，胃内食物不足胃腔的1/2;2级，胃内食物占胃腔的1/2;3级，胃内充满食物，但胃壁不膨胀;4级，胃内充满食物，胃壁膨胀变薄。

16.211 肥满度 coefficient of condition, condition factor
鱼体肥满的程度。由式 $K=100W/L^3$ 算出，式中 K 为肥满度，W 为体重(g)，L 为体长(cm)。

16.212 性腺成熟系数 coefficient of maturity
鱼类生殖腺重占鱼类总体重或净体重的百分率。

16.213 性腺成熟度 maturity of fish gonads
表示鱼类性腺发育的程度。分性腺未发育、性腺开始发育或产卵后重新发育、性腺正在发育但尚未成熟、性腺即将成熟、性腺完全成熟即将产卵和产卵后的个体6期。

16.214 怀卵量 fish brood amount
雌鱼怀卵的数量。

16.215 生殖力 fecundity
又称“产卵量”。即产卵繁殖的能力。一尾鱼在繁殖季节总产卵量称“绝对生殖力(absolute fecundity)”;按单位体长或体重算的产卵量称为“相对生殖力(relative fecundity)”。

16.216 索饵场 feeding ground
鱼类集群索饵的水域。河口湾、寒暖流交汇处等有机质、营养盐类丰富饵料生物量高的水域为鱼类集群索饵的主要场所。

16.217 越冬场 overwintering ground
鱼类冬季集群栖息的水域。

16.218 产卵场 spawning ground
鱼类集群产卵的场所，具有鱼类产卵所需要的理化和生物条件。产卵场内可能包含许多产卵地。

16.219 育幼场 nursing ground
养育鱼苗的水域。具丰富的饵料和适宜的环境条件，适合鱼苗生长。

16.220 产卵绝食 spawning starvation
一般鱼类产卵直到鱼苗孵化期间不进食或很少进食的现象。大麻哈鱼从海洋洄游到内河产卵场期间完全停止摄食。

16.221 浮性卵 floating egg, pelagic egg
又称“漂浮卵”。含有油球、密度小于1、体积较大、受精后漂浮在水上层并在向下漂流的过程中完成孵化的卵。

16.222 漂流卵 drifting egg
不含油球、密度与水相近、无黏性彼此分离、产出受精后随水漂流到一定距离后完成孵化的卵。

16.223 沉性卵 demersal egg
密度大于水、产出受精后下沉水底或黏附在水底基质上的卵。

16.224　黏性卵　adhesive egg

膜表面具有黏液或黏丝的卵。受精卵常能黏在水草或岩石等水底基质上完成孵化。

16.225　孤雌生殖　parthenogenesis

又称"单性生殖"。有些水生动物在环境条件适宜时其雌体由未受精卵直接发育而成的繁殖方式。

16.226　休眠孢子　resting spore, resting cell

某些单细胞藻类在不良环境下形成不动的处于休眠状态的孢子。

16.227　休眠卵　dormant egg, resting egg, diapause egg

又称"滞育卵"。卵壳厚而硬、具丰富卵黄、能沉入水底度过不良环境直到条件适宜再孵化的卵。

16.228　冬卵　winter egg, mictic egg, gamogenetic egg

环境条件恶化时枝角类等水生动物出现雌雄个体并进行有性生殖所产出的混交卵。

16.229　卵鞍　ephippium

枝角类遇不良环境时由无性生殖转换为有性生殖并分泌某种物质形成厚的外壳把受精卵(1～2个)包裹起来的卵荚。

16.230　夏卵　summer egg

又称"单性卵"。环境温度升高以及食物丰富时枝角类等水生动物产出不需受精即可孵化出幼体的卵。

16.231　临界期　critical phase

鱼苗从卵黄囊营养转变为外营养的阶段。

16.232　浮游生活期　pelagic phase

有些底栖动物和鱼类幼体到定居场所前在水体中营浮游生活的阶段。

16.233　幼体期　larval stage

鱼类和水生无脊椎动物个体开始胚后发育、从内源营养转向外源营养的发育阶段。

16.234　幼后期　post-larva stage

幼体阶段结束、刚刚变态为稚期以前的发育阶段。

16.235　稚期　juvenile stage

鱼类及水生无脊椎动物从幼体后期经过变态出现一些成体动物所具有的器官或附肢的发育阶段。

16.236　幼龄期　young stage, immature stage

又称"未成熟期"。动物外形与成体相似但性腺尚未发育成熟的阶段。

16.237　成熟期　mature stage, adult stage

又称"成体期"。配子开始成熟、出现第二性征、具繁殖能力的发育阶段。

16.238　亚成体　subadult, adolecent

又称"次成体"。动物幼体经过变态后外形与成体完全相似但性腺尚未成熟的发育阶段。

16.239　无节幼体　nauplius larva

又称"六肢幼体"。系某些甲壳动物的早期幼体。其身体椭圆形,不分节,具3对用于游泳的附肢。进一步发育,逐渐出现体节和其他附肢雏形,成为后无节幼体。

16.240　桡足幼体　copepodite, copepodid larva

甲壳动物桡足类的后无节幼体经最后一次蜕皮后变成的幼体。形状与成体相似,但腹部尚未完全分化,胸肢也未完全发育完好。

16.241　原溞状幼体　protozoea larva

甲壳动物十足目枝鳃亚目(对虾类)无节幼体期后的第二发育阶段。胸部体节和步足逐步出现,腹肢未发育;蜕皮变态为溞状幼体期。

16.242　溞状幼体　zoea larva

真虾类刚孵化的浮游幼体期和枝鳃(对)虾类幼体发育的第三阶段。蜕皮后变态为幼后期(仔虾)。

16.243 糠虾幼体 mysis larva
真虾类和枝鳃类十足目由原溞状幼体发育而成的溞状幼体期,具额角和能活动的眼柄,在颚足之后已出现其余各对双枝型胸肢,因形似糠虾,我国学者称其为糠虾幼体。

16.244 大眼幼体 megalopa larva
蟹类已具成蟹雏形的幼后期。其身体平扁,头胸部宽大,腹部分节,可以自由屈伸,具刚毛,能游泳。大眼幼体再蜕皮一次即成为底栖的仔蟹。

16.245 卵黄营养幼体 lecithotrophic larva
发育所需营养依赖于卵黄而不摄取浮游性食物的幼体的统称。

16.246 浮游营养幼体 planktotrophic larva
发育所需的营养依赖于摄取水中浮游生物的幼体的统称。

16.247 周期变形 cyclomorphosis
身体形态出现有规律的季节性变化的现象。有些水蚤一年四季形态不完全一样。

16.248 水生生物 hydrobiont, hydrobios
全部或部分生活在各种水域中的动物和植物。包括淡水生物和海洋生物。

16.249 浮游生物 plankton
生活在水层中游泳能力很弱或没有而随波逐流的一类生物。包括浮游植物和浮游动物。

16.250 终生浮游生物 holoplankton, permanent plankton
又称"永久性浮游生物"。终生在水层中营浮游生活的生物。大部分浮游生物属此。

16.251 暂时性浮游生物 temporary plankton
又称"假性浮游生物"。指那些仅仅因为海况或生殖季节等原因有时会短时期营浮游生活的生物。

16.252 阶段性浮游生物 meroplankton, transitory plankton, periodic plankton
又称"周期性浮游生物"。生活史中只有某个阶段营浮游生活的生物。通常指底栖或游泳生物的卵和幼体。在每年一定季节出现,具周期性。

16.253 幼体浮游生物 larval plankton
鱼类和无脊椎动物的卵子及幼体构成的季节性浮游生物。

16.254 真浮游生物 euplankton
终生或生活史中某一阶段营浮游生活的生物。

16.255 湖沼浮游生物 limnoplankton
又称"淡水浮游生物"。只能在淡水静水水域中生活的浮游生物。

16.256 河流浮游生物 potamoplankton, riverine plankton
河流中漂流的浮游生物。主要包括从湖泊流下来和缓流河湾中生长的浮游生物以及沿河冲刷下来的周丛生物群落的一些成员。

16.257 河口浮游生物 estuarine plankton
生活在低盐度(盐度在 5 ~ 10 g/kg)河口区的浮游生物。一般具有较强的抗盐分和潮汐变化的能力。

16.258 近海浮游生物 neritic plankton
生活在盐度较低的沿岸浅水区的浮游生物。有时能进入河口水域,对盐度适应范围比较广。

16.259 大洋浮游生物 eupelagic plankton, oceanic plankton
又称"远洋浮游生物"。生活在盐度较高的外海,即分布于远离海岸大洋区的浮游生物。对盐度适应范围较窄。

16.260 寒带浮游生物 hekistoplankton
生活在两极寒带海域的浮游生物。

16.261 上层浮游生物 epipelagic plankton
生活在大洋上层区(从表面至200 m 深处)的浮游生物。

16.262 中层浮游生物 mesopelagic plankton
生活在水深200 ~ 1000 m 间的大洋水层区的浮游生物。

16.263 深层浮游生物 bathypelagic plankton
生活在水深1000 ~ 4000 m 间的深水层中的浮游生物。

16.264 深渊浮游生物 abyssopelagic plankton
生活在水深4000 ~ 6000 m 之间的深渊层中的浮游生物。

16.265 表层浮游生物 epiplankton
泛指生活于从海洋表面到大约100 ~ 200 m 深处的浮游生物,包括浅海和大洋上层浮游生物。

16.266 底层浮游生物 hypoplankton
生活在400 m 以下水层中的浮游生物。

16.267 超微微型浮游生物 femtoplankton
体形大小在0.02 ~ 0.2 μm 之间的浮游生物。指类病毒颗粒物。

16.268 微微型浮游生物 picoplankton
体形大小在0.2 ~ 2.0 μm(<2 μm)的浮游生物。指浮游细菌。

16.269 微型浮游生物 nanoplankton
体形大小在2.0 ~ 20 μm 之间的浮游生物。指浮游真菌。

16.270 小型浮游生物 microplankton
体形大小在20 ~ 200 μm 之间的浮游生物。指一般浮游植物。

16.271 中型浮游生物 mesoplankton
体形大小在0.2 ~ 20 mm 之间的浮游生物。指一般浮游动物包括原生动物。也指生活在水深100 ~ 400 m 之间的浮游生物。

16.272 大型浮游生物 macroplankton
体形大小在2 ~ 20 cm 之间的浮游生物。指后生浮游动物。

16.273 巨型浮游生物 megaplankton
体形大小在20 ~ 200 cm 之间的浮游生物。如水母类浮游动物。

16.274 网采浮游生物 netplankton
能用浮游生物网采集到的浮游生物。其体形大于0.2 mm。

16.275 浮游植物 phytoplankton
体内含有叶绿素或其他色素、能吸收水中营养物质进行光合作用合成有机物的浮游生物。主要有单细胞藻类和光合自养细菌。

16.276 浮游藻类 planktonic algae
具有光合色素和单细胞生殖器官而无根茎叶分化的悬浮在水中的小型水生植物。

16.277 固氮藻类 nitrogen fixing algae
能固定空气中游离氮或借助于藻体外固氮细菌固定水中氮气的藻类。

16.278 大型藻类 macroalgae
多细胞藻类。由固着器固着在岩石或其他水底基质上,最大体长可达1 m 以上。

16.279 微型藻类 microalgae
单细胞藻类。一般体长在100 μm 以下,包括一般浮游和底栖藻类。

16.280 漂浮细菌 bacterioneuston
漂浮在水面或表层的细菌。

16.281 浮游病毒 viroplankton
悬浮在水层中的病毒。包括噬菌体和真核藻类病毒等。形态多样,有球形、纺锤形、柠檬形、长尾蝌蚪形和短尾蝌蚪形等。

16.282 浮游细菌 planktobacteria, bacterioplankton

悬浮在水层中的各种微小的异养性和自养性微生物。

16.283 浮游真菌 mycoplankton

悬浮在水层中的真菌。体形在 2 ~ 20 μm 之间,大于细菌。

16.284 发光细菌 photobacteria

能进行生物发光的细菌。通常发淡绿灰色光,少数发白色光;大多数是弧菌和杆菌,只有少数是球菌。

16.285 嗜热细菌 thermophilic bacteria

能在温度高达 70 ~ 80℃ 的热泉环境中生活的细菌。

16.286 嗜冷细菌 psychrophilic bacteria, psychrotolerant bacteria

又称"耐冷细菌"。在温度低于 5℃ 的水域中生活的细菌。

16.287 嗜压细菌 barophilic bacteria

在流体净力压大于 100 的高水压下仍能正常生活的细菌。

16.288 嗜盐细菌 halobacteria

在含有百分之十几至饱和食盐培养基中生长的细菌。包括耐盐的淡水细菌、半咸水中的专性嗜盐细菌及专性的海洋细菌。

16.289 浮游动物 zooplankton

生活在水层中、游泳能力很弱的一类动物。

16.290 甲壳类浮游生物 crustacean plankton

身体具外骨骼支持的浮游生物。

16.291 胶质浮游生物 gelatinous plankton, kalloplankton, kollaplankton

身体胶质而无任何外骨骼支持的浮游生物。

16.292 胶质浮游动物 gelatinous zooplankton

缺乏硬的骨骼支持、具有凝胶组织含水量高而脆的终生浮游动物。如海蜇等。

16.293 游泳生物 nekton, necton

又称"自游生物"。生活在水层中、具有抗逆流的自由游动能力的动物。包括真游泳生物、浮游游泳生物、底栖游泳生物和陆缘游泳生物 4 类。

16.294 真游泳生物 eunekton

游泳能力强、速度快、雷诺系数大($Re > 10^5$)的游泳生物。

16.295 浮游游泳生物 planktonic nekton

游泳能力弱、速度慢、雷诺系数小($Re < 10^5$)的游泳生物。

16.296 底栖游泳生物 benthonekton

主要在水底生活、游泳能力较弱的动物,如虾类。

16.297 陆缘游泳生物 xeronekton

常出现在海滩、岩石、水层或流冰上而能游泳的生物,包括某些哺乳类、爬行类、两栖类和水鸟。

16.298 上层游泳生物 supranekton

生活史的全部或大部分时间栖息在水的上层的游泳生物。

16.299 下层游泳生物 subnekton

生活史的全部或大部分时间栖息在水的下层的游泳生物。

16.300 大洋鱼类 pelagic fish

又称"远洋鱼类"。分布在大陆架以外海域的鱼类。一生都栖息在大洋中的鱼类称"全大洋鱼类(holoepipelagic fish)";部分时间栖息在大洋中的鱼类称"暂时性大洋鱼类(meroepipelagic fish)"。

16.301 上层鱼类 epipelagic fish

生活在远洋带水深 200 m 以内有光水层的鱼类。气鳔发达,上下游动主要靠调节鳔中气体含量实现的。淡水中摄食浮游生物的鲢、鳙等。

16.302 中层鱼类 mesopelagic fish
生活在大洋 200～1000 m 弱光水层的鱼类。

16.303 底层鱼类 demersal fish, bottom fish, benthic fish
又称“底栖鱼类”。生活在大洋 1000 m 以下无光水层及海底的鱼类。气鳔退化或完全消失以适应深水层生活。淡水中摄食底栖生物的鲤、鲫和青鱼等。

16.304 洄游 migration
一些水生动物为了繁殖、索饵或越冬的需要定期定向地从一个水域到另一个水域集群迁移的现象。

16.305 产卵洄游 spawning migration, breeding migration
又称“生殖洄游”。一些水生动物性成熟临近产卵前离开越冬场或索饵场沿一定路线和方向到产卵场的集群迁移。

16.306 溯河洄游 anadromous migration, anadromy
又称“溯河繁殖”。一些水生动物在海洋中生长、性成熟时到淡水水域产卵繁殖的洄游。

16.307 降海洄游 catadromous migration, catadromy
又称“降河繁殖”。一些水生动物在淡水生长、性成熟时到海洋产卵繁殖的洄游。

16.308 索饵洄游 feeding migration
一些水生动物从越冬场和产卵场到饵料生物丰富的索饵场的集群迁移。

16.309 越冬洄游 overwintering migration
又称“冬季洄游”。一些水生动物离开索饵场到温度、地形适宜的越冬场的集群迁移。

16.310 河川洄游 potamodromous migration
一些水生动物只在河川中进行的洄游。

16.311 海洋洄游 oceanodromous migration
一些水生动物在海洋中生活并在海洋中进行的洄游。

16.312 海淡水洄游 diadromy
一些水生动物在生命周期中含有海洋和淡水两种生境的生活阶段。

16.313 垂直移动 vertical migration
为了捕食或繁殖活动,鱼类等水生动物从水面到水底或从水底到水面的往还迁移。

16.314 摄食垂直移动 diet vertical migration, DVM
浮游动物为摄取饵料随浮游植物从底层向表层的垂直迁移。

16.315 昼夜垂直移动 diurnal vertical migration
水层种类在 24 h 内周期性垂直迁移。

16.316 潮汐移动 tidal migration
潮间带动物随潮汐水面升降的周期性移动。

16.317 家河理论 home stream theory
又称“双亲河理论”。研究溯河鱼类回到出生的河流产卵繁殖和养育幼鱼的原因及洄游机制。

16.318 水漂生物 pleuston
生活在水面上、身体大部分在水中、漂移主要靠风力的生物。

16.319 游泳水漂生物 nektopleuston
具有游泳能力而漂浮于水面的生物。

16.320 漂浮生物 neuston
生活在水面上下几厘米内的生物。包括水表上漂浮生物和水表下漂浮生物。

16.321 水表上漂浮生物 epineuston, supraneuston
身体轻于水、能站在水面上的生物。如水蝇等。

16.322 水表下漂浮生物 hyponeuston, infraneuston

生活在水面下 10 cm 以内的漂浮生物。一些浮游生物、根足类原生动物、轮虫、肺螺类、扁虫、双翅目昆虫幼虫等常在水表面膜之下的薄层内生活。

16.323 河流漂浮生物 heteroplanobios

漂浮在河流表面或河水中的生物。生物体部分在水中,部分露出水面,没有游动能力,常随波逐流,或被风力所移动。

16.324 流水营养生物 rheotrophic organism

依靠水流供给食物的生物。

16.325 漂流生物 drifting organism

主动或被动向下游移动的河流生物。

16.326 漂流杂草 drifting weed

漂流在水中的某些高等水生植物和大型藻类。

16.327 水生植物 hydrophyte, hydrad, aquatic plant

至少有一部分生命阶段是在水中度过的植物。包括种子植物、蕨类和藻类。

16.328 水生动物 hydrocole

在水中生活的异养生物。它们自身不能制造食物,营养靠摄食植物、其他动物和有机残体。

16.329 真水生植物 euhydrophyte

根固着在水底基质上、叶片也在水面下或漂浮在水面的大型植物。包括沉水植物和浮叶植物两个基本生态类型。

16.330 假水生植物 pseudohydrophyte, amphiphyte

又称“两栖植物”。能在水边湿地生长也能在水下生长的植物。

16.331 池沼植物 tiphad, tiphophyte

生活在内陆湖沼和潮间带潮池中的大型植物。一般以挺水植物占优势,在潮间带潮池中主要为一些大型海藻。

16.332 池沼动物 tiphicole

生活在内陆湖沼和潮间带潮池中的动物。

16.333 水生大型植物 aquatic macrophyte

又称“大型水生植物”。肉眼能看得见的水生植物。主要包括沉水、漂浮和挺水植物,也包括水生苔藓、地钱、蕨类植物和多细胞大型藻类。

16.334 水生微型植物 aquatic microphyte

又称“微型水生植物”。肉眼看不见的单细胞藻类和自养细菌。

16.335 沉水植物 submerged hydrophyte, submerged plant, immersed plant

由根、根须或叶状体固着在水下基质上其叶片也在水面下生长的大型植物。繁殖器官有沉水也有挺出水面的。

16.336 沉水植被 submerged vegetation, submerged hydrovegetation

生长在湖泊沿岸浅水带或河流缓流地段水下各种大型植物群落的组合体。吸收水中二氧化碳和营养物质进行光合作用,死体在水中分解的全水生植物。

16.337 水底植物 benthophyte, phytobenthos

生长在水底的植物。

16.338 微型水底植物 microphytobenthos, benthic microphyte

生活在水底的小型藻类和自养性细菌等。

16.339 漂浮植物 floating plant, planophyte

不固着、叶片浮出水面的大型植物。

16.340 漂浮动物 zooneuston

生活于水面下几毫米处的动物。

16.341 大型漂浮植物 pleustophyte, phytopleuston

漂浮在水面上的大型植物。如凤眼莲和浮萍等。

16.342 小型漂浮植物 planktophyte

漂浮在水面上的小型藻类。

16.343 挺水植物 emergent, emerged plant

根长在底泥中而茎叶伸出水面并在大气中开花的植物。

16.344 浮叶植物 floating-leaved plant, floating-leaf plant

根附着在底泥或其他基质上、叶片漂浮在水面的植物。繁殖器官有在空中、水中或漂浮水面的。

16.345 浮叶植被 floating-leaved vegetation

在缓流或湖泊沿岸带各种浮叶植物群落的组合体。

16.346 浮叶植物群系 floating-leaved plant formation

某些特定水域中的浮叶植被类型。

16.347 水生植被 hydrovegetation, aquatic vegetation, hydrophilous vegetation

又称"喜水植被"。水体中各种大型水生植物群落的组合体。一般由挺水植物、浮叶植物和沉水植物群落组成。

16.348 细菌[黏]膜 bacterial film, bacterial slime

在污水净化的天然水域或人工构筑物中形成的、由细菌组成的黏膜;细菌附着在海水基质表面初期形成的黏性薄膜。

16.349 周丛生物 periphyton

附着在水生植物体表或水底各种基质表面上的微型生物群落。主要由单细胞或丝状藻类组成,还包含有原生动物、轮虫和微生物等。

16.350 底栖生物 benthos, benthic organism

生活在水域底上或底内、固着或爬行的生物。现在一般只用于表示底栖动物。

16.351 微型底栖生物 microbenthos

个体小于40 μm 的底栖生物。

16.352 小型底栖生物 meiobenthos

个体介于 40 μm ~0.5mm 之间的底栖生物。

16.353 大型底栖生物 macrobenthos

个体大于0.5 mm(或1.0 mm)的底栖生物。

16.354 巨型底栖生物 megabenthos

凭水底摄影照片即可清晰辨别所属类群的大型底栖生物。

16.355 沿岸底栖生物 littoral benthos

生活于沿岸带水域底内和底上的生物。

16.356 深海底栖生物 bathyal benthos

生活于水深介于200 ~2000 m 间的深海底栖带的底栖生物。

16.357 浮游底栖生物 planktobenthos

营浮游生活的底表上复水层的底栖生物。

16.358 漫游底栖生物 vagile benthos

在水底生活又能在底上漫游活动的底栖生物。

16.359 游泳底栖生物 nektobenthos

生活于海底但又常常作游泳活动的底栖生物。如甲壳动物中的游泳虾、蟹类和头足类软体动物的章鱼等。

16.360 固着生物 sessile organism

在水下基质表面营固着或附着生活的生物之总称。营固着生活者终生不移动位置,营附着生活者有时可做短距离位移。

16.361 附表底栖生物 epibenthos, epibenthic organism

固着或爬行在水底基质表面上的生物。

16.362 附生植物 epiphyte

附着(不是寄生)在其他生物体表面的植物。

16.363 石面生物 epilithion, epilithic organism
附着在水底石块上的生物。包括细菌、真菌、藻类和原生动物等,能形成一层生物黏膜。

16.364 泥面生物 epipelos
生活在底泥表面的生物群落。包括细菌、真菌、藻类和原生动物等。

16.365 沙生生物 psammon
生活在水底砂砾中的动植物。

16.366 沉积生物 sedimentary organism
生活于海底沉积物颗粒间个体微小的底栖生物或浮游生物死后遗骸沉于海底的生物总称。主要有有孔虫类、放射虫类、颗石虫类、硅藻类等。

16.367 钻孔生物 borer, boring organism
又称"钻蚀生物"。海中穿凿木、竹、石等建筑物、设施和船只的有害生物。

16.368 穴居生物 burrowing organism
在自身造成的洞穴中生活的水生动物。

16.369 暗层生物 stygobiont, stygobiotic organism
栖息在地下水或洞穴中的生物。

16.370 内生生物 endobenthos
附着在石内、泥内、沙内和水生植物体内各种生物的总称。

16.371 底栖动物 zoobenthos
生活史全部或大部分时间生活在水底的无脊椎动物。

16.372 底表动物 epifauna
在底泥、岩石或其他水底基质表面上营固着或自由移动的底栖动物。

16.373 底内动物 infauna
主要生活在水底沉积物内的动物。

16.374 管栖动物 tubicolous animal
在自身分泌物构筑的栖管内生活的动物。

16.375 间隙动物 interstitial fauna
生活于水底沉积物颗粒间隙中的动物。

16.376 附着动物 epizoite, attached animal
用足丝或体盘附着在其他物体上的动物,环境改变时能移动。

16.377 游走动物 errantia
在水底生活又不时短暂游走的底栖动物。如游走多毛类。

16.378 群浮 swarm
水生无脊椎动物成体或幼体漂浮聚集在海面的现象。

16.379 海洋生物小区 thalasson
一个海洋生物群落所占有的空间。

16.380 盐生生物 halobios
生活在海洋各水层和各海底区的所有生物。

16.381 水层生物 pelagos, pelagic organism
生活在所有水层中的海洋生物,包括浮游生物和游泳生物。

16.382 近海生物 neritic organism
生活在近海水层区和海底区的所有海洋生物。

16.383 大洋生物 pelagic organism
又称"远海生物"。生活在远海大洋水层区和海底区的所有生物。

16.384 大洋上层生物 epipelagic organism
生活在海洋上层区(从水表面至大约 200m 深处)的生物。

16.385 大洋中层生物 mesopelagic organism
生活在大洋中层区(从水深 200 m 至大约 1000 m)的海洋生物。

16.386 大洋深层生物 bathypelagic organism
生活在大洋深层区(从水深 1000～4000 m)的生物。

16.387 大洋深渊层生物 abyssopelagic organism
生活在大洋深渊水层区(水深4000～6000 m)的生物。

16.388 沿岸动物区系 littoral fauna
生活在水域沿岸边、潮间带与潮下带浅水区底部的所有动物。

16.389 陆架动物区系 shelf fauna
生活于从潮间带至水深大约 200 m 以内大陆架的所有动物。

16.390 浅海动物区系 shallow water fauna
生活于浅水区的所有水层和海底区的动物，有时也包括陆架动物在内。

16.391 深海动物区系 bathyal fauna
生活于深海底带(水深介于 200 m 至大约 4000 m 之间的底栖带)的所有动物。

16.392 深渊动物区系 abyssal fauna
生活于深渊底带(水深 4000～6000 m 之间的底栖带)的所有动物。

16.393 超深渊动物区系 hadal fauna, ultra-abyssal fauna
生活于深渊底带(水深超过 6000 m 的大洋深沟)的所有动物。

16.394 造礁珊瑚 hermatypic coral
体内有共生虫黄藻、能沉淀堆积石灰质骨骼的珊瑚虫类。

16.395 非造礁珊瑚 ahermatypic coral
体内无共生虫黄藻、不沉淀堆积石灰质骨骼的珊瑚虫类。

16.396 虫黄藻 zooxanthellae
在造礁石珊瑚和某些软珊瑚体内营共生生活、能行光合作用的微藻(主要为甲藻)。

16.397 巨型海藻 kelp
一类生活在中、高纬度潮间带下区和潮下带的巨型褐藻。

16.398 海藻床 kelp bed, sea-weed bed
中、高纬度海域潮间带下区和潮下带数米浅水区硬相海底大型海藻(褐藻)繁茂丛生的场所。

16.399 海草场 sea grass bed
中、低纬度海域潮间带中、下区和低潮线以下数米乃至数十米浅水区海生显花植物(海草)和草栖动物繁茂的平坦软相(地带)场所。

16.400 藤壶区 balanoid zone, balanus zone
潮间带岩相硬底藤壶(无柄蔓足类)大量成群附着并占优势的区域。

16.401 湖沼群落 limnium
生活在湖泊及沼泽中的各种水生生物集合体。

16.402 温泉群落 thermium
生活在温泉中的水生生物群落。在泉水源头区生活的硫细菌、蓝藻等称“真泉水生物(eucrenon)”;下游泉水沟中生长的生物称“次泉水生物(hypocrenon)”。

16.403 溪涧群落 rheoium, namatium, stream community
生活在水流速度快、溶解氧充足、岩石和砂砾底质中的生物群落。主要动物为适应流水环境的冷狭温种,几乎无浮游生物生存。

16.404 河流群落 potamium, potamic community
生活在流速缓慢、溶解氧不足、底质以泥沙为主的河流中的生物群落。动物以静水广温性或暖狭温性种类为主。浮游生物丰富。

16.405 盐沼群落 salt-marsh community

以扎根于土壤中的挺水植物为优势的潮间带群落。

16.406 红树群落 mangrove biocoenosis, mangrove community

热带和亚热带低盐度河口淤泥质高中潮区海岸所特有的以红树植物为主体的生物群落。

16.407 红树群系 mangrove formation

某些特定栖息地类型内的红树植被类型。

16.408 海洋群落 thalassium

泛指海域所有的生物群落。

16.409 底栖[生物]群落 benthic community, bottom community

水域底上、底内和接近底上的动植物构成的生物群落。

16.410 平底生物群落 level bottom community

在泥滩或泥沙滩等软平底底内和底上营底埋生活和穴居的底栖生物群落。

16.411 底上固着生物群落 sessile epifaunal community

在海底和潮间带硬相底质上以营固着生活为主体的生物群落。

16.412 海底热泉生物群落 hydrorthermal vent community, sulphide community

生活于海底热泉口和冷渗口与硫氧化细菌共生，利用 H_2S、CH_4以化学合成作用进行初级生产、制造有机物的海洋生物群落。

16.413 泥滩生物群落 ochthium, polochthium

潮间带软相泥滩的海洋生物群落。

16.414 潮池生物群落 rockpool community

又称“*岩坑生物群落*”。硬相岩岸潮池中以大型藻类为主的潮间带生物群落。

16.415 河流生物区系 stream biota

在河流中生活的所有动植物和微生物。

16.416 急流动物区系 torrential fauna

栖息在水流湍急、氧气充沛、具石砾底质河流中的所有动物。

16.417 水底植物区系 benthic flora, bottom flora

附着在水底基质上的所有大型植物和藻类。

16.418 底栖动物区系 benthic fauna, bottom fauna

生活于水域底上、底内或接近于底上的所有动物。

16.419 潜水动物区系 phreatic fauna

栖息在河流底部沉积层下的所有动物。

16.420 成带现象 zonation

水体的不同部位因理化条件和生物群落的不同形成不同的区域、层次和地段的现象。世界各大洋的大陆架水域和岛屿周围浅水水域生产量数倍于大洋，呈现带状分布。

16.421 底栖生物带 benthic zone

湖底或海底生物分布的地带。

16.422 河底生物带 hyporheic zone

(1)河流底部沉积物中无脊椎动物栖息的地带。(2)地表水和地下水之间的过渡生物带。

16.423 真水生植物带 euhydrophyte zone

沉水植物和浮叶植物生长的区域。

16.424 水生演替系列 hydrosere, hydroarch sere

水生生物群落组成特征随时空变化而发生系列变化的现象。如湖泊沿岸带从沉水植物、浮叶植物、挺水植物到湖岸上湿生和陆生生物的空间变化。

16.425 水生食物链 aquatic food chain

水域中初级生产者形成的有机质沿着营养级逐级转移到高营养级的途径。

16.426 水生食物网 aquatic food web
水生生物群落中所有食物链相互交叉构成复杂的网状关系。

16.427 原生动物食物网 protozoan food web
水生原生动物群落中所有食物链相互交叉组成的食物网。

16.428 后生动物食物网 metazoan food web
水生后生动物群落中所有食物链相互交叉组成的食物网。

16.429 食物环节 food link
水生生物的食物循环中各营养级间最基本的营养传递的衔接关系。

16.430 微食物网 microbial food web
海水和淡水中微微型蓝细菌原核生物、微微型光合真核生物和微微型异养浮游细菌及其与原生动物、桡足类的网状摄食关系。

16.431 水域生产力 productivity of waters
又称"水体生产力"。在一定时间周期内单位面积水域中生物合成有机物质的量。不同水域生物生产力水平不同:湿地最高;浅水湖泊、河口、沿岸带次之;深水湖泊及大洋生产力最低。

16.432 海洋生物生产力 marine biological productivity
海洋植物合成有机物质的能力。近岸水域生产力高于远洋,海洋水层初级生产力主要发生在表层 30 m 内。总初级生产力由再生生产力和新生产力两部分构成。

16.433 再生生产力 regenerated productivity
由真光层中再循环的再生氮源支持的那一部分初级生产力。

16.434 新生产力 new productivity, new production
由真光层之外提供的新生氮源支持的那一部分初级生产力。

16.435 海底－水层耦合 benthic-pelagic coupling
海洋生态系统中颗粒有机物通过生物泵、湍流和平流的输送沉降到底表面,推动了沉积物碎屑食物链,再经分解矿化、生物扰动、摄食、分子扩散和其他物理过程的作用,使底栖生物生产与水层生物生产相连接、耦合的过程。

17. 城市生态学、生态工程学和产业生态学

17.001 社会－经济－自然复合生态系统 social-economic-natural complex ecosystem
一类以人的行为为主导,由社会、经济、自然子系统在时、空、量、构及序耦合而成,是人类种群与其栖息劳作环境、区域生态环境及社会文化环境间相生相克、协同进化的矛盾统一体。

17.002 复合生态系统关系 eco-contexts in complex ecosystem
复合生态系统中生态元与生态元之间的竞争、共生、链接、支配关系;生态元与生态库之间的需求、供给、滞留、耗竭,开拓、恢复以及改造、适应关系;生态元与其更高层次的系统间的乘势、补偿、反馈、隶属关系。

17.003 复合生态系统动力学 eco-dynamics of complex ecosystem
驱动复合生态系统的物质代谢、能量聚散、信息交流、价值增减以及生物迁徙的基本动因,包括自然和社会两种作用力,自然力和

社会力的耦合导致不同层次复合生态系统特殊的运动规律。

17.004 复合生态系统控制论 eco-cybernetics of complex ecosystem

复合生态系统发育、演化、兴衰的系统整合、适应、循环、自生机制,即对有效资源及可利用的生态位的竞争或效率原则,人与自然之间、不同人类活动间以及个体与整体间的共生或公平性原则,通过循环再生与自组织行为维持系统结构、功能和过程稳定性的自生或生命力原则。

17.005 开拓适应原理 principle of exploitation and adaptation

任一企业、地区或部门的发展都有其特定的生态位,由主导系统发展的利导因子和抑制系统发展的限制因子组成。资源的稀缺性孕育生物的改造环境、对外开拓、提高环境容量的能力和适应环境、调整需求、改变自身生态位的能力。成功的发展必须善于拓展资源生态位和调整需求生态位,以改造和适应环境。优胜劣汰是自然及人类社会发展的普遍规律。

17.006 竞争共生原理 principle of competition and symbiosis

系统的资源承载力、环境容纳总量在一定时空范围内是恒定的,但其分布是不均匀的。差异导致生态元之间的竞争,竞争促进资源的高效利用。持续竞争的结果形成生态位的分异,分异导致共生,共生促进系统的稳定发展。生态系统这种相生相克作用是提高资源利用效率、增强系统自生活力、实现持续发展的必要条件,缺乏其中任何一种机制的系统都是没有生命力的系统。

17.007 乘补自生原理 principle of proliferation and compensation

当整体功能失调时,系统中某些组分会乘机膨胀成为主导组分,使系统疯长或畸变;而有些组分则能自动补偿或代替系统的原有功能,使整体功能趋于稳定。要推进一个系统的演化,应使乘强于补;要维持一个系统的稳定,应使补胜于乘。

17.008 循环再生原理 principle of recycling and regeneration

世间一切产品最终都要变成废物,世间任一“废物”必然是对生物圈中某一组分或生态过程有用的“原料”或缓冲剂;人类一切行为最终都会以某种信息的形式反馈到作用者本身,或者有利、或者有害。物资的循环再生和信息的反馈调节是复合生态系统持续发展的根本动因。

17.009 连锁反馈原理 conjugate principle of positive and negative feedback

复合生态系统的发展受两种反馈机制所控制,一是作用和反作用彼此促进,相互放大的正反馈,导致系统当前发展状态的持续增长或衰退;另一种是作用和反作用彼此抑制,相互抵消的负反馈使系统维持在稳态附近。正反馈导致发展,负反馈维持稳定。系统发展的初期一般正反馈占优势,晚期负反馈占优势。持续发展的系统中正负反馈机制相互平衡。

17.010 生态发育原理 principle of ecological development

发展是一种渐近的有序的系统发育和功能完善过程。系统演替的目标在于功能的完善,而非结构或组分的增长;系统生产的目的在于对社会的服务功效,而非产品的数量或质量。系统发展初期需要开拓与适应环境,速度较慢;在找到最适应生态位后增长最快,呈指数式上升;接着受环境容量的限制,速度放慢,呈逻辑斯谛曲线的S型增长。但人能改造环境,扩展瓶颈,使系统出现新的S型增长,并出现新的限制因子或瓶颈。

17.011 多样性主导性原理 principle of diversity and dominance

系统必须以优势组分和拳头产品为主导,才

会有发展的实力和刚度;必须以多元化的结构和多样化的产品为基础,才能分散风险,增强系统的柔度和稳定性。结构、功能和过程的主导性和多样性的合理匹配是实现生态系统持续发展的前提。

17.012　最小风险原理　conjugate principle of risk and opportunity

系统发展的风险和机会是均衡的,高的机会往往伴随大的风险。强的生命系统要善于抓住一切适宜的机会,利用一切可以利用甚至对抗性、危害性的力量为系统服务,变害为利;善于利用中庸思想和半好对策避开风险、减缓危机、化险为夷。

17.013　最大功率原则　maximum power principle

系统的自组织过程或结构的自我设计通常会朝向引入更多能量和更有效地使用能量的方向发展。任何一个开放系统的进化策略都是在维持其上层母系统生存的前提下使本系统能得到的有用能流最大化,自然选择,倾向于选择那些能产生最大有用功率的系统。

17.014　多样性-稳定性假说　diversity-stability hypothesis

该假说认为生态系统组成的多样性与稳定性存在某种程度的相关性,在多数情况下,通过增加生态系统内的多样性,可促进系统的稳定性。但美国生态学家梅(R. May)从数学上给出了多样性有时会导致稳定性的反例。

17.015　生态滞留　eco-stagnation

生态代谢过程中系统输入远远大于其输出时,过量物质或能量滞留于系统内,打破原有生态平衡的现象。如过量营养物质进入水生态系统后的富营养化现象以及由于过度密集的人类活动所造成的城市热岛效应和污染效应等。

17.016　生态耗竭　eco-exhaustion

生态代谢过程中生态系统的输出远远大于其输入,系统结构长期失衡,功能得不到更新,过程得不到补偿,自我调节赶不上外部破坏的现象。如过度渔牧导致的水产枯竭、草地退化以及矿山滥采导致的区域生态退化等。

17.017　生态胁迫　ecological stress

又称“生态压力”。是指来自人类或自然的对生态系统正常结构性和功能性干扰,这些干扰往往超出生态系统承受能力范围,导致生态系统发生不可逆的变化甚至退化或崩溃。

17.018　生态敏感性　ecological sensitivity

指生态系统或环境对各种自然和人类干扰的变异程度,用来反映区域生态环境遇到干扰时偏离平衡态的概率,以及产生生态退化症兆的难易程度或可能性。

17.019　生态序　ecological order

生态系统演替是一种从原生走向成熟的信息积累、环境适应、结构整合和功能完善过程,其中逐步形成的高效占用生态位的竞争序、协同进化的共生序和自组织、自调节、自优化的自生序,共同组成生态序。

17.020　竞争序　competition order

生物与环境斗争中形成的争夺利导因子的一种生存进取策略,旨在实现对可利用能量的最大攫取和可再生资源的最有效利用,通常表现为与生物环境竞争和对非生物环境的开拓行为。

17.021　共生序　symbiosis order

生物与环境协同进化中形成的克服限制因子约束的一种生存妥协策略,通常表现为与其他生物的共生、对资源的再循环和对环境的适应行为。

17.022　生态[性]灾难　ecological disaster

在各种瞬时性或累积性的生态效应中，对人类的生活、生产和生态系统产生显著的不可逆生态影响和灾变性效果的生态效应。

17.023 生态功能区划 ecological function zoning

根据区域生态环境要素、生态环境敏感性与生态服务功能空间分异规律，将区域划分成不同生态功能区的过程。

17.024 生态整合 ecological integrity

按生态学原理将破碎的过程、景观、产业和文化在生态系统尺度上重新耦合的过程。

17.025 生态需水 water demand for natural service

为满足区域生态系统正常运行并提供正常生态服务的功能性自然需水。包括生物生产、消费、蒸腾需水，水域、土壤蒸发和地下水文循环需水；以及景观调蓄、环境净化和下游常年径流需水。

17.026 生态足迹 ecological foot-print

又称“生态占用”。维持一个人、地区、国家或者全球的生存所需要的以及能够吸纳人类所排放的废物、具有生态生产力的地域面积。是对一定区域内人类活动的自然生态影响的一种测度。

17.027 生态赤字 ecological deficit

(1)一定地域(如国家或地区)的人口的生态足迹超过了该地域空间的生物供给能力，表示现存的自然资本不足以支持当地人口消费和生产的状况。(2)生态系统或社会－经济－自然复合生态系统中某些物质或能量的需求大于供给能力而产生的生态失衡状况。

17.028 生物供给能力 biological capacity

与生态足迹相对应的概念，指一定地域内可能提供的生物生产性土地面积之和，体现该地域为当地人口提供产品和消纳环境影响的能力。

17.029 生态承载力 ecosystem carrying capacity

指一定条件下生态系统为人类活动和生物生存所能持续提供的最大生态服务能力，特别是资源与环境的最大供容能力。

17.030 城市承载力 urban carrying capacity

一般指一定范围和一定环境标准下的城市生命支持系统可支撑的城市社会经济活动强度的大小和一定生活质量下的人口数量。

17.031 人体健康风险评估 human healthy risk assessment

预测环境污染物对人体健康产生有害影响可能性的过程。包括致癌风险评估、致畸风险评估、化学品健康风险评估、发育毒物健康风险评估、生殖环境影响评估和暴露评估等。

17.032 生态健康 ecological health

指人与环境关系的健康，是测度人的生产生活环境及其赖以生存的生命支持系统的代谢过程和服务功能完好程度的系统指标。包括人体和人群的生理和心理生态健康，人居物理环境、生物环境和代谢环境(包括衣食住行玩、劳作、交流等)的健康，以及产业和区域生态服务功能(包括水土气生矿和流域、区域、景观等)的健康。

17.033 生态卫生 ecological sanitation

狭义的生态卫生是指通过生态系统方法处理和利用人粪尿，包括生态合理的卫生厕所及其外围设施、环境、废弃物处理、循环方式和行为习惯。广义的生态卫生指人居活动产生的粪便、垃圾、污水等废弃物的排放、收集、处理和循环利用的生态技术、设施、方式，生态规划、管理的办法和能力建设手段。生态卫生旨在保障人体健康、居室健康、农田健康、环境健康和区域生态系统的健康。

17.034　生态文明　ecological civilization

又称“绿色文明(green civilization)”。物质文明与精神文明在自然与社会生态关系上的具体体现。包括对天人关系的认知、人类行为的规范、社会经济体制、生产消费行为、有关天人关系的物态和心态产品、社会精神面貌等方面的体制合理性、决策科学性、资源节约性、环境友好性、生活俭朴性、行为自觉性、公众参与性和系统和谐性。

17.035　城市生态系统　urban ecosystem

是人为改变了结构、改造了物质循环和部分改变了能量转化过程、以人类活动为主导的一类开放型人工生态系统。

17.036　生态城市　eco-city

社会、经济、自然协调发展,物质、能量、信息高效利用,技术、文化与景观充分融合,人与自然的潜力得到充分发挥,居民身心健康,生态持续和谐的集约型人类聚居地。

17.037　生态政区建设　ecopolis

运用生态经济学原理和系统工程方法去统筹规划、建设和管理政域范围内的人口、资源、环境,通过挖掘市域内外一切可以利用的资源潜力,改变生产和消费方式、决策和管理方法,建设一类经济发达、生态高效的产业,体制合理、社会和谐的文化以及生态健康、景观适宜的环境,实现在区域生态承载能力范围内经济腾飞与环境保护、物质文明与精神文明、自然生态与人类生态的高度统一和可持续发展。

17.038　健康城市　healthy city

城市发展所追求的一种模式。由健康的人群、健康的环境和健康的社会有机结合发展的整体。1996年,世界卫生组织(WHO)规定了健康城市的10条标准。

17.039　田园城市　garden city

英国城市规划师霍华德(E. Howard)于1898年针对英国快速城市化所出现的交通拥堵、环境恶化以及农民大量涌入大城市的城市病所设计的以宽阔的农田林地环抱美丽的人居环境,把积极的城市生活的一切优点同乡村的美丽和一切福利结合在一起的生态城市模式。

17.040　城市湿地　urban wetland

城市及其周边地区被浅水或暂时性积水所覆盖的低地,有周期性的水生植物生长,基质以排水不良的水成土为主,是城市排毒养颜的肾器官,具有重要的水源涵养、环境净化、气候调节、生物多样性保护、教育科普等生态服务功能。

17.041　城市生态安全　urban ecological security

城市人与环境关系可持续程度的表征,是测度人与其生产、生活环境及其赖以生存的生命支持系统的耦合关系、代谢过程和服务功能完好程度和风险大小的系统状态指标。

17.042　城市化　urbanization

指人类生产和生活方式由乡村型向城市型转化的历史过程,表现为乡村人口向城市人口的转化以及城市不断发展和完善的过程。

17.043　逆城市化　counter-urbanization

一些大都市区人口迁向离城市郊区更远的农村和小城镇的过程。我国的逆城市化首先表现为现代化基础设施开始向农村延伸,其次表现为城市市民福利制度开始覆盖农村。

17.044　再城市化　re-urbanization

面对经济结构老化,人口减少,发达国家一些城市调整产业结构,开发市中心衰落区,吸引年轻的专业人员或国内外移民回城居住,实现中心城区人口增长的过程。

17.045　城市覆盖层　urban canopy layer

指地面至城市建筑物屋顶的空气层,该空间范围受人类活动影响最大,是导致城市热岛效应、灰霾效应、温室效应和污染效应的重要因素。城市覆盖层与建筑物密度、高度、几何形状、门窗朝向、外壁涂料颜色、街道宽度和走向、路面铺砌材料、人为热以及人为水气的排放量关系密切。

17.046 城市边界层 urban boundary layer

指由城市建筑物屋顶向上到积云中部高度的空气层,其上限高度因白昼与夜晚而异,而且受区域气候、城市空气污染物性质及浓度和参差不齐的屋顶热力和动力作用影响。该空间范围湍流混合作用显著,与城市覆盖层间存在着物质和能量交换。

17.047 城市气候 urban climate

由于城市的存在产生了特殊下垫面条件和人类活动,而形成的有别于区域气候背景的一种局地气候条件,是城市规划、城市建筑、城市生态调控、城市环境保护、城市医疗保健和城市灾害预防等的基础。

17.048 城市逆温层 urban inversion layer

在城市地区的秋末和冬季晴朗无风的天气里,傍晚时分由于地面强烈地向空中辐射热量,使地面和近地层空气温度迅速下降,而上层空气降温较慢,从而出现气温上高下低的现象,不利于大气污染的扩散。

17.049 城市热岛效应 urban heat island

指城市温度高于郊野温度的现象。由于城市地区水泥、沥青等所构成的下垫面导热率高,加之空气污染物多,能吸收较多的太阳能,有大量的人为热进入空气;另一方面又因建筑物密集,不利于热量扩散,形成高温中心,并由此向外围递减。

17.050 城市大气环流 urban atmospheric circulation

由于热岛效应造成的温差,使城市与其周围地区形成的空气流动状态。

17.051 城市峡谷效应 urban canyon effect

又称“城市狭管效应(urban venturi effect)”。在城市地区,由于整齐划一的建筑物的影响,使气流速度明显高于周围地区的现象。

17.052 灰霾 dust-haze

空气中的灰尘、硫酸、硝酸、有机碳氢化合物等气溶胶粒子形成的大气混浊现象,使水平能见度小于 10 km。

17.053 城市绿地 urban green space, urban green area

是指城市的公共绿地、居住区绿地、单位附属绿地、防护绿地、生产绿地以及风景林地等六类。

17.054 城市绿地率 ratio of urban green space, ratio of urban green area

城市建成区内,各类绿地的总面积占建成区面积的比率。

17.055 城市公共绿地 urban public green area

向公众开放的,有一定游憩功能的绿化用地。特指公园和街头绿地,包括其中的小路和水域等无植被的地面。

17.056 城市绿化 urban greening

栽种植物以改善城市环境的活动。一般不包括耕地和无植被的水域。

17.057 城市绿化覆盖面积 urban green coverage

城市中所有植物的垂直投影面积。

17.058 城市绿化覆盖率 urban green coverage rate

城市用地范围内全部植物垂直投影面积占该用地总面积的比例。

17.059 城市植被 urban vegetation

指城市范围内全部植被,包括一切自然生长的和人工栽培的各种植被类型。

17.060 屋顶花园 roof garden

在各类建筑物、构筑物、桥梁(立交桥)等的顶部、阳台、天台、露台上进行园林绿化、种植草木花卉作物所形成的景观。

17.061 立体绿化 vertical planting

在各类建筑物和构筑物的立面、屋顶、地下和上部空间进行多层次、多功能的绿化和美化,以改善局地气候和生态服务功能、拓展城市绿化空间、美化城市景观的生态建设活动。

17.062 风景林地 scenic forest

具有一定景观价值,对于城市整体风貌和环境有改善作用,又没有完善的游览、休息、娱乐等设施的林地。

17.063 城市绿地系统 urban green space system

由城市中各种类型和规模的绿化用地组成的具有较强生态服务功能的绿色斑块、廊道系统。广义的城市绿地系统包括城市绿色和蓝色空间,即城市范围内一切人工的、半自然的以及自然的植被、水体、河湖、湿地。

17.064 城市绿地系统规划 urban green space system planning

对城市各种绿地进行定性、定位、定量的统筹安排,形成具有合理结构的绿色空间系统,为城市提供适宜的气候调节、水源涵养、环境净化、生物多样性保护、游憩休闲、社会文化等生态服务功能。

17.065 人工栽培群落 artificial planted community

人为地引入城市区域的群落类型,包括市区道路两旁、街心花坛及住宅区内人工种植的绿化群落,以及郊区的农田和人工防护林等。

17.066 残存自然群落 relict natural community

人为活动影响之前就已经存在,并且在城市化过程中未被清除的原生的或次生的自然群落。这些群落现今大都呈小面积孤岛状分布。

17.067 城市杂草群落 urban weed community

城市化后不受人的意识支配而出现的植物群落。其中除归化植物外,还有当地的土著种。具有适应当地城市特殊生境、抵抗各种人为干扰的生存对策。

17.068 人布植物 anthropochore

随着人类活动而散布的植物。

17.069 归化植物 naturalized plant

区内原无分布,而从另一地区移入的种,且在本区内正常繁育后代,并大量繁衍成野生状态的植物。如原产美洲的反枝苋和加拿大飞蓬,在我国已成归化植物。

17.070 极嫌城市植物 highly urbanphobe plant

在城市里完全见不到或只有极少例外可在市区偶见的植物,它们多是一些在贫营养水体、未受污染环境中生长的植物。

17.071 中度嫌城市植物 moderately urbanphobe plant

主要生长在城市内空旷地区或特殊生境(如大公园、大别墅内)的植物。

17.072 中性城市植物 urban neutral plant

在城市内和城市外都能分布的植物。

17.073 适生城市植物 moderately urbanphil plant

广泛分布在城市建成区内的植物,但在郊区也可见到。

17.074 极适生城市植物 highly urbanphil plant

几乎限于城市建成区生长的、在郊区只是偶见的植物。

17.075　伴生动物　companion animal

(1)指最易与人类接近的供家庭饲养和玩赏的小型动物。如猫、犬等。(2)是指能忍受环境变化,并能与人伴生的有害动物。如家栖鼠、蜚蠊等。

17.076　生态材料　eco-material

指产品生产、运输、储存、消费和循环再生的整个生命周期过程中符合地方和国家相关环境标准,环境影响低、资源利用率高、生态服务功能强、经济成本低的环境友好型材料。

17.077　人居环境　human settlement

指人类聚居生活的地方,是与人类生存活动密切相关的地表空间。包括自然、人群、社会、居住、支撑五大系统。

17.078　共轭生态规划　conjugate ecological planning

指协调人与自然、资源与环境、生产与生活、城市与乡村以及空间与时间之间共轭关系的复合生态系统规划。包括与城镇总体规划相呼应的区域生态整合规划;与建设用地规划相对应的非建设用地规划;与二维土地利用规划相呼应的地下和地上三维空间资源利用规划;与物理环境污染控制规划相呼应的生态服务功能建设规划;与自然保护规划相呼应的人文生态保护规划,以及与纵向管理体制相对应的横向耦合机制规划等。

17.079　区域生态规划　regional eco-planning

是城市生态规划的上位规划。以生态学原理为指导,对城市发展所依赖的流域、区域或政域内的基础生态因子、生态演替过程、景观生态格局和生态服务功能进行系统分析,辨识区域发展的利导和限制因子、生态敏感和适宜性区域,开展生态功能区划,为区域未来可能的社会经济发展提出控制性和诱导性的资源利用、环境保护与生态建设战略和措施。

17.080　城市生态规划　urban ecological planning

是在上位区域生态规划指导下开展的市域生态系统发展规划。包括城市生态概念规划(自然和人类生态因子、生态关系、生态功能和生态网络的发展战略规划)、城市生态工程规划(水、能源、景观、交通和建筑等生态工程建设规划)以及城市生态管理规划(生态资产、生态服务、生态代谢、生态体制和生态文明的管理规划)。

17.081　生态适宜性分析　ecological suitability analysis

根据区域发展目标运用生态学、经济学、地学、农学及其他相关学科的理论和方法,分析区域发展所涉及的生态系统敏感性与稳定性,了解自然资源的生态潜力和对区域发展可能产生的制约因子,对资源环境要求与区域资源现状进行匹配分析,确定适应性的程度,划分适宜性等级,从而为制定区域生态发展战略,引导区域空间的合理发展提供科学依据。

17.082　因子叠加法　factor overlapping method

又称"地图重叠法","麦克哈格法(MacHarg method)"。是生态规划中广泛应用的方法之一。首先根据各相关生态因子的潜力与限制分析其适宜性或敏感性等级,然后将各因子的适宜性或限制性叠加,得到区域生态适宜性或生态敏感性的综合图。

17.083　生态建筑　ecological building

基于生态学原理规划、建设和管理的群体和单体建筑及其周边的环境体系。其设计、建造、维护与管理必须以强化内外生态服务功能为宗旨,达到经济、自然和人文三大生态目标,实现生态健康的净化、绿化、美化、活化、文化五化需求。

17.084　城市特色危机　urban identity crisis

在快速城市化过程中,城市格局、风貌正走

向雷同,千城一面,由不同国家、地域、民族和历史形成的城市文脉、肌理,自然生态特征和乡土文化标识正在迅速消失的现象。

17.085 生态管理 ecological management

又称“管理的生态系统方法(ecosystem approach to management)”。按生态学的整体、协同、循环、自生原理去系统规范和调节人类对其赖以生存的生态支持系统的各种开发、利用、保护和破坏活动,使复合生态系统的结构、功能、格局和水、土、气、生物、能源和地球化学循环的复合生态过程得以高效、和谐、持续运行的系统方法。

17.086 城市林业 urban forestry

是研究林木与城市环境关系,合理配置、培育、经营和管理城区及城近郊的森林、树木和植物,服务城市生态,调节城市气候,活化城市景观的一门以生态服务功能为主旨,融生态、经济、社会效益为一体的特殊形态林业。

17.087 城市农业 urban agriculture

分布在城市工业、商业、居住区及城郊结合部等生境中的特殊形态农业,可分布在地表、屋顶和地下。其功能除了生物质生产外,更主要的是提供水文循环,气候调节,净化环境,生物多样性维持,以及教育、观光等生态服务功能。

17.088 生态旅游 ecological tourism, ecotourism

以吸收自然和文化知识为取向,尽量减少对生态环境的不利影响,确保旅游资源的可持续利用,将生态环境保护与公众教育同促进地方经济社会发展有机结合的旅游活动。

17.089 城市土壤 urban soil

是在地带性土壤背景下,在城市化过程中受人类活动影响而形成的一种特殊土壤。

17.090 风景名胜区规划 landscape and famous scenery planning

为保护培育、开发利用和经营管理风景名胜区,并发挥其多种功能而进行的有关土地利用、生物多样性保护、环境保护、景观建设的统筹部署和具体安排。经相应的人民政府审查批准后的风景名胜区规划,具有法律权威,必须严格执行。

17.091 风景名胜区 landscape and famous scenery

又称“风景区(scenic area)”。指风景资源集中、环境优美、具有一定规模、知名度和游览条件,可供人们游览欣赏、休憩娱乐或进行科学文化活动的地域。

17.092 风景林 aesthetic forest

给人类提供了原创性自然美和生态美感受的林。

17.093 国家公园 national park

国家为合理地保护和利用自然、文化遗产而设立的大规模的陆地或海洋保护区域。其功能是为当代人或子孙后代保护一个或多个生态系统的生态完整性,排除与保护目标相抵触的开采或占有行为;提供在环境上和文化上相容的精神的、科学的、教育的、娱乐的和游览的机会。

17.094 地质公园 geopark

是以具有特殊地质科学意义,稀有的自然属性、较高的美学观赏价值,具有一定规模和分布范围的地质遗迹景观为主体,并融合其他自然景观与人文景观而构成的一种独特的自然区域。是地质遗迹景观和生态环境的重点保护区,地质科学研究与普及的基地。

17.095 森林游憩 forest recreation

人们利用休闲时间,在森林环境中自由选择地进行的、以恢复体力和获得愉悦感受为主要目的同时又不破坏森林的所有活动的总和。

17.096　森林公园　forest park

以良好的森林景观和生态环境为主体，融合自然景观与人文景观，利用森林的多种功能，以开展森林旅游为宗旨，为人们提供具有一定规模的游览、度假、休憩、保健疗养、科学教育、文化娱乐的场所。

17.097　湿地公园　wetland park

是保持该湿地区域独特的近自然景观特征，维持系统内部不同动植物物种的生态平衡和种群协调发展，并在不破坏湿地生态系统的基础上建设不同类型的辅助设施，将生态保护、生态旅游和生态教育的功能有机结合，突出主题性、自然性和生态性三大特点，集湿地生态保护、生态观光休闲、生态科普教育、湿地研究等多功能的生态型主题公园。

17.098　美学价值　aesthetic value

自然生态系统以盎然生机、千姿百态景色提供人们休养生息中所创造的经济效益。

17.099　美学受损水平　aesthetic injury level, AIL

在城区、风景旅游区，病虫害防治不应根据经济损失指标喷洒药物，而要根据人群所能忍受的水平，防治病虫害，不致有损于人们的身心健康。

17.100　生态工程　ecological engineering

模拟自然生态的整体、协同、循环、自生原理，并运用系统工程方法去分析、设计、规划和调控人工生态系统的结构要素、工艺流程、信息反馈关系及控制机构，疏通物质、能量、信息流通渠道，开拓未被有效利用的生态位，使人与自然双双受益的系统工程技术。

17.101　生态设计　ecological design

指按生态学原理进行的人工生态系统的结构、功能、代谢过程和产品及其工艺流程的系统设计。生态设计遵从本地化、节约化、自然化、进化式、人人参与和天人合一等原则，强调减量化、再利用和再循环。

17.102　农田生态工程　farmland eco-engineering

在农田耕作、管理过程中，应用生态学原理和各种水、肥、土、种和病虫害综合防治的生态工艺技术，分级多层利用空间、时间及营养生态位的系统工程体系。

17.103　农业生态工程　agricultural eco-engineering

指在大农业（种植业、养殖业、林业、副业、加工业）中，通过产业要素组合和生态工艺技术，使废物得以有效利用、转化、再生及资源化，形成生产环（链）优化组合、多层分级利用的网络化体系。

17.104　湿地生态工程　wetland eco-engineering

运用生态工程原理，通过人工湿地建设或天然湿地改良，利用湿地生态系统的净化能力达到污水净化处理、生物多样性保护、湿地生物质生产与强化肾生态服务功能的目的。

17.105　湿地生态系统设计　design of wetland ecosystem

应用生态工程的原理和方法对湿地进行构建、恢复和调整，以利于湿地正常功能的运作及其生态系统服务的可持续性。

17.106　基塘系统　dike-pond system

一种典型的农业生态工程模式。在塘基上种植经济作物（如桑、花、蔗等），将其副产品或废物饲喂塘中养殖的动物（如鱼、蟹等），用塘水浇灌、塘泥施肥于基上植物，从而使水陆两个不同的生态系统联结成一个互利共生、良性循环的复合系统。

17.107　稻鱼共生系统　rice-fish system

一种典型的农业生态工程模式。在稻田中饲养鱼（或蟹、鸭等），鱼通过食草、吃虫、翻动土壤、搅动水层、排泄粪便而育肥,使水稻增产。通过合理利用水田土地资源、水面资源、生物资源和非生物资源,达到增粮、增鱼、增肥、增水、节地、节肥、节成本等多种效果。

17.108　农林复合系统　agro-forestry

又称"农林复合经营"。指在同一土地管理单元上,人为地把多年生木本植物(如乔木或灌木)与其他栽培植物(如农作物、药用植物、经济植物以及真菌等)和(或)饲养家畜,合理地安排在一起而进行管理的土地综合利用体系。

17.109　土地复垦　land reclamation

是指对生产建设过程造成的挖损、塌陷、压占等土地破坏采取的生态工程措施,使其生态功能部分或全部恢复或修复的行动或过程。如对已开采矿区的排土场、尾矿库、城市采石场以改善土地肥力,提高生物生产力为目的的土地复垦。

17.110　[物质]多层分级利用　multilayer and multi-gradation using material, multilayer and chain-linking material

物质在生态系统内多个组分和多层生态链中的连锁利用过程,其中上一环节或上层不同环节的成品、半成品或废弃物以串联或并联形式作为下一环节原料予以利用,使资源利用效率最大化和废弃物排放的最小化。

17.111　绿色化工　green chemical industry

又称"环境友好化工(environmental friendly chemical industry)"。在化工产品生产过程中,从工艺源头上就运用环保的理念,推行源消减、进行生产过程的优化集成,废物再利用与资源化,从而降低了成本与消耗,减少废弃物的排放和毒性,减少产品全生命周期对环境的不良影响。绿色化工的兴起,使化学工业环境污染的治理 由先污染后治理转向从源头上根治环境污染。

17.112　加环　loop addition

生态工程的系统调控方法和技术措施之一,指在食物链网或生产链网中,人为增加代谢环节,以更充分利用生态位,多层分级利用资源。按所加环节的作用又可分为生产环、服务环、减耗环以及这几种环的复合环。

17.113　生产环　productive loop addition

所加环节可生产为人利用的经济产品或服务的一类加环。如利用废物、副产品或废物直接转化,生产出商品。

17.114　增益环　increasing benefit loop, added-link loop, gaining loop

又称"服务环(service loop)"。指虽不能直接生产出商品,但有利于生态环境的改善或间接提高生产环效率的加环。如处理废水、废气、废渣的环节。

17.115　损耗环　consumptive loop

指生态系统、食物链网或生产系统的生产链网中某一环节,生产的产品对人无用,反而消耗上一营养级的资源的环节。如农田害虫、害兽。

17.116　减耗环　decreasing consumption loop

指虽不能直接生产对人有用产品,但可抑制或减弱损耗环作用的加环。如增加一些提高原料或能源利用率的措施和设备的环节。

17.117　复合环　complex loop

指起到生产环、增益环、减耗环的多种功能的加环。如在农田、果园等处增加放养蜜蜂,既有生产蜂蜜的作用,又有传粉促进作物和果品增产的增效作用;又如,利用一些工厂或生活区的有机污水,既有生产清洁能源的沼气的生产作用,又有减少不可再生能耗的减耗作用、还能生产处理污水、改善环境的增益作用。

17.118　物质流分析　material flow analysis, MFA

针对一个系统(产品系统、经济系统、社会系统等)的物质和能量的输入、迁移、转化、输出进行定量化的分析和评价的方法。

17.119 价值流 monetary value flow

产品投入市场,就产生了价值。价值沿着供应、生产和销售的生产链不断周而复始的全过程。

17.120 产量因子 yield factor

描述特定时期中,一个国家或地区某一类型土地(如耕地、林地、草地)的生产力与该类土地的世界平均生产力的差异程度,以比值来表示。

17.121 当量因子 equivalence factor

在特定时期中,某种类型土地(如耕地、林地、草地)的世界平均潜在生物生产力相对于所有类型土地的世界平均潜在生产力的比值,是一个相对稳定的数。

17.122 生态资产 ecological asset

指自然界中生物与其环境相互作用所形成的有形、无形收益的总和,其中包括对人类的服务收益。生态资产起源于自然,它通常具有一定的产权归属,以存量来表示,可采用货币价值或生物物理价值等尺度来计量。

17.123 生态资本 ecological capital

生态资产中用于进行价值再生产或再创造的部分或全部投入份额称为生态资本。

17.124 生态生产力 ecological productivity

指生态系统从外界环境中吸收为生命过程所必需的物质和能量并转化为新的生物质和生物能量的能力。

17.125 生物生产性土地 biological productive area

指具有生物生产力的地表空间。据生产力大小的差异,地球表面生产性土地可分为化石能源地、可耕地、牧草地、淡水域、森林地、建成地、海洋等。

17.126 能值/货币比率 emergy/ $ ratio

又称"宏观经济价值","能值-货币价值(emdollar value)"。单位货币的能值当量。由一个国家能值利用总量除以当年的国民生产总值(GNP)而求得。由此可以计算出能值相当的市场货币价值,即以能值来衡量的财富价值。

17.127 生态产业 ecological industry

按生态经济原理和知识经济规律组织起来的基于生态系统承载能力、具有完整的生命周期、高效的代谢过程及和谐的生态功能的网络型、进化型、复合型产业。

17.128 产业生态系统 industrial ecosystem

将生产、流通、消费、回收、环境保护及能力建设纵向结合,将不同行业、不同企业的生产工艺横向耦合,将生产基地与周边环境包括生物质的第一性生产、社区发展、区域环境保护以及当地原住民纳入生态产业园统一管理,谋求资源的高效利用、社会的充分就业和有害废弃物向系统外的零排放或无害排放。

17.129 生态产业园 eco-industrial park

在一定区域内建立的若干行业、企业与当地自然和社会生态系统构成的社会-经济-自然复合生态系统。企业、社区以及园区环境之间通过资源的交换和再循环网络,实现物质最大程度的再利用和再循环,达到一种比各企业效益之和更大的整合效益。生态产业园具有多样化的产业结构和柔性的自适应功能,其组分包括当地农业、服务业、原住居民及基础设施等一切自然和人文生态资源。

17.130 产业代谢分析 industrial metabolism analysis

又称"产业代谢评估(industrial metabolism assessment, IMA)"。对产业生产过程中物质、能源和劳动力的输入-输出系统进行跟踪分析,揭示产业系统的相互作用关系,改善物质代谢，使产业活动与自然界的循环一体化，以降低产品生命周期过程中环境压力的作用。

17.131 循环经济 circular economy

模仿大自然的整体、协同、循环和自适应功能去规划、组织和管理人类社会的生产、消费、流通、还原和调控活动的简称，是一类融自生、共生和竞争经济为一体、具有高效的资源代谢过程、完整的系统耦合结构的网络型、进化型复合生态经济。

17.132 服务替代产品 services replace product

为产业生态转型和生态产品开发的一类重要战略。人类消费并非真正需要物理的产品，而是需要产品所提供的功能（服务）。企业以社会的终端服务而不是物质产品为核心，在提供终端产品的同时，提供并不断更新和扩展与产品功能相关的柔性服务，承担维护、培训、处置和再循环以及生态和人文服务等责任，从而不断扩展自身的经营范围和可持续能力，减缓资源和市场环境变化带来的风险。

17.133 非物质化 dematerialization

通过技术创新、体制改革和行为诱导，在保障生产和消费质量的前提下，减少社会生产和消费过程中物质资源投入量，将不必要的物质消耗过程降到最低限度的现象。

17.134 再利用 reuse

尽可能分级多层利用物质，并尽可能多次或多种方式利用产品，延长产品的服务时间、强度，避免产品过早、过多地成为废物和垃圾的过程。

17.135 再循环 recycle

在生态产业、生态工程及循环经济中，针对输出端，通过废弃物回收、综合利用、将废物再次变成可用资源，再利用的过程，以减少最终废物处理量和成本。

17.136 产业化 industrialization, commercialization

将所设计和实施的生态工程，形成为创造和满足人类经济需要的物质和非物质性生产的、从事盈利性经济活动并提供产品和服务的产业。

17.137 无害化 harmlessness

在生态工程或生态产业中，改变某些原对人体或生态环境有害的生产、消费过程中的环节、产品、废物为无害的工艺或措施及产品。

17.138 产品生命周期 product life cycle

一种产品从原料采集、原料制备、产品制造和加工、包装、运输、分销，消费者使用、回用和维修，最终再循环或作为废物处理等环节组成的整个过程的生命链。

17.139 产品生命周期评价 product life cycle assessment, PLCA

又称“*产品寿命分析*（product life assessment, PLA）”。对产品、工艺或服务等在其生命周期内的各个阶段的所有投入和产出对环境可能造成的潜在影响进行科学和系统的定量分析和评价的方法。

17.140 产品生命周期设计 product life cycle design

又称“*产品绿色设计*”。在产品开发阶段，综合考虑产品整个生命周期过程中的环境因子，并将其纳入设计之中，以求产品整个生命周期过程中的环境影响最小化，最终引导产生更具有可持续性的生产和消费系统。

17.141 产品生态学 product ecology

通过辨识和诊断，确定影响产品竞争能力的生态环境参数，制定产品进入市场的产品生态规范，使整个产品商业价值中包含生态环境价值，如低能耗、无氟冰箱等。

17.142 产品生态辨识 ecological product identification

定量识别在产品整个生命周期内,对相关生态环境干扰、各种环境因子影响大小及产品的总体潜在环境影响的科学评估。

17.143 产品生态诊断 ecological product diagnosis

分析所设计产品有关的重要的潜在环境影响及其主要来源,识别其干扰环境的主要因子。

17.144 生态产品评价 ecological product assessment

根据生态诊断、产品生态指标辨识,提出改善现有产品环境特征的具体技术方案,设计出对环境友好的产品方案,重新进行生命周期评价,弥合生命周期模拟,提出进一步改进的途径和方案。

17.145 环境绩效评估 environmental performance evaluation

按照一定的环境管理标准,系统观测、分析、报告和交流特定组织的环境绩效的规范化过程。该过程包括收集该组织的环境信息和有效管理环境问题的方式方法, 对行为主体在特定时段、地点的环境行为及其长期发展趋势和影响进行评估的环境管理过程。

17.146 环境审计 environmental auditing

又称"绿色审计"。(1)对一个团体遵照现行环境要求的状态的一种独立评估。(2)对目标团体遵守环境政策、实施环境保护、开展环境控制状况的一种独立评估。

17.147 生态审计 ecological auditing

评价当事企业的生态指标与当地推行的环境法规的背向程度。评价的基本内容是对安全和健康保障的生态风险评价。其基本目标是避免被审计单位因生态风险的范围和水平估计不足而可能引致的财务损失,以及减少环境损失的措施。

17.148 清单分析 inventory analysis

为生命周期分析基本数据的一种表达。对产品整个生命周期阶段的资源、能源消耗和向环境排放(包括废气、废水和固体废物及其他环境释放物)的量化分析。

17.149 综合性政策评价 integrated policy appraisal, IPA

是面向可持续发展目标的开发影响评价和评估工具的综合系统,致力于对政策建议的经济、社会和环境影响的综合集成性评估,包括财政支出和经济影响、法规影响、乡村及区域影响、健康影响、环境评估、政策公平性以及气候变化影响评估等及其相互间的关联性架构,以支撑大的时空尺度和多部门交叉的战略影响分析。

17.150 清洁生产 clearer production

为生态产业和生态工程中一类生产方式。1997 年,联合国环境规划署重新定义为:在工艺、产品、服务中持续地应用整合且预防的环境策略,以增加生态效益和减少对于人类和环境的危害和风险。

17.151 清洁生产技术 clearer production technology

减少整个产品生命周期对环境的影响的技术。包括节省原材料、能消除有毒原材料和削减一切排放和废物数量与毒性。

17.152 清洁能源 clearer energy

指在生产和使用过程、不产生有害物质排放的能源。可再生的、消耗后可得到恢复,或非再生的(如风能、水能、天然气等)及经洁净技术处理过的能源(如洁净煤油等)。

17.153 绿色国内生产总值 green gross domestic product, green GDP

又称"绿色 GDP"。将经济发展中资源成本、环境污染损失成本、生态成本纳入国内生产总值统计口径所形成的绿化后的国内生产总值。

英 汉 索 引

A

alpha richness　＊α 丰富度　06.048
alpine mat　高山湿原，＊高山植毡　06.255
alpine meadow　高山草甸　06.244
alpine meadow ecosystem　高寒草甸生态系统　07.012
alpine plant　高山植物　06.274
alpine vegetation　高山植被　06.265
alternative agriculture　替代农业　15.011
altitudinal belt　垂直带　06.310
altitudinal zone　垂直带　06.310
altruistic behavior　利他行为　03.031
amensalism　偏害共生　05.159
amphibiome　两栖生物群落　06.212
amphi-boreal distribution　北方两洋分布　16.192
amphi-Pacific distribution　太平洋两岸分布　16.193
amphiphyte　假水生植物，＊两栖植物　16.330
amplified fragment length polymorphism　扩增片段长度多态性　12.013
anadromous migration　溯河洄游，＊溯河繁殖　16.306
anadromy　溯河洄游，＊溯河繁殖　16.306
anaerobic biological treatment　厌氧生物处理　14.136
anaerobic metabolism　无氧代谢　02.098
analogy　同功器官　04.050
analysis of variance　方差分析　10.018
animal ecology　动物生态学　01.003
animal microecology　动物微生态学　01.008
animal physioecology　动物生理生态学　01.039
animal physiological ecology　动物生理生态学　01.039
annual heat budget　年热能收支　07.189
ANOVA　方差分析　10.018
anoxic zone　无氧带，＊缺氧层　16.114
antagonism　拮抗作用　14.249
anthropocentric ethic　人类中心伦理观　13.003
anthropochore　人布植物　17.068
anthropoecology　人类生态学　01.064
anthropogenic extinction　人为灭绝　13.042
anthropomorphism　拟人主义　04.040
anticyclonic gyre　反气旋性流涡　16.166
antimone　相克素　11.009
antiport　逆向转运　02.215
antipredator behavior　反捕行为　03.153
ant queen pheromone　后蚁信息素　11.037
ant venom　蚁类毒液　11.041
AODC　吖啶橙直接计数法　14.082
aphotic zone　无光带，＊无光层　16.101
apneumone　偏利素　11.008
apomorph　衍征，＊离征　04.065
apomorphy　衍征，＊离征　04.065
apoplast　质外体　02.162
aposematic coloration　警戒色　03.156
apostatic behavior　避稀行为　03.125
apparent competition　似然竞争，＊表观竞争　05.165
apparent photosynthesis　＊表观光合作用　02.250
appetitive behavior　欲求行为　03.002
application of insect pheromone　昆虫信息素应用　11.149
application of semiochemicals　信息化学物质应用　11.148
applied ecology　应用生态学　01.055
aquatic community　水生群落　06.241
aquatic ecology　水域生态学，＊水生生态学　01.023
aquatic ecosystem　水域生态系统，＊水生生态系统　07.013
aquatic food chain　水生食物链　16.425
aquatic food web　水生食物网　16.426
aquatic macrophyte　水生大型植物，＊大型水生植物　16.333
aquatic marginal wetland　沿岸湿地　16.050
aquatic microphyte　水生微型植物，＊微型水生植物　16.334
aquatic plant　水生植物　16.327
aquatic vegetation　水生植被，＊喜水植被　16.347
architecture of plant　植物的建筑学结构　05.027
Arcto-Tertiary flora　北极第三纪植物区系　06.303
area-effect speciation　地区效应物种形成　04.086
arrestant sex pheromone　滞留性信息素　11.088
arsenic poisoning　砷中毒　14.032
art ecology　文艺生态学　01.096
artificial closed ecosystem　人工封闭生态系统　07.031
artificial ecosystem　人工生态系统　07.034
artificial landscape　人工景观，＊人为景观，＊人造景观　08.091
artificial planted community　人工栽培群落　17.065
artificial propagation　人工养殖　13.087
artificial reef　人工礁　16.071
artificial removal　人工去除　05.171
artificial selection　人工选择　04.109
aspect　季相　06.107
aspection　季节演替，＊季相演替　06.147

assimilation efficiency　同化效率　07.179
association　群丛　06.207
association coefficient　关联系数　06.062
associes　演替系列群丛　06.166
assortative mating　选型交配　03.052
asymmetric fighting　不对称战斗　03.168
athalassic lake　盐湖　16.006
atmospheric pollution　大气污染　14.002
atoll　环礁　16.070
atomospheric permeation　大气弥漫　11.162
attached animal　附着动物　16.376
attractant　引诱剂　11.060
attractant sex pheromone　引诱性信息素　11.089
attractor　吸引子　10.092
auditory communication　听觉通信　03.183
autecology　个体生态学　01.010
autogenic succession　自发演替　06.140
autolysis　自溶　07.259
autonomous model　自治模型　10.030
autopolyploid　同源多倍体　12.024
autotrophic lake　自养型湖泊　16.027
autotrophic succession　自养演替　06.138
auxiliary energy　辅助能　07.190
available energy　有效能　07.199
avoidance　避性　02.042
avoidance reaction　回避反应　14.235
azonal vegetation　非地带性植被　06.280

B

backcross　回交　12.083
background extinction　背景灭绝　13.043
bacterial film　细菌[黏]膜　16.348
bacterial slime　细菌[黏]膜　16.348
bacterioneuston　漂浮细菌　16.280
bacterioplankton　浮游细菌　16.282
Bailey's triple catch　贝利三次[标记]重捕法　05.039
balanced polymorphism　平衡多态现象　05.126
balancing selection hypothesis　平衡选择说　04.029
balanoid zone　藤壶区　16.400
balanus zone　藤壶区　16.400
banaidone　斑蝶酮　11.074
banding　环志　05.041
barophilic bacteria　嗜压细菌　16.287
barren area　芜原　13.100
barrier reef　堡礁　16.069
basal cover　基盖度　06.027
basal coverage　基盖度　06.027
basal-intermediate link　基位－中位链　07.116
basal metabolic rate　基础代谢率　02.103
basal species　基位种　07.113
basal-top link　基位－顶位链　07.117
base state　基[础]态　07.319
basophilous vegetation　嗜碱性植被，＊喜碱植被　06.264
BAT　褐色脂肪　02.130
Batesian mimicry　贝氏拟态　03.159
bathyal benthos　深海底栖生物　16.356
bathyal fauna　深海动物区系　16.391
bathyal zone　深海[底]带　16.091
bathypelagic organism　大洋深层生物　16.386
bathypelagic plankton　深层浮游生物　16.263
bathypelagic zone　深层带　16.078
BCF　生物浓缩因子　14.242
behavior　行为　03.001
behavioral ecology　行为生态学　01.046
behavioral rudiment　行为痕迹　03.007
behavioral temperature regulation　行为温度调节　02.128
beneficial insect　益虫　15.105
benthic boundary layer　水底边界层　16.082
benthic community　底栖[生物]群落　16.409
benthic division　水底区　16.075
benthic fauna　底栖动物区系　16.410
benthic fish　底层鱼类，＊底栖鱼类　16.303
benthic flora　水底植物区系　16.417
benthic microphyte　微型水底植物　16.338
benthic organism　底栖生物　16.350
benthic-pelagic coupling　海底－水层耦合　16.435
benthic zone　底栖生物带　16.421
benthivore　食底栖生物动物　16.204
benthology　底栖生物学　01.035
benthonekton　底栖游泳生物　16.296
benthophyte　水底植物　16.337

benthos　底栖生物　16.350
Bergman's rule　贝格曼律　02.138
beta diversity　β多样性　06.049
beta richness　*β丰富度　06.049
biennial herb　二年生草本　06.074
bioaccumulation　生物积累　14.239
bioactivation　生物激活作用　14.186
bioaerosol　生物气溶胶　14.171
bio-agriculture　*生物农业　15.012
bioassay　生物测定　14.077
bioassay of pheromone　信息素生物测定　11.129
bioassay of semiochemicals　信息化学物质生物测定　11.128
bioavailability　生物有效性，*生物可利用性　14.074
biocenological effect　生物群落效应　14.081
biochemical oxygen demand　生化需氧量　14.121
biocoenosis　生物群落　06.001
biocommunity　生物群落　06.001
bioconcentration　生物浓缩　14.240
bioconcentration factor　生物浓缩因子　14.242
biocybernetics　生物控制论　08.106
biodegradability　生物可降解性　14.277
biodegradation　生物降解　14.275
biodeterioration　生物退化　14.080
biodiversity　生物多样性　13.011
biodiversity hotspot　生物多样性热点　13.019
Biodiversity-related Conventions　生物多样性相关公约　13.113
bio-dynamic agriculture　生物动力学农业　15.020
bioenergetics　生物能[量]学　01.101
bioenrichment　*生物富集　14.240
biofilm　生物膜　14.147
biofilm process　生物膜法　14.146
bioflooding process　生物冲淋法　14.258
bio-fuel　生物质燃料　09.027
biogenetic law　生物发生律　04.047
biogeochemical cycle　生物地球化学循环　07.224
biogeochemical effect　生物地球化学效应　07.225
biogeochemical process　生物地球化学过程　07.226
biogeochemical reaction　生物地球化学反应　07.227
biogeocoenosis　生物地理群落　07.002
biogeographical scale　生物地理学尺度　05.015
biogeographic analysis　生物地理分析　13.002
biogeographic theory　生物地理理论　07.131
bioindicator　指示生物　14.078
biological adsorption　生物吸附　14.270
biological capacity　生物供给能力　17.028
biological contact oxidation reactor　生物接触氧化反应器　14.151
biological deodorant　生物除臭剂　14.176
biological detoxification　生物脱毒作用　14.280
biological disc　生物转盘　14.150
biological filter　生物滤池　14.149
biological flocculation　生物絮凝作用　14.164
biological half-life　生物半寿期　14.212
biological invasion　生物入侵　05.115
biological methylation　生物甲基化　14.283
biological monitoring　生物监测　14.079
biological oxidation　生物氧化　14.272
biological pollutant　生物性污染物　14.026
biological pollution　生物污染　14.012
[biological] production　[生物]生产量　07.154
biological productive area　生物生产性土地　17.125
[biological] productivity　[生物]生产力　07.164
biological purification　生物净化　14.274
biological removal of nitrogen　生物脱氮　14.163
biological safety　生物安全　13.123
biological spectrum　生物谱　07.149
biological surfactant　生物表面活性剂，*界面活性剂　14.269
biological transformation　生物转化　14.271
biological zero　*生物学零点　02.090
bioluminescence　生物发光　02.220
biomagnification　生物放大　14.241
biomarker　生物标记　14.233
biomass　生物量　07.150
biomass accumulation ratio　生物量累积比　07.151
biomass C　生物量碳　09.022
biomass density　生物量密度　02.278
biomass fuel　生物质燃料　09.027
biomass increment　生物量增量　07.152
biomass method　生物量方法　07.153
biome　生物群系，*生物群区　09.051
biomineralization　生物矿化　07.132
biomonitoring　生物监测　14.079
bionomic strategy　生态对策　04.117
bioregion　生物区　09.052
bioremediation　生物修复　14.254

bioscrubber 生物涤气器 14.177
bioseston 生物悬浮物 14.117
biosparging process 生物注气法 14.257
biosphere 生物圈 09.007
biosphere 2 生物圈 2 号 09.010
biosphere ecology ＊生物圈生态学 01.017
biosynthesis of pheromone 信息素生物合成 11.110
biota 生物区系 06.291
biotelemetry 生物遥测 05.064
biotic community 生物群落 06.001
biotic component ＊生物成分 07.077
biotic energy 生物能 07.133
biotic factor 生物因子 07.077
biotic province 生物地理区 06.290
biotope 生态单元 08.083
biotrophic parasite 活养寄生物 05.177
bioturbation 生物扰动 07.304
bioventing process 生物通气法 14.256
biozone ＊生物带 09.055
bipolar distribution 两极分布，＊两极同源 16.194
bipolarity 两极分布，＊两极同源 16.194
bird sanctuary 鸟类禁猎区 13.067
birth control 生育控制 05.148
birth rate 出生率 05.052
black box model 黑箱模型 10.026
black carbon 炭黑 09.030
BMR 基础代谢率 02.103
BOD 生化需氧量 14.121
body heat balance 体热平衡 02.118
body temperature 体温 02.114
bog 酸性泥炭沼泽，＊酸沼 16.056
bombykol 蚕蛾性诱醇 11.051
Bonn Convention ＊波恩公约 13.114
border effect 边缘效应 06.110
borer 钻孔生物，＊钻蚀生物 16.367
boring organism 钻孔生物，＊钻蚀生物 16.367
bottleneck effect 瓶颈效应 04.137
bottom community 底栖[生物]群落 16.409
bottom fauna 底栖动物区系 16.418
bottom fish 底层鱼类，＊底栖鱼类 16.303
bottom flora 水底植物区系 16.417
bottom-up effect ＊上行效应 07.127
boundary current 边界流 16.171
boundary layer conductance 界面层导度 02.206
boundary layer resistance 界面层阻力 02.207
brackish water 半咸水，＊咸淡水 16.135
brackish water species 半咸水种 16.176
bradymetabolism 慢速代谢 02.101
breeding migration 产卵洄游，＊生殖洄游 16.305
breeding success rate 繁殖成功率 05.094
breeding system 繁育系统 12.071
brine water 卤水 16.136
broad scale 大尺度 08.029
brood parasitism 巢寄生 03.123
brood size 育雏数 05.095
brown adipose tissue 褐色脂肪 02.130
brown fat 褐色脂肪 02.130
brushwood layer 灌木层 06.088
buffer zone 缓冲区 13.081
burrowing organism 穴居生物 16.368
butterfly effect 蝴蝶效应 07.305

C

calcifuge 嫌钙植物 02.034
calciphilous plant 钙土植物 02.033
calciphobe 嫌钙植物 02.034
calciphyte 钙土植物 02.033
calibration 校准 10.076
call count 鸣叫计数 05.049
CAM 景天酸代谢 02.222
CAM plant 景天酸代谢植物 02.223
cannibalism 同种相残，＊同类相食 05.186
canonical correlation 典范相关 10.020
canopy 林冠，＊冠层，＊树冠 06.086
canopy conductance 冠层导度 02.208
canopy resistance 冠层阻力 02.209
captive breeding 人工养殖 13.087
carbohydrate stress 糖胁迫，＊碳水化合物胁迫 07.135
carbon acquisition 碳获取 02.271
carbon assimilation 碳同化作用 02.270
carbon credit 碳信用 09.025
carbon cycle 碳循环 07.231

carbon density 碳密度 09.017
carbon dioxide 二氧化碳 09.032
carbon loss 碳损失 02.269
carbon monoxide 一氧化碳 09.033
carbon pool 碳库 09.020
carbon sequestration 碳固存 09.021
carbon sink 碳汇 09.019
carbon source 碳源 09.018
carbon stock 碳库 09.020
carbon trade 碳贸易 09.026
carcinogenesis 致癌作用 14.236
carnivore 食肉动物 07.085
carrying capacity 负载力，*环境容纳量 05.098
Cartegena Protocol on Biological Safety 卡塔赫纳生物安全议定书 13.119
cascade model 级联模型 07.108
caste determination 等级决定 03.117
caste differentiation 等级分化 03.116
casual species 偶见种 06.009
catadromous migration 降海洄游，*降河繁殖 16.307
catadromy 降海洄游，*降河繁殖 16.307
catarobia 清水生物 16.175
catastrophe 灾变 13.064
catastrophe theory 突变论 10.082
catastrophic factor 灾变性因子 05.128
catastrophism 灾变说 04.030
catches of male moths 雄蛾捕获量 11.159
catchment management 小流域综合治理 08.105
catch per unit fishing effort 单位捕捞努力量渔获量 05.051
causal model *因果模型 10.027
cavitation 气穴现象 02.210
CE 消费效率 07.180
cellular automata model 网格自动机模型，*细胞自动机模型 08.066
center of divergence 变异中心 04.129
center of origin 起源中心 04.130
central limitation hypothesis 中心限制假说 02.145
CERN 中国生态系统研究网络 07.051
CFC 氯氟烃 09.035
CGR 作物生长率 15.080
CH_4 甲烷 09.034
chamaephyte 地上芽植物 06.070
chaos 混沌 10.098
character 性状 04.061
character convergence 性状趋同 04.067
character displacement 性状替换 04.068
character divergence 性状趋异 04.066
chemical communication 化学通信 03.184
chemical control 化学防治 15.103
chemical defense 化学防御 03.127
chemical ecology 化学生态学 01.043
chemical oxygen demand 化学需氧量 14.122
chemical propaganda substance 化学宣传物质 11.042
chemical remediation 化学修复 14.265
chemical synthesis of pheromone 信息素化学合成 11.114
chemical temperature regulation 化学体温调节 02.126
chemical trail 化学标迹物 11.046
chemoautotroph 化能自养生物 02.013
chemocline 化变层，*化学突变层 16.109
Chikugo model 内岛模型 07.175
chilling damage 寒害 02.047
chilling injury 寒害 02.047
chilling sensitivity 寒害敏感性 02.048
Chinese ecosystem research network 中国生态系统研究网络 07.051
Chinese traditional agriculture 中国传统农业 15.007
chi-square distribution χ^2 分布 10.008
chi-square test χ^2 检验 10.010
chlorinity 氯度 16.128
chlority 氯度 16.128
chlorofluorocarbon 氯氟烃 09.035
chromatic adaptation 色素适应 02.221
chronic toxicity 慢性毒性 14.191
CI 寒冷指数 09.063
circadian rhythm 昼夜节律 02.084
circuity 连通性 08.053
circular economy 循环经济 17.131
circumtropical species 环热带分布种 16.196
CITES 濒危野生动植物种国际贸易公约 13.116
cladistic species 支序种 04.070
cladogenic adaptation 趋异适应 04.020
clearer energy 清洁能源 17.152
clearer production 清洁生产 17.150
clearer production technology 清洁生产技术 17.151
climate 气候 09.057
climate diagram 生态气候图解 09.065

climate zone　气候带　09.058
climatic climax　气候顶极群落　06.171
climatic climax vegetation　气候顶极植被　06.191
climatic stability theory　气候稳定学说　06.055
climax　顶极[群落]　06.169
climax complex　[演替]顶极群落复合体　06.187
climax formation　[演替]顶极群系　06.167
climax-pattern hypothesis　顶极－格局假说　06.190
climax system　顶极系统　07.045
cline　梯度变异，*渐变群　04.107
clinodeme　渐变混交群　05.010
clinograde　氧跃层　16.113
clonal growth　克隆生长　05.019
clonal population　无性系种群　05.025
clone plant　克隆植物　05.021
closed canopy　郁闭林冠　06.092
closed ecosystem　封闭生态系统　07.030
clumped distribution　聚集分布　10.005
clumping index　丛生指标　06.316
cluster　簇　08.081
cluster analysis　聚类分析　10.011
clutch size　窝卵数，*窝仔数　03.103
CMS　保护野生动物迁徙物种公约　13.114
CO　一氧化碳　09.033
CO_2　二氧化碳　09.032
coadaptation　共适应，*互适应　04.053
coarse-grained landscape　粗粒景观　08.033
coastal wetland　海洋湿地，*海岸湿地　16.049
CO_2 compensation point　二氧化碳补偿点　02.268
COD　化学需氧量　14.122
codlemone　苹果小卷蛾性诱剂，*苹果蠹蛾性诱剂　11.067
co-dominant marker　共显性标记　12.007
coefficient of competition　竞争系数　05.167
coefficient of condition　肥满度　16.211
coefficient of maturity　性腺成熟系数　16.212
coefficient of pollution　污染系数　14.072
coefficient of relatedness　亲缘系数　03.027
coefficient of similarity　相似系数　06.321
coefficient of variation　变异系数　10.019
coevolution　协同进化　04.008
CO_2 fertilization　二氧化碳施肥效应　09.016
cohesion-tension theory　*内聚力－张力学说　02.211
cohesion theory　内聚力学说　02.211
cohort　同生群，*同龄群　05.074
cohort life table　*同生群生命表　05.077
cold current　寒流　16.167
cold-induced thermogenesis　冷诱导产热　02.110
coldness index　寒冷指数　09.063
cold pole　寒极　09.086
cold resistance　抗寒性　02.051
cold temperate species　冷温带种　16.183
cold water species　冷水种　16.179
colonizality　群集度　06.040
colonization　定居，*建群　05.116
colonization rate　定居速率　05.117
colony　集落　06.202
colony odor　蚁群气味　11.039
combined pollution　复合污染　14.020
cometabolism process　共代谢过程　14.267
CO_2 missing sink　二氧化碳失汇　09.024
commensalism　偏利共生　05.157
commercialization　产业化　17.136
communal breeding　集体生殖　03.102
communal courtship　集体求偶　03.056
community　*群落　06.001
community classification　群落分类　06.193
community complex　群落复合体　06.194
community composition　群落组成　06.002
community dynamics　群落动态　06.120
community ecology　群落生态学　01.013
community mosaic　群落镶嵌　06.197
community succession　群落演替　06.149
companion animal　伴生动物　17.075
companion species　伴生种　06.008
comparative approach　比较研究法　03.015
comparative ecological immunology　比较生态免疫学　01.052
compartmentalization　分室化[作用]　02.212
compartmental system approach　分室系统方法　10.069
compartmentation　分室化[作用]　02.212
compensation depth　补偿深度　16.103
compensation level　补偿层　16.102
compensation light intensity　补偿光照强度　16.104
competition　竞争　05.160
competition order　竞争序　17.020
competition theory　竞争学说　06.056
competitive coexistence　竞争共存　05.170

competitive displacement principle　竞争替代原理　05.169
competitive effect　竞争效应　14.245
competitive release　竞争释放　05.166
complex loop　复合环　17.117
composting　堆制处理　14.182
condition factor　肥满度　16.211
conjugate ecological planning　共轭生态规划　17.078
conjugate principle of positive and negative feedback　连锁反馈原理　17.009
conjugate principle of risk and opportunity　最小风险原理　17.012
conjugation　轭合作用　14.282
connectedness　连通性　08.053
connectivity　连接度　08.052
connectivity index　连接度指数　08.047
conservation ecology　保护生态学　01.053
consociation　单优种群落　06.226
constance　恒有度　06.038
constancy　恒定性　07.312
constant coefficient system　常系数系统，*定常系统　10.067
constant species　恒有种　06.011
constraint equation　约束方程　10.079
constructed wetland system　构造湿地系统　14.154
constructive species　建群种　06.005
consumer　消费者　07.083
consumer-resource interaction　消费者－资源相互作用　07.092
consummatory behavior　完成行为　03.003
consumption　消耗量　07.181
consumption efficiency　消费效率　07.180
consumptive loop　损耗环　17.115
contact sex pheromone　接触性信息素　11.090
contagion　蔓延度，*聚集度　08.042
contagious distribution　核心分布，*蔓延分布　10.004
contaminant　污染物　14.021
contamination　污染　14.001
contest competition　对抗竞争　03.180
contest of strength　实力较量　03.162
continental bridge hypothesis　陆桥假说　04.039
continental drift hypothesis　大陆漂移假说　04.022
continental rise　大陆隆　16.097
continent-island model　大陆－岛屿模型　10.047
contingency table　列联表　10.012
continuous CO_2 gradient facility　连续二氧化碳梯度装置　09.095
contrast　对比度　08.051
controlled experimental ecosystem　受控实验生态系统　07.035
control threshold　防治阈值　15.110
convection　对流　16.155
Convention on International Trade in Endangered Species of Wild Fauna and Flora　濒危野生动植物种国际贸易公约　13.116
Convention on the Conservation of Migratory Species of Wild Animals　保护野生动物迁徙物种公约　13.114
Convention on Wetlands of International Importance Especially as Waterfowl Habitat　关于特别是水禽栖息地的国际重要湿地公约　13.115
convergent evolution　趋同进化　04.009
copepodid larva　桡足幼体　16.240
copepodite　桡足幼体　16.240
Cope's rule　科普法则　04.038
coral reef　珊瑚礁　16.067
coral reef ecosystem　珊瑚生态系统　07.023
core area　核域　03.145
core habitat　核心生境　13.080
core temperature　体核温度　02.115
correlation coefficient　相关系数　10.013
corridor　廊道　08.019
cosmic ecology　宇宙生态学　01.037
cosmopolitan species　世界种，*广布种　16.195
counter-urbanization　逆城市化　17.043
courtship behavior　求偶行为　03.055
courtship feeding　求偶喂食　03.057
courtship reaction chain　求偶反应链　03.058
cover　盖度　06.025
coverage　盖度　06.025
C_3 photosynthetic pathway　C_3 光合途径　02.251
C_4 photosynthetic pathway　C_4 光合途径　02.252
C_3 plant　C_3 植物　02.037
C_4 plant　C_4 植物　02.038
crassulacean acid metabolism　景天酸代谢　02.222
crassulacean acid metabolism plant　景天酸代谢植物　02.223
criteria for endangered species　濒危物种等级标准　13.117

critical concentration 临界浓度 14.222
critical depth 临界深度 16.105
critical dissolved oxygen 临界氧 16.123
critical phase 临界期 16.231
critical temperature for evaporative heat loss ＊蒸发散热临界温度 02.132
critical temperature for heat production ＊产热临界温度 02.133
crop climatic adaptation 作物气候适应性 15.079
crop growth rate 作物生长率 15.080
cross-breeding 杂交育种 12.078
crowding effect 拥挤效应 10.057
crown closure 郁闭 06.032
crown density 郁闭度 06.033
crown fire 林冠火 07.333
crude fiber resolvability 粗纤维分解率 07.146
crustacean plankton 甲壳类浮游生物 16.290
crypsis 隐蔽 03.155
cryptogenic species 隐花植物种 07.136
cryptophyte 隐芽植物 06.072
cuelure 瓜实蝇性诱剂 11.070
cultural control 耕作防治，＊农业防治 15.102
cultural diversity 文化多样性 13.005
cultural ecology 文化生态学，＊人文生态学 01.095
cultural evolution 文化进化 13.006
cultural landscape 文化景观 08.093
cumulative effect 累积效应 07.137
cumulative toxicity 蓄积性毒性 14.193
cybernetic system 控制论系统 07.060
cycasterone 苏铁蜕皮酮 11.147
cyclic activated sludge system CASS 工艺 14.140
cyclic fluctuation ＊周期性波动 05.144
cycling change in community 群落的周期性演替 06.142
cycling pool 循环库 07.245
cyclomorphosis 周期变形 16.247
cyclonic gyre 气旋性流涡 16.165

D

daisy world model 雏菊世界模型 07.338
damaged ecosystem 受损生态系统 07.046
dance language 舞蹈语言 03.193
Darwinian fitness 达尔文适合度 04.098
Darwinism 达尔文学说 04.035
day neutral plant 日[照]中性植物 02.021
death rate 死亡率 05.056
declining population ＊衰退型种群 05.073
decomposer 分解者，＊还原者 07.082
decomposition 分解作用 07.141
decomposition of waste 废物分解 07.143
decomposition rate 分解速率 07.142
decreasing consumption loop 减耗环 17.116
deep scattering layer 深海散射层，＊深水散射层 16.106
deep-sea ecology 深海生态学 01.027
deep-sea ecosystem 深海生态系统 07.016
defense behavior 防御行为 03.126
defusing of activation 激活缓和 14.187
degraded ecosystem 退化生态系统 07.047
degree day 日度 02.148
dematerialization 非物质化 17.133
deme 繁殖群，＊同类群 05.009
demersal egg 沉性卵 16.223
demersal fish 底层鱼类，＊底栖鱼类 16.303
denaturing gradient gel electrophoresis 变性梯度凝胶电泳 12.016
denitrification 反硝化作用 07.148
density 密度 06.023
density dependence 密度制约 05.129
density-dependent factor 密度制约因子 05.131
density-dependent natural selection 密度制约性自然选择 04.115
density independence 非密度制约 05.130
density-independent factor 非密度制约因子 05.132
density-independent natural selection 非密度制约性自然选择 04.116
density ratio 密度比 06.024
deposit feeding 沉积物摄食 16.199
derived community 衍生群落 06.235
derived property right of biogenetic resources 生物遗传资源的衍生所有权 13.121
desert ecology 荒漠生态学 01.021
desert ecosystem 荒漠生态系统 07.008

desertification 荒漠化 09.003
desert vegetation 荒漠植被 06.267
desiccation avoidance 避干燥性 02.054
desiccation resistance 抗干燥性 02.055
desiccation tolerance 耐干燥性 02.056
design of wetland ecosystem 湿地生态系统设计 17.105
desulfurization 脱硫作用 14.054
deterministic model 确定性模型 10.044
deterministic system 确定性系统 10.065
detrital food chain 碎屑食物链，*腐食食物链 07.102
detrital pathway 碎屑食物途径 07.109
detritivore 食碎屑动物 07.087
detritus 碎屑 07.110
detritus feeder *食碎屑者 07.087
detritus feeding 碎屑食性摄食 16.200
developmental response 发育反应 02.086
developmental threshold temperature 发育起点温度 02.090
developmental zero *发育零点 02.090
DGGE 变性梯度凝胶电泳 12.016
DGVM 动态全球植被模型 09.102
diadromy 海淡水洄游 16.312
diagnosis test 诊断测试 07.337
diagrammatic life table 图解生命表 05.079
dialects in birds 鸟类方言 03.192
diapause 滞育 02.083
diapause egg 休眠卵，*滞育卵 16.227
diatomaceous ooze 硅藻软泥 16.172
diazotroph 固氮生物 07.244
diazotrophic organism *氮养生物 07.244
diet-induced thermogenesis 食物诱导产热 02.111
diet vertical migration 摄食垂直移动 16.314
differential species 区别种 06.016
differentiation 分化 04.048
diffuse coevolution 扩展协同进化 03.016
diffusion process 扩散过程 14.279
digester 消化池，*沼气池 14.158
dike-pond system 基塘系统 17.106
dike-pond system landscape 基塘系统景观 08.096
dilution effect 稀释效应 03.124
dimictic lake 二次循环湖 16.018
diminishing population 下降型种群 05.073
dioxine 二噁英，*酰氯 14.039
direct calorimetry 直接测热法 02.094
directed evolution 定向进化 04.004
directed speciation 直接成种 04.073
directional selection 定向选择 04.110
disassortative mating 非选型交配 03.053
disclimax 偏途演替顶极 06.177
discovery ceremony 发现仪式 03.066
discrete of generation 世代离散 10.058
disorder 无序 10.086
disparlure 舞毒蛾性诱剂 11.065
dispersal ecology 扩散生态学 01.069
dispersal pheromone 扩散信息素 11.016
dispersal polymorphism 散布多态现象 03.067
display 炫耀 03.061
disruptive selection 分裂选择，*歧化选择 04.111
dissipative structure 耗散结构 07.055
dissolved oxygen 溶解氧 16.122
distance index 距离指数 08.048
distributed parameter system 分布参数系统 10.061
distribution pattern 分布型，*分布格局 05.097
distribution type 分布型，*分布格局 05.097
disturbance 干扰 07.301
disturbance patch 干扰斑块 08.008
DIT 食物诱导产热 02.111
diurnality 昼行性 03.018
diurnal tide 全日潮 16.145
diurnal vertical migration 昼夜垂直移动 16.315
divergent evolution 趋异进化 04.010
DIVERSITAS 国际生物多样性科学研究规划 13.105
diversity 多样性 13.008
diversity center 多样性中心 13.018
diversity gradient 多样性梯度 13.010
diversity index 多样性指数 13.009
diversity-stability hypothesis 多样性－稳定性假说 17.014
DNA fingerprint DNA 指纹 12.010
DNA injury DNA 损伤 14.232
DNA microarray DNA 微阵列 12.017
dominance 优势度 06.034
dominance hierarchy 优势等级 03.109
dominance index 优势度指数 06.036
dominance order 优势序位 03.110
dominant marker 显性标记 12.006
dominant species 优势种 06.004
dormancy 休眠 02.079

dormant egg 休眠卵，＊滞育卵 16.227
dose-response relationship 剂量－反应关系 14.213
double sampling 双重抽样 10.024
down-up control 上行控制 07.127
downwelling 下降流 16.153
drifting egg 漂流卵 16.222
drifting organism 漂流生物 16.325
drifting weed 漂流杂草 16.326
drought resistance 抗旱性 02.050
drought tolerance 耐旱性 02.049
dry fallout 干沉降 14.051
dry heat loss 干燥散热 02.136
DSL 深海散射层，＊深水散射层 16.106
dual hierarchies 双重等级 07.061
dulosis 奴役[现象] 11.043
dune ecosystem 沙丘生态系统 07.010
dustfall 降尘 14.044
dust-haze 灰霾 17.052
DVM 摄食垂直移动 16.314
dynamic global vegetation model 动态全球植被模型 09.102
dynamic life table 动态生命表 05.077
dynamic model 动态模型 10.043
dynamic pool model 动态库模型，＊补充群体模型 07.378
dynamic steady state 动态稳定状态 07.293
dysphotic zone 弱光带，＊弱光层 16.100

E

EAD 触角电位检测 11.133
EAG 触角电位图 11.132
ecdysone 蜕皮激素 11.143
α-ecdysone ＊α蜕皮素 11.143
β-ecdysone ＊β蜕皮素 11.144
ecdyterone 蜕皮甾酮 11.144
ecoaesthetics 生态美学 01.100
eco-agriculture 生态农业 15.013
eco-city 生态城市 17.036
ecoclimatology 生态气候学 01.089
eco-contexts in complex ecosystem 复合生态系统关系 17.002
eco-cybernetics of complex ecosystem 复合生态系统控制论 17.004
eco-dynamics 生态动力学 01.087
eco-dynamics of complex ecosystem 复合生态系统动力学 17.003
eco-economics 生态经济学 01.075
ecoengineering sciences 生态工程学 01.090
eco-ethics 生态伦理观 07.370
eco-exhaustion 生态耗竭 17.016
eco-industrial park 生态产业园 17.129
eco-kinetics 生态动力学 01.087
eco-landscape 生态景观 08.097
ecological agriculture 生态农业 15.013
ecological asset 生态资产 17.122
ecological auditing 生态审计 17.147
ecological backlash 生态冲击 07.294
ecological balance 生态平衡 07.297
ecological boomerang ＊生态报复 07.294
ecological buffer capacity 生态缓冲能力 10.073
ecological building 生态建筑 17.083
ecological capital 生态资本 17.123
ecological civilization 生态文明 17.034
ecological deficit 生态赤字 17.027
ecological design 生态设计 17.101
ecological disaster 生态[性]灾难 17.022
ecological diversity 生态多样性 13.012
ecological economics 生态经济学 01.075
ecological effect 生态效应 14.238
ecological efficiency 生态效率 07.177
ecological energetics 生态能量学 01.103
ecological engineering 生态工程 17.100
ecological engineering of environment 环境生态工程 01.091
ecological engineering sciences 生态工程学 01.090
ecological ethics 生态伦理学 01.098
ecological factor 生态因子 02.001
ecological farm 生态农场 15.023
ecological field 生态场 07.128
ecological flow 生态流 08.058
ecological foot-print 生态足迹，＊生态占用 17.026
ecological forecasting 生态预报 01.088
ecological forestry 生态林业 15.021

ecological function zoning　生态功能区划　17.023
ecological genetics　生态遗传学　01.049
ecological genomics　生态基因组学　01.074
ecological gradient　生态梯度　09.053
ecological health　生态健康　17.032
ecological homologue　生态同源　04.140
ecological immunology　生态免疫学　01.051
ecological industry　生态产业　17.127
ecological integrity　生态整合　17.024
ecological longevity　生态寿命　05.061
ecologically endangered species　生态濒危种　13.033
ecological management　生态管理　17.085
ecological mortality　生态死亡率　05.059
ecological natality　生态出生率　05.055
ecological order　生态序　17.019
ecological physiology　*生态生理学　01.038
ecological plant geography　生态植物地理学　01.106
ecological pool　生态库　07.054
ecological potential　生态势　07.129
ecological product assessment　生态产品评价　17.144
ecological product diagnosis　产品生态诊断　17.143
ecological product identification　产品生态辨识　17.142
ecological productivity　生态生产力　17.124
ecological pyramid　生态锥体，*生态金字塔　07.186
ecological remediation　生态修复　14.266
ecological risk　生态风险　14.209
ecological risk assessment　生态风险评价，*生态风险评估　14.210
ecological safety　生态安全　14.091
ecological sanitation　生态卫生　17.033
ecological sensitivity　生态敏感性　17.018
ecological strategy　生态对策　04.117
ecological stress　生态胁迫，*生态压力　17.017
ecological suitability analysis　生态适宜性分析　17.081
ecological time　生态时间　04.141
ecological time theory　生态时间学说　06.053
ecological tourism　生态旅游　17.088
ecological toxicology　生态毒理学　01.058
ecological unit　生态元　07.053
ecological variation　生态变异　04.143
ecological zoogeography　生态动物地理学　01.107
ecology　生态学　01.001
ecology of ecosystem services　生态系统服务生态学　01.071
ecology of fishes　鱼类生态学　01.063
ecology of forest boundary　森林界面生态学　01.093
eco-material　生态材料　17.076
economic extinction　经济灭绝　13.045
economic injury level　经济危害水平　15.108
economics of carrying a load　运量的经济学原理　03.043
economics of prey choice　选择猎物的经济学原理　03.044
economic threshold　经济阈值　15.109
economic trade-off　经济权衡　03.021
ecophene　生态表型　04.142
ecophilosophy　生态哲学　01.097
ecophysiology　*生态生理学　01.038
ecopolis　生态政区建设　17.037
ecopolitics　生态政治学　01.099
ecoscape　生态景观　08.097
ecospecies　生态种　04.077
eco-stagnation　生态滞留　17.015
ecosystem　生态系统　07.001
ecosystem approach to management　*管理的生态系统方法　17.085
ecosystem benefit　*生态系统公益　07.352
ecosystem boundary　生态系统边界　07.285
ecosystem carrying capacity　生态承载力　17.029
ecosystem complexity　生态系统复杂性　07.288
ecosystem development　生态系统发育　07.299
ecosystem dynamic　生态系统动态　07.292
ecosystem ecology　生态系统生态学　01.014
ecosystem energetics　生态系统能量学　01.105
ecosystem enhancement　生态系统改进　07.346
ecosystem environment　生态系统环境　07.003
ecosystem evolution　生态系统进化　07.298
ecosystem exploitation　生态系统开发　07.295
ecosystem function　生态系统功能　07.287
ecosystem health　生态系统健康　07.350
ecosystem holism　生态系统整体性　07.289
ecosystem indeterminacy　生态系统不确定性　07.290
ecosystem management　生态系统管理　07.347
ecosystem of cropland　农田生态系统　15.081
ecosystem overharvesting　生态系统过获　07.349
ecosystem physiology　生态系统生理学　01.104
ecosystem process　*生态系统过程　07.287
ecosystem process model　生态系统过程模型　09.104

ecosystem reconstruction　生态系统重建　07.343
ecosystem rehabilitation　生态系统改建　07.345
ecosystem rehancement　生态系统重建　07.343
ecosystem remedy　生态系统修补　07.344
ecosystem restoration　生态系统恢复　07.342
ecosystem revegetation　生态系统再植　07.351
ecosystem service　生态系统服务　07.352
ecosystem service function　生态系统服务功能　07.354
ecosystem stability　生态系统稳定性　07.291
ecosystem stoichiometry　生态系统化学计量　07.296
ecosystem structure　生态系统结构　07.286
ecosystem succession　生态系统演替　07.300
ecotone　生态过渡带，＊群落交错区，＊生态交错带　06.109
ecotope　生态立地　08.082
ecotourism　生态旅游　17.088
ecotoxicology　生态毒理学　01.058
ecotype　生态型　04.078
ectotherm　＊外温动物　02.017
ectothermy　外温性　02.069
edaphic climax　土壤演替顶极　06.182
edaphic climax community　土壤顶极群落　06.183
edaphic community　土壤群落　06.231
edaphic factor　土壤因子　15.041
eddy　涡　16.163
eddy covariance technique　涡度相关技术　09.094
edge effect　边缘效应　06.110
edge effect theory　边缘效应理论　07.187
edificato　建群种　06.005
effect extrapolation　效应外推　14.208
effective accumulated temperature　有效积温　02.147
effective temperature　有效温度　02.146
eight-neighbor rule　八邻规则　08.077
EIL　经济危害水平　15.108
ekistics　人类群居学　01.085
elastic ecosystem　弹性生态系统　07.039
El Chichon volcano eruption　埃尔奇琼火山爆发　09.066
electrical communication　电通信　03.187
electric conductivity　电导率　16.117
electroantennogram　触角电位图　11.132
electroantennogram detection　触角电位检测　11.133
element beneficial cycle　物质良性循环　07.238
elfin forest　[热带]高山矮曲林　06.254
elfin woodland　[热带]高山矮曲林　06.254
El Niño　厄尔尼诺　09.068
embodied energy　＊体现能　07.192
emdollar value　＊能值－货币价值　17.126
emerged plant　挺水植物　16.343
emergent　挺水植物　16.343
emergent evolution　突生进化　04.012
emergent property　新质，＊新生特性　07.194
emergy　能值　07.192
emergy analysis　能值分析　07.197
emergy/ $ ratio　能值/货币比率，＊宏观经济价值　17.126
emergy transformity　能值转换率　07.198
emigration　迁出　05.063
emission　散发　11.156
empower　能值功率　07.202
enclosure　围栏，＊禁牧区　13.071
enclosure ecosystem　围隔生态系统　07.036
endangered ecosystem　濒危生态系统　07.048
endangered species　濒危种　13.031
endemism　特有现象　13.035
endobenthos　内生生物　16.370
endogenetic succession　内因[性]演替　06.133
endogenous pyrogen　内源性热原　02.120
endorheic lake　内流湖泊　16.004
endotherm　＊内温动物　02.018
endothermy　内温性　02.070
energetic hypothesis　能流假说　07.209
energy　能量　07.195
energy analysis　能量分析　07.196
energy budget　能量收支　07.204
energy conservation　能量守恒　07.205
energy dissipation　能量消耗　07.206
energy drain　能量枯竭　07.218
energy farm　能源农场　15.024
energy flow　能[量]流[动]　07.207
energy-flow diagram　能量流程图　07.219
energy flow pathway　能流通道　07.210
energy flow rate　能流速率　07.211
energy flux　能量流通　07.212
energy hierarchy　能量等级系统　07.203
energy metabolism　能量代谢　02.097
energy partition　能量分配　07.213
energy quality　能质　07.191

energy sink 能量库 07.214
energy spectrum 能谱 07.193
energy subsidy 辅加能量，* 能量补助 07.215
energy symbol language 能量符号语言 07.216
energy transformation ratio 能量转化率 07.220
energy transformer 能量转化者，* 能量转换器 07.217
ENSO 恩索 09.070
entropy 熵 10.085
environmental auditing 环境审计，* 绿色审计 17.146
environmental background value 环境背景值，* 环境本底值 14.085
environmental capacity 环境容量 14.086
environmental degradation 环境退化 13.062
environmental ethics 环境伦理 13.004
environmental friendly chemical industry * 环境友好化工 17.111
environmental indicator 环境指标 14.084
environmental performance evaluation 环境绩效评估 17.145
environmental quality 环境质量 14.087
environmental quality standard 环境质量标准 14.088
environmental resistance * 环境阻力 10.057
environmental uncertainty 环境不确定性 13.063
environment resource patch 环境资源斑块 08.012
eosere 古演替系列 06.161
ephemeral plant 短命植物 06.276
ephippium 卵鞍 16.229
epibenthic organism 附表底栖生物 16.361
epibenthos 附表底栖生物 16.361
epideictic pheromone 疏散信息素，* 抗聚集信息素 11.015
epifauna 底表动物 16.372
epilimnion 湖上层 16.008
epilithic organism 石面生物 16.363
epilithion 石面生物 16.363
epineuston 水表上漂浮生物 16.321
epipelagic fish 上层鱼类 16.301
epipelagic organism 大洋上层生物 16.384
epipelagic plankton 上层浮游生物 16.261
epipelagic zone 上层带 16.076
epipelos 泥面生物 16.364
epiphyte 附生植物 16.362
epiplankton 表层浮游生物 16.265
epizoite 附着动物 16.376
equilibrium isoline 平衡等值线 07.258
equilibrium population density 种群的平衡密度 05.136
equilibrium state 平衡状态 07.222
equilibrium theory 平衡说 06.118
equivalence factor 当量因子 17.121
equivalent species 等值种 07.075
era succession 世纪演替 06.123
erosion control 侵蚀控制 07.363
errantia 游走动物 16.377
ESS 稳定进化对策 03.022
estivation 夏眠 02.081
estuarine ecology 河口生态学 01.032
estuarine plankton 河口浮游生物 16.257
estuarine wetland 河口湿地 16.048
estuary 河口[湾] 16.041
estuary ecology 河口生态学 01.032
estuary ecosystem 河口生态系统 07.021
ESU 进化显著单元 13.016
ET 蒸散 02.164，经济阈值 15.109
ethical value 伦理价值 07.369
ethnoecology 民族生态学 01.066
eucrenon * 真泉水生物 16.402
euhaline water 真盐水 16.133
euhydrophyte 真水生植物 16.329
euhydrophyte zone 真水生植物带 16.423
eunekton 真游泳生物 16.294
eupelagic plankton 大洋浮游生物，* 远洋浮游生物 16.259
euphotic zone 透光带，* 真光层 16.099
euplankton 真浮游生物 16.254
euryhaline species 广盐种 02.040
euryoxybiotic animal 广氧性动物 02.016
eurytherm 广温性生物 02.007
eurythermal organism 广温性生物 02.007
eustatic movement 海平面变化 09.004
eutrophication 富营养化 14.100
eutrophic lake 富营养湖 16.031
evaporative heat loss 蒸发散热 02.135
evapotranspiration 蒸散 02.164
evenness 均匀度 06.041
evergreen community 常绿群落 06.224
evolution 进化 04.001
evolutionarily endangered species 进化濒危种 13.032

evolutionary arms race 进化军备竞赛 03.141
evolutionary ecology 进化生态学 01.050
evolutionary retardation 进化迟滞，＊进化延滞 04.016
evolutionary reversion 进化逆行 04.018
evolutionary significant unit 进化显著单元 13.016
evolutionary stable strategy 稳定进化对策 03.022
evolutionary theory 进化论 04.024
evolutionary time scale 进化时间尺度 04.015
evolutionary time theory 进化时间学说 06.052
exaptation 扩展适应 12.002
excess sludge 剩余污泥 14.145
exchanging pool 交换库 07.246
exhaustible natural resources ＊可耗竭自然资源 13.102
exocrine extract 外分泌提取物 11.029
exocrine gland 外分泌腺 11.027
exocrine gland of ants 蚁类外分泌腺 11.035
exocrine glandular secretion 腺体外分泌物 11.036
exocrine secretion 外分泌液 11.028
exogenetic succession 外因[性]演替 06.134
exogenous pyrogen 外源性热原 02.121
exorheic lake 外流湖泊 16.005
exotic species 外来种 13.025
expanding population 增长型种群 05.071
experimental component approach 实验组成成分法 10.070
experimental landscape ecology 实验景观生态学 01.016
explant 外植体 07.364
exploitation competition 利用性竞争 06.113
exploitation efficiency ＊利用效率 07.180
explosive evolution 爆发式进化 04.006
exponential growth 指数增长 10.053
ex situ bioremediation 异位生物修复 14.259
ex situ conservation 易地保护 13.086
extent 幅度 08.032
extinction 灭绝 13.038
extinction rate 灭绝率 13.046
extirpation 局部灭绝 13.039
eye spot 眼斑 03.128

F

FACE experiment 自由大气二氧化碳浓度增加实验 09.093
factor overlapping method 因子叠加法，＊地图重叠法 17.082
farming-pastoral region 半农半牧区，＊农牧交错区 15.028
farmland eco-engineering 农田生态工程 17.102
fate 归宿 14.075
fate of chemical 化学物质归宿 07.365
fauna 动物区系 06.294
faunal barrier 动物区系屏障 06.295
faunal succession 动物区系演替 06.148
faunizone 动物区系带 06.296
fecundity 生殖力，＊产卵量 16.215
feedback 反馈 10.071
feedback circuit ＊反馈回路 07.057
feedback loop 反馈环 07.057
feedback mechanism 反馈机制 07.056
feeding ground 索饵场 16.216
feeding habit 食性 03.039
feeding migration 索饵洄游 16.308
female defense polygamy 保卫雌兽的一雄多雌制 03.087
female sex pheromone of insect 昆虫雌性信息素 11.050
femtoplankton 超微微型浮游生物 16.267
fen 矿质泥炭沼泽，＊矿物营养沼泽，＊碱沼 16.055
feral plant 逸生植物 12.103
fever 发烧 02.122
fidelity 确限度 06.039
field capacity 田间持水量 15.057
field layer 地面植被层 06.090
field moisture capacity 田间持水量 15.057
field stratum 地面植被层 06.090
field test 田间试验 11.138
field trial 田间试验 11.138
field water capacity 田间持水量 15.057
filter feeder 滤食动物，＊食悬浮物动物 16.202
filter feeding 滤食性摄食 16.197
fine-grained landscape 细粒景观 08.034
fine scale 小尺度 08.030

finite rate of increase　周限增长率　10.051
fire climax　火烧[演替]顶极　06.181
fire-enhancing grasses　火促草类　07.330
fire-generated factor　火成因子　07.332
fire-prone ecosystem　易火生态系统　07.042
fire regime　火使用制度，* 火状况　07.331
first-order stream　一级河流　16.038
fish age composition　鱼类年龄组成　16.206
fish age determination　鱼类年龄鉴定　16.208
fish brood amount　怀卵量　16.214
fish feeding base　鱼类饵料基础　16.209
fish feeding intensity　鱼类摄食强度　16.210
fish length composition　鱼类体长组成　16.207
fitness　适合度　04.095
fitness cost　适合度代价　12.004
fixation　固定　12.029
fixation index　固定指数　12.030
fixed action pattern　固定行为型　03.006
fledgling　离巢幼鸟　03.068
floating dust　飘尘　14.043
floating egg　浮性卵，* 漂浮卵　16.221
floating-leaf plant　浮叶植物　16.344
floating-leaved plant　浮叶植物　16.344
floating-leaved plant formation　浮叶植物群系　16.346
floating-leaved vegetation　浮叶植被　16.345
floating plant　漂浮植物　16.339
flood wetland　洪涝湿地　16.052
flora　植物区系　06.298
floral element　植物区系成分　06.299
floral kingdom　植物区　06.300
floral region　植物区　06.300
floristic area　植物区　06.300
floristic division　植物区系区划　06.301
floristic element　植物区系成分　06.299
flow of service　服务流　07.366
flow rate　流通率　07.262
fluorosis　氟中毒　14.036
flux　通量　09.091
fly ash　* 飞灰　14.043
F/M　食料微生物比　14.143
1/*f* noise　1/*f* 噪声　10.094
foliage density　叶面积密度　02.224
food availability hypothesis　食物可利用性假说　02.143
food begging　乞食　03.040
food chain　食物链　07.100
food link　食物环节　16.429
food selection　食物选择　03.041
food sharing　食物共享　03.042
food-to-microorganism ratio　食料微生物比　14.143
food web　食物网　07.106
foraging behavior　觅食行为　03.038
foraminiferan ooze　有孔虫软泥　16.173
forest-boundary ecology　森林界面生态学　01.093
forest-ecological economics　森林生态经济学　01.076
forest ecology　森林生态学　01.019
forest ecosystem　森林生态系统　07.006
forest fire ecology　林火生态学　01.020
forest goods and services　森林产品及服务，* 森林服务公益　07.367
forest park　森林公园　17.096
forest recreation　森林游憩　17.095
formation　群系　06.205
form-function relationship　形态－功能关系　07.271
form of pollutant　污染物形态　14.030
fossil fuel　化石燃料　09.028
fouling community　污着群落　14.107
fouling organism　污着生物　14.106
founder effect　奠基者效应　13.017
foveal gland　盾窝腺　11.091
fractal　分形　10.096
fractal dimension　分数维　10.097
fragility　脆弱性　07.310
fragmentation index　破碎化指数　08.049
free-air carbon dioxide enrichment experiment　自由大气二氧化碳浓度增加实验　09.093
free-body model　自由体模型　10.034
freezing resistance　抗冻性　02.053
freezing-sensitive plant　冻敏感植物　02.024
freezing tolerance　耐冻性　02.052
freezing-tolerant plant　耐冻植物　02.025
frequency　频度　06.029
frequency dependent　频率制约　03.036
frequency law　频度定律　06.030
freshwater　淡水　16.129
freshwater ecology　淡水生态学　01.028
freshwater ecosystem service　淡水生态系统服务　07.356
frigid zone species　寒带种　16.180

fringe wetland 水边湿地 16.051
fringing reef 岸礁 16.068
F_2 screen F_2 代筛选 12.100
F-statistics F 统计量 12.031
fugitive coexistence 逃命共存 06.115
fugitive species 机会种 06.015
functional convergence hypothesis 功能收敛假说 07.272
functional food web 功能食物网 07.107
functional group 功能群 07.074
functional patch 功能斑块 08.011
functional redundancy 功能冗余性 07.072
functional response 功能反应 10.049

G

Gaia hypothesis 盖娅假说 09.006
gaining loop 增益环 17.114
game animal 狩猎动物 13.097
game management 狩猎经营 13.098
game pasture 狩猎牧场 13.099
game theory 博弈论，*对策论 10.083
gamma diversity γ多样性 06.050
gamma richness *γ丰富度 06.050
gamogenetic egg 冬卵 16.228
GAP analysis 空隙分析 13.082
gap model 林窗模型 08.071
garden city 田园城市 17.039
gas chromatography-electroantennagram detection 气相色谱-触角电位联用 11.134
gaseous type cycle 气态物循环，*气体型循环 07.229
gas regulation 气体调节 07.230
GC-EAD 气相色谱-触角电位联用 11.134
GCM 大气环流模型 09.103
GCTE 全球变化与陆地生态系统 09.114
GE 生长效率 07.178
gelatinous plankton 胶质浮游生物 16.291
gelatinous zooplankton 胶质浮游动物 16.292
genecology *基因生态学 01.048
gene contamination 基因污染 12.026
gene dispersal *基因扩散 12.085
gene diversity index 基因多样性指数 12.034
gene flow 基因流 12.085
gene frequency 基因频率 03.034
gene pool 基因库 04.104
general circulation model 大气环流模型 09.103
generalist 泛化种，*广幅种 07.112
general landscape 广义景观 08.003
generation 世代 04.057
generation time 世代时间 04.058
gene silencing 基因沉默 12.095
genet 基株 05.017
genetically effective population size 遗传有效种群大小 13.055
genetically engineered microorganism ecology 基因工程微生物生态学 01.006
genetically modified organism 遗传修饰生物体 12.092
genetic death 遗传性死亡 12.027
genetic differentiation coefficient 遗传分化系数 12.032
genetic dimorphism 遗传二态性 12.041
genetic distance 遗传距离 12.028
genetic diversity 遗传多样性 13.015
genetic diversity index 遗传多样性指数 12.033
genetic drift 遗传漂变 12.087
genetic ecology 遗传生态学 01.048
genetic erosion 遗传冲刷，*遗传侵蚀 12.036
genetic homoeostasis 遗传稳态 12.038
genetic identity 遗传一致度 12.039
genetic marker 遗传标记 12.005
genetic polymorphism 遗传多态性 12.042
genetic predisposition 遗传预先倾向性 03.035
genetic structure 遗传结构 12.044
genetic swamping 遗传湮没 12.037
genetic transmission 遗传传递 12.097
genetic variation 遗传变异 12.045
genodeme 遗传同类群 12.057
genoecodeme 基因生态同类群 12.058
genotoxicity 生殖毒性，*遗传毒性 14.195
genotype 基因型 12.059
genotype-environment interaction 基因型与环境互作，*基因型环境互应 12.060
genotypic adaptation 基因型适应 02.076
geographical approach process analysis 空隙分析 13.082

geographical theory of speciation 地理物种形成学说 04.087
geographical variation 地理变异 04.105
geographic isolation 地理隔离 04.091
geological cycle 地质循环 09.011
geological process 地质过程 07.273
geometric rate of increase 几何增长率 10.052
geopark 地质公园 17.094
geophyte *地下芽植物 06.072
GHG 温室气体 09.031
glacial stage 冰期 09.077
Global Change and Terrestrial Ecosystem 全球变化与陆地生态系统 09.114
global ecology 全球生态学 01.017
global stability 全域稳定性 07.309
global warming 全球变暖 09.001
Gloger's rule 格洛格尔律 02.141
GMO 遗传修饰生物体 12.092
gossylure 红铃虫性诱剂 11.064
GPP 总初级生产量，*总第一性生产量 07.159
gradient analysis 梯度分析 08.068
grain 粒度 08.031
grand 地面植被层 06.090
grandlure 棉象甲性诱剂 11.073
granule sludge 颗粒污泥 14.161
graph of ecological field 生态场图形 07.130
grassland ecology 草地生态学 01.022
grassland ecosystem 草原生态系统 07.007
grassland improvement 草原改良 15.096
gravel culture 砂砾培养 15.078
grazing ecology 放牧生态学 01.062
grazing facilitation 放牧促进 05.223
grazing food chain 牧食食物链 07.101
grazing indicator 放牧地指示生物 15.097
grazing system 放牧系统 05.224
green beard effect 绿胡须效应 03.032
green chemical industry 绿色化工 17.111
green civilization *绿色文明 17.034
green energy 绿色能源 15.082
green food 绿色食品 15.084
green GDP 绿色国内生产总值，*绿色 GDP 17.153
green gross domestic product 绿色国内生产总值，*绿色 GDP 17.153
greenhouse ecosystem 温室生态系统 07.037
greenhouse effect 温室效应 09.002
greenhouse gas 温室气体 09.031
Greenland ice core 格陵兰冰芯 09.098
green manure crops 绿肥作物 15.085
green revolution 绿色革命 15.086
gregaria phase 群居相 05.124
gregariousness 群集度 06.040
grid cell 栅格像元 08.075
gross photosynthesis 总光合作用 02.249
gross primary production 总初级生产量，*总第一性生产量 07.159
gross primary productivity 总初级生产力，*总第一性生产力 07.167
gross production 总生产量 07.155
gross production efficiency 总生产效率 07.169
gross secondary production 总次级生产量，*总第二性生产量 07.160
ground state 基[础]态 07.319
ground vegetation 活地被物层 06.091
groundwater pollution 地下水污染 14.008
group defense 集体防御，*结群防卫 03.129
group extinction hypothesis 群体灭绝假说 03.130
group recruitment 群体征召 11.047
group selection 群选择 03.037
growth controlling substance 生长控制物质 15.087
growth efficiency 生长效率 07.178
growth form 生长型 06.077
guild *同资源种团 07.074
guttation 吐水 02.178
gyre 流涡 16.164

H

habitat 栖息地 05.205
habitat analysis 生境分析 13.056
habitat corridor 生境廊道，*生境走廊 13.057
habitat diversity 栖息地多样性，*生境多样性 13.014
habitat evaluation procedure 生境评价程序 13.059
habitat fragmentation 生境破碎 13.058
habitat island 栖息地岛屿，*生境岛屿 05.207

habitat management　生境管理　13.060
habitat selection　生境选择　03.147
habitat suitability index　生境适宜度指数　13.061
habituation　习惯化　03.008
hadal fauna　超深渊动物区系　16.393
hadal zone　超深渊[底]带　16.093
hadopelagic zone　超深渊水层带　16.080
halobacteria　嗜盐细菌　16.288
halobios　盐生生物　16.380
halocline layer　盐跃层，*盐变层　16.110
Hamilton's rule　汉密尔顿法则　03.028
handling time　处理时间　03.045
haplodiploidy　单倍二倍性　03.118
haplotype　单倍型　12.025
hardness　硬度　16.124
hard release　硬释放　13.088
hard water　硬水　16.125
hard water lake　硬水湖泊　16.014
Hardy-Weinberg law　哈迪－温伯格定律　04.094
harem　眷群，*妻妾群　03.088
harmlessness　无害化　17.137
harmonic analysis　谐波分析　10.099
harvest method　收获法　06.328
Hawk-Dove-Bourgeois model　鹰－鸽－应变者模型　03.166
Hawk-Dove model　鹰－鸽模型　03.165
Hawk-Dove-Retaliator model　鹰－鸽－反击者模型　03.167
healthy city　健康城市　17.038
heat budget　热量收支　02.137
heat pollution　热污染　14.015
heat production　产热　02.109
heat source　热源　07.276
heavy metal　重金属　14.031
hedgerow　树篱　08.112
hekistoplankton　寒带浮游生物　16.260
hekistotherm　适寒植物　02.026
helper　帮手　03.100
helper at the nest　巢中帮手　03.101
hemicryptophyte　地面芽植物　06.071
herb　草本　06.081
herbivore　食草动物　07.084
herb layer　草本层　06.089
heritability　遗传率，*遗传力　12.056
hermatypic coral　造礁珊瑚　16.394
heterogeneity index　异质性指数　12.064
heteroplanobios　河流漂浮生物　16.323
heterosis　杂种优势　12.076
heterotrophic lake　异养型湖泊　16.028
heterotrophic succession　异养演替　06.139
heterozygosis　杂合现象　12.065
heterozygosity　杂合度　12.066
heterozygote superiority　杂合优势　12.073
heterozygous advantage　杂合优势　12.073
hexalure　己诱剂，*海克诱剂　11.063
Hg cycle　汞循环　07.240
hibernation　冬眠　02.080
hierarchical organization　等级组织　07.062
hierarchical system　等级系统，*层级系统　07.063
hierarchy theory　等级理论　08.107
high-level radioactive waste　高放射性废物　14.056
highly urbanphil plant　极适生城市植物　17.074
highly urbanphobe plant　极嫌城市植物　17.070
high-risk　高风险，*高危　14.211
high tidal mark　高潮线　16.062
high tidal region　高潮区　16.064
high water　高潮　16.149
hoarding　储藏　03.046
Holdridge life zone　霍尔德里奇生命地带　09.056
holistic management　整体管理　07.361
holistic model　整体性模型　10.029
Holling disc equation　霍林圆盘方程　10.035
Holocene　全新世　09.080
holoepipelagic fish　*全大洋鱼类　16.300
holomictic lake　全循环湖　16.021
holoplankton　终生浮游生物，*永久性浮游生物　16.250
homeostasis　稳态　07.318
homeotherm　恒温动物　02.018
homeothermy　恒温性　02.071
home range　巢域　03.144
home stream theory　家河理论，*双亲河理论　16.317
homoiotherm　恒温动物　02.018
homologous character　同源性状　12.068
homology　同源性，*同种性　04.049
homoplasy　同塑性　12.069
homosexual competition　性内竞争　03.089
homosexual copulation　性内交配　03.090

I

incremental value 增量价值 07.368
independent action 独立作用 14.251
index of abundance 多度指数，*丰度指数 05.032
index of biotic integrity 生物整体性指数 07.320
index of generic similarity 属相似性指数 06.318
index of network ascendancy 网络支配指数 07.069
index of similarity 相似性指数，*群落系数 06.317
index of species diversity 物种多样性指数 06.046
index of tolerance 忍耐指数 14.205
index species 指示种 06.017
indicator community 指示群落 06.228
indicator organism 指示生物 14.078
indicator species 指示种 06.017
indifferent species 随遇种 06.013
indigenous people 原住民 13.030
indigenous pest 当地原有害虫 15.107
indigenous species 土著种 06.014
indirect calorimetry 间接测热法 02.095
indirect fitness 间接适合度 04.097
individual ecology 个体生态学 01.010
individualistic school 个体论学派 06.334
individual space 个体空间 05.011
induced defense 诱导防卫 05.222
industrial ecology 产业生态学 01.067
industrial ecosystem 产业生态系统 17.128
industrialization 产业化 17.136
industrial melanism 工业黑化现象 04.126
industrial metabolism analysis 产业代谢分析 17.130
industrial metabolism assessment *产业代谢评估 17.130
inertia 惯性 07.317
infauna 底内动物 16.373
infinite alleles mutation model 无限[等位]基因突变模型 10.039
infochemicals 信息化学物质 11.001
information Bayes decision method 有信息的贝叶斯决策方法 07.283
information capacity 信息容量 07.278
information content 信息量 07.279
information ecology 信息生态学 01.072
information feedback 信息反馈 07.280
information flow 信息流 07.277
information for intention 意向信息 03.164
information for strength 实力信息 03.163
information processing system 信息处理系统 07.281
information regeneration 信息再生 07.282
infraneuston 水表下漂浮生物 16.322
ingestion *摄食量 07.181
inhibitory effect 抑制效应 14.247
inland water 内陆水域 16.001
inokosterone 牛膝蜕皮酮 11.146
inorganic pollutant 无机污染物 14.022
input environment 输入环境 07.269
input matching rule 输入匹配法则 03.199
insect aggregation pheromone 昆虫聚集信息素 11.078
insect borne disease 虫媒传播疾病 15.121
insect growth regulator 昆虫生长调节剂 11.140
insect pollination 虫媒授粉 15.122
insect sex attractant 昆虫性诱剂 11.062
insect sex pheromone 昆虫性信息素 11.049
insensible water loss 无知觉失水 02.182
insight learning 顿悟学习 03.011
in situ bioremediation 原位生物修复 14.255
in situ conservation 就地保护 13.085
instantaneous birth rate 瞬时出生率 05.054
instantaneous death rate 瞬时死亡率 05.057
instantaneous mortality 瞬时死亡率 05.057
instantaneous rate of increase 瞬时增长率 05.087
instinctive behavior 本能行为 03.005
instrumental value 使用价值 13.091
insular species 隔离种，*岛屿种 13.024
intangible heritage 世界非物质遗产，*无形文化遗产 13.007
integrated agriculture 综合农业 15.018
integrated control 综合防治 15.101
integrated ecosystem assessment 生态系统综合评估 07.357
integrated policy appraisal 综合性政策评价 17.149
intensive agriculture 集约农业 15.015
interactive grazing system 相互作用的放牧系统 05.225
interface 界面，*接触面 07.284
interface ecology 界面生态学 01.092
interference competition 干扰竞争 05.164
interglacial stage 间冰期 09.078
Intergovernmental Panel on Climate Change 政府间气候变化专门委员会 09.110
intermediate disturbance hypothesis 中度干扰假说 06.116

intermediate-intermediate link　中位－中位链　07.118
intermediate species　中位种　07.114
intermittent stream　间歇河流，＊季节性河流　16.035
International Biological Programme　国际生物学计划　07.052
International Geophysical Year　国际地球物理年　09.111
International Geosphere-Biosphere Programme　国际地圈－生物圈计划　09.113
International Human Dimension Programme on Global Environmental Change　全球环境变化的人文因素计划，＊HDP 计划　09.116
International Hydrologic Decade　国际水文发展十年计划　09.119
International Union for Conservation of Nature and Natural Resources　世界自然保护联盟　13.107
International Year of Mountains　国际山地年　09.112
interrupted stream　中断河流　16.036
interspecies H_2 transfer　种间氢转移　14.157
interspecific competition　种间竞争　05.162
interspecific relationship　种间关系　05.153
interspecific territory　种间领域　03.149
interstitial fauna　间隙动物　16.375
intertidal ecology　潮间带生态学　01.025
intertidal zone　潮间带　16.088
intraspecific aggression　种内攻击　05.152
intraspecific competition　种内竞争　05.161
intraspecific relationship　种内关系　05.151
intrinsic rate of increase　内禀增长率　05.086
introduced patch　引入斑块　08.010
introduction　引入，＊引种　13.028
introgression hybridization　渐渗杂交　12.084
invader species　侵入种　13.026
inventory analysis　清单分析　17.148
inverse density-dependant mortality　逆密度制约性死亡率　05.133
inverse density-dependent factor　逆密度制约因子　05.134
inversion layer　逆温层　14.049
investigative behavior　探索行为　03.004
IPA　综合性政策评价　17.149
IPCC　政府间气候变化专门委员会　09.110
ipsenol　齿小蠹烯醇　11.080
irregular fluctuation　不规则波动　05.143
island biota　岛屿生物区系　13.023
island model　岛屿模型　10.046
isobath　等深线　16.139
isohaline　等盐线　16.137
isolated ecosystem　隔离生态系统　07.028
isolating mechanism　隔离机制　04.089
isolation-by-distance model　距离隔离模型　10.048
isotherm　等温线　16.138
isotope　同位素　09.092
isozyme　同工酶　12.018
itai-itai disease　骨痛病　14.033
IUCN　世界自然保护联盟　13.107
IUCN Red Data Book　世界自然保护联盟红皮书　13.108
IUCN Red List　世界自然保护联盟红色名录　13.109
IYM　国际山地年　09.112

J

japanilure　日本丽金龟性诱剂　11.071
JH　保幼激素　11.141
JHA　保幼激素类似物　11.142
joint effect　联合效应　14.243
joint toxicity　联合毒性　14.244
Jolly-Seber method　乔利－塞贝尔法　05.038
Jordan's rule　乔丹律　02.140
juice sucker　＊吸汁液者　07.088
juvenile hormone　保幼激素　11.141
juvenile hormone analogue　保幼激素类似物　11.142
juvenile stage　稚期　16.235
juvenoid　保幼激素类似物　11.142

K

kairomone　利他素　11.006
kalloplankton　胶质浮游生物　16.291
kelp　巨型海藻　16.397
kelp bed　海藻床　16.398

L

logistic growth 逻辑斯谛增长 10.054
logit transformation 分对数变换 10.037
log-normal hypothesis 对数-正态假说 06.065
London smog 伦敦型烟雾 14.045
long-day plant 长日照植物，*短夜植物 02.019
long distance transport 长距离运输 02.217
longitudinal zonality 经度地带性 06.287
long-short-day plant 长短日照植物 02.022
long-term ecological research 长期生态研究 07.321
loop addition 加环 17.112
looplure 粉纹夜蛾性诱剂 11.066
lotic habitat 流水水域 16.003
Lotka-Volterra model 猎物-捕食者模型，*洛特卡-沃尔泰拉模型 10.032
lottery competition 抽彩式竞争 06.112
lower critical temperature 下临界温度 02.133
lowest observed effect concentration 最低有影响浓度 14.224
low tidal mark 低潮线 16.063
low tidal region 低潮区 16.066
low water 低潮 16.150
LTER 长期生态研究 07.321
LUCC 土地利用与土地覆盖变化 09.117
lumped parameter system 集中参数系统 10.062
lure 诱芯 11.153
luxury absorption 奢侈吸收 02.218
LW 低潮 16.150
Lyapunov exponent 李雅普诺夫指数 10.090
lymabiont 专性污水生物 14.104
lymaxene 兼性污水生物 14.105

M

MAB Reserve 人与生物圈自然保护区 13.077
MacArthur equilibrium theory 麦克阿瑟平衡说 06.117
Mace-Lande Species Endangerment Criteria 梅斯-兰德物种濒危等级标准 13.118
MacHarg method *麦克哈格法 17.082
macroalgae 大型藻类 16.278
macrobenthos 大型底栖生物 16.353
macroelement 大量元素，*常量元素 02.233
macroevolution 宏[观]进化 04.003
macromutation 大突变 04.044
macroplankton 大型浮游生物 16.272
mainland-island model 大陆-岛屿模型 10.047
maintenance of ecosystem service 生态系统服务功能维持 07.355
major element 大量元素，*常量元素 02.233
male investment 雄性投资 03.070
male sex pheromone of *Acanthoscelides obtectus* 菜豆象雄性信息素 11.075
male sex pheromone of *Xylotrechus pyrrhoderus* 葡萄虎天牛雄性信息素 11.076
malodorous substance 恶臭物质 14.175
Malthusian growth *马尔萨斯增长 10.053
mammal chemical signal 哺乳动物化学信号 11.082
managed landscape 经营景观 08.090
management model 管理模式 07.359
Man and Biosphere Reserve 人与生物圈自然保护区 13.077
mandibular gland pheromone 上颚腺信息素 11.031
mangrove biocoenosis 红树群落 16.406
mangrove coast 红树林海岸 16.061
mangrove community 红树群落 16.406
mangrove ecosystem 红树林生态系统 07.024
mangrove formation 红树群系 16.407
mangrove swamp 红树林沼泽 16.060
man-made climate 人工气候 15.089
man-made landscape 人工景观，*人为景观，*人造景观 08.091
marginal willingness 边缘意愿 07.324
marine biological productivity 海洋生物生产力 16.432
marine ecology 海洋生态学 01.024
marine ecosystem 海洋生态系统 07.014
marine wetland 海洋湿地，*海岸湿地 16.049
marker gene 标记基因 12.096
marking behavior 标记行为 03.148
marking pheromone 标记信息素 11.013
mark-recapture method 标记重捕法，*标志重捕法 05.036
marsh 草沼 16.059
mass extinction 聚群灭绝，*大灭绝 13.040
mass flow 集流 02.216
mass recruitment 大量征召 11.048
mass trapping 大量诱捕 11.158

mass trapping plot 诱捕法防治区 11.164
masting 大量结实 05.219
MATC 最大允许毒物浓度 14.225
mate choice 配偶选择 03.073
mate guarding 保卫配偶 03.074
material budget 物质收支 07.239
material cycle 物质循环 07.223
material flow *物流 07.223
material flow analysis 物质流分析 17.118
maternal effect 母体效应 05.228
mathematical ecology 数学生态学 01.041
mating disruption 交配干扰，*迷向法 11.160
mating disruption plot 交配干扰防治区，*迷向法防治区 11.165
mating rate of virgin female meths 雌蛾交配率 11.166
matric potential 衬质势 02.194
matrix 基质 08.020
matter cycle 物质循环 07.223
matter flow *物流 07.223
mature stage 成熟期，*成体期 16.237
maturity of fish gonads 性腺成熟度 16.213
Mauna Loa Observatory 冒纳罗亚观测站 09.099
maximal flow problem 最大流量问题 07.325
maximal power principle 最大动力原理，*最大功率原理 07.326
maximal sustainable yield 最大持续产量，*最大持续收获量 07.376
maximum acceptable toxicant concentration 最大允许毒物浓度 14.225
maximum economic yield 最大经济产量，*最大经济收获量 07.377
maximum metabolic rate [活动]最大代谢率 02.106
maximum natality 最大出生率 05.053
maximum permissible dose 最大允许剂量 14.218
maximum power principle 最大功率原则 17.013
meadow 草甸 06.243
mean crowding 平均拥挤度 10.056
mean length of a generation 世代平均长度 05.091
mean patch area 平均斑块面积 08.044
mean patch perimeter 平均斑块周长 08.046
median lethal dosage 半数致死剂量 14.217
mediolittoral zone 潮间带 16.088
megabenthos 巨型底栖生物 16.354
megalopa larva 大眼幼体 16.244
megaplankton 巨型浮游生物 16.273
meiobenthos 小型底栖生物 16.352
mercury-resistant microorganism 抗汞微生物 14.284
meroepipelagic fish *暂时性大洋鱼类 16.300
meromictic lake 局部循环湖，*局部分层湖 16.022
meroplankton 阶段性浮游生物，*周期性浮游生物 16.252
mesohaline water 中盐水 16.131
mesopelagic fish 中层鱼类 16.302
mesopelagic organism 大洋中层生物 16.385
mesopelagic plankton 中层浮游生物 16.262
mesopelagic zone 中层带 16.077
mesophile 中温生物 02.008
mesophyte 中生植物 02.030
mesoplankton 中型浮游生物 16.271
mesosaprobe 中污生物 14.097
α-mesosaprobic zone α中污带 14.095
β-mesosaprobic zone β中污带 14.096
mesotrophic lake 中营养湖 16.030
metabolic energy transformation *代谢能转化 02.102
metabolic rate 代谢率 02.102
metabolic scope 代谢范围 02.108
metabolic water 代谢水 02.181
metacommunity 集合群落 06.237
metalimnion 变温层 16.108
metallothionein 金属硫蛋白 14.286
metapopulation 集合种群，*异质种群 05.007
meta-property right of biogenetic resources 生物遗传资源的元所有权 13.120
metazoan food web 后生动物食物网 16.428
methane 甲烷 09.034
MEY 最大经济产量，*最大经济收获量 07.377
MFA 物质流分析 17.118
Miami model Miami 模型 07.174
microalgae 微型藻类 16.279
microbenthos 微型底栖生物 16.351
microbial acclimation 微生物驯化 14.144
microbial augmentation 微生物强化 14.268
microbial decomposition 微生物分解 07.147
microbial ecology 微生物生态学 01.004
microbial flocculant 微生物絮凝剂 14.165
microbial food loop 微生物食物环 07.105
microbial food web 微食物网 16.430
microbial loop 微生物食物环 07.105

mosaic index 镶嵌度指数 08.050
Mount Pinatubo volcano eruption 皮纳图博火山爆发 09.067
MPD 最大允许剂量 14.218
MSY 最大持续产量，*最大持续收获量 07.376
MT 金属硫蛋白 14.286
Müllerian mimicry 米勒拟态 03.160
multicomponent alarm pheromone 多组分警戒信息素 11.019
multidimensional niche 多维生态位 05.198
multilayer and chain-linking material [物质]多层分级利用 17.110
multilayer and multi-gradation using material [物质]多层分级利用 17.110
multilure 波纹小蠹诱剂 11.079
multi-male group 多雄群 03.120
multiple contamination 复合污染 14.020
multiple objective program 多目标规划 07.362
multiple stable point 多平衡点 05.150
multisource alarm pheromone 多源警戒信息素 11.020
multi-storied agriculture 立体农业 15.014
multivariate analysis 多元分析 10.014
multivoltine 多化性 03.113
muscalure 家蝇性诱剂 11.068
mutation rate 突变率 12.048
mutualism 互利共生，*互惠共生 05.158
MVP 最小可生存种群，*最小存活种群 13.037
mycoplankton 浮游真菌 16.283
mysis larva 糠虾幼体 16.243

N

namatium 溪涧群落 16.403
nanoplankton 微型浮游生物 16.269
NAO 北大西洋涛动 09.072
NAP 净地上生产力 07.170
NAR 净同化速率 02.276
natal dispersal 出生扩散 03.104
natality 出生率 05.052
national park 国家公园 17.093
native species 土著种 06.014
natural agriculture 自然农业 15.008
natural capital 自然资本 07.339
natural catastrophes 自然灾害 13.065
natural ecosystem 自然生态系统 07.032
natural farming *自然农法 15.008
natural hybrid 天然杂种 12.080
naturalized plant 归化植物 17.069
natural landscape 自然景观 08.087
natural regeneration 自然更新 07.340
natural regulation 自然调节 05.138
natural response time 自然反应时间 05.100
natural sanctuary 自然禁猎区 13.066
natural subsidized solar-powered ecosystem 自然补加太阳能生态系统 07.043
natural turnover rate 自然周转率 07.264
natural unsubsidized solar-powered ecosystem 自然无补加太阳能生态系统 07.044
nature conservation 自然保护 13.073
nature park 天然公园 13.074
nature reserve 自然保护区 13.075
nature's service 自然服务 07.341
nauphoetin 尖翅蠊素 11.077
nauplius larva 无节幼体，*六肢幼体 16.239
NBP 净生物群系生产力 09.013
NDVI 归一化植被指数 08.111
neap tide 小潮 16.148
necrotrophic parasite 尸养寄生物 05.176
NECT 中国东北样带 09.101
necton 游泳生物，*自游生物 16.293
NEE 生态系统净交换 09.014
negative binomial distribution *负二项分布 10.005
negative estuary 反向河口 16.043
negative feedback 负反馈 07.058
negative interaction 负相互作用 05.156
neighborhood area 相邻种群区 12.088
neighborhood size 相邻种群大小 12.089
Nei's gene diversity index 根井正利基因多样性指数 12.035
nektobenthos 游泳底栖生物 16.359
nekton 游泳生物，*自游生物 16.293
nektopleuston 游泳水漂生物 16.319
neo-Darwinism 新达尔文学说 04.036
neo-endemic species 新特有种 04.072

neo-Lamarckism 新拉马克学说 04.034
NEP 净生态系统生产力 09.015
neritic organism 近海生物 16.382
neritic plankton 近海浮游生物 16.258
neritic province 近海区，*浅海区 16.072
neritic region 近海区，*浅海区 16.072
neritic zone 浅海[底]带 16.090
nested hierarchy 包含型等级系统 07.064
nest sharing 共占巢 03.098
net aboveground productivity 净地上生产力 07.170
net assimilation 净同化，*表观同化 02.275
net assimilation rate 净同化速率 02.276
net biome productivity 净生物群系生产力 09.013
net ecosystem exchange 生态系统净交换 09.014
net ecosystem productivity 净生态系统生产力 09.015
net food value 食物净值 03.047
net photosynthesis 净光合作用 02.250
netplankton 网采浮游生物 16.274
net primary production 净初级生产量，*净第一性生产量 07.161
net primary productivity 净初级生产力，*净第一性生产力 07.168
net production 净生产量 07.156
net production efficiency 净生产效率 07.171
net reproduction rate 净生殖率，*世代净生殖率 05.090
net secondary production 净次级生产量，*净第二性生产量 07.162
network analysis 网络分析 07.068
network structure 网络式结构 07.067
neuston 漂浮生物 16.320
neutral allele 中性等位基因 12.052
neutrality hypothesis 中性学说 04.027
neutral mutation 中性突变 12.053
neutral mutation theory *中性突变理论 04.027
new production 新生产力 16.434
new productivity 新生产力 16.434
Neyman's distribution 奈曼分布，*泊松-泊松分布 10.006
niche 生态位 05.197
niche breadth 生态位宽度 05.201
niche complementarity 生态位互补性 05.203
niche overlap 生态位重叠 05.202
niche-preemption hypothesis 生态位优先占领假说 06.064
niche shift 生态位转移 10.084
niche variation hypothesis 生态位变异假说 03.194
nitrification 硝化作用 07.241
nitrogen cycle 氮循环 07.232
nitrogen deposition 氮沉降 09.037
nitrogen fixation 固氮作用 07.242
nitrogen fixing algae 固氮藻类 16.277
nitrogen oxide 氮氧化合物 14.046
nitrogen status 氮状况 07.243
nitrogen use efficiency 氮利用效率 02.272
nitrogen use efficiency of productivity 生产氮利用效率 02.274
nitrophyte 适氮植物 02.035
nitrous oxide 氧化亚氮，*笑气 09.038
N_2O 氧化亚氮，*笑气 09.038
NOEC 最大无影响浓度 14.223
no effect level 无作用浓度 14.219
noise pollution 噪声污染 14.017
non-autonomous model 非自治模型 10.031
nonconservative flux 非保持流通 07.250
non-equilibrium paradigm 非平衡范式 08.110
non-equilibrium theory 非平衡说 06.119
non-interactive grazing system 非相互作用的放牧系统 05.226
non-linear system 非线性系统 10.064
nonnested hierarchy 非包含型等级系统 07.065
non-point source of pollution 非点污染源，*面污染源 14.068
nonrenewable resources 非再生资源，*不可更新资源 13.102
nonshivering thermogenesis 非颤抖性产热 02.113
nonsynonymous mutation 非同义突变 12.047
no observed effect concentration 最大无影响浓度 14.223
normal distribution 正态分布 10.009
normalized differential vegetation index 归一化植被指数 08.111
north Atlantic oscillation 北大西洋涛动 09.072
Northeast China Transect 中国东北样带 09.101
nosanov pheromone 那氏信息素，*引导信息素 11.033
NPP 净初级生产量，*净第一性生产量 07.161
nuclear waste 核废物 14.057

NUE 氮利用效率 02.272，养分利用效率 15.091
null hypothesis 零假说 06.060
numerical classification 数值分类 06.325
numerical response 数值反应 10.050
nuptial flight 婚飞 03.063
nuptial gift 求偶礼物 03.059
nuptial plumage 婚羽 03.064
nursing ground 育幼场 16.219
nutricline 营养跃层，* 营养突变区 16.112
nutrient 养分 07.252
nutrient availability 养分有效性 07.253
nutrient balance 养分平衡 07.254
nutrient budget 养分收支 07.257
nutrient-conserving strategy 营养保存策略 02.219
nutrient export 营养输出 07.256
nutrient flow 养分流 07.255
nutrient pollutant 营养性污染物 14.025
nutrient turnover rate 营养周转率 07.263
nutrient-use efficiency 养分利用效率 15.091

O

O_3 臭氧 09.039
oasis landscape 绿洲景观 08.094
ocean circulation 大洋环流 16.157
ocean current 海流 16.159
oceanic climate 海洋性气候 09.061
oceanic plankton 大洋浮游生物，* 远洋浮游生物 16.259
oceanic province 大洋区 16.073
oceanic region 大洋区 16.073
oceanic thermohaline conveyor belt 海洋温盐环流输送带 09.073
oceanodromous migration 海洋洄游 16.311
ochthium 泥滩生物群落 16.413
odor chemicals 气味化学物质 11.002
odor communication 气味通信 11.003
offshore current 离岸流 16.169
OFT 最优觅食理论 05.195
oil pollution 石油污染 14.018
olfactometer 嗅觉仪 11.130
olfactometer of pheromone 信息素嗅觉仪 11.131
olfactory index 嗅觉指标 14.126
oligohaline water 寡盐水 16.130
oligomictic lake 寡循环湖 16.019
oligophage 寡食者 05.190
oligosaprobe 寡污生物 14.099
oligosaprobic zone 寡污带 14.098
oligotrophication 贫营养化 16.033
oligotrophic lake 贫营养湖 16.029
ombrotrophic mire 酸性泥炭沼泽，* 酸沼 16.056
one-male group 单雄群 03.121
one-upmanship 单利现象 03.134
one way flow of energy 单向能流 07.208
onshore current 向岸流 16.170
ontogenetic niche 个体发育生态位 03.196
ontogeny 个体发生，* 个体发育 04.045
open ecosystem 开放生态系统 07.029
opisthonotal gland 后背腺 11.100
opium 寄生群落 06.242
opportunist species 机会种 06.015
opportunity cost 机会代价，* 择机代价 07.327
optimal foraging theory 最优觅食理论 05.195
optimal group size 最适群体大小 03.119
optimality model 最适模型 03.024
optimality theory 最优化理论 03.023
optimal return time 最适返回时间 03.048
optimal search rate hypothesis 最适搜寻率假说 03.049
optimal territory size 最适领域大小 03.150
ordination 排序 06.323
organic agriculture 有机农业 15.012
organic carbon pool 有机碳库 07.248
organic detritus 生物碎屑，* 有机碎屑 14.170
organic farming 有机农业 15.012
organic food 有机食品 15.083
organic loading 有机负荷 14.125
organic pollutant 有机污染物 14.023
organic refuse 有机废物 14.169
organismic school 机体论学派 06.333
orthogenesis 定向进化 04.004
orthogenetic variation 定向性变异 04.106
orthoselection 定向选择 04.110
oscillation * 振荡 05.144
oscillatorily damped stable point 振荡阻尼稳定点

05.107
osmoregulation 渗透调节 02.154
osmoregulator 渗透压调节者 02.155
osmosis 渗透[作用] 02.153
osmotic hyporegulation 低渗压调节 02.156
osmotic potential 渗透势，*溶质势 02.193
osmotic regulation 渗透调节 02.154
osmotroph 渗养者 07.090
outbreeding 远交 12.082
outbreeding depression *远交衰退 12.072
output environment 输出环境 07.268
overall activity 整体活力 07.316
overcompensate 超补偿 05.104
overgrazing 过度放牧 15.093
overharvesting 过捕 05.194
overlapping of generation 世代重叠 10.059
overshoot 超越 05.103
overturn 湖水对流 16.016
overwintering ground 越冬场 16.217
overwintering migration 越冬洄游，*冬季洄游 16.309
oxidation ditch 氧化沟 14.141
oxidation pond 氧化塘 14.152
oxidation-reduction potential 氧化还原电位 16.121
oxycline 氧跃层 16.113
oxylophyte 酸土植物 02.031
oxyphile 酸土植物 02.031
oxyphobe 嫌酸植物 02.032
ozone 臭氧 09.039
ozone depletion 臭氧损耗 09.040
ozone hole 臭氧洞 09.041
ozone injury 臭氧伤害 09.042
ozone layer 臭氧层 09.043
ozone shield 臭氧屏障 09.044
ozonosphere 臭氧层 09.043

P

PAGES 过去的全球变化研究计划 09.115
PAHs 多环芳烃 14.037
palaeo-endemic species 孑遗特有种 13.048
palatability 适口性 15.098
palustrine wetland 沼生湿地 16.045
panclimax 泛顶极 06.173
parallel evolution 平行进化 04.011
parapatric speciation 邻域物种形成 04.084
parapatry 邻域分布 04.133
parapheromone 类信息素 11.022
parasite food chain 寄生食物链 07.104
parasite-host interaction 寄生物－寄主间相互关系 06.315
parasitism 寄生 05.173
parasitoid 拟寄生物 05.174
pardaxins 豹鳎毒素 11.084
parental care 亲代抚育 03.095
parental family group 双亲家庭群 03.122
parental investment 亲代投资 03.069
parental manipulation 亲代操纵 03.096
park woodland 公园疏林 06.273
parthenogenesis 孤雌生殖，*单性生殖 16.225
partial migration 部分迁移 03.198
Past Global Changes 过去的全球变化研究计划 09.115
patch 斑块 08.007
patch attribute analysis 斑块属性分析 08.015
patch-corridor-matrix model 斑块－廊道－基质模式 08.017
patch dynamic theory 斑块动态理论 08.018
patchiness 斑块性 06.098
patch number 斑块数 08.045
patch residence time 斑块停留时间 05.196
patch shape index 斑块形状指数 08.016
pattern analysis 格局分析 06.326
pattern index 格局指数 08.039
pattern metrics 格局指数 08.039
payoff asymmetry 报偿不对称 03.170
PBAN 信息素生物合成激活肽 11.111
PCBs 多氯联苯 14.038
PCR 聚合酶链式反应 12.011
peak metabolic rate ［冷诱导］最大代谢率 02.107
peck order 啄位，*啄食等级 03.111
pelagic division 水层区 16.074
pelagic egg 浮性卵，*漂浮卵 16.221
pelagic fish 大洋鱼类，*远洋鱼类 16.300
pelagic organism 水层生物 16.381，大洋生物，*远海生物 16.383

pelagic phase　浮游生活期　16.232
pelagos　水层生物　16.381
pellet count　粪堆计数　05.048
pelt record　毛皮收购记录　05.050
penetrance　外显率　12.022
percentage of vegetation　植被覆盖百分率　06.031
percolation theory　渗透理论　08.079
percolation threshold　渗透阈值，*渗透临界值　08.080
perennial form　多年生型　06.075
periglacial　冰缘　09.082
periodic plankton　阶段性浮游生物，*周期性浮游生物　16.252
periodic succession　周期性演替　06.141
peripheral limitation hypothesis　外周限制假说　02.144
peripheral population　边缘种群　05.004
periphyton　周丛生物　16.349
permaculture　可持续农业，*永续农业　15.016
permafrost　永久冻土　09.083
permanent group　永久性社群　03.105
permanent plankton　终生浮游生物，*永久性浮游生物　16.250
permanent soil seed bank　永久土壤种子库　05.215
permanent stream　永久河流　16.037
permanent wilting　永久萎蔫　02.204
permeability　透性　02.149
permeability coefficient　透性系数　02.152
persistence　持久性　07.313
persistent organic pollutants　持久性有机污染物　14.024
perturbation　扰动　07.303
pest　害虫　15.104
pesticide pollution　农药污染　14.019
pesticide residue　农药残留　14.206
pest resistance to insecticide　害虫抗药性　15.112
PET　潜在蒸散，*参比蒸散　02.165
petroleum microbe　石油微生物　14.285
phanerophyte　高位芽植物　06.069
phase of regeneration　重建阶段　06.158
phase space　相空间　10.091
phenolic acid　酚酸　11.123
phenotype　表型　12.061
phenotype matching　表型匹配　03.033
phenotypic adaptation　表型适应　02.075
phenotypic plasticity　表型可塑性　12.062
phenotypic polymorphism　表型多态　04.139
pheromone　信息素　11.010
pheromone biosynthesis activating neuropeptide　信息素生物合成激活肽　11.111
pheromone crude extract　信息素粗提物　11.104
pheromone dispenser　信息素释放器　11.155
pheromone extract　信息素提取物　11.103
pheromone extract from a single gland　单腺体信息素提取物　11.105
pheromone field test　信息素田间试验　11.139
pheromone field trial　信息素田间试验　11.139
pheromone inhibitor　信息素抑制剂　11.024
pheromone-treated plot　信息素防治区　11.163
pheromonostatin　抑信息素肽　11.113
pheromonotropin　促信息素肽　11.112
phosphorus cycle　磷循环　07.234
photic zone　透光带，*真光层　16.099
photoautotroph　光[能]自养生物　02.011
photobacteria　发光细菌　16.284
photochemical process　光化学过程　14.047
photochemical reaction　光化学反应　09.047
photochemical smog　光化学烟雾　09.048
photodestructive effect　光损害效应　02.238
photoheterotroph　光[能]异养生物　02.012
photohomeostatic effect　光稳态效应　02.239
photoinhibition　光抑制　02.261
photokinesis　光动性　02.262
photonasty　感光性　02.263
photoorganotroph　光能有机营养生物　02.014
photoperiod　光周期　02.236
photoperiodic induction　光周期诱导　02.240
photoperiodism　光周期现象　02.237
photophase　光照阶段　02.241
photorespiration　光呼吸　02.247
photostage　光照阶段　02.241
photosynthesis　光合作用　02.248
photosynthesis / respiration ratio　光合/呼吸比　02.242
photosynthetically active radiation　光合有效辐射　02.246
photosynthetic capacity　光合能力　02.243
photosynthetic efficiency　光合效率　02.253
photosynthetic energy utilization efficiency coefficient　光合能量利用效率系数　02.245
photosynthetic nitrogen-use efficiency　光合氮利用效率　02.273

photosynthetic quotient 光合商 02.255
photosynthetic rate 光合速率 02.256
photosynthetic system 光[合]系统 02.258
photosynthetic water use efficiency 光合水分利用效率 02.190
photo-temperature potential productivity 光温潜力 02.259
phreatic fauna 潜水动物区系 16.419
pH value pH 值，*氢离子浓度 16.120
phylocoenogenesis 群落系统发生，*群落系统发育 06.121
phylogenetics 系统发生学 04.041
phylogeny 系统发生，*系统发育 04.046
phylogeography 系统发生生物地理学，*系统地理学 04.042
phylogerontism 种群衰老 04.136
physical ecology 物理生态学 01.042
physical signal 物理信号 07.328
physical temperature regulation 物理体温调节 02.127
physioecology 生理生态学 01.038
physiognomic classification of community 群落外貌分类 06.203
physiological drought 生理干旱 02.157
physiological ecology 生理生态学 01.038
physiological energetics 生理能量学 01.102
physiological longevity 生理寿命 05.060
physiological mortality *生理死亡率 05.058
physiological natality *生理出生率 05.053
physiological time 生理时间 02.158
phytobenthos 水底植物 16.337
phytocidin 植物杀菌素 15.114
phytocoenosis 植物群落 06.213
phytocoenosium 植物群落 06.213
phytocommunity 植物群落 06.213
phytoecdysone 植物性蜕皮素 11.145
phytoextraction 植物提取 14.262
phytogeocoenosis 植物地理群落 06.215
phytoplankton 浮游植物 16.275
phytoplankton bloom 藻华，*水华 14.103
phytopleuston 大型漂浮植物 16.341
phytoremediation 植物修复 14.261
phytostabilization 植物稳定化 14.263
phytotoxic inhibition 植物毒素抑制 14.189
phytotoxicity 植物毒性 14.194
phytotoxin 植物毒素 14.188
phytovolatilization 植物挥发 14.264
picoplankton 微微型浮游生物 16.268
pioneer community 先锋群落 06.227
pioneer species 先锋种 06.157
pioneer stage 先锋阶段 06.156
piscivore 食鱼动物 16.205
PLA *产品寿命分析 17.139
planktivore 食浮游生物动物 16.203
planktobacteria 浮游细菌 16.282
planktobenthos 浮游底栖生物 16.357
planktology 浮游生物学 01.034
plankton 浮游生物 16.249
planktonic algae 浮游藻类 16.276
planktonic nekton 浮游游泳生物 16.295
planktophyte 小型漂浮植物 16.342
planktotrophic larva 浮游营养幼体 16.246
planophyte 漂浮植物 16.339
plant behavioral ecology 植物行为生态学 01.047
plant chemical ecology 植物化学生态学 01.045
plant ecology 植物生态学 01.002
plant formation 植物群系 06.209
plant functional type 植物功能型 07.270
plant geographic division 植物地理区划 06.277
plant life form 植物生活型 06.068
plant pathogen 植物病原体 15.119
plant phenolics 植物酚类物质 11.122
plant physioecology 植物生理生态学 01.040
plant physiological ecology 植物生理生态学 01.040
plant resistance to insect 植物抗虫性 15.113
plant secondary substance 植物次生物质 11.120
plant volatile 植物挥发物 11.121
PLCA 产品生命周期评价 17.139
pleiotropy 基因多效性 12.063
plesiomorphy 祖征 04.064
pleuston 水漂生物 16.318
pleustophyte 大型漂浮植物 16.341
plotless sampling 无样地取样 06.327
plume 气缕 11.157
PMR [冷诱导]最大代谢率 02.107
pneumatophore 呼吸根 02.160
poaching 偷猎 13.069
poikilotherm 变温动物 02.017
poikilothermal animal 变温动物 02.017

poikilothermy 变温性 02.072
point source of pollution 点污染源 14.067
poisoness 毒性 14.190
Poisson distribution 泊松分布 10.003
polar circle 极圈 09.084
polar plant community 极地植物群落 06.220
polar zone 极地带 09.085
pollen drift 花粉漂流 12.091
pollutant 污染物 14.021
polluting intensity 污染强度 14.070
polluting strength 污染强度 14.070
pollution 污染 14.001
pollution control 污染控制 14.089
pollution ecochemistry 污染生态化学 01.057
pollution ecology 污染生态学 01.056
pollution indicating organism 污染指示生物 14.083
pollution level 污染水平 14.071
pollution loading 污染负荷 14.073
pollution monitoring 污染监测 14.076
pollution prevention 污染预防 14.090
pollution resistance 抗污性 14.227
pollution source 污染源 14.066
pollution tolerance 耐污性 14.226
pollution tolerant organism 耐污生物 14.108
polochthium 泥滩生物群落 16.413
polyandry 一雌多雄制 03.086
polychlorinated biphenyls 多氯联苯 14.038
polyclimax 多顶极 06.172
polyclimax theory 多顶极学说 06.189
polycyclic aromatic hydrocarbons 多环芳烃 14.037
polydominant community 多优种群落 06.225
polygamy 多配制 03.084
polygyny 一雄多雌制 03.085
polyhaline water 多盐水 16.132
polymerase chain reaction 聚合酶链式反应 12.011
polymictic lake 多循环湖 16.020
polymorphic locus 多态性基因座 12.043
polymorphism 多态现象 05.123
poly-P bacteria 聚磷菌 14.162
polyphage 广食者，* 多食者 05.191
polysaprobic zone 多污带 14.094
polytopic species 多境起源种 04.132
polytopism 多境起源现象 04.131
polytypic evolution 多型进化 04.013
POPs 持久性有机污染物 14.024
population 种群 05.001
population balance 种群平衡 05.111
population biology 种群生物学 01.012
population continuous growth model with time lag 具时滞的种群连续增长模型 05.101
population crash 种群崩溃 05.114
population decline 种群衰落 05.145
population density 种群密度 05.029
population dispersal 种群扩散 05.118
population dynamics 种群动态 05.028
population ecology 种群生态学 01.011，人口生态学 01.065
population equilibrium 种群平衡 05.111
population eruption 种群暴发 05.113
population extinction 种群灭绝 05.112
population fluctuation 种群波动 05.142
population index 种群指数 10.060
population interaction 种群间相互作用 05.154
population limitation 种群限制 05.146
population management 种群管理 05.147
population outbreak * 种群大发生 05.113
population persistence 种群持续性 05.141
population process 种群过程 05.109
population projection matrix * 种群投影矩阵 10.045
population regulation 种群调节 05.127
population stability 种群稳定性 05.140
population trajectory 种群变动轨迹 05.110
population turnover rate 种群周转率 05.088
population viability analysis 种群生存力分析 13.036
positive estuary 正向河口 16.042
positive feedback 正反馈 07.059
positive interaction 正相互作用 05.155
post climax 后顶极 06.178
post-fire succession 火后演替 06.135
post-larva stage 幼后期 16.234
post-nuptial flight 婚后飞行 03.062
potamic community 河流群落 16.404
potamium 河流群落 16.404
potamodromous migration 河川洄游 16.310
potamoplankton 河流浮游生物 16.256
potential climax 潜在顶极 06.180
potential evapotranspiration 潜在蒸散，* 参比蒸散 02.165

protected area　保护地　13.079
protected species　保护物种　13.084
protective color　保护色　03.154
protective ecosystem　保护的生态系统　07.038
protective effect　保护效应　14.246
protozoan food web　原生动物食物网　16.427
protozoea larva　原溞状幼体　16.241
provinciality　物种分布区域性　06.304
proximate cause　近因，＊直接原因　02.005
P/R ratio　光合/呼吸比　02.242
prudent predation hypothesis　精明捕食假说　03.135
prudent predator　精明捕食者　05.193
psammoeremion　荒漠群系　06.210
psammon　沙生生物　16.365
pseudohydrophyte　假水生植物，＊两栖植物　16.330
psychrophilic bacteria　嗜冷细菌，＊耐冷细菌　16.286
psychrophilic organism　嗜冷生物　02.010
psychrotolerant bacteria　嗜冷细菌，＊耐冷细菌　16.286
punctuated equilibrium theory　间断平衡说　04.031
punctuated evolution　间断进化　04.005
pure forest　纯林　06.093
push-pull　驱－诱结合　11.161
pycnocline　密度跃层，＊密度突变层　16.111
pyramid of biomass　生物量锥体，＊生物量金字塔　07.183
pyramid of energy　能量锥体，＊能量金字塔　07.184
pyramid of numbers　数量锥体，＊数量金字塔　07.185
pyrogen　热原　02.119
pyrogenic succession　火成演替　06.136
pyrophyte　耐火植物　02.039

Q

QSARs　结构－活性定量关系　14.214
quadrat method　样方法　05.035
quadrat sampling method　样方法　05.035
qualitative character　质量性状　12.020
qualitative defense　定性防卫　05.221
quantitative character　数量性状　12.021
quantitative defense　定量防卫　05.220
quantitative phytosociological character　植物群落数量特征　06.019
quantitative structure-activity relationships　结构－活性定量关系　14.214
quantum evolution　量子进化　04.007
quantum speciation　量子式物种形成　04.085
quantum yield　量子产额　02.260
quarantine　检疫　13.090
queen pheromone　蜂王信息素　11.030
queen substance　＊蜂王物质　11.031
quick diagnosis test　快速诊断测试　07.380
quick succession　快速演替　06.124

R

radiation pollution　辐射污染　14.014
radiation sickness　辐射病　14.065
radioactive background　放射性本底　14.058
radioactive damage　放射性损害　14.062
radioactive dust　放射性尘埃　14.059
radioactive fallout　放射性沉降物　14.060
radioactive half-time　放射性半衰期　14.061
radioactive pollution　放射性污染　14.013
radioactive tracer method　放射性示踪物测定法　02.277
radioactive waste　放射性废物　14.055
radiocarbon dating　放射性碳定年　09.076
radio-contamination　放射性污染　14.013
radiolarian ooze　放射虫软泥　16.174
rainfed agriculture　雨养农业　15.004
rainfed farming　雨养农业　15.004
ramet　分株　05.018
ramet population　分株种群　05.024
Ramsar Convention on Wetlands　＊拉姆萨尔湿地公约　13.115
random amplified polymorphic DNA　随机扩增多态性DNA　12.014
random distribution　随机分布　10.001
randomized block　随机化区组　10.015
random niche hypothesis　随机生态位假说　06.063
random sampling　随机抽样　10.022
random spatial distribution　随机空间分布　06.305

range disjunction 间断分布区 06.312
range of distribution 分布区 06.311
rank order 优势序位 03.110
rank-sum test 秩和检验 10.016
RAPD 随机扩增多态性 DNA 12.014
rapid succession 快速演替 06.124
rare species 稀有种 06.010
raster cell 栅格像元 08.075
rate of increase 增长率 05.085
rate of natural increase 自然增长率 05.092
ratio of material flow 物质流通率 07.274
ratio of urban green area 城市绿地率 17.054
ratio of urban green space 城市绿地率 17.054
reaction time lag 反应时滞 05.105
realized mortality *实际死亡率 05.059
realized natality *实际出生率 05.055
recalcitrant substance 难生物降解物质，*抗生物降解物质 14.253
reclamation of wastes 废物资源化 14.179
recognition allele 识别等位基因 03.030
recognize time 辨认时间 03.050
recolonization 重定居，*回迁 12.090
reconciling spatial scale 空间协调 07.381
reconciling temporal scale 时间协调 07.382
recreation ecology 旅游生态学 01.068
recruitment 征召 11.044
recruitment pheromone 征召信息素 11.045
recycle 再循环 17.135
recycle index 循环指数 07.267
redox potential 氧化还原电位 16.121
Red Queen hypothesis 红皇后假说 04.032
red tide 赤潮，*红潮 14.101
red tide plankton 赤潮生物 14.102
reduced subsides 外部输入减少 07.360
reduced-tillage system 少耕法 15.005
reductionistic model 还原性模型 10.028
reforestation 再造林 09.108
refuge 庇护所 13.068
refuge strategy 庇护所策略 12.098
refugium 庇护所 13.068
refuse treatment 垃圾处理 14.180
regenerated productivity 再生生产力 16.433
regeneration 更新 06.192
regenerative resources *可更新资源 13.101
regional biota 区域性生物区系 06.293
regional diversity 地区多样性 13.013
regional eco-planning 区域生态规划 17.079
regional scale 区域尺度 05.014
regional succession 区域性演替，*景观演替 06.146
regression 退化，*退行 04.017
regressive evolution 退行演化，*逆行演化 04.019
regular distribution *规则分布 10.002
regular fluctuation 规则波动 05.144
regulation 调节 05.137
reintroduction 再引入 13.029
relative abundance of species 物种相对多度 06.021
relative coverage 相对盖度 06.026
relative density 相对密度 05.031
relative drought index 相对干旱指数 02.092
relative fecundity *相对生殖力 16.215
relative growth 相对生长 02.088
relative growth rate 相对生长速率 02.089
relative water content 相对含水量 02.179
release 释放 12.099
relic area 残遗分布区 04.135
relic center 残遗中心 04.134
relic endemic species 孑遗特有种 13.048
relict community 孑遗群落 13.049
relict ecotype 孑遗生态型 13.050
relict fauna 孑遗动物区系 13.051
relict flora 孑遗植物区系 13.052
relict form 孑遗型 13.053
relict natural community 残存自然群落 17.066
relict species 孑遗种，*残遗种 13.047
remnant patch 残余斑块 08.009
remote sensing 遥感 09.105
removal sampling 去除取样法 05.037
renewable resources 可再生资源 13.101
renewal probability model 更新概率模型 10.041
reproductive behavior 生殖行为 03.092
reproductive effort 生殖努力 02.085
reproductive isolation 生殖隔离 04.092
reproductive potential 生殖潜能 05.135
reproductive strategy 生殖对策 03.091
reproductive value 生殖价 05.093
reserve 保留地 13.072
reserve forest 禁伐林 13.070
reservoir pool 储存库 07.247

residence time 滞留时间 07.266
residual effect 残效 14.207
residual space 剩余空间 05.099
resilience 恢复力，＊弹性 07.306
resistance 抵抗力，＊抗性 07.307
resistant evolution 抗性进化 12.101
resorption 再吸收 02.213
resource competition ＊资源竞争 06.113
resource-holding potential asymmetry 资源占有潜力不对称 03.171
resource inventory 资源编目，＊资源总量 13.054
resource management decision 资源管理决策 07.384
resource spectrum 资源谱 05.204
resource utilization curve 资源利用曲线 05.208
respect for ownership 尊重所有权 03.173
respiration 呼吸 02.159
resting cell 休眠孢子 16.226
resting egg 休眠卵，＊滞育卵 16.227
resting spore 休眠孢子 16.226
restoration ecology 恢复生态学 01.086
restored plant cover 复原植被 06.271
restriction fragment length polymorphism 限制性片段长度多态性 12.012
retention standards 存留标准 07.385
retrogressive succession 退化演替，＊逆行演替 06.145
re-urbanization 再城市化 17.044
reuse 再利用 17.134
reward feedback 报偿反馈 07.386
r-extinction r 灭绝 04.125
RFLP 限制性片段长度多态性 12.012
rheoium 溪涧群落 16.403
rheotrophic organism 流水营养生物 16.324
rhizosphere 根际 07.140
RHP asymmetry 资源占有潜力不对称 03.171
rice-fish system 稻鱼共生系统 17.107
riparian habitat management 流水生境管理 07.395
riparian wetland 河岸湿地 16.053
risk analysis 风险分析 07.387
ritualization 仪式化 03.174
ritualized fight 仪式化战斗 03.175
river continuum concept 河流连续体概念 07.388
river ecology 河流生态学 01.031
river ecosystem 河流生态系统 07.020
riverine plankton 河流浮游生物 16.256
riverine wetland 河流湿地 16.047
rivet-popper hypothesis 铆钉假说 07.070
r-K continuum of strategy r-K 对策连续体 04.124
robbing pheromone 掠夺信息素 11.021
robustness 强壮性 07.311
rockpool community 潮池生物群落，＊岩坑生物群落 16.414
roof garden 屋顶花园 17.060
root-area index 根面积指数 02.282
root competition 根系竞争 06.114
root mass density 根质量密度 02.279
root mass ratio 根质量比 02.280
root pressure 根压 02.281
r-selection r 选择 04.121
r-strategist r 对策者 04.123
r-strategy r 对策 04.122
ruderal species 杂草种 06.018
rudimentary character 痕迹性状 04.062
runaway sexual selection 失控性选择 04.114
running water 流水水域 16.003
rural energy 农村能源 15.025
rural forestry 乡村林业 15.022

S

safe concentration 安全浓度 14.220
Sahara desert 撒哈拉沙漠 06.258
salinity 盐度 16.127
salinity tolerance 耐盐性 02.058
salinization 盐化作用 15.039
salt accumulation 聚盐 02.060，盐分累积 15.040
saltational speciation 跳跃式物种形成 04.083
salt community 盐生群落 06.240
salt elimination 排盐 02.061
salt exclusion 拒盐 02.062
salt excretion 泌盐 02.063
salt gland 盐腺 02.064
salt lake 盐湖 16.006
salt marsh 盐沼 16.057

salt-marsh community　盐沼群落　16.405
salt meadow　盐生草甸　06.245
salt regulation　盐调节　02.065
salt resistance　抗盐性　02.057
salt stress　盐胁迫　02.059
salt succulence　盐肉质化　02.066
salt tolerance　耐盐性　02.058
salt tolerant crop　耐盐作物　15.034
sampling and information　取样和信息　03.051
sampling method　取样方法　05.034
sand binder　固沙植物　06.275
sand dune vegetation　沙丘植被　06.269
sandstorm　沙[尘]暴　13.092
sanitary landfill　卫生填埋　14.181
sanitary waste　生活废物　14.168
sap feeder　汁食性者　07.088
saprium　腐生生物群落　14.111
saprobic system　污水生物系统　14.093
saprobien system　污水生物系统　14.093
saprophage　食腐动物　07.089
saprophagous food chain　腐生食物链　07.103
saprophytic bacteria community　腐生菌群落　14.110
saprophytic community　腐生菌群落　14.110
SARD　可持续农业与农村发展　15.017
satellite image　卫星影像　09.106
satellite monitoring　卫星监测　09.107
satellite species　附属种　04.071
saturnism　铅中毒　14.034
savanna　热带稀树草原，＊萨瓦纳　06.250
SBR　序批式反应器　14.139
SC　安全浓度　14.220
scale　尺度　08.028
scale effect　尺度效应　08.035
scaling　尺度推绎，＊尺度转换　08.036
scaling down　尺度下推　08.037
scaling up　尺度上推　08.038
scenic area　＊风景区　17.091
scenic forest　风景林地　17.062
scent marking　气味标记　03.151
scramble competition　争夺竞争　05.163
SEA　战略环境评价　07.371
sea grass bed　海草场　16.399
sea-level change　海平面变化　09.004
search image　搜寻印象　03.136
seasonal breeding　季节性繁殖　05.121
seasonal change in number　种群的季节消长　05.120
seasonal fluctuation　季节波动　05.122
seasonal habitat　季节性栖息地，＊季节性生境　06.330
seasonal succession　季节演替，＊季相演替　06.147
sea-surface microlayer　海面微表层　16.081
sea-weed bed　海藻床　16.398
secondarily monogynous　次生单雌性　03.114
secondary barren　次生裸地　06.234
secondary community　次生群落　06.233
secondary consumer　＊次级消费者　07.085
secondary extinction　次生灭绝　13.041
secondary metabolite　＊次生代谢物　11.120
secondary pathogen　次生病原体　14.173
secondary pollutant　二次污染物，＊次生污染物　14.029
secondary production　次级生产量，＊第二性生产量　07.158
secondary productivity　次级生产力，＊第二性生产力　07.166
secondary succession　次生演替　06.128
secondary treatment　二级处理，＊生物处理　14.131
second-order stream　二级河流　16.039
sedimentary cycle　沉积型循环　07.233
sedimentary organism　沉积生物　16.366
sediment pollution　沉积物污染　14.009
seed bank　种子库　05.210
seed dispersal　种子扩散　05.211
seed pool　种子库　05.210
selection　选择　04.108
selection differential　选择差　04.102
selection pressure　选择压[力]　04.101
selective brain cooling　选择性脑冷却　02.142
selective coefficient　选择系数　04.103
selective herbicide　选择性除草剂　15.117
selective insecticide　选择性杀虫剂　15.118
selective permeability　选择透性　02.150
self-design versus design theory　自我设计与人为设计理论　07.389
selfish gene　自私基因　03.019
self-maintaining ecosystem　自持生态系统　07.040
self-purification　自净作用　14.273
self-regulation school　自我调节学派　05.139
self-similarity　自相似　10.095

self-thinning　自疏　05.172
semiarid ecosystem　半干旱生态系统　07.009
semi-diurnal tide　半日潮　16.146
seminatural ecosystem　半自然生态系统　07.033
seminatural landscape　半自然景观　08.088
seminatural vegetation　半自然植被　06.262
semiochemicals　信息化学物质　11.001
semipermeability　半透性　02.151
sensitivity　灵敏度　10.072
SEPM　空间明晰的种群模型　10.033
septic tank system　腐化池系统，*化粪池系统　14.155
septic zone　多污带　14.094
sequencing batch reactor　序批式反应器　14.139
sequential hermaphrodite　顺序雌雄同体　03.081
sequential sampling　序贯抽样　10.021
sequestration　吸集　02.284
seral community　演替系列群落　06.165
serclimax　演替系列顶极[群落]　06.168
sere　演替系列　06.159
sereclimax　演替系列顶极[群落]　06.168
serious fight　生死战　03.169
service loop　*服务环　17.114
services replace product　服务替代产品　17.132
sessile epifaunal community　底上固着生物群落　16.411
sessile organism　固着生物　16.360
seston　悬浮物　14.116
sewage　污水　14.040
sewage irrigation　污水灌溉　14.183
sewage pollution　污水污染　14.092
sewage treatment　污水处理　14.129
sex attractant　性诱剂　11.061
sex change　性别转变　03.077
sex dimorphism　性二态　03.076
sex-identifying pheromone　性识别信息素　11.083
sex pheromone　性信息素　11.011
sex pheromone of acarina　蜱螨性信息素　11.087
sex pheromone of *Carposina niponensis*　桃小食心虫性信息素　11.059
sex pheromone of *Chilo suppressalis*　二化螟性信息素　11.053
sex pheromone of *Dendrolimus punctatus*　马尾松毛虫性信息素　11.057
sex pheromone of *Grapholitha molesta*　梨小食心虫性信息素　11.058
sex pheromone of *Helicoverpa armigera*　棉铃虫性信息素　11.052
sex pheromone of male insect　雄虫性信息素　11.072
sex pheromone of *Ostrinia furnacalis*　亚洲玉米螟性信息素　11.054
sex pheromone of *Paranthrene tabaniformis*　白杨透翅蛾性信息素　11.056
sex pheromone of *Plutella xylostella*　小菜蛾性信息素　11.055
sex ratio　性比　05.069
sex role reversal　性角色逆转　03.078
sexual conflict　两性冲突　03.079
sexual isolation　性隔离　04.090
sexual selection　性选择　03.075
sexual structure　*性别结构　05.069
sexual swilling　性皮肿胀　03.080
shallow water fauna　浅海动物区系　16.390
shallow water species　浅水种　16.177
Shannon-Wiener's diversity index　香农－维纳多样性指数　10.089
shelf ecosystem　大陆架生态系统　07.017
shelf fauna　陆架动物区系　16.389
Shelford's law of tolerance　谢尔福德耐受性定律　02.004
shelter forest　防护林　15.099
shelter forest for farmland　农田防护林　15.100
shifting cultivation　移耕农业，*轮荒农业　15.002
shivering thermogenesis　颤抖性产热　02.112
short-day plant　短日照植物，*长夜植物　02.020
short-long-day plant　短长日照植物　02.023
shrub　灌木　06.079
shrub layer　灌木层　06.088
sibling species　同胞种　12.054
sibship　同胞关系　12.055
siderophore　铁载体　14.287
sieve selection hypothesis　筛选说　04.028
sigmoid growth curve　S型生长曲线，*逻辑斯谛[增长]曲线　10.055
signal　信号　03.188
signal-response relationship　信号－反应关系　03.189
signal stimulus　信号刺激　03.190
silent substitution　沉默替换　12.051
silver spoon effect　银勺效应，*幼期优育效应　04.138
simple alarm pheromone　简单警戒信息素　11.018

southern oscillation 南方涛动 09.071
SPAC 土壤－植物－大气连续体 09.012
space requirement 空间需求 05.096
space scale 空间尺度 05.013
spatial and temporal pattern 时空格局 06.102
spatial auto-correlation 空间自相关 08.069
spatial auto-correlation analysis 空间自相关分析 08.070
spatial ecology 空间生态学 01.036
spatial gradient 空间梯度 08.067
spatial heterogeneity 空间异质性 05.016
spatial heterogeneity theory 空间异质性学说 06.054
spatial landscape model 空间景观模型 08.063
spatially explicit landscape model 空间直观景观模型 08.064
spatially explicit population model 空间明晰的种群模型 10.033
spatial niche 空间生态位 06.105
spatial pattern 空间格局 08.022
spatial resolution 空间分辨率，＊空间解析度 08.114
spawning ground 产卵场 16.218
spawning migration 产卵洄游，＊生殖洄游 16.305
spawning starvation 产卵绝食 16.220
specialist 特化种 05.188
specialization 特化 05.187
specialized counter-defense 反专化防御，＊反特化防御 03.140
specialized defense 专化防御，＊特化防御 03.139
specialized species 特化种 05.188
special landscape 狭义景观 08.002
speciation 物种形成 04.080
species 物种 04.069
species-abundance curve 物种多度曲线，＊物种丰度曲线 06.022
species-area curve 种－面积曲线 13.020
species-area effect 种－面积效应 13.021
species-area relationship 种－面积关系 13.022
species association 种间关联 06.061
species composition 物种组成，＊种类组成 06.003
species diversity 物种多样性 06.045
species evenness 物种均匀度 06.042
species invasion 物种入侵 13.027
species of pollutant 污染物形态 14.030
species recognition 物种识别 03.191
species redundancy 冗余种 07.073
species redundancy hypothesis 冗余种假说 07.071
species richness 物种丰富度 06.043
species saturation 物种饱和度 06.044
species similarity 物种相似性 06.320
specific dynamic action ＊特殊动力作用 02.096
specific dynamic effect 特殊动力效应 02.096
specific leaf area 比叶面积 02.229
specific leaf mass 比叶重 02.230
specific leaf weight 比叶重 02.230
specific root length 比根长 02.283
spectral analysis 谱分析 08.074
sperm competition 精子竞争 03.093
sperm displacement mechanism 精子取代机制 03.094
spontaneous mutation 自发突变 04.043
spreading of risk 风险分摊 05.227
spring tide 大潮 16.147
SS 悬浮物 14.116
SSCP 单链构象多态性 12.015
SSR ＊简单重复序列 12.008
stability 稳定性 10.080
stabilizing selection 稳定选择 04.112
stable age distribution 稳定年龄分布 05.066
stable limit cycle 稳定极限环 05.108
stable phytocoenosium 稳定植物群落 06.216
stable population 稳定型种群 05.072
stage of succession 演替阶段 06.155
standard metabolic rate 标准代谢率 02.104
standard minimum method 标准最小值法 05.047
standing crop 现存量 07.172
standing water 静水水域 16.002
standing yield 现存产量 07.173
stare duration hypothesis 凝视时间假说 03.138
startle effect 惊吓效应 03.137
state variable 状态变量 10.074
static life table 静态生命表 05.078
static model 静态模型 10.042
stationary age distribution 固定年龄分布 05.067
stationary population ＊固定型种群 05.072
stenochory 窄域分布 06.306
stenotherm 狭温性生物 02.009
steppe 草原 06.247
steppe fire 草原火 06.248
steppe savanna 稀树干草原 06.251

steppe scrub　草原灌丛　06.257
stepping stone　脚踏石　08.113
stepping-stone model　脚踏石模型　10.038
stepwise mutation model　逐步突变模型　10.040
stereoselective reaction　立体选择反应　11.115
sterile caste　不育等级　03.115
sterile distribution　不育分布，＊不妊分布　16.189
sterile-male release technique　雄性不育释放技术　05.149
stochastic extinction　随机灭绝　13.044
stochastic landscape model　随机景观模型　08.065
stochastic system　随机系统　10.066
stocking capacity　载畜量　15.094
stocking rate　载畜量　15.094
stomata　气孔　02.174
stomatal conductance　气孔导度　02.176
stomatal resistance　气孔阻力　02.177
stomatal transpiration　气孔蒸腾　02.175
strange attractor　奇异吸引子　10.093
strategic environmental assessment　战略环境评价　07.371
stratification　分层现象　07.066
stratified random sampling　分层随机抽样　10.023
stratosphere　平流层　09.049
stratospheric sudden warming　平流层突发性增温　09.050
stratum　层次　06.085
stream biota　河流生物区系　16.415
stream community　溪涧群落　16.403
stream ecology　河流生态学　01.031
stress　胁迫　02.073
stress avoidance　避逆性　02.044
stress evasion　避逆性　02.044
stress resistance　抗逆性　02.045
stress tolerance　耐逆性　02.046
strict nature reserve　严格自然保护区　13.076
strongly polluted zone　α中污带　14.095
structural patch　结构斑块　06.199
structural species　构造种　06.012
structure of community　群落结构　06.066
stygobiont　暗层生物　16.369
stygobiotic organism　暗层生物　16.369
subadult　亚成体，＊次成体　16.238
subalpine flora　亚高山植物区系　06.302
subassociation　亚群丛　06.208
subclimax　亚[演替]顶极　06.176
subdominant species　亚优势种　06.007
subformation　亚群系　06.206
subfrigid zone species　亚寒带种　16.181
subirrigation　地下灌溉　15.073
sublethal concentration　亚致死浓度　14.221
sublethal damage　亚致死损伤　14.231
sublethal dose　亚致死剂量　14.216
sublethal heat stress　亚致死热胁迫　14.229
sublittoral zone　亚沿岸带　16.084
submerged hydrophyte　沉水植物　16.335
submerged hydrovegetation　沉水植被　16.336
submerged plant　沉水植物　16.335
submerged vegetation　沉水植被　16.336
submissive display　屈服炫耀　03.181
subnekton　下层游泳生物　16.299
subor　撒勃尔群落　06.223
subordinate species　从属种　06.006
subpopulation　＊亚种群　05.008
subsere　次生演替系列　06.163
subspecies　亚种　04.075
substitute species　替代种　04.074
subsurface irrigation　地下灌溉　15.073
subtidal zone　潮下带　16.089
subtropical species　亚热带种　16.186
succession　演替　06.122
successional convergence　演替趋同　06.151
successional dynamics　演替动态　06.152
successional rate　演替速率　06.153
successional replacement　演替替代　06.154
successional series　演替系列　06.159
succession of syngenesis　群落发生演替　06.143
succession on abandoned field　弃耕地演替　06.130
succession pattern　演替格局　06.150
succession stage　演替阶段　06.155
sulcatol　食菌甲诱醇　11.081
sulfur cycle　硫循环　07.235
sulfur oxide　硫氧化物　09.036
sulphide community　海底热泉生物群落　16.412
summer egg　夏卵，＊单性卵　16.230
summer fallow　放牧休闲，＊生草休闲　15.095
supercooling point　过冷却点　02.091
superparasite　＊重寄生物　05.175

T

terrestrial animal community 陆生动物群落 06.230
terrestrial biota 陆生生物区系 06.292
terrestrial ecology 陆地生态学 01.018
terrestrial ecosystem 陆地生态系统 07.004
terrestrial herbaceous community 陆生草本群落 06.217
territorial behavior 领域行为 03.143
territoriality *领域性 03.143
territory 领域 03.142
tertiary consumer *三级消费者 07.086
tertiary treatment 三级处理，*高级处理，*深度处理 14.132
TFT theory 组织流动与转化理论 07.275
thalassium 海洋群落 16.408
thalasson 海洋生物小区 16.379
theoretical ecology 理论生态学 01.054
theory of island biogeography 岛屿生物地理学说 13.001
theory of natural selection 自然选择说 04.026
theory of special creation 特创论 04.025
theory of species immutability 物种不变论 04.037
thermal constant 温度常数 02.129
thermal neutral zone 热中性区 02.131
thermal pollution 热污染 14.015
thermal radiation 热辐射 14.063
thermium 温泉群落 16.402
thermocline 温跃层 16.107
thermoconformer 温度顺应者 02.124
thermodynamics 热动态 07.188
thermogenesis 产热 02.109
thermohaline circulation 热盐环流 16.158
thermophilic bacteria 嗜热细菌 16.285
thermoregulation 体温调节 02.123
thermoregulator 温度调节者 02.125
therophyte 一年生植物 06.073
third-order stream 三级河流 16.040
Thornthwaite climate classification 桑思韦特气候分类 09.064
threat behavior 威吓行为 03.179
tidal current 潮流 16.160
tidal flat 潮滩，*潮坪 16.144
tidal level 潮位 16.142
tidal line 潮线 16.143
tidal migration 潮汐移动 16.316
tidal periodicity 潮汐周期性 16.151
tidal range 潮差 16.140
tidal rip 潮隔，*流隔 16.141
tide range 潮差 16.140
till 冰碛 09.087
till suitability of soil 土壤宜耕性 15.067
timberline 林线 09.088
time budget 时间预算 03.152
time delay 时滞 05.102
time lag 时滞 05.102
time-specific life table *特定时间生命表 05.078
tiphad 池沼植物 16.331
tiphicole 池沼动物 16.332
tiphophyte 池沼植物 16.331
tissue flow and turnover theory 组织流动与转化理论 07.275
tit-for-tat co-operation 一报还一报式合作 03.182
TN 总氮 14.127
TNZ 热中性区 02.131
TOC 总有机碳 14.123
toe-clipping 剪趾法 05.042
tolerance 耐性 02.043
tolerant species 耐性种，*耐污染物种 14.109
toleration 耐受性 14.202
TOM 总有机物 14.124
tool using 使用工具 03.014
top carnivore 顶级食肉动物 07.086
top-down control 下行控制 07.126
top-down effect *下行效应 07.126
topo-edaphic climax 地形土壤顶极 06.184
topographic climax 地形顶极 06.185
topsoil 表土 15.068
top species 顶位种 07.115
torpor 蛰伏 02.082
torrential fauna 急流动物区系 16.416
total count 总数量调查 05.033
total nitrogen 总氮 14.127
total organic carbon 总有机碳 14.123
total organic matter 总有机物 14.124
total phosphorus 总磷 14.128
toxic activation 毒激活作用 14.185
toxicity 毒性 14.190
toxicity-emission coefficient 排毒系数 14.281
toxicity index 毒性指数 14.196
toxicity limit 耐毒极限 14.204

toxicity test 毒性试验 14.199
toxicity threshold 毒性阈值 14.201
toxic limit 耐毒极限 14.204
toxic tolerance 耐毒性 14.203
TP 总磷 14.128
trace pheromone 踪迹信息素，*示踪信息素 11.012
tracer 示踪剂 02.163
traditional agriculture 传统农业 15.006
trail pheromone 踪迹信息素，*示踪信息素 11.012
transect 样带 09.100
transgene escape 转基因逃逸 12.094
transgenic organism 转基因生物 12.093
transhumance 迁移性放牧，*牲畜季节性迁移 15.029
transient soil seed bank 瞬时土壤种子库 05.214
transitory plankton 阶段性浮游生物，*周期性浮游生物 16.252
transparency 透明度 16.116
transpiration 蒸腾 02.166
transpiration coefficient 蒸腾系数 02.168
transpiration cooling 蒸腾冷却 02.173
transpiration current 蒸腾流 02.172
transpiration efficiency 蒸腾效率 02.169
transpiration pull 蒸腾拉力 02.171
transpiration rate 蒸腾速率 02.170
transpiration stream 蒸腾流 02.172
trap 诱捕器 11.154
trap addictedness 嗜捕性 05.045
trappability 诱捕率 05.044
trap shyness 羞捕性 05.046
tree 乔木 06.078
tree layer 乔木层 06.087
tree line 树线 09.089
trench 深海沟 16.095
trial and error learning 试错学习 03.010
trimedlure 地中海实蝇性诱剂 11.069
triple cropping 三熟种植 15.031
tripton 非生物悬浮物 14.118
trophic cascade 营养级联 07.125
trophic egg 营养卵 03.108
trophic level 营养级 07.119
trophic linkage 营养联系 07.120
trophic mutualism 营养互利共生 07.121
trophic signals 营养信号 07.122
trophic spectrum 营养谱 07.123
trophic status 营养状况 16.026
trophic structure 营养结构 07.124
trophogenic zone 营养生成层 16.010
tropholytic zone 营养分解层 16.011
tropical lake 寡循环湖 16.019
tropical species 热带种 16.187
tropodendropoion 热带稀树干草原 06.252
true prairie 北美高草草原 06.253
true steppe 真草原 06.256
truncated distribution 截平分布 03.197
truncated selection 截断选择，*平截选择 04.113
tsunami 海啸 09.074
t-test t 检验 10.017
tubicolous animal 管栖动物 16.374
tundra 冻原 06.246
tundra ecosystem 冻原生态系统 07.011
tundra vegetation 冻原植被 06.270
turbidity ［浑］浊度 14.115
turbulence 湍流 16.154
turnover 周转 07.260
turnover rate 周转率 07.261
turnover time 周转期，*周转时间 07.265
two stage digestion process 两相消化法 14.159
typical host 典型寄主 05.178

U

UASB 升流式厌氧污泥床 14.160
ULR 单位叶面积速率 02.257
ultimate biodegradation 终极降解 14.276
ultimate cause 远因，*终极导因，*最终原因 02.006
ultra-abyssal fauna 超深渊动物区系 16.393
ultra-abyssal zone 超深渊［底］带 16.093
ultrahaline water 超盐水，*高盐水 16.134
ultraviolet radiation 紫外辐射 14.064
ultraviolet ray 紫外线 09.046
umbrella effect 阳伞效应 14.048
uncorrelated asymmetry 无关联不对称 03.172

underwood　下木　06.080
uniform distribution　均匀分布　10.002
uni-male group　单雄群　03.121
unitary organism　单体生物　05.022
United Nations Convention on Biological Diversity　联合国生物多样性公约，*生物多样性公约　13.104
unit leaf rate　单位叶面积速率　02.257
unrenewable resources　非再生资源，*不可更新资源　13.102
unstable balance　不稳定平衡　07.329
unstable equilibrium　不稳定平衡　07.329
unutilized opportunity for growth　*未利用的增长机会　05.099
upflow anaerobic sludge blanket　升流式厌氧污泥床　14.160
upper critical temperature　上临界温度　02.132
upwelling　上升流　16.152
upwelling ecology　上升流生态学　01.026
upwelling ecosystem　上升流生态系统　07.018
urban agriculture　城市农业　17.087
urban atmospheric circulation　城市大气环流　17.050
urban boundary layer　城市边界层　17.046
urban canopy layer　城市覆盖层　17.045
urban canyon effect　城市峡谷效应　17.051
urban carrying capacity　城市承载力　17.030
urban climate　城市气候　17.047
urban eco-economics　城市生态经济学　01.081
urban ecological planning　城市生态规划　17.080
urban ecological security　城市生态安全　17.041
urban ecology　城市生态学　01.077
urban economic ecology　城市经济生态学　01.080
urban ecosystem　城市生态系统　17.035
urban forestry　城市林业　17.086
urban green area　城市绿地　17.053
urban green coverage　城市绿化覆盖面积　17.057
urban green coverage rate　城市绿化覆盖率　17.058
urban greening　城市绿化　17.056
urban green space　城市绿地　17.053
urban green space system　城市绿地系统　17.063
urban green space system planning　城市绿地系统规划　17.064
urban heat island　城市热岛效应　17.049
urban hydrology　城市水文学　01.082
urban identity crisis　城市特色危机　17.084
urban inversion layer　城市逆温层　17.048
urbanization　城市化　17.042
urban landscape　城市景观　08.092
urban landscape ecology　城市景观生态学　01.079
urban natural ecology　城市自然生态学　01.078
urban neutral plant　中性城市植物　17.072
urban public green area　城市公共绿地　17.055
urban socioecology　城市社会生态学　01.083
urban soil　城市土壤　17.089
urban vegetation　城市植被　17.059
urban venturi effect　*城市狭管效应　17.051
urban weed community　城市杂草群落　17.067
urban wetland　城市湿地　17.040
use of quadrat　样方法　05.035
utilization coefficient of energy　能量利用系数　07.221
UV　紫外辐射　14.064
UVR　紫外线　09.046

V

vagile benthos　漫游底栖生物　16.338
validation　验证　10.078
value of ecosystem service　生态系统服务价值　07.353
variability　变异性　10.081
variable coefficient system　变系数系统，*时变系统　10.068
variation　变异　04.051
vegetable insecticide　植物杀虫剂　15.116
vegetation　植被　06.259
vegetation activity　植被活动　09.090
vegetational ordination　植被排序　06.324
vegetation belt　植被带　09.054
vegetation classification　植被分类　06.261
vegetation continuum　植被连续体　06.284
vegetation dynamics　植被动态　06.282
Vegetation/Ecosystem Modeling and Analysis Project　植被-生态系统模型和分析项目　09.109
vegetation evolution　*植被演化　06.121
vegetation heterogeneity　植被异质性　06.283
vegetation map　植被图，*植物群落分布图　06.260

vegetation mosaic 植被镶嵌 06.198
vegetation pattern 植被格局 06.281
vegetation region 植被区 06.289
vegetation regionalization 植被区划 06.278
vegetation type 植被型 06.204
vegetation zone 植被带 09.054
VEMAP 植被－生态系统模型和分析项目 09.109
verification 检验 10.077
vertical climatic zone 垂直气候带 09.060
vertical distribution 垂直分布 06.309
vertical habitat selection 垂直生境选择 06.313
vertical life table ＊垂直生命表 05.078
vertical migration 垂直移动 16.313
vertical planting 立体绿化 17.061
vertical stratification 垂直成层 06.083
vertical structure 垂直结构 06.082
vertical zonality 垂直地带性 06.288
viability 生存力，＊生活力 04.060
vicariance model 地理分隔模式 04.088
vicarious community 同源群落 06.236
vicarious species 替代种 04.074
vicarism 替代现象 04.079
vigor 活力 07.315
village ecology 乡村生态学 01.094
virgin female-baited trap 雌虫诱捕器 11.152
virgin woodland 原始林地 06.272
viroplankton 浮游病毒 16.281
visual communication 视觉通信 03.185
volumetric water content 体积含水量 02.183
volunteer plant 自播植物 12.102
Vostok ice core 东方站冰芯 09.097
vulnerable species 渐危种 13.034

W

wait game 等待博弈 03.176
warm current 暖流 16.168
warm temperate species 暖温带种 16.184
warmth index 温暖指数 09.062
warm water species 暖水种 16.185
war of attrition ＊消耗战 03.176
wasteland community 荒地群落 06.221
waste recycling 废物再循环 14.178
wastewater 废水 14.041
water and soil conservation 水土保持 15.069
water and soil loss 水土流失 15.070
water balance 水分平衡 15.071
water bloom 藻华，＊水华 14.103
water budget 水分收支，＊水分差额 02.184
water conduction 水分输导 02.185
water content 含水量 15.072
water critical period 水分临界期 02.186
water demand for natural service 生态需水 17.025
water energy 水能 15.074
water equilibrium 水分平衡 15.071
waterlogged soil 渍水土壤 15.076
water mass 水团 16.034
water metabolism 水代谢 02.180
water pollution 水污染 14.006
water potential 水势 02.192
water potential gradient 水势梯度 02.197
water quality 水质 14.112
water-quality assessment 水质评价 14.113
water-quality monitoring 水质监测 14.114
water relations 水分关系 02.198
water requirement 需水量 02.199
water saturation deficit 水分饱和亏缺 02.187
water saving agriculture 节水农业 15.019
watershed ecology 流域生态学 01.030
watershed management 流域管理 07.394
water shortage 水分短缺 15.075
water stress 水分胁迫 02.188
water use efficiency 水分利用效率 02.189
water use efficiency of productivity 生产水分利用效率 02.191
wavelet analysis 小波分析 08.073
weed ceremony 水草仪式 03.065
wetland 湿地 16.044
wetland eco-engineering 湿地生态工程 17.104
wetland ecology 湿地生态学 01.033
wetland ecosystem 湿地生态系统 07.022
wetland landscape 湿地景观 08.095
wetland park 湿地公园 17.097
wet precipitation 湿沉降 14.050
wetting-drying cycle 干湿循环 07.249

X

Y

Z

汉 英 索 引

A

吖啶橙直接计数法 acridine orange direct count, AODC 14.082
埃尔奇琼火山爆发 El Chichon volcano eruption 09.066
艾伦律 Allen's rule 02.139
安全浓度 safe concentration, SC 14.220
岸礁 fringing reef 16.068
暗层生物 stygobiont, stygobiotic organism 16.369

B

八邻规则 eight-neighbor rule 08.077
白腐菌 white rot fungi 14.174
白化体 albino 04.127
白化[现象] albinism 04.128
白色农业 white agriculture 15.010
白箱模型 white box model 10.027
白杨透翅蛾性信息素 sex pheromone of *Paranthrene tabaniformis* 11.056
*百分之十定律 Lindeman's law 07.176
斑蝶酮 banaidone 11.074
斑块 patch 08.007
斑块动态理论 patch dynamic theory 08.018
斑块-廊道-基质模式 patch-corridor-matrix model 08.017
斑块属性分析 patch attribute analysis 08.015
斑块数 patch number 08.045
斑块停留时间 patch residence time 05.196
斑块形状指数 patch shape index 08.016
斑块性 patchiness 06.098
半干旱生态系统 semiarid ecosystem 07.009
半农半牧区 farming-pastoral region 15.028
半日潮 semi-diurnal tide 16.146
半数致死剂量 median lethal dosage, LD_{50} 14.217
半透性 semipermeability 02.151
半咸水 brackish water 16.135
半咸水种 brackish water species 16.176
半自然景观 seminatural landscape 08.088
半自然生态系统 seminatural ecosystem 07.033
半自然植被 seminatural vegetation 06.262
伴生动物 companion animal 17.075
伴生种 companion species 06.008
帮手 helper 03.100
包含型等级系统 nested hierarchy 07.064
保护的生态系统 protective ecosystem 07.038
保护地 protected area 13.079
保护色 protective color 03.154
保护生态学 conservation ecology 01.053
保护物种 protected species 13.084
保护效应 protective effect 14.246
保护野生动物迁徙物种公约 Convention on the Conservation of Migratory Species of Wild Animals, CMS 13.114
保留地 reserve 13.072
保卫雌兽的一雄多雌制 female defense polygamy 03.087
保卫配偶 mate guarding 03.074
保幼激素 juvenile hormone, JH 11.141
保幼激素类似物 juvenile hormone analogue, JHA, juvenoid 11.142
堡礁 barrier reef 16.069
报偿不对称 payoff asymmetry 03.170
报偿反馈 reward feedback 07.386
报警鸣叫 alarm call 03.161
豹鳎毒素 pardaxins 11.084
爆发式进化 explosive evolution 04.006
北大西洋涛动 north Atlantic oscillation, NAO 09.072
北方两洋分布 amphi-boreal distribution 16.192
北极第三纪植物区系 Arcto-Tertiary flora 06.303

不规则波动 irregular fluctuation 05.143
＊不可更新资源 nonrenewable resources, unrenewable resources 13.102
＊不妊分布 sterile distribution 16.189
不稳定平衡 unstable balance, unstable equilibrium 07.329
不育等级 sterile caste 03.115
不育分布 sterile distribution 16.189
部分迁移 partial migration 03.198

C

采伐演替 logging succession 06.129
彩饰花蜱聚附信息素 aggregation and attachment pheromone of *Ameblyomma variegatum* 11.102
菜豆象雄性信息素 male sex pheromone of *Acanthoscelides obtectus* 11.075
＊参比蒸散 potential evapotranspiration, PET 02.165
残存自然群落 relict natural community 17.066
残效 residual effect 14.207
残遗分布区 relic area 04.135
残遗中心 relic center 04.134
＊残遗种 relict species 13.047
残余斑块 remnant patch 08.009
蚕蛾性诱醇 bombykol 11.051
草本 herb 06.081
草本层 herb layer 06.089
草地生态学 grassland ecology 01.022
草甸 meadow 06.243
草田轮作制 ley farming 15.030
草原 steppe 06.247
草原改良 grassland improvement 15.096
草原灌丛 steppe scrub 06.257
草原火 steppe fire 06.248
草原生态系统 grassland ecosystem 07.007
草沼 marsh 16.059
层次 stratum, layer 06.085
＊层级系统 hierarchical system 07.063
层片 synusium 06.084
产量因子 yield factor 17.120
产卵场 spawning ground 16.218
产卵洄游 spawning migration, breeding migration 16.305
产卵绝食 spawning starvation 16.220
＊产卵量 fecundity 16.215
＊产品绿色设计 product life cycle design 17.140
产品生命周期 product life cycle 17.138
产品生命周期评价 product life cycle assessment, PLCA 17.139
产品生命周期设计 product life cycle design 17.140
产品生态辨识 ecological product identification 17.142
产品生态学 product ecology 17.141
产品生态诊断 ecological product diagnosis 17.143
＊产品寿命分析 product life assessment, PLA 17.139
产热 thermogenesis, heat production 02.109
＊产热临界温度 critical temperature for heat production 02.133
产业代谢分析 industrial metabolism analysis 17.130
＊产业代谢评估 industrial metabolism assessment, IMA 17.130
产业化 industrialization, commercialization 17.136
产业生态系统 industrial ecosystem 17.128
产业生态学 industrial ecology 01.067
颤抖性产热 shivering thermogenesis 02.112
长短日照植物 long-short-day plant 02.022
长距离运输 long distance transport 02.217
长期生态研究 long-term ecological research, LTER 07.321
长期演替 prolonged succession 06.125
长日照植物 long-day plant 02.019
＊长夜植物 short-day plant 02.020
＊常量元素 macroelement, major element 02.233
常绿群落 evergreen community 06.224
常系数系统 constant coefficient system 10.067
＊敞水带 limnetic zone 16.085
超补偿 overcompensate 05.104
超富营养湖 hypertrophic lake 16.032
超级杂草 superweed 12.104
超寄生物 hyperparasite 05.175
超深渊[底]带 hadal zone, ultra-abyssal zone 16.093
超深渊动物区系 hadal fauna, ultra-abyssal fauna 16.393
超深渊水层带 hadopelagic zone 16.080
超微微型浮游生物 femtoplankton 16.267

超盐水　hyperhaline water, ultrahaline water　16.134
超越　overshoot　05.103
巢寄生　brood parasitism　03.123
巢域　home range　03.144
巢中帮手　helper at the nest　03.101
潮差　tidal range, tide range　16.140
潮池生物群落　rockpool community　16.414
潮隔　tidal rip　16.141
潮间带　intertidal zone, mediolittoral zone　16.088
潮间带生态学　intertidal ecology　01.025
潮流　tidal current　16.160
*潮坪　tidal flat　16.144
潮上带　supratidal zone　16.087
潮滩　tidal flat　16.144
潮位　tidal level　16.142
潮汐移动　tidal migration　16.316
潮汐周期性　tidal periodicity　16.151
潮下带　subtidal zone　16.089
潮线　tidal line　16.143
沉积生物　sedimentary organism　16.366
沉积物摄食　deposit feeding　16.199
沉积物污染　sediment pollution　14.009
沉积型循环　sedimentary cycle　07.233
沉默替换　silent substitution　12.051
沉水植被　submerged vegetation, submerged hydrovegetation　16.336
沉水植物　submerged hydrophyte, submerged plant, immersed plant　16.335
沉性卵　demersal egg　16.223
衬质势　matric potential　02.194
成带现象　zonation　16.420
成熟期　mature stage, adult stage　16.237
*成体期　mature stage, adult stage　16.237
城市边界层　urban boundary layer　17.046
城市承载力　urban carrying capacity　17.030
城市大气环流　urban atmospheric circulation　17.050
城市覆盖层　urban canopy layer　17.045
城市公共绿地　urban public green area　17.055
城市化　urbanization　17.042
城市经济生态学　urban economic ecology　01.080
城市景观　urban landscape　08.092
城市景观生态学　urban landscape ecology　01.079
城市林业　urban forestry　17.086
城市绿地　urban green space, urban green area　17.053
城市绿地率　ratio of urban green space, ratio of urban green area　17.054
城市绿地系统　urban green space system　17.063
城市绿地系统规划　urban green space system planning　17.064
城市绿化　urban greening　17.056
城市绿化覆盖率　urban green coverage rate　17.058
城市绿化覆盖面积　urban green coverage　17.057
城市逆温层　urban inversion layer　17.048
城市农业　urban agriculture　17.087
城市气候　urban climate　17.047
城市热岛效应　urban heat island　17.049
城市社会生态学　urban socioecology　01.083
城市生态安全　urban ecological security　17.041
城市生态规划　urban ecological planning　17.080
城市生态经济学　urban eco-economics　01.081
城市生态系统　urban ecosystem　17.035
城市生态学　urban ecology　01.077
城市湿地　urban wetland　17.040
城市水文学　urban hydrology　01.082
城市特色危机　urban identity crisis　17.084
城市土壤　urban soil　17.089
城市峡谷效应　urban canyon effect　17.051
*城市狭管效应　urban venturi effect　17.051
城市杂草群落　urban weed community　17.067
城市植被　urban vegetation　17.059
城市自然生态学　urban natural ecology　01.078
乘补自生原理　principle of proliferation and compensation　17.007
池沼动物　tiphicole　16.332
池沼植物　tiphad, tiphophyte　16.331
持久性　persistence　07.313
持久性有机污染物　persistent organic pollutants, POPs　14.024
持续代谢率　sustained metabolic rate　02.105
尺度　scale　08.028
尺度上推　scaling up　08.038
尺度推绎　scaling　08.036
尺度下推　scaling down　08.037
尺度效应　scale effect　08.035
*尺度转换　scaling　08.036
齿小蠹烯醇　ipsenol　11.080
赤潮　red tide　14.101
赤潮生物　red tide plankton　14.102

虫害预测 prediction of pest attack 15.111
虫黄藻 zooxanthellae 16.396
虫媒传播疾病 insect borne disease 15.121
虫媒授粉 insect pollination 15.122
重定居 recolonization 12.090
*重寄生物 superparasite 05.175
重建阶段 phase of regeneration 06.158
抽彩式竞争 lottery competition 06.112
臭氧 ozone, O_3 09.039
臭氧层 ozone layer, ozonosphere 09.043
臭氧洞 ozone hole 09.041
臭氧屏障 ozone shield 09.044
臭氧伤害 ozone injury 09.042
臭氧损耗 ozone depletion 09.040
出生扩散 natal dispersal 03.104
出生率 natality, birth rate 05.052
*初级处理 primary treatment 14.130
初级生产力 primary productivity 07.165
初级生产量 primary production 07.157
初级生产者 primary producer 07.081
*初级消费者 primary consumer 07.084
*初级演替系列 primary sere 06.162
雏菊世界模型 daisy world model 07.338
储藏 hoarding 03.046
储存库 reservoir pool 07.247
处理时间 handling time 03.045
触角电位检测 electroantennogram detection, EAD 11.133
触角电位图 electroantennogram, EAG 11.132
触觉通信 tactile communication 03.186
传统农业 traditional agriculture 15.006
垂直成层 vertical stratification 06.083
垂直带 altitudinal zone, altitudinal belt 06.310
垂直地带性 vertical zonality 06.288
垂直分布 vertical distribution 06.309
垂直结构 vertical structure 06.082
垂直气候带 vertical climatic zone 09.060
垂直生境选择 vertical habitat selection 06.313
*垂直生命表 vertical life table 05.078
垂直移动 vertical migration 16.313
纯合度 homozygosity 12.067
纯林 pure forest 06.093
雌虫诱捕器 virgin female-baited trap 11.152
雌蛾交配率 mating rate of virgin female meths 11.166
*次成体 subadult, adolecent 16.238
次级生产力 secondary productivity 07.166
次级生产量 secondary production 07.158
*次级消费者 secondary consumer 07.085
*次泉水生物 hypocrenon 16.402
次生病原体 secondary pathogen 14.173
*次生代谢物 secondary metabolite 11.120
次生单雌性 secondarily monogynous 03.114
*次生害虫 potential pest 15.106
次生裸地 secondary barren 06.234
次生灭绝 secondary extinction 13.041
次生群落 secondary community 06.233
*次生污染物 secondary pollutant 14.029
次生演替 secondary succession 06.128
次生演替系列 subsere 06.163
刺足根螨警戒信息素 alarm pheromone of *Rhizoglyphus robini* 11.094
从属种 subordinate species 06.006
丛生指标 clumping index 06.316
粗粒景观 coarse-grained landscape 08.033
粗纤维分解率 crude fiber resolvability 07.146
促信息素肽 pheromonotropin 11.112
簇 cluster 08.081
脆弱性 fragility 07.310
存活率 survival rate 05.080
存活曲线 survivorship curve, survival curve 05.082
存活曲线类型 survivorship curve type 05.083
存活时间 survival time 05.081
存活值 survival value 03.020
存留标准 retention standards 07.385
存在度 presence 06.037

D

达尔文适合度 Darwinian fitness 04.098
达尔文学说 Darwinism 04.035
大潮 spring tide 16.147
大尺度 broad scale, large scale 08.029
大量结实 masting 05.219
大量诱捕 mass trapping 11.158

大量元素　macroelement, major element　02.233
大量征召　mass recruitment　11.048
大陆-岛屿模型　continent-island model, mainland-island model　10.047
大陆架生态系统　shelf ecosystem　07.017
大陆隆　continental rise　16.097
大陆漂移假说　continental drift hypothesis　04.022
*大灭绝　mass extinction　13.040
大气环流模型　general circulation model, GCM　09.103
大气弥漫　atomospheric permeation　11.162
大气污染　atmospheric pollution　14.002
大突变　macromutation　04.044
大型底栖生物　macrobenthos　16.353
大型浮游生物　macroplankton　16.272
大型漂浮植物　pleustophyte, phytopleuston　16.341
*大型水生植物　aquatic macrophyte　16.333
大型藻类　macroalgae　16.278
大眼幼体　megalopa larva　16.244
大洋浮游生物　eupelagic plankton, oceanic plankton　16.259
大洋环流　ocean circulation　16.157
大洋区　oceanic province, oceanic region　16.073
大洋上层生物　epipelagic organism　16.384
大洋深层生物　bathypelagic organism　16.386
大洋深渊层生物　abyssopelagic organism　16.387
大洋生态系统　large marine ecosystem, LME　07.015
大洋生物　pelagic organism　16.383
大洋鱼类　pelagic fish　16.300
大洋中层生物　mesopelagic organism　16.385
F_2 代筛选　F_2 screen　12.100
代谢范围　metabolic scope　02.108
代谢率　metabolic rate　02.102
*代谢能转化　metabolic energy transformation　02.102
代谢水　metabolic water　02.181
带状分布　zonal distribution　06.307
单倍二倍性　haplodiploidy　03.118
单倍型　haplotype　12.025
单调阻尼稳定点　monotonically damped stable point　05.106
单顶极　single climax　06.170
单顶极学说　monoclimax hypothesis　06.188
单利现象　one-upmanship　03.134
单链构象多态性　single strand conformation polymorphism, SSCP　12.015
单配制　monogamy　03.083
*单配制家庭群　monogamous family group　03.122
单食者　monophage　05.189
单态性　monomorphism　12.040
单体生物　unitary organism　05.022
单位捕捞努力量渔获量　catch per unit fishing effort　05.051
单位叶面积速率　unit leaf rate, ULR　02.257
单腺体信息素提取物　pheromone extract from a single gland　11.105
单向能流　one way flow of energy　07.208
*单性卵　summer egg　16.230
*单性生殖　parthenogenesis　16.225
单雄群　one-male group, uni-male group　03.121
单循环湖　monomictic lake　16.017
单优种群落　consociation, monodominant community　06.226
单种种群　single population　05.002
淡水　freshwater　16.129
淡水浮游生物　limnoplankton　16.255
淡水生态系统服务　freshwater ecosystem service　07.356
淡水生态学　freshwater ecology　01.028
氮沉降　nitrogen deposition　09.037
氮利用效率　nitrogen use efficiency, NUE　02.272
氮循环　nitrogen cycle　07.232
*氮养生物　diazotrophic organism　07.244
氮氧化合物　nitrogen oxide　14.046
氮状况　nitrogen status　07.243
当地原有害虫　indigenous pest　15.107
当量因子　equivalence factor　17.121
刀耕火种　slash and burn agriculture　15.003
岛屿模型　island model　10.046
岛屿生物地理学说　theory of island biogeography　13.001
岛屿生物区系　island biota　13.023
*岛屿种　insular species　13.024
稻鱼共生系统　rice-fish system　17.107
等待博弈　wait game　03.176
等级分化　caste differentiation　03.116
等级决定　caste determination　03.117
等级理论　hierarchy theory　08.107
等级系统　hierarchical system　07.063
等级组织　hierarchical organization　07.062

E

厄尔尼诺　El Niño　09.068
轭合作用　conjugation　14.282
恶臭物质　malodorous substance　14.175
恩索　ENSO　09.070
二次污染物　secondary pollutant　14.029
二次循环湖　dimictic lake　16.018
二噁英　dioxine　14.039
二化螟性信息素　sex pheromone of *Chilo suppressalis*　11.053
二级处理　secondary treatment　14.131
二级河流　second-order stream　16.039
二年生草本　biennial herb　06.074
二氧化碳　carbon dioxide, CO_2　09.032
二氧化碳补偿点　CO_2 compensation point　02.268
二氧化碳失汇　CO_2 missing sink　09.024
二氧化碳施肥效应　CO_2 fertilization　09.016

F

发光细菌　photobacteria　16.284
发烧　fever　02.122
发现仪式　discovery ceremony　03.066
发育反应　developmental response　02.086
*发育零点　developmental zero　02.090
发育起点温度　developmental threshold temperature　02.090
繁育系统　breeding system　12.071
繁殖成功率　breeding success rate　05.094
繁殖群　deme　05.009
反捕行为　antipredator behavior　03.153
反馈　feedback　10.071
反馈环　feedback loop　07.057
*反馈回路　feedback circuit　07.057
反馈机制　feedback mechanism　07.056
反气旋性流涡　anticyclonic gyre　16.166
*反特化防御　specialized counter-defense　03.140
反向河口　negative estuary　16.043
反硝化作用　denitrification　07.148
反应时滞　reaction time lag　05.105
反专化防御　specialized counter-defense　03.140
泛顶极　panclimax　06.173
泛化种　generalist　07.112
方差分析　analysis of variance, ANOVA　10.018
防护林　shelter forest　15.099
防御行为　defense behavior　03.126
防治阈值　action threshold, control threshold　15.110
*仿真　simulation　10.075
放牧促进　grazing facilitation　05.223
放牧地指示生物　grazing indicator　15.097
放牧生态学　grazing ecology　01.062
放牧系统　grazing system　05.224
放牧休闲　summer fallow　15.095
放射虫软泥　radiolarian ooze　16.174
放射性半衰期　radioactive half-time　14.061
放射性本底　radioactive background　14.058
放射性尘埃　radioactive dust　14.059
放射性沉降物　radioactive fallout　14.060
放射性废物　radioactive waste　14.055
放射性示踪物测定法　radioactive tracer method　02.277
放射性损害　radioactive damage　14.062
放射性碳定年　radiocarbon dating　09.076
放射性污染　radioactive pollution, radio-contamination　14.013
*飞灰　fly ash　14.043
非包含型等级系统　nonnested hierarchy　07.065
非保持流通　nonconservative flux　07.250
非颤抖性产热　nonshivering thermogenesis　02.113
非地带性植被　azonal vegetation　06.280
非点污染源　non-point source of pollution　14.068
非密度制约　density independence　05.130
非密度制约性自然选择　density-independent natural selection　04.116
非密度制约因子　density-independent factor　05.132
非平衡范式　non-equilibrium paradigm　08.110
非平衡说　non-equilibrium theory　06.119
*非生物成分　abiotic component　07.076
非生物环境　abiotic environment　07.079
非生物悬浮物　tripton, abioseston　14.118
非生物因子　abiotic factor　07.076

非同义突变　nonsynonymous mutation　12.047
非物质化　dematerialization　17.133
非线性系统　non-linear system　10.064
非相互作用的放牧系统　non-interactive grazing system　05.226
非选型交配　disassortative mating　03.053
非再生资源　nonrenewable resources, unrenewable resources　13.102
非造礁珊瑚　ahermatypic coral　16.395
非自治模型　non-autonomous model　10.031
肥满度　coefficient of condition, condition factor　16.211
废水　wastewater　14.041
废物分解　decomposition of waste　07.143
废物再循环　waste recycling　14.178
废物资源化　reclamation of wastes　14.179
χ^2 分布　chi-square distribution　10.008
分布参数系统　distributed parameter system　10.051
*分布格局　distribution pattern, distribution type　05.097
分布区　range of distribution　06.311
分布型　distribution pattern, distribution type　05.097
分层随机抽样　stratified random sampling　10.023
分层现象　stratification　07.066
分对数变换　logit transformation　10.037
分化　differentiation　04.048
分解速率　decomposition rate　07.142
分解者　decomposer　07.082
分解作用　decomposition　07.141
分裂选择　disruptive selection　04.111
分室化[作用]　compartmentation, compartmentalization　02.212
分室系统方法　compartmental system approach　10.069
分数维　fractal dimension　10.097
分形　fractal　10.096
分株　ramet　05.018
分株种群　ramet population　05.024
*分子变异　molecular variation　12.045
*分子标记　molecular marker　12.005
分子生态学　molecular ecology　01.009
分子适应　molecular adaptation　12.003
分子微生物生态学　molecular microbial ecology　01.005
分子钟　molecular clock　04.014
酚酸　phenolic acid　11.123
粉尘螨警戒信息素　alarm pheromone of *Dermatophagoides farinae*　11.098
粉纹夜蛾性诱剂　looplure　11.066
粪堆计数　pellet count　05.048
*丰度指数　index of abundance　05.032
*α 丰富度　alpha richness　06.048
*β 丰富度　beta richness　06.049
*γ 丰富度　gamma richness　06.050
风洞　wind tunnel　11.136
风景林　aesthetic forest　17.092
风景林地　scenic forest　17.062
风景名胜区　landscape and famous scenery　17.091
风景名胜区规划　landscape and famous scenery planning　17.090
*风景区　scenic area　17.091
[风土]驯化　acclimatization　02.077
风险分摊　spreading of risk　05.227
风险分析　risk analysis　07.387
封闭生态系统　closed ecosystem　07.030
*蜂王物质　queen substance　11.031
蜂王信息素　queen pheromone　11.030
*服务环　service loop　17.114
服务流　flow of service　07.366
服务替代产品　services replace product　17.132
氟中毒　fluorosis　14.036
浮性卵　floating egg, pelagic egg　16.221
浮叶植被　floating-leaved vegetation　16.345
浮叶植物　floating-leaved plant, floating-leaf plant　16.344
浮叶植物群系　floating-leaved plant formation　16.346
浮游病毒　viroplankton　16.281
浮游底栖生物　planktobenthos　16.357
浮游动物　zooplankton　16.289
浮游生活期　pelagic phase　16.232
浮游生物　plankton　16.249
浮游生物学　planktology　01.034
浮游细菌　planktobacteria, bacterioplankton　16.282
浮游营养幼体　planktotrophic larva　16.246
浮游游泳生物　planktonic nekton　16.295
浮游藻类　planktonic algae　16.276
浮游真菌　mycoplankton　16.283
浮游植物　phytoplankton　16.275
幅度　extent　08.032
辐射病　radiation sickness　14.065
辐射污染　radiation pollution　14.014

辅加能量　energy subsidy　07.215
辅助能　auxiliary energy　07.190
腐化池系统　septic tank system　14.155
腐生菌群落　saprophytic bacteria community, saprophytic community　14.110
腐生生物群落　saprium　14.111
腐生食物链　saprophagous food chain　07.103
腐食酪螨警戒信息素　alarm pheromone of *Tyrophagus putrescentiae*　11.093
* 腐食食物链　detrital food chain　07.102
腐殖化作用　humification　07.111
腐殖质分解者　humivore　15.088
腐殖质湖　humus lake　16.025
* 负二项分布　negative binomial distribution　10.005
负反馈　negative feedback　07.058
负相互作用　negative interaction　05.156
负载力　carrying capacity　05.098
附表底栖生物　epibenthos, epibenthic organism　16.361
附生植物　epiphyte　16.362
附属种　satellite species　04.071
附着动物　epizoite, attached animal　16.376
复合环　complex loop　17.117
复合生态系统动力学　eco-dynamics of complex ecosystem　17.003
复合生态系统关系　eco-contexts in complex ecosystem　17.002
复合生态系统控制论　eco-cybernetics of complex ecosystem　17.004
复合污染　combined pollution, multiple contamination　14.020
复原植被　restored plant cover　06.271
富营养湖　eutrophic lake　16.031
富营养化　eutrophication　14.100

G

钙土植物　calciphyte, calciphilous plant　02.033
盖度　cover, coverage　06.025
盖娅假说　Gaia hypothesis　09.006
概率单位变换　probit transformation　10.036
干沉降　dry fallout　14.051
干扰　disturbance　07.301
干扰斑块　disturbance patch　08.008
干扰竞争　interference competition　05.164
干湿循环　wetting-drying cycle　07.249
干燥散热　dry heat loss　02.136
感光性　photonasty　02.263
高变位点　hypervariable site　12.050
高潮　high water, HW　16.149
高潮区　high tidal region　16.064
高潮线　high tidal mark　16.062
高放射性废物　high-level radioactive waste　14.056
高风险　high-risk　14.211
高寒草甸生态系统　alpine meadow ecosystem　07.012
* 高级处理　tertiary treatment　14.132
高山草甸　alpine meadow　06.244
高山湿原　alpine mat　06.255
高山植被　alpine vegetation　06.265
高山植物　alpine plant　06.274
* 高山植毡　alpine mat　06.255
* 高危　high-risk　14.211
高位芽植物　phanerophyte　06.069
* 高盐水　hyperhaline water, ultrahaline water　16.134
告警化学通信　alarm chemical communication　11.040
* 告警信息素　alarm pheromone　11.017
格局分析　pattern analysis　06.326
格局指数　pattern index, pattern metrics　08.039
格陵兰冰芯　Greenland ice core　09.098
格洛格尔律　Gloger's rule　02.141
隔离机制　isolating mechanism　04.089
隔离生态系统　isolated ecosystem　07.028
隔离种　insular species　13.024
个体发生　ontogeny　04.045
* 个体发育　ontogeny　04.045
个体发育生态位　ontogenetic niche　03.196
个体空间　individual space　05.011
个体论学派　individualistic school　06.334
个体生态学　autecology, individual ecology　01.010
根际　rhizosphere　07.140
根井正利基因多样性指数　Nei's gene diversity index　12.035
根面积指数　root-area index　02.282
根系竞争　root competition　06.114
根压　root pressure　02.281

根质量比　root mass ratio　02.280
根质量密度　root mass density　02.279
更新　regeneration　06.192
更新概率模型　renewal probability model　10.041
耕作防治　cultural control　15.102
工业黑化现象　industrial melanism　04.126
CASS 工艺　cyclic activated sludge system　14.140
公园疏林　park woodland　06.273
功能斑块　functional patch　08.011
功能反应　functional response　10.049
功能群　functional group　07.074
功能冗余性　functional redundancy　07.072
功能食物网　functional food web　07.107
功能收敛假说　functional convergence hypothesis　07.272
攻击行为　aggressive behavior　03.178
攻击[性]拟态　aggressive mimicry　03.158
汞循环　Hg cycle　07.240
共代谢过程　cometabolism process　14.267
共轭生态规划　conjugate ecological planning　17.078
共生　symbiosis　06.200
共生序　symbiosis order　17.021
共适应　coadaptation　04.053
共显性标记　co-dominant marker　12.007
共占巢　nest sharing　03.098
共质体　symplast　02.161
构件　module　05.020
构件生物　modular organism　05.023
构件种群　modular population　05.026
构造湿地系统　constructed wetland system　14.154
构造种　structural species　06.012
*估计寿命　life expectance　05.075
孤雌生殖　parthenogenesis　16.225
古演替系列　eosere　06.161
骨痛病　itai-itai disease　14.033
固氮生物　diazotroph　07.244
固氮藻类　nitrogen fixing algae　16.277
固氮作用　nitrogen fixation　07.242
固定　fixation　12.029
固定年龄分布　stationary age distribution　05.067
固定行为型　fixed action pattern　03.006
*固定型种群　stationary population　05.072
固定指数　fixation index　12.030
固沙植物　sand binder　06.275
固体废物　solid waste　14.167
固着生物　sessile organism　16.360
瓜实蝇性诱剂　cuelure　11.070
寡食者　oligophage　05.190
寡污带　oligosaprobic zone　14.098
寡污生物　oligosaprobe　14.099
寡循环湖　oligomictic lake, tropical lake　16.019
寡盐水　oligohaline water　16.130
关键被食者　keystone prey　07.097
关键病原体　keystone pathogen　07.098
关键捕食者　keystone predator　07.096
关键互利共生者　keystone mutualist　07.095
关键寄生物　keystone parasite　07.099
关键竞争者　keystone competitor　07.093
关键生态系统　keystone ecosystem　07.027
关键食草动物　keystone herbivore　07.094
关键因子分析　key factor analysis　05.084
关键种　keystone species　06.111
关键资源　keystone resources　13.103
关联系数　association coefficient, AC　06.062
关于特别是水禽栖息地的国际重要湿地公约　Convention on Wetlands of International Importance Especially as Waterfowl Habitat　13.115
*冠层　canopy　06.086
冠层导度　canopy conductance　02.208
冠层阻力　canopy resistance　02.209
*管理的生态系统方法　ecosystem approach to management　17.085
管理模式　management model　07.359
管栖动物　tubicolous animal　16.374
惯性　inertia　07.317
灌木　shrub　06.079
灌木层　shrub layer, brushwood layer　06.088
光饱和点　light saturation point　02.266
光补偿点　light compensation point　02.267
光动性　photokinesis　02.262
光合氮利用效率　photosynthetic nitrogen-use efficiency　02.273
光合/呼吸比　photosynthesis / respiration ratio, P/R ratio　02.242
光合能力　photosynthetic capacity　02.243
光合能量利用效率系数　photosynthetic energy utilization efficiency coefficient　02.245
光合商　photosynthetic quotient　02.255

光合水分利用效率 photosynthetic water use efficiency 02.190
光合速率 photosynthetic rate 02.256
C_3 光合途径 C_3 photosynthetic pathway 02.251
C_4 光合途径 C_4 photosynthetic pathway 02.252
光合“午休” midday depression of photosynthesis 02.254
光[合]系统 photosynthetic system 02.258
光合效率 photosynthetic efficiency 02.253
光合有效辐射 photosynthetically active radiation 02.246
光合作用 photosynthesis 02.248
光呼吸 photorespiration 02.247
光化学反应 photochemical reaction 09.047
光化学过程 photochemical process 14.047
光化学烟雾 photochemical smog 09.048
光罗盘定向 light-compass orientation 02.264
光[能]异养生物 photoheterotroph 02.012
光能有机营养生物 photoorganotroph 02.014
光[能]自养生物 photoautotroph 02.011
光损害效应 photodestructive effect 02.238
光温潜力 photo-temperature potential productivity 02.259
光稳态效应 photohomeostatic effect 02.239
光污染 light pollution 14.016
光抑制 photoinhibition 02.261
光照阶段 photophase, photostage 02.241
光周期 photoperiod 02.236
光周期现象 photoperiodism 02.237
光周期诱导 photoperiodic induction 02.240
*广布种 cosmopolitan species 16.195
*广幅种 generalist 07.112
广食者 polyphage 05.191
广温性生物 eurytherm, eurythermal organism 02.007
广盐种 euryhaline species 02.040
广氧性动物 euryoxybiotic animal 02.016
广义景观 landscape in broad sense, general landscape 08.003
广义适合度 inclusive fitness 04.096
归化植物 naturalized plant 17.069
归宿 fate 14.075
归一化植被指数 normalized differential vegetation index, NDVI 08.111
规则波动 regular fluctuation 05.144
*规则分布 regular distribution 10.002
硅藻软泥 diatomaceous ooze 16.172
国际地球物理年 International Geophysical Year, IGY 09.111
国际地圈-生物圈计划 International Geosphere-Biosphere Programme, IGBP 09.113
国际山地年 International Year of Mountains, IYM 09.112
国际生物多样性科学研究规划 DIVERSITAS 13.105
国际生物学计划 International Biological Programme, IBP 07.052
国际水文发展十年计划 International Hydrologic Decade, IHD 09.119
国家公园 national park 17.093
过捕 overharvesting 05.194
过度放牧 overgrazing 15.093
过冷却点 supercooling point 02.091
*过敏性反应 allergic reaction 14.234
过去的全球变化研究计划 Past Global Changes, PAGES 09.115
*过热 hyperthermia 02.117

H

哈迪-温伯格定律 Hardy-Weinberg law 04.094
*海岸湿地 marine wetland, coastal wetland 16.049
海草场 sea grass bed 16.399
海淡水洄游 diadromy 16.312
海底热泉生物群落 hydrorthermal vent community, sulphide community 16.412
海底-水层耦合 benthic-pelagic coupling 16.435
*海克诱剂 hexalure 11.063
海流 ocean current 16.159
海面微表层 sea-surface microlayer 16.081
海平面变化 eustatic movement, sea-level change 09.004
海啸 tsunami 09.074
海洋洄游 oceanodromous migration 16.311
海洋群落 thalassium 16.408
海洋生态系统 marine ecosystem 07.014

海洋生态学　marine ecology　01.024
海洋生物生产力　marine biological productivity　16.432
海洋生物小区　thalasson　16.379
海洋湿地　marine wetland, coastal wetland　16.049
海洋温盐环流输送带　oceanic thermohaline conveyor belt　09.073
海洋性气候　oceanic climate　09.061
海藻床　kelp bed, sea-weed bed　16.398
害虫　pest　15.104
害虫抗药性　pest resistance to insecticide　15.112
含水量　water content　15.072
寒带浮游生物　hekistoplankton　16.260
寒带种　frigid zone species　16.180
寒害　chilling damage, chilling injury　02.047
寒害敏感性　chilling sensitivity　02.048
寒极　cold pole　09.086
寒冷指数　coldness index, CI　09.063
寒流　cold current　16.167
汉密尔顿法则　Hamilton's rule　03.028
旱生形态　xeromorphy　02.093
旱生盐土植物　xerohalophyte　02.027
旱生演替　xerarch succession　06.132
旱生演替系列　xerosere　06.164
旱生植被　xeromorphic vegetation　06.266
旱生植物　xerophyte　02.028
旱生植物群落　xerophytia　06.218
好氧处理　aerobic treatment　14.134
好氧生物处理　aerobic biological treatment　14.135
耗散结构　dissipative structure　07.055
合成信息素诱捕器　synthetic pheromone-baited trap　11.151
合成性信息素　synthetic sex pheromone　11.150
河岸湿地　riparian wetland　16.053
河川洄游　potamodromous migration　16.310
河底生物带　hyporheic zone　16.422
河口浮游生物　estuarine plankton　16.257
河口生态系统　estuary ecosystem　07.021
河口生态学　estuarine ecology, estuary ecology　01.032
河口湿地　estuarine wetland　16.048
河口[湾]　estuary　16.041
河流浮游生物　potamoplankton, riverine plankton　16.256
河流连续体概念　river continuum concept　07.388
河流漂浮生物　heteroplanobios　16.323
河流群落　potamium, potamic community　16.404
河流生态系统　river ecosystem　07.020
河流生态学　river ecology, stream ecology　01.031
河流生物区系　stream biota　16.415
河流湿地　riverine wetland　16.047
河野脂螨警戒信息素　alarm pheromone of *Lardoglyphus konoi*　11.097
核废物　nuclear waste　14.057
核心分布　contagious distribution　10.004
核心生境　core habitat　13.080
核域　core area　03.145
褐色脂肪　brown fat, brown adipose tissue, BAT　02.130
黑潮[暖流]　Kuroshio [Current]　16.161
黑麦他感素　allelochemic of *Secale cereale*　11.125
黑箱模型　black box model　10.026
痕迹性状　rudimentary character　04.062
恒定性　constancy　07.312
恒温动物　homeotherm, homoiotherm　02.018
恒温性　homeothermy　02.071
恒有度　constance　06.038
恒有种　constant species　06.011
*红潮　red tide　14.101
红皇后假说　Red Queen hypothesis　04.032
红铃虫性诱剂　gossylure　11.064
红树林海岸　mangrove coast　16.061
红树林生态系统　mangrove ecosystem　07.024
红树林沼泽　mangrove swamp　16.060
红树群落　mangrove biocoenosis, mangrove community　16.406
红树群系　mangrove formation　16.407
宏[观]进化　macroevolution　04.003
*宏观经济价值　emergy/ $ ratio　17.126
洪涝湿地　flood wetland　16.052
后背腺　opisthonotal gland　11.100
后顶极　post climax　06.178
后继适应　abaptation　12.001
后生动物食物网　metazoan food web　16.428
后蚁信息素　ant queen pheromone　11.037
呼吸　respiration　02.159
呼吸根　pneumatophore　02.160
*湖泊沉积　lacustrine deposit　16.115
湖泊生态系统　lake ecosystem　07.019
湖泊生态学　lake ecology　01.029

J

界面层导度　boundary layer conductance　02.206
界面层阻力　boundary layer resistance　02.207
*界面活性剂　biological surfactant　14.269
界面生态学　interface ecology　01.092
金属硫蛋白　metallothionein, MT　14.286
近海浮游生物　neritic plankton　16.258
近海区　neritic province, neritic region　16.072
近海生物　neritic organism　16.382
近交　inbreeding　12.081
*近交衰退　inbreeding depression　12.072
近因　proximate cause　02.005
进化　evolution　04.001
进化濒危种　evolutionarily endangered species　13.032
进化迟滞　evolutionary retardation　04.016
进化军备竞赛　evolutionary arms race　03.141
进化论　evolutionary theory　04.024
进化逆行　evolutionary reversion　04.018
进化生态学　evolutionary ecology　01.050
进化时间尺度　evolutionary time scale　04.015
进化时间学说　evolutionary time theory　06.052
进化显著单元　evolutionary significant unit, ESU　13.016
*进化延滞　evolutionary retardation　04.016
进展演替　progressive succession　06.144
禁伐林　reserve forest　13.070
*禁牧区　enclosure　13.071
京都议定书　Kyoto Protocol　09.118
经度地带性　longitudinal zonality　06.287
经济灭绝　economic extinction　13.045
经济权衡　economic trade-off　03.021
经济危害水平　economic injury level, EIL　15.108
经济阈值　economic threshold, ET　15.109
经营景观　managed landscape　08.090
惊吓效应　startle effect　03.137
精明捕食假说　prudent predation hypothesis　03.135
精明捕食者　prudent predator　05.193
精子竞争　sperm competition　03.093
精子取代机制　sperm displacement mechanism　03.094
景观　landscape　08.001
景观保护　landscape protection　08.102
景观变化　landscape change　08.059
景观单元　landscape cell, landscape unit　08.004
景观多样性　landscape diversity　08.026
景观分类　landscape classification　08.085
景观分维数　landscape fractal dimension　08.055
景观丰富度　landscape richness　08.041
景观格局　landscape pattern　08.023
景观功能　landscape function　08.056
景观管理　landscape management　08.099
景观规划　landscape planning　08.100
景观过程　landscape process　08.057
景观过程模型　process-based landscape model　08.062
景观结构　landscape structure　08.021
景观模型　landscape model　08.060
景观评价　landscape evaluation　08.103
景观破碎化　landscape fragmentation　08.054
景观设计　landscape design　08.101
景观生态建设　landscape ecological construction　08.104
景观生态学　landscape ecology　01.015
景观图谱　landscape graphic structure model　08.098
景观稳定性　landscape stability　08.027
景观镶嵌体　landscape mosaic　08.024
景观形状指数　landscape shape index　08.043
*景观演替　regional succession　06.146
景观要素　landscape element　08.006
景观异质性　landscape heterogeneity　08.025
景观指数　landscape index, landscape metrics　08.040
景观制图　landscape mapping　08.086
景观中性模型　landscape neutral model　08.061
景观组分　landscape component　08.005
景天酸代谢　crassulacean acid metabolism, CAM　02.222
景天酸代谢植物　crassulacean acid metabolism plant, CAM plant　02.223
警戒色　aposematic coloration　03.156
警戒信息素　alarm pheromone　11.017
净初级生产力　net primary productivity　07.168
净初级生产量　net primary production, NPP　07.161
净次级生产量　net secondary production　07.162
净地上生产力　net aboveground productivity, NAP　07.170
*净第二性生产量　net secondary production　07.162
*净第一性生产力　net primary productivity　07.168
*净第一性生产量　net primary production, NPP　07.161
净光合作用　net photosynthesis　02.250
净生产量　net production　07.156
净生产效率　net production efficiency　07.171

净生态系统生产力　net ecosystem productivity, NEP　09.015
净生物群系生产力　net biome productivity, NBP　09.013
净生殖率　net reproduction rate　05.090
净同化　net assimilation　02.275
净同化速率　net assimilation rate, NAR　02.276
竞争　competition　05.160
竞争共存　competitive coexistence　05.170
竞争共生原理　principle of competition and symbiosis　17.006
竞争排除原理　principle of competitive exclusion　05.168
竞争释放　competitive release　05.166
竞争替代原理　competitive displacement principle　05.169
竞争系数　coefficient of competition　05.167
竞争效应　competitive effect　14.245
竞争序　competition order　17.020
竞争学说　competition theory　06.056
静水水域　standing water, lentic habitat　16.002
静态模型　static model　10.042
静态生命表　static life table　05.078
就地保护　in situ conservation　13.085
＊局部分层湖　meromictic lake　16.022
局部灭绝　extirpation　13.039
局部循环湖　meromictic lake　16.022
局域斑块　local patch　05.012
局域配偶竞争　local mate competition　03.071
局域稳定性　local stability　07.308
＊局域种群　local population　05.008
局域资源竞争　local resource competition　03.072
巨型底栖生物　megabenthos　16.354
巨型浮游生物　megaplankton　16.273
巨型海藻　kelp　16.397
拒盐　salt exclusion　02.062
具时滞的种群连续增长模型　population continuous growth model with time lag　05.101
距离隔离模型　isolation-by-distance model　10.048
距离指数　distance index　08.048
聚附信息素　aggregation and attachment pheromone　11.101
聚合酶链式反应　polymerase chain reaction, PCR　12.011
聚集　aggregation　06.314
＊聚集度　contagion　08.042
聚集分布　aggregated distribution, clumped distribution　10.005
聚集信息素　aggregation pheromone　11.014
聚类分析　cluster analysis　10.011
聚磷菌　poly-P bacteria　14.162
聚群灭绝　mass extinction　13.040
聚盐　salt accumulation　02.060
眷群　harem　03.088
绝对密度　absolute density　05.030
＊绝对生殖力　absolute fecundity　16.215
均匀度　evenness　06.041
均匀分布　uniform distribution　10.002

K

卡塔赫纳生物安全议定书　Cartegena Protocol on Biological Safety　13.119
开放生态系统　open ecosystem　07.029
开拓适应原理　principle of exploitation and adaptation　17.005
糠虾幼体　mysis larva　16.243
抗冻性　freezing resistance　02.053
抗干燥性　desiccation resistance　02.055
抗汞微生物　mercury-resistant microorganism　14.284
抗寒性　cold resistance　02.051
抗旱性　drought resistance　02.050
＊抗聚集信息素　epideictic pheromone　11.015
抗逆性　stress resistance　02.045
＊抗生物降解物质　recalcitrant substance　14.253
抗污性　pollution resistance　14.227
＊抗性　resistance　07.307
抗性进化　resistant evolution　12.101
抗盐性　salt resistance　02.057
科普法则　Cope's rule　04.038
颗粒污泥　granule sludge　14.161
可持续管理　sustainable management　07.392
可持续利用　sustainable use　07.393
可持续农业　sustainable agriculture, permaculture　15.016

L

02.107
梨小食心虫性信息素　sex pheromone of *Grapholitha molesta*　11.058
离岸流　offshore current　16.169
离巢幼鸟　fledgling　03.068
＊离征　apomorphy, apomorph　04.065
李雅普诺夫指数　Lyapunov exponent　10.090
理论生态学　theoretical ecology　01.054
立地　site　08.084
立体绿化　vertical planting　17.061
立体农业　multi-storied agriculture　15.014
立体选择反应　stereoselective reaction　11.115
利比希最低量法则　Liebig's law of minimum　02.003
＊利比希最小因子定律　Liebig's law of minimum　02.003
利己素　allomone　11.005
利他素　kairomone　11.006
利他行为　altruistic behavior　03.031
＊利用效率　exploitation efficiency　07.180
利用性竞争　exploitation competition　06.113
笠贝酮　limatulone　11.085
粒度　grain　08.031
连接度　connectivity　08.052
连接度指数　connectivity index　08.047
连锁反馈原理　conjugate principle of positive and negative feedback　17.009
连通性　circuity, connectedness　08.053
连续二氧化碳梯度装置　continuous CO_2 gradient facility　09.095
联合毒性　joint toxicity　14.244
联合国生物多样性公约　United Nations Convention on Biological Diversity　13.104
联合效应　joint effect　14.243
两极分布　bipolarity, bipolar distribution　16.194
＊两极同源　bipolarity, bipolar distribution　16.194
两栖生物群落　amphibiome　06.212
＊两栖植物　pseudohydrophyte, amphiphyte　16.330
两相消化法　two stage digestion process　14.159
两性冲突　sexual conflict　03.079
量子产额　quantum yield　02.260
量子进化　quantum evolution　04.007
量子式物种形成　quantum speciation　04.085
列联表　contingency table　10.012
猎物－捕食者模型　Lotka-Volterra model　10.032
邻接分析　adjacency analysis　08.076
邻域分布　parapatry　04.133
邻域物种形成　parapatric speciation　04.084
林窗模型　gap model　08.071
林德曼定律　Lindeman's law　07.176
＊林德曼效率　Lindeman's efficiency　07.177
林冠　canopy　06.086
林冠火　crown fire　07.333
林火生态学　forest fire ecology　01.020
林线　timberline　09.088
临界浓度　critical concentration　14.222
临界期　critical phase　16.231
临界深度　critical depth　16.105
临界氧　critical dissolved oxygen　16.123
磷循环　phosphorus cycle　07.234
灵敏度　sensitivity　10.072
零假说　null hypothesis　06.060
零增长等值线　zero net growth isoline, ZNGI　05.209
领域　territory　03.142
领域行为　territorial behavior　03.143
＊领域性　territoriality　03.143
＊刘易斯－莱斯利矩阵　Lewis-Leslie matrix　10.045
＊流隔　tidal rip　16.141
流水生境管理　riparian habitat management　07.395
流水水域　running water, lotic habitat　16.003
流水营养生物　rheotrophic organism　16.324
流通率　flow rate　07.262
流涡　gyre　16.164
流域管理　watershed management　07.394
流域生态学　watershed ecology　01.030
硫循环　sulfur cycle　07.235
硫氧化物　sulfur oxide　09.036
＊六肢幼体　nauplius larva　16.239
卤水　brine water　16.136
陆地生态系统　terrestrial ecosystem　07.004
陆地生态学　terrestrial ecology　01.018
陆封种　land-locked species　16.178
陆架动物区系　shelf fauna　16.389
陆桥假说　continental bridge hypothesis　04.039
陆生草本群落　terrestrial herbaceous community　06.217
陆生动物群落　terrestrial animal community　06.230
陆生生物区系　terrestrial biota　06.292
陆缘游泳生物　xeronekton　16.297
滤食动物　filter feeder, suspension feeder　16.202

M

N

那氏信息素　nosanov pheromone　11.033
奈曼分布　Neyman's distribution　10.006
耐冻性　freezing tolerance　02.052
耐冻植物　freezing-tolerant plant　02.025
耐毒极限　toxic limit, toxicity limit　14.204
耐毒性　toxic tolerance　14.203
耐干燥性　desiccation tolerance　02.056
耐旱性　drought tolerance　02.049
耐火植物　pyrophyte　02.039
*耐冷细菌　psychrophilic bacteria, psychrotolerant bacteria　16.286
耐逆性　stress tolerance　02.046
耐受极限　limits of tolerance　02.041
耐受性　toleration　14.202
*耐污染物种　tolerant species　14.109
耐污生物　pollution tolerant organism　14.108
耐污性　pollution tolerance　14.226
耐性　tolerance　02.043
耐性种　tolerant species　14.109
耐盐性　salt tolerance, salinity tolerance　02.058
耐盐作物　salt tolerant crop　15.034
南方涛动　southern oscillation, SO　09.071
难生物降解物质　recalcitrant substance　14.253
内禀增长率　intrinsic rate of increase　05.086
内岛模型　Chikugo model　07.175
内聚力学说　cohesion theory　02.211
*内聚力-张力学说　cohesion-tension theory　02.211
内流湖泊　endorheic lake　16.004
内陆水域　inland water　16.001
内生生物　endobenthos　16.370
*内温动物　endotherm　02.018
内温性　endothermy　02.070
内因[性]演替　endogenetic succession　06.133
内源性热原　endogenous pyrogen　02.120
能量　energy　07.195
*能量补助　energy subsidy　07.215
能量代谢　energy metabolism　02.097
能量等级系统　energy hierarchy　07.203
能量分配　energy partition　07.213
能量分析　energy analysis　07.196
能量符号语言　energy symbol language　07.216
*能量金字塔　pyramid of energy　07.184
能量枯竭　energy drain　07.218
能量库　energy sink　07.214
能量利用系数　utilization coefficient of energy　07.221
能量流程图　energy-flow diagram　07.219
能[量]流[动]　energy flow　07.207
能量流通　energy flux　07.212
能量收支　energy budget　07.204
能量守恒　energy conservation　07.205
能量消耗　energy dissipation　07.206
能量转化率　energy transformation ratio　07.220
能量转化者　energy transformer　07.217
*能量转换器　energy transformer　07.217
能量锥体　pyramid of energy　07.184
能流假说　energetic hypothesis　07.209
能流速率　energy flow rate　07.211
能流通道　energy flow pathway　07.210
能谱　energy spectrum　07.193
能源农场　energy farm　15.024
能值　emergy　07.192
能值分析　emergy analysis　07.197
能值功率　empower　07.202
能值/货币比率　emergy/$ ratio　17.126
*能值-货币价值　emdollar value　17.126
能值转换率　emergy transformity　07.198
能质　energy quality　07.191
泥浆相处理　slurry phase treatment　14.260
泥面生物　epipelos　16.364
泥滩生物群落　ochthium, polochthium　16.413
泥炭沼泽　mire　16.054
拟寄生物　parasitoid　05.174
拟人主义　anthropomorphism　04.040
拟态　mimicry　03.157
拟态集团　mimicry ring　03.133
逆城市化　counter-urbanization　17.043
逆密度制约性死亡率　inverse density-dependant mortality　05.133
逆密度制约因子　inverse density-dependent factor　05.134

逆温层 inversion layer 14.049
逆向转运 antiport 02.215
*逆行演化 regressive evolution 04.019
*逆行演替 retrogressive succession 06.145
年龄分布 age distribution 05.065
*年龄结构 age structure 05.065
*年龄金字塔 age pyramid 05.070
年龄锥体 age pyramid 05.070
年龄组 age class 05.068
年热能收支 annual heat budget 07.189
黏性卵 adhesive egg 16.224
鸟类方言 dialects in birds 03.192
鸟类禁猎区 bird sanctuary 13.067
凝视时间假说 stare duration hypothesis 03.138
牛膝蜕皮酮 inokosterone 11.146
农村能源 rural energy 15.025
农地指示生物 agricultural bio-indicator, agricultural indicator 15.032
*农林复合经营 agro-forestry 17.108
农林复合系统 agro-forestry 17.108
*农牧交错区 farming-pastoral region 15.028
农田防护林 shelter forest for farmland 15.100
农田生态工程 farmland eco-engineering 17.102
农田生态系统 ecosystem of cropland 15.081
农药残留 pesticide residue 14.206
农药污染 pesticide pollution 14.019
农业布局 agricultural pattern, agricultural layout 15.026
*农业防治 cultural control 15.102
农业区划 agricultural regionalization, agricultural zoning 15.027
农业生态地理学 agricultural ecological geography 01.060
农业生态工程 agricultural eco-engineering 17.103
农业生态经济学 agroecological economics 01.061
农业生态学 agricultural ecology, agroecology 01.059
*农业微生物业 agricultural microorganism industry 15.010
农业污染源 agricultural pollution source 14.069
奴役[现象] dulosis 11.043
暖流 warm current 16.168
暖水种 warm water species 16.185
暖温带种 warm temperate species 16.184

O

偶见种 accidental species, incidental species, casual species 06.009

P

*排比 alignment 12.070
排毒系数 toxicity-emission coefficient 14.281
排序 ordination 06.323
排盐 salt elimination 02.061
配偶选择 mate choice 03.073
皮纳图博火山爆发 Mount Pinatubo volcano eruption 09.067
蜱螨信息素 acarina pheromone 11.086
蜱螨性信息素 sex pheromone of acarina 11.087
偏害共生 amensalism 05.159
偏利共生 commensalism 05.157
偏利素 apneumone 11.008
偏途演替顶极 disclimax 06.177
漂浮动物 zooneuston 16.340
*漂浮卵 floating egg, pelagic egg 16.221
漂浮生物 neuston 16.320
漂浮细菌 bacterioneuston 16.280
漂浮植物 floating plant, planophyte 16.339
漂流卵 drifting egg 16.222
漂流生物 drifting organism 16.325
漂流杂草 drifting weed 16.326
飘尘 floating dust 14.043
贫营养湖 oligotrophic lake 16.029
贫营养化 oligotrophication 16.033
频度 frequency 06.029
频度定律 frequency law 06.030
频率制约 frequency dependent 03.036
平底生物群落 level bottom community 16.410
平衡等值线 equilibrium isoline 07.258
平衡多态现象 balanced polymorphism 05.126
平衡说 equilibrium theory 06.118
平衡选择说 balancing selection hypothesis 04.029

平衡状态 equilibrium state 07.222
*平截选择 truncated selection 04.113
平均斑块面积 mean patch area 08.044
平均斑块周长 mean patch perimeter 08.046
平均拥挤度 mean crowding 10.056
平流 advection 16.156
平流层 stratosphere 09.049
平流层突发性增温 stratospheric sudden warming 09.050
平行进化 parallel evolution 04.011
*苹果蠹蛾性诱剂 codlemone 11.067
苹果小卷蛾性诱剂 codlemone 11.067
瓶颈效应 bottleneck effect 04.137
破碎化指数 fragmentation index 08.049
葡萄虎天牛雄性信息素 male sex pheromone of *Xylotrechus pyrrhoderus* 11.076
*普罗比变换 probit transformation 10.036
谱分析 spectral analysis 08.074

Q

*妻妾群 harem 03.088
栖息地 habitat 05.205
栖息地岛屿 habitat island 05.207
栖息地多样性 habitat diversity 13.014
奇异吸引子 strange attractor 10.093
*歧化选择 disruptive selection 04.111
乞食 food begging 03.040
起源中心 center of origin 04.130
气候 climate 09.057
气候带 climate zone 09.058
气候顶极群落 climatic climax 06.171
气候顶极植被 climatic climax vegetation 06.191
气候稳定学说 climatic stability theory 06.055
*气候驯化 acclimatization 02.077
气孔 stomata 02.174
气孔导度 stomatal conductance 02.176
气孔蒸腾 stomatal transpiration 02.175
气孔阻力 stomatal resistance 02.177
气缕 plume 11.157
气溶胶 aerosol 09.029
气态物循环 gaseous type cycle 07.229
气体调节 gas regulation 07.230
*气体型循环 gaseous type cycle 07.229
气味标记 scent marking 03.151
气味化学物质 odor chemicals 11.002
气味通信 odor communication 11.003
气相色谱-触角电位联用 gas chromatography-electroantennagram detection, GC-EAD 11.134
气旋性流涡 cyclonic gyre 16.165
气穴现象 cavitation 02.210
弃耕地演替 succession on abandoned field 06.130
千年生态系统评估 millennium ecosystem assessment 07.358
迁出 emigration 05.063
迁入 immigration 05.062
迁移 migration 05.119
迁移性放牧 transhumance 15.029
铅中毒 saturnism 14.034
前寒武纪 Precambrian 09.075
前适应 preadaptation 04.052
前信息素 propheromone, prepheromone 11.023
前[演替]顶极 proclimax 06.175
潜水动物区系 phreatic fauna 16.419
潜在顶极 potential climax 06.180
潜在光合能力 potential photosynthetic capacity 02.244
潜在害虫 potential pest 15.106
潜在生态位 potential niche 05.199
潜在污染物 potential pollutant 14.027
潜在蒸散 potential evapotranspiration, PET 02.165
潜在蒸腾 potential transpiration 02.167
浅海[底]带 neritic zone 16.090
浅海动物区系 shallow water fauna 16.390
*浅海区 neritic province, neritic region 16.072
浅水种 shallow water species 16.177
强壮性 robustness 07.311
乔丹律 Jordan's rule 02.140
乔利-塞贝尔法 Jolly-Seber method 05.038
乔木 tree 06.078
乔木层 tree layer 06.087
亲代操纵 parental manipulation 03.096
亲代抚育 parental care 03.095
亲代投资 parental investment 03.069
亲缘辨别 kin discrimination 03.026
亲缘识别 kin recognition 03.029

R

桡足幼体　copepodite, copepodid larva　16.240
扰动　perturbation　07.303
[热带]高山矮曲林　elfin forest, elfin woodland　06.254
热带稀树草原　savanna　06.250
热带稀树干草原　tropodendropoion　06.252
热带种　tropical species　16.187
热动态　thermodynamics　07.188
热辐射　thermal radiation　14.063
热量收支　heat budget　02.137
热污染　heat pollution, thermal pollution　14.015
热盐环流　thermohaline circulation　16.158
热原　pyrogen　02.119
热源　heat source　07.276
热中性区　thermal neutral zone, TNZ　02.131
人布植物　anthropochore　17.068
人工封闭生态系统　artificial closed ecosystem　07.031
人工礁　artificial reef　16.071
人工景观　man-made landscape, artificial landscape　08.091
人工气候　man-made climate　15.089
人工去除　artificial removal　05.171
人工生态系统　artificial ecosystem　07.034
人工选择　artificial selection　04.109
人工养殖　captive breeding, artificial propagation　13.087
人工栽培群落　artificial planted community　17.065
人居环境　human settlement　17.077
人口生态学　population ecology　01.065
人类群居学　ekistics　01.085
人类生态系统　human ecosystem　07.026
人类生态学　human ecology, anthropoecology　01.064
人类中心伦理观　anthropocentric ethic　13.003
人类主导景观　human directed landscape　08.089
人体健康风险评估　human healthy risk assessment　17.031
*人为景观　man-made landscape, artificial landscape　08.091
人为灭绝　anthropogenic extinction　13.042
*人文生态学　cultural ecology　01.095
人与生物圈自然保护区　Man and Biosphere Reserve, MAB Reserve　13.077
*人造景观　man-made landscape, artificial landscape　08.091
忍耐指数　index of tolerance　14.205
日本丽金龟性诱剂　japanilure　11.071
日度　degree day　02.148
日[照]中性植物　day neutral plant　02.021
溶解氧　dissolved oxygen　16.122
*溶液培养　solution culture, hydroponics　15.077
*溶质势　osmotic potential　02.193
冗余种　species redundancy　07.073
冗余种假说　species redundancy hypothesis　07.071
乳果螨警戒信息素　alarm pheromone of *Carpoglyphus lactis*　11.096
软释放　soft release　13.089
软水　soft water　16.126
软水湖泊　soft water lake　16.015
*弱光层　dysphotic zone　16.100
弱光带　dysphotic zone　16.100

S

撒勃尔群落　subor　06.223
撒哈拉沙漠　Sahara desert　06.258
*萨瓦纳　savanna　06.250
三级处理　tertiary treatment　14.132
三级河流　third-order stream　16.040
*三级消费者　tertiary consumer　07.086
三熟种植　triple cropping　15.031
散居相　solitaria phase　05.125
散布多态现象　dispersal polymorphism　03.067
散发　emission　11.156
桑思韦特气候分类　Thornthwaite climate classification　09.064
色素适应　chromatic adaptation　02.221
森林产品及服务　forest goods and services　07.367
*森林服务公益　forest goods and services　07.367
森林公园　forest park　17.096

森林界面生态学　forest-boundary ecology, ecology of forest boundary　01.093
森林生态经济学　forest-ecological economics　01.076
森林生态系统　forest ecosystem　07.006
森林生态学　forest ecology　01.019
森林游憩　forest recreation　17.095
沙[尘]暴　sandstorm　13.092
沙丘生态系统　dune ecosystem　07.010
沙丘植被　sand dune vegetation　06.269
沙生生物　psammon　16.365
砂砾培养　gravel culture　15.078
筛选说　sieve selection hypothesis　04.028
珊瑚礁　coral reef　16.067
珊瑚生态系统　coral reef ecosystem　07.023
栅格像元　grid cell, raster cell　08.075
熵　entropy　10.085
上层带　epipelagic zone　16.076
上层浮游生物　epipelagic plankton　16.261
上层游泳生物　supranekton　16.298
上层鱼类　epipelagic fish　16.301
上颚腺信息素　mandibular gland pheromone　11.031
上临界温度　upper critical temperature　02.132
上升流　upwelling　16.152
上升流生态系统　upwelling ecosystem　07.018
上升流生态学　upwelling ecology　01.026
上行控制　down-up control　07.127
*上行效应　bottom-up effect　07.127
*烧荒垦种　slash and burn agriculture　15.003
少耕法　less-tillage system, reduced-tillage system　15.005
奢侈吸收　luxury absorption　02.218
社会等级　social hierarchy　03.112
社会化学物质　sociochemicals　11.025
社会-经济-自然复合生态系统　social-economic-natural complex ecosystem　17.001
社会信息素　social pheromone　11.026
社会性昆虫　social insect　03.106
社群　society　06.201
摄食垂直移动　diet vertical migration, DVM　16.314
*摄食量　ingestion　07.181
砷中毒　arsenic poisoning　14.032
深层带　bathypelagic zone　16.078
深层浮游生物　bathypelagic plankton　16.263
深底带　profundal zone　16.086
*深度处理　tertiary treatment　14.132
深海[底]带　bathyal zone　16.091
深海底栖生物　bathyal benthos　16.356
深海动物区系　bathyal fauna　16.391
深海沟　trench　16.095
深海散射层　deep scattering layer, DSL　16.106
深海生态系统　deep-sea ecosystem　07.016
深海生态学　deep-sea ecology　01.027
*深水散射层　deep scattering layer, DSL　16.106
深渊[底]带　abyssal zone　16.092
深渊动物区系　abyssal fauna　16.392
深渊浮游生物　abyssopelagic plankton　16.264
深渊平原　abyssal plain　16.094
深渊山丘　abyssal hill　16.098
深渊水层带　abyssopelagic zone　16.079
渗透理论　percolation theory　08.079
*渗透临界值　percolation threshold　08.080
渗透势　osmotic potential　02.193
渗透调节　osmoregulation, osmotic regulation　02.154
渗透压调节者　osmoregulator　02.155
渗透阈值　percolation threshold　08.080
渗透[作用]　osmosis　02.153
渗养者　osmotroph　07.090
升流式厌氧污泥床　upflow anaerobic sludge blanket, UASB　14.160
*生草休闲　summer fallow　15.095
生产氮利用效率　nitrogen use efficiency of productivity　02.274
生产环　productive loop addition　17.113
生产力-多样性关系　productivity-diversity relationship　07.182
生产力生态学　productivity ecology　01.070
生产力学说　productivity theory　06.058
生产水分利用效率　water use efficiency of productivity　02.191
*生产效率　production efficiency　07.178
生产者　producer　07.080
生存力　viability　04.060
*生存曲线　survivorship curve, survival curve　05.082
生化需氧量　biochemical oxygen demand, BOD　14.121
生活废物　sanitary waste　14.168
*生活力　viability　04.060
生活史　life cycle　04.059
*生活史对策　life history strategy　04.117

生活型 life form 06.067
生活型谱 life form spectrum 06.076
*生境岛屿 habitat island 05.207
*生境多样性 habitat diversity 13.014
生境分析 habitat analysis 13.056
生境管理 habitat management 13.060
生境廊道 habitat corridor 13.057
生境内多样性 within-habitat diversity 06.051
生境评价程序 habitat evaluation procedure 13.059
生境破碎 habitat fragmentation 13.058
生境适宜度指数 habitat suitability index, HSI 13.061
生境选择 habitat selection 03.147
*生境走廊 habitat corridor 13.057
*生理出生率 physiological natality 05.053
生理干旱 physiological drought 02.157
生理能量学 physiological energetics 01.102
生理生态学 physiological ecology, physioecology 01.038
生理时间 physiological time 02.158
生理寿命 physiological longevity 05.060
*生理死亡率 physiological mortality 05.058
生命表 life table 05.076
生命[地]带 life zone, life belt 09.055
生命期望 life expectance 05.075
生命支持系统 life support system 07.078
生死战 serious fight 03.169
生态安全 ecological safety 14.091
*生态报复 ecological boomerang 07.294
生态变异 ecological variation 04.143
生态表型 ecophene 04.142
生态濒危种 ecologically endangered species 13.033
生态材料 eco-material 17.076
生态产品评价 ecological product assessment 17.144
生态产业 ecological industry 17.127
生态产业园 eco-industrial park 17.129
生态场 ecological field 07.128
生态场图形 graph of ecological field 07.130
生态承载力 ecosystem carrying capacity 17.029
生态城市 eco-city 17.036
生态赤字 ecological deficit 17.027
生态冲击 ecological backlash 07.294
生态出生率 ecological natality 05.055
生态单元 biotope 08.083
生态动力学 eco-dynamics, eco-kinetics 01.087
生态动物地理学 ecological zoogeography 01.107
生态毒理学 ecological toxicology, ecotoxicology 01.058
生态对策 bionomic strategy, ecological strategy 04.117
生态多样性 ecological diversity 13.012
生态发育原理 principle of ecological development 17.010
生态风险 ecological risk 14.209
*生态风险评估 ecological risk assessment 14.210
生态风险评价 ecological risk assessment 14.210
生态工程 ecological engineering 17.100
生态工程学 ecological engineering sciences, ecoengineering sciences 01.090
生态功能区划 ecological function zoning 17.023
生态管理 ecological management 17.085
生态过渡带 ecotone 06.109
生态耗竭 eco-exhaustion 17.016
生态缓冲能力 ecological buffer capacity 10.073
生态基因组学 ecological genomics 01.074
生态建筑 ecological building 17.083
生态健康 ecological health 17.032
*生态交错带 ecotone 06.109
*生态金字塔 ecological pyramid 07.186
生态经济学 eco-economics, ecological economics 01.075
生态景观 ecoscape, eco-landscape 08.097
生态库 ecological pool 07.054
生态立地 ecotope 08.082
生态林业 ecological forestry 15.021
生态流 ecological flow 08.058
生态旅游 ecological tourism, ecotourism 17.088
生态伦理观 eco-ethics 07.370
生态伦理学 ecological ethics 01.098
生态美学 ecoaesthetics 01.100
生态免疫学 ecological immunology 01.051
生态敏感性 ecological sensitivity 17.018
生态能量学 ecological energetics 01.103
生态农场 ecological farm 15.023
生态农业 ecological agriculture, eco-agriculture 15.013
生态平衡 ecological balance 07.297
生态气候图解 climate diagram 09.065
生态气候学 ecoclimatology 01.089
生态设计 ecological design 17.101
生态审计 ecological auditing 17.147
生态生产力 ecological productivity 17.124

随机生态位假说 random niche hypothesis 06.063
随机系统 stochastic system 10.066
随遇种 indifferent species 06.013
碎屑 detritus 07.110
碎屑食物链 detrital food chain 07.102
碎屑食物途径 detrital pathway 07.109
碎屑食性摄食 detritus feeding 16.200
损耗环 consumptive loop 17.115
DNA 损伤 DNA injury 14.232
索饵场 feeding ground 16.216
索饵洄游 feeding migration 16.308

T

他感化学物质 allelochemics, allelochemicals 11.004
＊他感素 allelochemics, allelochemicals 11.004
他感作用 allelopathy 11.116
台湾暖流 Taiwan Warm Current 16.162
太平洋两岸分布 amphi-Pacific distribution 16.193
太阳跟踪 solar tracking 02.265
太阳能值 solar emergy 07.200
太阳能值转换率 solar transformity 07.201
太阳紫外辐射 solar ultraviolet radiation 09.045
泰加林 taiga 06.249
泰勒幂法则 Taylor's power law 10.007
＊弹性 resilience 07.306
弹性生态系统 elastic ecosystem 07.039
炭黑 black carbon 09.030
探索行为 investigative behavior 03.004
碳固存 carbon sequestration 09.021
碳汇 carbon sink 09.019
碳获取 carbon acquisition 02.271
碳库 carbon stock, carbon pool 09.020
碳贸易 carbon trade 09.026
碳密度 carbon density 09.017
＊碳水化合物胁迫 carbohydrate stress 07.135
碳损失 carbon loss 02.269
碳同化作用 carbon assimilation 02.270
碳信用 carbon credit 09.025
碳循环 carbon cycle 07.231
碳源 carbon source 09.018
糖胁迫 carbohydrate stress 07.135
逃命共存 fugitive coexistence 06.115
桃小食心虫性信息素 sex pheromone of *Carposina niponensis* 11.059
特创论 theory of special creation 04.025
特定年龄出生率 age-specific natality, age-specific fecundity 05.089
＊特定年龄生命表 age-specific life table 05.077
＊特定年龄生殖力 age-specific natality, age-specific fecundity 05.089
＊特定时间生命表 time-specific life table 05.078
特化 specialization 05.187
＊特化防御 specialized defense 03.139
特化种 specialized species, specialist 05.188
特殊动力效应 specific dynamic effect 02.096
＊特殊动力作用 specific dynamic action 02.096
特异反应假说 idiosyncratic response hypothesis 06.059
特有现象 endemism 13.035
藤壶区 balanoid zone, balanus zone 16.400
梯度变异 cline 04.107
梯度分析 gradient analysis 08.068
体核温度 core temperature 02.115
体积含水量 volumetric water content 02.183
体热平衡 body heat balance 02.118
体温 body temperature 02.114
体温过高 hyperthermia 02.117
体温调节 temperature regulation, thermoregulation 02.123
＊体现能 embodied energy 07.192
替代农业 alternative agriculture 15.011
替代现象 vicarism 04.079
替代种 substitute species, vicarious species 04.074
天然公园 nature park 13.074
天然杂种 natural hybrid 12.080
田间持水量 field capacity, field moisture capacity, field water capacity 15.057
田间试验 field test, field trial 11.138
田园城市 garden city 17.039
调节 regulation 05.137
跳跃式物种形成 saltational speciation 04.083
铁载体 siderophore 14.287
听觉通信 auditory communication 03.183
挺水植物 emergent, emerged plant 16.343

土壤宜耕性　till suitability of soil　15.067
土壤异养细菌　soil heterotrophic bacteria　15.045
土壤因子　edaphic factor　15.041
土壤有效水　soil available water　15.056
土壤诊断　soil diagnosis　15.051
土壤蒸发　soil evaporation　15.053
土壤-植物-大气连续体　soil-plant-atmosphere continuum, SPAC　09.012
土壤种子库　soil seed bank, soil seed pool　05.213
土壤自养细菌　soil autotrophic bacteria　15.044
土壤自由水　soil free water　15.054
土著种　indigenous species, native species　06.014
吐水　guttation　02.178
湍流　turbulence　16.154
退化　regression　04.017
退化生态系统　degraded ecosystem　07.047
退化演替　retrogressive succession　06.145
*退行　regression　04.017
退行演化　regressive evolution　04.019
蜕皮激素　ecdysone　11.143
*α蜕皮素　α-ecdysone　11.143
*β蜕皮素　β-ecdysone　11.144
蜕皮甾酮　ecdyterone　11.144
脱硫作用　desulfurization　14.054
椭圆嗜粉螨警戒信息素　alarm pheromone of *Aleuroglyphus ovatus*　11.095

W

外部输入减少　reduced subsides　07.360
外分泌提取物　exocrine extract　11.029
外分泌腺　exocrine gland　11.027
外分泌液　exocrine secretion　11.028
*外来化合物　xenobiotics　14.252
外来侵入种　alien invasive species　07.335
外来植物　alien plant　07.336
外来种　exotic species　13.025
外流湖泊　exorheic lake　16.005
*外温动物　ectotherm　02.017
外温性　ectothermy　02.069
外显率　penetrance　12.022
外因[性]演替　exogenetic succession　06.134
外源性热原　exogenous pyrogen　02.121
外植体　explant　07.364
外周限制假说　peripheral limitation hypothesis　02.144
完成行为　consummatory behavior　03.003
网采浮游生物　netplankton　16.274
网格自动机模型　cellular automata model　08.066
网络分析　network analysis　07.068
网络式结构　network structure　07.067
网络支配指数　index of network ascendancy　07.069
威吓行为　threat behavior　03.179
微[观]进化　microevolution　04.002
*微环境　microenvironment　07.050
微量元素　microelement, minor element　02.234
*微气候　microclimate　06.329
微生态学　microecology　01.007
微生态制剂　probiotics　15.120
微生物分解　microbial decomposition　07.147
微生物农药　microbial pesticide　15.115
微生物强化　microbial augmentation　14.268
微生物区系　microbiota, microfauna, microflora　06.297
微生物生态学　microbial ecology　01.004
微生物食物环　microbial food loop, microbial loop　07.105
微生物絮凝剂　microbial flocculant　14.165
微生物驯化　microbial acclimation　14.144
微食物网　microbial food web　16.430
微微型浮游生物　picoplankton　16.268
微卫星　microsatellite　12.008
*微消费者　microconsumer　07.091
微型底栖生物　microbenthos　16.351
微型浮游生物　nanoplankton　16.269
*微型生态系统　microecosystem　07.049
微型水底植物　microphytobenthos, benthic microphyte　16.338
*微型水生植物　aquatic microphyte　16.334
微型藻类　microalgae　16.279
微宇宙　microcosm　07.049
DNA 微阵列　DNA microarray　12.017
围隔生态系统　enclosure ecosystem　07.036
围栏　enclosure　13.071
纬度地带性　latitudinal zonality　06.286
萎蔫　wilting　02.202
萎蔫湿度　wilting moisture　02.205

卫生填埋　sanitary landfill　14.181
卫星监测　satellite monitoring　09.107
卫星影像　satellite image　09.106
＊未成熟期　young stage, immature stage　16.236
＊未利用的增长机会　unutilized opportunity for growth　05.099
温度常数　thermal constant　02.129
温度生态位　temperature niche　05.200
温度顺应者　temperature conformer, thermoconformer　02.124
温度调节者　temperature regulator, thermoregulator　02.125
温暖指数　warmth index, WI　09.062
温泉群落　thermium　16.402
温室气体　greenhouse gas, GHG　09.031
温室生态系统　greenhouse ecosystem　07.037
温室效应　greenhouse effect　09.002
温水种　temperate water species　16.182
温跃层　thermocline　16.107
文化多样性　cultural diversity　13.005
文化进化　cultural evolution　13.006
文化景观　cultural landscape　08.093
文化生态学　cultural ecology　01.095
文艺生态学　art ecology　01.096
稳定极限环　stable limit cycle　05.108
稳定进化对策　evolutionary stable strategy, ESS　03.022
稳定年龄分布　stable age distribution　05.066
稳定型种群　stable population　05.072
稳定性　stability　10.080
稳定选择　stabilizing selection　04.112
稳定植物群落　stable phytocoenosium　06.216
稳态　homeostasis　07.318
涡　eddy　16.163
涡度相关技术　eddy covariance technique　09.094
窝卵数　clutch size　03.103
＊窝仔数　clutch size　03.103
＊污泥负荷　sludge load　14.143
污泥浓缩　sludge thickening　14.142
污泥膨胀　sludge bulking　14.148
污染　pollution, contamination　14.001
污染负荷　pollution loading　14.073
污染监测　pollution monitoring　14.076
污染控制　pollution control　14.089
污染强度　polluting strength, polluting intensity　14.070
污染生态化学　pollution ecochemistry　01.057
污染生态学　pollution ecology　01.056
污染水平　pollution level　14.071
污染物　pollutant, contaminant　14.021
污染物形态　form of pollutant, species of pollutant　14.030
污染系数　coefficient of pollution　14.072
污染预防　pollution prevention　14.090
污染源　pollution source　14.066
污染指示生物　pollution indicating organism　14.083
污水　sewage　14.040
污水处理　sewage treatment　14.129
污水灌溉　sewage irrigation　14.183
污水生物系统　saprobic system, saprobien system　14.093
污水污染　sewage pollution　14.092
污着群落　fouling community　14.107
污着生物　fouling organism　14.106
屋顶花园　roof garden　17.060
无关联不对称　uncorrelated asymmetry　03.172
＊无光层　aphotic zone　16.101
无光带　aphotic zone　16.101
无害化　harmlessness　17.137
无机污染物　inorganic pollutant　14.022
无机营养生物　lithotroph　02.015
无节幼体　nauplius larva　16.239
无限[等位]基因突变模型　infinite alleles mutation model　10.039
＊无形文化遗产　intangible heritage　13.007
无性系种群　clonal population　05.025
无序　disorder　10.086
＊无循环层　monimolimnion　16.024
无氧代谢　anaerobic metabolism　02.098
无氧带　anoxic zone　16.114
无样地取样　plotless sampling　06.327
无知觉失水　insensible water loss　02.182
无作用浓度　no effect level　14.219
芜原　barren area　13.100
舞蹈语言　dance language　03.193
舞毒蛾性诱剂　disparlure　11.065
物理生态学　physical ecology　01.042
物理体温调节　physical temperature regulation　02.127
物理信号　physical signal　07.328
＊物流　matter flow, material flow　07.223

X

乡村林业 rural forestry 15.022
乡村生态学 village ecology 01.094
相对盖度 relative coverage 06.026
相对干旱指数 relative drought index 02.092
相对含水量 relative water content 02.179
相对密度 relative density 05.031
相对生长 relative growth 02.088
相对生长速率 relative growth rate 02.089
＊相对生殖力 relative fecundity 16.215
相关系数 correlation coefficient 10.013
相互作用的放牧系统 interactive grazing system 05.225
相克素 antimone 11.009
相邻种群大小 neighborhood size 12.089
相邻种群区 neighborhood area 12.088
相似系数 coefficient of similarity 06.321
相似性指数 index of similarity 06.317
香农－维纳多样性指数 Shannon-Wiener's diversity index 10.089
镶嵌度指数 mosaic index 08.050
镶嵌复合体 mosaic complex 06.196
镶嵌性 mosaic 06.097
向岸流 onshore current 16.170
向水性 hydrotropism 02.068
相空间 phase space 10.091
消费效率 consumption efficiency, CE 07.180
消费者 consumer 07.083
消费者－资源相互作用 consumer-resource interaction 07.092
消耗量 consumption 07.181
＊消耗战 war of attrition 03.176
消化池 digester 14.158
硝化作用 nitrification 07.241
小冰期 little ice age 09.081
小波分析 wavelet analysis 08.073
小菜蛾性信息素 sex pheromone of *Plutella xylostella* 11.055
小潮 neap tide 16.148
小尺度 fine scale 08.030
小环境 microenvironment 07.050
小流域综合治理 catchment management 08.105
小气候 microclimate 06.329
小群落 microcommunity, microcenose 06.099
小生境 microhabitat 05.206
小卫星 minisatellite 12.009
小型底栖生物 meiobenthos 16.352
小型浮游生物 microplankton 16.270
小型漂浮植物 planktophyte 16.342
小型消费者 microconsumer 07.091
小演替系列 microsere 06.160
＊小演替序列 microsere 06.160
＊小宇宙 microcosm 07.049
效应外推 effect extrapolation 14.208
＊笑气 nitrous oxide, N_2O 09.038
协同进化 coevolution 04.008
协同作用 synergism 14.250
胁迫 stress 02.073
谐波分析 harmonic analysis 10.099
谢尔福德耐受性定律 Shelford's law of tolerance 02.004
辛普森多样性指数 Simpson's diversity index 10.088
新达尔文学说 neo-Darwinism 04.036
新拉马克学说 neo-Lamarckism 04.034
新生产力 new productivity, new production 16.434
＊新生特性 emergent property 07.194
新特有种 neo-endemic species 04.072
新仙女木事件 Younger Dryas 09.079
新质 emergent property 07.194
信号 signal 03.188
信号刺激 signal stimulus 03.190
信号－反应关系 signal-response relationship 03.189
信息处理系统 information processing system 07.281
信息反馈 information feedback 07.280
信息化学物质 semiochemicals, infochemicals 11.001
信息化学物质生物测定 bioassay of semiochemicals 11.128
信息化学物质应用 application of semiochemicals 11.118
信息量 information content 07.279
信息流 information flow 07.277
信息容量 information capacity 07.278
信息生态学 information ecology 01.072
信息素 pheromone 11.010
信息素粗提物 pheromone crude extract 11.104
信息素防治区 pheromone-treated plot 11.163
信息素分子构型 molecular configuration of pheromone 11.108
信息素分子结构 molecular structure of pheromone

Y

压力－容积曲线　pressure-volume curve　02.201
压力势　pressure potential　02.196
压力室　pressure chamber　02.200
亚成体　subadult, adolecent　16.238
亚高山植物区系　subalpine flora　06.302
亚寒带种　subfrigid zone species　16.181
亚群丛　subassociation　06.208
亚群系　subformation　06.206
亚热带种　subtropical species　16.186
亚沿岸带　sublittoral zone　16.084
亚[演替]顶极　subclimax　06.176
亚优势种　subdominant species　06.007
亚致死剂量　sublethal dose　14.216
亚致死浓度　sublethal concentration　14.221
亚致死热胁迫　sublethal heat stress　14.229
亚致死损伤　sublethal damage　14.231
亚种　subspecies　04.075
＊亚种群　subpopulation　05.008
亚洲玉米螟性信息素　sex pheromone of *Ostrinia furnacalis*　11.054
严格自然保护区　strict nature reserve　13.076
＊岩坑生物群落　rockpool community　16.414
岩石圈　lithosphere　09.009
沿岸带　littoral zone　16.083
沿岸底栖生物　littoral benthos　16.355
沿岸动物区系　littoral fauna　16.388
沿岸湿地　aquatic marginal wetland　16.050
＊盐变层　halocline layer　16.110
盐度　salinity　16.127
盐分累积　salt accumulation　15.040
盐湖　salt lake, athalassic lake　16.006
盐化作用　salinization　15.039
盐肉质化　salt succulence　02.066
盐生草甸　salt meadow　06.245
盐生群落　salt community　06.240
盐生生物　halobios　16.380
盐调节　salt regulation　02.065
盐腺　salt gland　02.064
盐胁迫　salt stress　02.059
盐跃层　halocline layer　16.110
盐沼　salt marsh　16.057
盐沼群落　salt-marsh community　16.405
衍生群落　derived community　06.235
衍征　apomorphy, apomorph　04.065
眼斑　eye spot　03.128
演替　succession　06.122
[演替]顶极群落复合体　climax complex　06.187
[演替]顶极群系　climax formation　06.167
演替动态　successional dynamics　06.152
演替格局　succession pattern　06.150
演替阶段　succession stage, stage of succession　06.155
演替趋同　successional convergence　06.151
演替速率　successional rate　06.153
演替替代　successional replacement　06.154
演替系列　successional series, sere　06.159
演替系列顶极[群落]　serclimax, sereclimax　06.168
演替系列群丛　associes　06.166
演替系列群落　seral community　06.165
厌氧生物处理　anaerobic biological treatment　14.136
验证　validation　10.078
阳伞效应　umbrella effect　14.048
洋中脊　mid-oceanic ridge　16.096
养地作物　soil improving crop　15.033
养分　nutrient　07.252
养分利用效率　nutrient-use efficiency, NUE　15.091
养分流　nutrient flow　07.255
养分平衡　nutrient balance　07.254
养分收支　nutrient budget　07.257
养分有效性　nutrient availability　07.253
氧化沟　oxidation ditch　14.141
氧化还原电位　redox potential, oxidation-reduction potential　16.121
氧化塘　oxidation pond　14.152
氧化亚氮　nitrous oxide, N_2O　09.038
氧跃层　oxycline, clinograde　16.113
样带　transect　09.100
样方法　use of quadrat, quadrat method, quadrat sampling method　05.035
遥感　remote sensing　09.105
＊野火　wildfire　07.333

野生生物　wildlife　13.093
野生生物保护　wildlife conservation　13.094
野生生物保护区系统　wildlife refuge system　13.096
野生生物管理　wildlife management　13.095
叶面积比　leaf area ratio, LAR　02.228
叶面积持续期　leaf area duration, LAD　02.226
叶面积等级　leaf size class　02.232
叶面积密度　leaf area density, foliage density　02.224
叶面积指数　leaf area index, LAI　02.227
叶质量密度　leaf mass density　02.225
叶重比　leaf mass ratio, leaf mass fraction, leaf weight ratio　02.231
一报还一报式合作　tit-for-tat co-operation　03.182
一雌多雄制　polyandry　03.086
一次污染物　primary pollutant　14.028
一级处理　primary treatment　14.130
一级河流　first-order stream　16.038
一年生植物　therophyte　06.073
一雄多雌制　polygyny　03.085
一氧化碳　carbon monoxide, CO　09.033
仪式化　ritualization　03.174
仪式化战斗　ritualized fight　03.175
移耕农业　shifting cultivation　15.002
遗传变异　genetic variation　12.045
遗传标记　genetic marker　12.005
遗传冲刷　genetic erosion　12.036
遗传传递　genetic transmission　12.097
*遗传毒性　genotoxicity　14.195
遗传多态性　genetic polymorphism　12.042
遗传多样性　genetic diversity　13.015
遗传多样性指数　genetic diversity index　12.033
遗传二态性　genetic dimorphism　12.041
遗传分化系数　genetic differentiation coefficient　12.032
遗传结构　genetic structure　12.044
遗传距离　genetic distance　12.028
*遗传力　heritability　12.056
遗传率　heritability　12.056
遗传漂变　genetic drift　12.087
*遗传侵蚀　genetic erosion　12.036
遗传生态学　genetic ecology　01.048
遗传同类群　genodeme　12.057
遗传稳态　genetic homoeostasis　12.038
遗传性死亡　genetic death　12.027
遗传修饰生物体　genetically modified organism, GMO　12.092
遗传湮没　genetic swamping　12.037
遗传一致度　genetic identity　12.039
遗传有效种群大小　genetically effective population size　13.055
遗传预先倾向性　genetic predisposition　03.035
遗传资源的获取与共享　access and benefit sharing of genetic resources, ABS of genetic resources　13.122
蚁类毒液　ant venom　11.041
蚁类社会性化学物质　sociochemicals of ants　11.034
蚁类外分泌腺　exocrine gland of ants　11.035
蚁群气味　colony odor　11.039
*异发演替　allogenic succession　06.134
异生物质　xenobiotics　14.252
异双亲　alloparents　03.099
异速生长　allometry　02.087
异位生物修复　ex situ bioremediation　14.259
异养型湖泊　heterotrophic lake　16.028
异养演替　heterotrophic succession　06.139
异域分布　allopatry　16.191
异域物种形成　allopatric speciation　04.082
异源多倍体　allopolyploid　12.023
异质性指数　heterogeneity index　12.064
*异质种群　metapopulation　05.007
抑信息素肽　pheromonostatin　11.113
抑制效应　inhibitory effect　14.247
易地保护　ex situ conservation　13.086
易火生态系统　fire-prone ecosystem　07.042
益虫　beneficial insect　15.105
*益生菌　probiotics　15.120
逸生植物　feral plant　12.103
意向信息　information for intention　03.164
*因果模型　causal model　10.027
因子叠加法　factor overlapping method　17.082
银勺效应　silver spoon effect　04.138
*引导信息素　nosanov pheromone　11.033
引入　introduction　13.028
引入斑块　introduced patch　08.010
引诱剂　attractant　11.060
引诱性信息素　attractant sex pheromone　11.089
*引种　introduction　13.028
隐蔽　crypsis　03.155
隐花植物种　cryptogenic species　07.136
隐芽植物　cryptophyte　06.072

Z

*植物群落分布图 vegetation map 06.260
植物群落数量特征 quantitative phytosociological character 06.019
植物群系 plant formation 06.209
植物杀虫剂 vegetable insecticide 15.116
植物杀菌素 phytocidin 15.114
植物生活型 plant life form 06.068
植物生理生态学 plant physiological ecology, plant physioecology 01.040
植物生态学 plant ecology 01.002
植物他感作用 allelopathy of plant 11.117
植物提取 phytoextraction 14.262
植物稳定化 phytostabilization 14.263
植物行为生态学 plant behavioral ecology 01.047
植物性蜕皮素 phytoecdysone 11.145
植物修复 phytoremediation 14.261
植物种间他感作用 allelopathy among different plants 11.119
植物种内他感作用 allelopathy among same plants 11.118
指示群落 indicator community 06.228
指示生物 bioindicator, indicator organism 14.078
指示种 index species, indicator species 06.017
指数增长 exponential growth 10.053
DNA 指纹 DNA fingerprint 12.010
质量性状 qualitative character 12.020
质外体 apoplast 02.162
秩和检验 rank-sum test 10.016
致癌作用 carcinogenesis 14.236
致畸剂 teratogen 14.237
致畸试验 teratogenesis test 14.230
致死剂量 lethal dosage, LD 14.215
致死温度 lethal temperature 14.228
滞后性 hysteresis 07.314
滞留时间 residence time 07.266
滞留性信息素 arrestant sex pheromone 11.088
滞育 diapause 02.083
*滞育卵 dormant egg, resting egg, diapause egg 16.227
稚期 juvenile stage 16.235
中层带 mesopelagic zone 16.077
中层浮游生物 mesopelagic plankton 16.262
中层鱼类 mesopelagic fish 16.302
中潮区 mid-tidal region 16.065
中度干扰假说 intermediate disturbance hypothesis 06.116
中度嫌城市植物 moderately urbanphobe plant 17.071
中断河流 interrupted stream 16.036
中国传统农业 Chinese traditional agriculture 15.007
中国东北样带 Northeast China Transect, NECT 09.101
中国生态系统研究网络 Chinese ecosystem research network , CERN 07.051
中生植物 mesophyte 02.030
中位－中位链 intermediate-intermediate link 07.118
中位种 intermediate species 07.114
中温生物 mesophile 02.008
α 中污带 α-mesosaprobic zone, strongly polluted zone 14.095
β 中污带 β-mesosaprobic zone, mildly polluted zone 14.096
中污生物 mesosaprobe 14.097
中心限制假说 central limitation hypothesis 02.145
中型浮游生物 mesoplankton 16.271
中性城市植物 urban neutral plant 17.072
中性等位基因 neutral allele 12.052
中性突变 neutral mutation 12.053
*中性突变理论 neutral mutation theory 04.027
中性学说 neutrality hypothesis 04.027
中盐水 mesohaline water 16.131
中营养湖 mesotrophic lake 16.030
*终极导因 ultimate cause 02.006
终极降解 ultimate biodegradation 14.276
终生浮游生物 holoplankton, permanent plankton 16.250
种间关联 species association 06.061
种间关系 interspecific relationship 05.153
种间竞争 interspecific competition 05.162
种间领域 interspecific territory 03.149
种间氢转移 interspecies H_2 transfer 14.157
*种类组成 species composition 06.003
种－面积关系 species-area relationship 13.022
种－面积曲线 species-area curve 13.020
种－面积效应 species-area effect 13.021
种内攻击 intraspecific aggression 05.152
种内关系 intraspecific relationship 05.151
种内竞争 intraspecific competition 05.161
种群 population 05.001

种群暴发 population eruption 05.113
种群崩溃 population crash 05.114
种群变动轨迹 population trajectory 05.110
种群波动 population fluctuation 05.142
种群持续性 population persistence 05.141
*种群大发生 population outbreak 05.113
种群的季节消长 seasonal change in number 05.120
种群的平衡密度 equilibrium population density 05.136
种群动态 population dynamics 05.028
种群管理 population management 05.147
种群过程 population process 05.109
种群间相互作用 population interaction 05.154
种群扩散 population dispersal 05.118
种群密度 population density 05.029
种群灭绝 population extinction 05.112
种群平衡 population equilibrium, population balance 05.111
种群生存力分析 population viability analysis 13.036
种群生态学 population ecology 01.011
种群生物学 population biology 01.012
种群衰老 phylogerontism 04.136
种群衰落 population decline 05.145
种群调节 population regulation 05.127
*种群投影矩阵 population projection matrix 10.045
种群稳定性 population stability 05.140
种群限制 population limitation 05.146
种群指数 population index 10.060
种群周转率 population turnover rate 05.088
种子库 seed bank, seed pool 05.210
种子扩散 seed dispersal 05.211
重金属 heavy metal 14.031
重要值 importance value 06.035
周丛生物 periphyton 16.349
周期变形 cyclomorphosis 16.247
*周期性波动 cyclic fluctuation 05.144
*周期性浮游生物 meroplankton, transitory plankton, periodic plankton 16.252
周期性演替 periodic succession 06.141
周限增长率 finite rate of increase 10.051
周转 turnover 07.260
周转率 turnover rate 07.261
周转期 turnover time 07.265
*周转时间 turnover time 07.265
昼行性 diurnality 03.018
昼夜垂直移动 diurnal vertical migration 16.315
昼夜节律 circadian rhythm 02.084
逐步突变模型 stepwise mutation model 10.040
住宅生态学 house ecology 01.084
专化防御 specialized defense 03.139
专性污水生物 lymabiont 14.104
转基因生物 transgenic organism 12.093
转基因逃逸 transgene escape 12.094
状态变量 state variable 10.074
*啄食等级 peck order 03.111
啄位 peck order 03.111
资源编目 resource inventory 13.054
资源管理决策 resource management decision 07.384
*资源竞争 resource competition 06.113
资源利用曲线 resource utilization curve 05.208
资源谱 resource spectrum 05.204
资源占有潜力不对称 resource-holding potential asymmetry, RHP asymmetry 03.171
*资源总量 resource inventory 13.054
紫外辐射 ultraviolet radiation, UV 14.064
紫外线 ultraviolet ray, UVR 09.046
自播植物 volunteer plant 12.102
自持生态系统 self-maintaining ecosystem 07.040
*自毒作用 allelopathy among same plants 11.118
自发突变 spontaneous mutation 04.043
自发演替 autogenic succession 06.140
自净作用 self-purification 14.273
自然保护 nature conservation 13.073
自然保护区 nature reserve 13.075
自然补加太阳能生态系统 natural subsidized solar-powered ecosystem 07.043
自然发生说 abiogenesis, abiogeny 04.023
自然反应时间 natural response time 05.100
自然服务 nature's service 07.341
自然更新 natural regeneration 07.340
自然禁猎区 natural sanctuary 13.066
自然景观 natural landscape 08.087
*自然农法 natural farming 15.008
自然农业 natural agriculture 15.008
自然生态系统 natural ecosystem 07.032
自然调节 natural regulation 05.138
自然无补加太阳能生态系统 natural unsubsidized solar-powered ecosystem 07.044
自然选择说 theory of natural selection 04.026

自然灾害　natural catastrophes　13.065
自然增长率　rate of natural increase　05.092
自然周转率　natural turnover rate　07.264
自然资本　natural capital　07.339
自溶　autolysis　07.259
自疏　self-thinning　05.172
自私基因　selfish gene　03.019
自我设计与人为设计理论　self-design versus design theory　07.389
自我调节学派　self-regulation school　05.139
自相似　self-similarity　10.095
自养型湖泊　autotrophic lake　16.027
自养演替　autotrophic succession　06.138
自由大气二氧化碳浓度增加实验　free-air carbon dioxide enrichment experiment, FACE experiment　09.093
自由体模型　free-body model　10.034
* 自游生物　nekton, necton　16.293
自治模型　autonomous model　10.030
渍水土壤　waterlogged soil　15.076
综合防治　integrated control　15.101
综合农业　integrated agriculture　15.018
综合性政策评价　integrated policy appraisal, IPA　17.149
踪迹信息素　trail pheromone, trace pheromone　11.012
总初级生产力　gross primary productivity　07.167
总初级生产量　gross primary production, GPP　07.159
总次级生产量　gross secondary production　07.160
总氮　total nitrogen, TN　14.127
* 总第二性生产量　gross secondary production　07.160
* 总第一性生产力　gross primary productivity　07.167
* 总第一性生产量　gross primary production, GPP　07.159
总光合作用　gross photosynthesis　02.249
总磷　total phosphorus, TP　14.128
总生产量　gross production　07.155
总生产效率　gross production efficiency　07.169
总数量调查　total count　05.033
总有机碳　total organic carbon, TOC　14.123
总有机物　total organic matter, TOM　14.124
组织流动与转化理论　tissue flow and turnover theory, TFT theory　07.275
祖征　plesiomorphy　04.064
钻孔生物　borer, boring organism　16.367
* 钻蚀生物　borer, boring organism　16.367
最大持续产量　maximal sustainable yield, MSY　07.376
* 最大持续收获量　maximal sustainable yield, MSY　07.376
最大出生率　maximum natality　05.053
最大动力原理　maximal power principle　07.326
* 最大功率原理　maximal power principle　07.326
最大功率原则　maximum power principle　17.013
最大经济产量　maximum economic yield, MEY　07.377
* 最大经济收获量　maximum economic yield, MEY　07.377
最大流量问题　maximal flow problem　07.325
最大无影响浓度　no observed effect concentration, NOEC　14.223
最大允许毒物浓度　maximum acceptable toxicant concentration, MATC　14.225
最大允许剂量　maximum permissible dose, MPD　14.218
最低死亡率　minimum mortality　05.058
最低有影响浓度　lowest observed effect concentration, LOEC　14.224
最适返回时间　optimal return time　03.048
最适领域大小　optimal territory size　03.150
最适模型　optimality model　03.024
最适群体大小　optimal group size　03.119
最适搜寻率假说　optimal search rate hypothesis　03.049
* 最小存活种群　minimum viable population, MVP　13.037
最小风险原理　conjugate principle of risk and opportunity　17.012
最小可生存种群　minimum viable population, MVP　13.037
最优化理论　optimality theory　03.023
最优觅食理论　optimal foraging theory, OFT　05.195
* 最终原因　ultimate cause　02.006
尊重所有权　respect for ownership　03.173
作物气候适应性　crop climatic adaptation　15.079
作物生长率　crop growth rate, CGR　15.080

[illegible] sinecography 04.[illegible]

[illegible] [illegible] organism 16.[illegible]

[illegible] [illegible] response 06.[illegible]

[illegible] maximum sustainable yield, MSY

[illegible]

[illegible] sustainable yield, MSY

[illegible] 051

[illegible]

[illegible] (MPI) 07.[illegible]

[illegible] MRL 07.[illegible]

[illegible]

模式植物 [illegible] model flow problem 07.[illegible]

[illegible] no observable effect concentration, NOEC

[illegible].123

[illegible] maximum acceptable toxicant concentration, MATC 14.[illegible]

[illegible] maximum permissible limit, MPL

[illegible].[illegible]

[illegible] minimum quadrat 05.058

最低可观察效应浓度 lowest observed effect concentration, LOEC 14.224

[illegible] local pollution 13.[illegible]

[illegible] [illegible] 07.[illegible]

[illegible] [illegible] 15.[illegible]

[illegible] [illegible] 07.[illegible]

[illegible] [illegible] hypothesis 07.[illegible]

[illegible] [illegible] waste pollution, [illegible]

[illegible]

[illegible] [illegible] risk [illegible]

[illegible]

[illegible]

[illegible] [illegible] theory 08.0[illegible]

[illegible] optimal foraging theory, OFT 08.[illegible]

[illegible] [illegible] value 02.[illegible]

[illegible] [illegible] 05.173

[illegible] crop climatic adaptation 15.079

[illegible] crop growth rate, CGR 15.060

自然选择 natural selection 13.0[illegible]

自然增长 [illegible] natural increase 05.0[illegible]

自然增长率 natural increase rate 07.[illegible]

自然资本 natural capital 07.[illegible]

[illegible] 07.[illegible]

[illegible] 15.[illegible]

[illegible]

[illegible]

[illegible] 07.[illegible]

[illegible]

[illegible]

[illegible]

[illegible] experiment [illegible] 1[illegible]

[illegible] model [illegible]

[illegible]

[illegible] [illegible] model [illegible]

[illegible] watershed [illegible]

[illegible] integrated control 11.[illegible]

[illegible] integrated agriculture [illegible]

[illegible] integrated [illegible] approach, IPA 17.149

[illegible] [illegible] 11.0[illegible]

[illegible] gross primary productivity 07.167

[illegible] [illegible] 07.[illegible]

[illegible] 07.[illegible]

[illegible]

[illegible] gross [illegible] 07.[illegible]

[illegible] gross [illegible] production 07.1[illegible]

[illegible] gross primary production [illegible]

[illegible].150

[illegible]

[illegible] [illegible]

[illegible] [illegible] 07.[illegible]

[illegible] gross production efficiency 07.10[illegible]

[illegible] [illegible] 05.0[illegible]

[illegible] total organic carbon, TOC 14.[illegible]

[illegible] total organic matter, TOM 14.[illegible]

[illegible]

[illegible] 07.27[illegible]